食品科学与工程类系列规划教材

果品蔬菜加工学

张海生　主编

陕西师范大学教材建设基金资助出版

科学出版社

北　京

内 容 简 介

本书全面系统地阐述了果品蔬菜的加工原理、果品蔬菜加工原料的特性及处理,介绍了各类果品蔬菜加工品,包括果品蔬菜干制品、果品蔬菜罐头制品、果品蔬菜汁制品、果品蔬菜糖制品、蔬菜腌制品、果酒和果醋制品及果品蔬菜速冻保藏制品的加工原理、加工工艺和加工方法,同时还介绍了国内外果品蔬菜加工新技术以及果品蔬菜的综合利用。

本书可作为高等院校食品科学与工程专业与园艺专业学生的教材,也可作为食品专业技术人员的学习参考资料。

图书在版编目(CIP)数据

果品蔬菜加工学 / 张海生主编. —北京:科学出版社,2018.1
食品科学与工程类系列规划教材

ISBN 978-7-03-052826-1

Ⅰ. ①果… Ⅱ. ①张… Ⅲ. ①果蔬加工-教材 Ⅳ. ①TS255.3

中国版本图书馆 CIP 数据核字(2017)第 107499 号

责任编辑:席 慧 刘 晶/责任校对:贾娜娜
责任印制:徐晓晨/封面设计:铭轩堂

科 学 出 版 社 出版
北京东黄城根北街16号
邮政编码:100717
http://www.sciencep.com
北京凌奇印刷有限责任公司 印刷
科学出版社发行 各地新华书店经销
*
2018 年 1 月第 一 版 开本:787×1092 1/16
2021 年 7 月第二次印刷 印张:16 3/4
字数:428 000
定价:49.80 元
(如有印装质量问题,我社负责调换)

《果品蔬菜加工学》编写委员会

主　编　张海生

副主编　张宝善　朱振宝

编写人员　（按姓氏汉语拼音排序）

曹　炜　（西北大学）

崔国庭　（河南科技大学）

高　慧　（西北大学）

李正英　（内蒙古农业大学）

刘纯友　（广西科技大学）

盛文军　（甘肃农业大学）

苏　杰　（内蒙古农业大学）

王振平　（宁夏大学）

杨　锋　（广西科技大学）

张宝善　（陕西师范大学）

张海生　（陕西师范大学）

朱振宝　（陕西科技大学）

顾　问　陈锦屏

前　言

　　中国是世界上果蔬栽培面积和产量最大的国家，果蔬加工在中国具有悠久的历史，形成了一些享誉中外的果蔬加工特色产品。随着现代物理技术、化学技术和生物技术等先进技术不断运用于果蔬加工，促进了果蔬加工的快速发展，使果蔬加工的工艺更加科学合理、果蔬加工技术和加工设备更加先进、果蔬加工产品品种更加丰富、果蔬加工品的产品质量更高，从而极大地丰富了食品市场，满足了消费需求。

　　果品蔬菜加工学是高等院校食品专业和果树、蔬菜等园艺相关专业的骨干课程，主要讲授果品蔬菜加工品的加工原理、加工工艺流程，以及操作要点、质量控制等方面的基本理论知识和实用技术，具有很强的实用性。

　　全书共分 10 章，第一章和第二章由张海生编写，第三章由张海生和张宝善编写，第四章由苏杰和李正英编写，第五章由朱振宝编写，第六章由高慧和曹炜编写，第七章由刘纯友和杨锋编写，第八章由王振平编写，第九章由盛文军编写，第十章由崔国庭编写。全书由张海生统稿，陈锦屏和张宝善审核。

　　在本书的编写过程中，既注重理论联系实际，又注重新理论和新技术的介绍与应用，力求系统全面。但由于果蔬加工涉及的知识面广，加之现代科学技术的突发猛进，书中疏漏和不妥之处在所难免，敬请广大同仁和读者朋友批评指正。

编　者

2017 年 10 月

目　　录

前言

第一章　绪论 ……………………………………………………………………… 1
　　第一节　果品蔬菜加工的意义和任务 ………………………………………… 1
　　第二节　我国果品蔬菜加工的现状、存在的问题和发展趋势 ………………… 2
　　第三节　果品蔬菜败坏的原因及其控制 ……………………………………… 7
　　第四节　果品蔬菜加工保藏方法 ……………………………………………… 11

第二章　果品蔬菜加工原料的特性及处理 ……………………………………… 13
　　第一节　果品蔬菜加工原料的特性 …………………………………………… 13
　　第二节　果品蔬菜加工原料的处理 …………………………………………… 25
　　第三节　半成品的保存 ………………………………………………………… 36

第三章　果品蔬菜干制 …………………………………………………………… 39
　　第一节　果品蔬菜干制的基本原理 …………………………………………… 39
　　第二节　果品蔬菜干制的方法和设备 ………………………………………… 49
　　第三节　果品蔬菜干制工艺和干制技术 ……………………………………… 54
　　第四节　果品蔬菜干制品的包装、贮藏与复水 ……………………………… 56
　　第五节　果品蔬菜干制品的质量标准 ………………………………………… 58
　　第六节　果品蔬菜干制实例 …………………………………………………… 59

第四章　果品蔬菜罐藏 …………………………………………………………… 61
　　第一节　概况 …………………………………………………………………… 61
　　第二节　果品蔬菜罐藏的基本原理 …………………………………………… 64
　　第三节　果品蔬菜罐藏容器 …………………………………………………… 71
　　第四节　果品蔬菜罐头加工工艺 ……………………………………………… 79
　　第五节　果品蔬菜罐头的质量标准、检验及贮藏 …………………………… 86
　　第六节　果品蔬菜罐头败坏及防止措施 ……………………………………… 87
　　第七节　果品蔬菜罐头加工实例 ……………………………………………… 95

第五章　果品蔬菜制汁 …………………………………………………………… 101
　　第一节　果品蔬菜汁的分类及发展趋势 ……………………………………… 101
　　第二节　果品蔬菜汁的加工工艺 ……………………………………………… 103
　　第三节　各种果汁加工的特有工序 …………………………………………… 110
　　第四节　果品蔬菜汁的质量标准 ……………………………………………… 115
　　第五节　果品蔬菜汁加工中的常见问题 ……………………………………… 116
　　第六节　加工实例 ……………………………………………………………… 121

第六章　果品蔬菜糖制 …………………………………………………………… 125
　　第一节　果品蔬菜糖制品的分类及特点 ……………………………………… 125

第二节　果品蔬菜糖制的基本原理 ·· 126
第三节　蜜饯类加工工艺 ·· 133
第四节　果酱类加工工艺 ·· 141
第五节　加工实例 ·· 146

第七章　蔬菜腌制 ··· 149
第一节　蔬菜腌制品的分类 ·· 149
第二节　蔬菜腌制的原理 ·· 150
第三节　蔬菜腌制原料 ·· 155
第四节　蔬菜腌制品的质量标准 ··· 158
第五节　加工实例 ·· 159

第八章　果酒与果醋的酿造 ·· 165
第一节　葡萄酒概述 ··· 165
第二节　葡萄酒酿造原理 ·· 170
第三节　酿酒葡萄原料及其改良 ··· 172
第四节　葡萄酒酿造工艺 ·· 175
第五节　葡萄酒的质量标准 ·· 184
第六节　葡萄酒的病害与防治 ·· 185
第七节　果醋酿造 ·· 193
第八节　加工实例 ·· 197

第九章　果品蔬菜速冻保藏 ·· 205
第一节　果品蔬菜速冻保藏原理 ··· 205
第二节　果品蔬菜速冻原料 ·· 209
第三节　果品蔬菜速冻工艺 ·· 210
第四节　速冻方法与设备 ·· 213
第五节　速冻果品蔬菜的冻藏 ·· 216
第六节　速冻果品蔬菜的质量标准 ··· 222
第七节　加工实例 ·· 223

第十章　果品蔬菜加工新技术及综合利用 ·· 226
第一节　鲜切果品蔬菜加工 ·· 226
第二节　超微果品蔬菜粉加工 ·· 230
第三节　果品蔬菜脆片加工 ·· 232
第四节　新含气调理果蔬产品 ·· 234
第五节　精油提取 ·· 237
第六节　色素提取 ·· 240
第七节　果胶提取 ·· 243
第八节　果蔬活性功能成分的提取 ··· 247
第九节　果蔬皮渣的综合利用 ·· 249

参考文献 ·· 256

第一章 绪 论

【内容提要】

本章主要介绍果蔬加工的意义和任务，我国果蔬加工的现状、存在的问题和发展趋势，果蔬败坏的原因、控制果蔬败坏的原则和措施，果蔬加工保藏的方法及其原理。

水果和蔬菜资源丰富，营养价值高，富含各种维生素、矿物质和膳食纤维，是人类的基本食品来源。水果和蔬菜成熟期集中，采收期短，含水量高，如果不及时进行保鲜和加工处理，极易发生败坏，不仅会造成资源浪费，还会污染环境。

果蔬加工不仅可以提高果蔬的保藏性能，延长果蔬的保藏期，提高果蔬资源的综合利用率，增加果蔬的附加值，还可调节和丰富食品市场，改进果蔬的食用品质，减少环境污染。

第一节 果品蔬菜加工的意义和任务

一、果品蔬菜加工的意义

传统意义上的果蔬加工是以新鲜的果蔬为原料，经过一定的加工工艺处理，消灭或抑制果蔬中存在的有害微生物，钝化果蔬中的酶，保持或改进果蔬的食用品质，制成不同于新鲜果蔬产品的过程。随着科学技术的进步和果蔬加工产品的不断开发，这一定义已不能囊括所有的果蔬加工品。例如，鲜切果蔬，它们可视作果品蔬菜贮藏学和果品蔬菜加工学的交叉产物。

1. 果蔬的特点 果蔬资源丰富，种类繁多，具有以下特点：

(1)营养丰富，风味独特；

(2)地域性和季节性强；

(3)成熟期集中，采收期短，上市集中；

(4)新鲜果蔬水分含量高，新陈代谢旺盛，大多贮藏性能差，易腐烂。

2. 果蔬加工的意义

(1)果蔬加工可以提高果蔬产品的保藏性能，延长保藏期，减少因腐烂败坏而引起的果蔬资源浪费，还可减少环境污染。

(2)果蔬加工可以增加食品的花色品种，丰富食品市场，调节淡旺季，满足人们日益增长的物质需求。

(3)果蔬加工可以提高果蔬资源的综合利用率，增加果蔬产品的附加值。根据果蔬的加工特性，不仅可以加工出各类不同的果蔬加工品，还可以通过深加工对果蔬残次品及皮、渣、籽等下脚料进行充分利用，如从果蔬残次品及皮、渣、籽等下脚料中提取果胶、色素、油脂和活性功能成分等。此外，可对野生果蔬资源进行开发利用，变废为宝。

(4)果蔬加工可以满足一些特殊行业的饮食需求。例如，野外作业的地质、测绘、石油钻探，以及航海、军队野外训练等补给困难，新鲜的果蔬不仅不易携带，而且极易腐烂，而果蔬罐头等加工品则可满足其饮食需求。

二、果品蔬菜加工学的研究内容

果品蔬菜加工学的研究内容包括果蔬原料的营养特性和加工特性、果蔬加工原理、果蔬加工的方法和步骤、果蔬加工技术、果蔬加工品的质量控制和果蔬资源的综合利用等。

果蔬资源十分丰富，不同种类的果蔬，营养特点和加工特性不同；同一种类的果蔬，品种不同，其营养特点和加工特性也有很大的差异。果蔬加工学就是要根据果蔬的营养特点和加工特性确定合适的加工种类，制定科学合理的加工工艺和操作规范，采用科学先进的加工技术和加工设备，生产出优质的果蔬加工品，分析加工和贮藏过程中容易出现的质量问题并提出质量控制措施，对果蔬加工过程中形成的皮、渣、籽等副产品进行开发利用，提高果蔬资源的综合利用率，提高果蔬产品的附加值。

由此可见，果品蔬菜加工学是一门应用性很强的学科，它的研究内容广泛，涉及物理学、化学、植物生理学、植物生物化学、食品化学、微生物学、食品工程等学科的相关知识。对这些相关知识的熟悉程度直接影响到对它的理解和掌握程度。

三、果品蔬菜加工学课程目的和任务

通过全面、系统的学习，了解果蔬原料的营养特性和加工特性，掌握各类果蔬加工品的加工原理、加工技术和加工方法，熟悉果蔬加工的工艺流程和操作规范，为从事果蔬加工的人员提供专业知识，拓宽科研和工作思路，培养创新能力。

第二节　我国果品蔬菜加工的现状、存在的问题和发展趋势

一、我国果品蔬菜加工的现状

我国果蔬资源十分丰富，水果和蔬菜总产量均居世界第一，2014 年全国水果产量为 2.61 亿 t，蔬菜产量达到 7.60 亿 t。我国也是世界上最大的果蔬加工基地，果蔬加工在我国食品加工业中占有重要地位。我国果蔬加工历史悠久，形成了一些享誉中外的果蔬加工名优产品。

改革开放后，通过引进和消化吸收国外果蔬加工先进技术与先进设备，我国果蔬加工业得到了快速发展，具备了一定的技术水平和较大的生产规模，外向型果蔬加工产业布局已基本形成。目前，我国果品总贮量占总产量的 25%以上，商品化处理量约占 10%，果品加工转化能力约为 6%，蔬菜加工转化能力约为 10%，果品采后损耗降至 25%～30%。

1. 果蔬种植和加工区域化格式日益明显，已逐步形成优势产业带　　目前，我国已形成了一些果蔬产品加工出口基地，这些基地大都集中在东部沿海地区，近年来产业正向中西部扩展，"产业西移转"态势十分明显。

我国的脱水果蔬加工主要分布在东南沿海省份及宁夏、甘肃等西北地区，而果蔬罐头和速冻果蔬加工主要分布在东南沿海省份。在浓缩汁、浓缩浆和果浆加工方面，我国的浓

缩苹果汁、番茄酱、浓缩菠萝汁和桃浆的加工具有非常明显的优势，形成了以环渤海地区（山东、辽宁、河北）和西北黄土高原（陕西、山西等）为主的两大浓缩苹果汁加工基地，以西北地区（新疆、宁夏和内蒙古）为主的番茄酱加工基地，以华北地区为主的桃浆加工基地，以热带地区（海南、云南南部等）为主的热带水果（菠萝、芒果和香蕉）浓缩汁与浓缩浆加工基地。而直饮型果蔬及其饮料加工则形成了以北京、上海、浙江、天津和广州等地为主的加工基地。

2. 高新技术在果蔬加工中得到了较为广泛的应用，果蔬加工装备水平明显提高 在果蔬汁加工领域，高效榨汁技术、高温短时杀菌技术、无菌包装技术、酶液化与澄清技术、膜技术等在生产中得到了广泛应用。果蔬加工装备，如苹果浓缩汁和番茄酱的加工设备基本是从国外引进的最先进的设备。在直饮型果蔬汁的加工方面，我国的大企业集成了国际上最先进的技术装备，如从瑞士、德国、意大利等著名的专业设备生产商引进利乐包、康美包、聚对苯二甲酸乙二醇酯（polyethylene terephthalate，PET）瓶无菌灌装等生产线，具备了国际先进水平。

在果蔬罐头加工领域，低温连续杀菌技术和连续化去囊衣技术在酸性罐头（如橘子罐头）中得到了广泛应用；引进了计算机控制的新型杀菌技术，如板栗小包装罐头产品。包装方面，乙烯/乙烯醇共聚物（ethylene vinyl alcohol copolymer，EVOH）材料已经应用于罐头生产。纯乳酸菌的接种使泡菜的传统生产工艺发生了变革，推动了泡菜工业的发展。

在脱水果蔬加工领域，尽管常压热风干燥是蔬菜脱水最常用的方法，但我国能打入国际市场的高档脱水蔬菜大都采用真空冷冻干燥技术生产。另外，微波干燥和远红外干燥技术也在少数企业中得到应用。我国研制的真空冷冻干燥技术设备取得了可喜的进步，一些国内知名冷冻干燥设备生产厂家的技术水平已达到21世纪初国际同类产品的先进水平。

在速冻果蔬加工领域，近些年，我国的果蔬速冻工艺技术有了重大发展。第一，速冻果蔬的形式由整体的大包装转向经过加工鲜切处理后的小包装；第二，冻结方式开始广泛应用以空气为介质的吹风式冻结装置、管架冻结装置、可连续生产的冻结装置、流态化冻结装置等，使冻结的温度更加均匀，生产效率更高；第三，作为冷源的制冷装置也有新的突破，如利用液态氮、液态二氧化碳等直接喷洒冻结，使冻结的温度显著降低，冻结速率大幅度提高，速冻蔬菜的质量全面提升。在速冻设备方面，我国已开发出螺旋式速冻机、流态化速冻机等设备，可满足国内速冻行业的部分需求。

3. 国际市场比较优势日益明显，市场份额不断扩大 我国的果蔬汁中，苹果浓缩汁生产能力达到100万t以上，为世界第一位；番茄酱产量位居世界第三，生产能力为世界第二。

我国的果蔬罐头产品已在国际市场上占据绝对优势和市场份额。例如，橘子罐头占世界产量的75%，占国际贸易量的80%以上；蘑菇罐头占世界贸易量的65%；芦笋罐头占世界贸易量的70%。蔬菜罐头年出口量超过120万t，水果罐头出口量超过42万t。

我国脱水蔬菜出口量居世界第一，年出口平均增长率高达18.5%，出口的脱水菜已有20多个品种。

我国的速冻果蔬以速冻蔬菜为主，占速冻果蔬总量的80%以上，产品绝大部分销往欧洲各国、美国及日本，年出口平均增长率高达31%。我国速冻蔬菜主要有甜玉米、芋头、菠菜、芦笋、青刀豆、马铃薯、胡萝卜和香菇等20多个品种。

4. 标准体系初步形成 我国已在果蔬汁产品标准方面制定了近60个国家标准与行业

标准(农业行业、轻工行业和商业行业)，这些标准的制定及 GMP(良好生产操作规程)和 HACCP(危害分析与关键控制点)的实施，为果蔬汁产品提供了质量保障；在果蔬罐头方面，已经制定了 83 个果蔬罐头产品标准，而对于出口罐头企业则强制性规定必须进行 HACCP 认证，从而有效保证了我国果蔬罐头产品的质量；在脱水蔬菜方面，我国已制定《无公害食品 脱水蔬菜》等标准，以保证脱水蔬菜产品的安全卫生；在速冻果蔬方面，我国已制定了一批速冻食品与产品标准，包括"速冻食品技术规程"，以及无公害食品速冻葱蒜类蔬菜、豆类蔬菜、甘蓝类、瓜类蔬菜和绿叶类蔬菜标准，并正在大力推行市场准入制。

二、我国果品蔬菜加工存在的问题

尽管我国的果蔬加工产业无论是加工能力、技术水平、装备硬件、国内外市场都取得了较大的进步和快速的发展，但是与国外发达国家相比仍然存在一定的差距。

1. 果蔬加工原料品种结构不合理，专用加工品种匮乏，原料基地不足　我国在果蔬加工原料的选育方面取得了一定的进步，但是适合加工的高品质果蔬品种仍然很少，农产品种植业与加工业的协调关系只是做到了"生产什么，加工什么"，还难以做到"加工什么，生产什么"。优质果蔬数量匮乏，品种结构不合理。

(1)水果种间结构不合理。苹果、柑橘、梨比例偏大，约占水果总产量的 63%。

(2)水果品种种内结构不合理。例如，适合加工果汁的苹果在我国种植的苹果品种中很难得到，浓缩苹果汁加工长期以来以鲜食品种为原料，制约了产品质量的进一步提高，产品的出口价格低，经济效益不高。再如，柑橘中橙类只占产量的 20%左右，而不耐贮运的宽皮柑橘约占 70%，适合加工果汁的专用品种更少，目前橙汁是我国进口最多的果汁品种，95%以上依赖进口，约占果汁进口总量的 82.42%；适合加工葡萄酒的葡萄专用品种不足 20%。

(3)鲜食与加工品种结构不合理。长期以来我国果蔬产业只重视鲜食产品的发展，而且把果蔬加工只视为残次品加工。但从世界果蔬的消费和发展总体趋势上看，应该鲜食与加工适宜配比，两个市场互补发展。例如，世界果蔬鲜食与加工比例为 70∶30，而我国目前鲜食与加工比例为 95∶5。发达国家优质高档果蔬比例高达 85%以上，70%以上为加工用品种，而我国优质高档果蔬比例不到 30%。

(4)原料基地不足。近些年，我国在果蔬加工原料基地建设方面做了大量工作，取得了一定成绩，但原料基地的数量偏少，规模偏小，远远不能满足果蔬加工所需。

2. 果蔬采后商品化处理水平和加工能力低下，损失率高　美国等发达国家果蔬采后商品化处理率达 80%以上，预切菜和净菜量占 70%以上，水果总贮量占总产量的 50%左右，苹果、甜橙、香蕉等水果已实现周年贮运销往世界各地。现代果蔬采后保鲜处理和商品化处理技术、"冷链"技术、现代果蔬加工技术等已广泛应用于该产业，并建立了完善的产业技术管理体系，果蔬经产后商品化处理和深加工可增值 2~3 倍。而我国果蔬商品化处理量仅占总产量的 10%，预切果蔬保鲜等商品化处理几乎是空白，果蔬产后贮运、保鲜等商品化处理与发达国家相比差距更大，尤其"冷链"技术更显薄弱。美国等发达国家的果蔬采后损失率低于 5%，果蔬加工转化能力达总产量的 40%左右，而我国由于技术及设备落后，水果采后损失率达 25%，蔬菜损失率达 30%~40%，加工转化能力仅为 8%左右。

3. 果蔬加工技术水平低　我国果蔬加工乃至农产品加工尚处于初级阶段，还未能向深层次推进，技术与装备落后是最主要的原因，如发达国家早已用在产业化的食品生物技术、真空干燥技术、膜分离技术、超临界萃取技术等高新技术在我国多处于刚起步阶段，差距是明显的，我们的加工规模小、技术水平低、综合利用差、能耗高、加工出的成品品种少、质量差。

就果品加工而言，一些技术难题尚未得到根本解决。例如，我国果汁生产中的果汁褐变、营养物质损耗、芳香物质逸散及果汁浑浊沉淀等问题还没有得到很好的解决，与国外先进水平还存在很大差距，这些技术难题并没有因引进国外果汁加工生产线而得到解决。在蔬菜加工方面，目前我国加工手段比较少，如罐藏、速冻、干制等科技含量低，大部分蔬菜仍然沿袭荒菜上市的传统做法，基本上没有经过任何加工。

4. 加工装备国产化水平低 近20年来，我国的果蔬加工设备取得了很大进步，技术水平有了很大提高，提供了一些水平较高的机械设备，如10t/h处理量的高压均质机、100m² 喷射泵式高效低耗真空冷冻干燥成套设备、JM-130胶体磨、SWWF200系列低温超微粉碎机、80~300罐/min易拉罐罐装生产线、12~1500盒/h砖形复合无菌包装饮料生产线、5t/h果酱生产线、橘瓣果汁加工关键设备、真空油炸果蔬脆片设备、带式榨汁机及果茶加工成套设备等，还有一些较高技术水平的加工设备正在相继问世。

但是，因起步晚、基础差，我国的加工装备水平与发达国家相比仍有很大差距。目前达到或接近世界先进水平的加工机械仅占5%~10%，比发达国家落后15~20年。仅以果汁加工机械为例，国产的机械品种少，许多关键机械尚未开发，配套性差，专业化、连续化、自动化程度不高，技术性能较差。目前我国的加工装备基本上依赖进口，主要从美国、瑞典、意大利等国引进生产线和单机，尤其以美国FMC公司和瑞典Alfalavla公司为多。

5. 果蔬加工程度和综合利用水平低下 我国已发展成为世界果蔬和加工品的最大出口国，但很多是以半成品的形式出口，到国外后仍要进行深加工或灌装，产品附加值较低，原料的综合利用程度低。我国果蔬加工业每年要产生数亿吨的下脚料，基本上没有开发利用，不仅浪费资源，而且污染环境。然而，皮、渣等下脚料中果胶、果蔬天然香精、膳食纤维、色素、籽油等精深加工产品的产业化核心技术我国还没有突破。因此，如何提高果蔬加工副产品的利用率，变废为宝，增加附加值，是我国果蔬加工业降低成本和提高经济效益需要解决的主要问题。

6. 果蔬及其加工品质量标准尚不健全 要实现果蔬加工转化增值，首先要做的基本工作是建立适应市场经济发展要求和国际贸易规范的果蔬及其加工产品质量标准体系。近年来我国虽然加强了标准的制订和修改工作，但是由于缺乏系统性，至今没有形成一套完整的果蔬及其加工产品质量标准体系，远不能满足国内市场发展的需要，也无法与国际市场接轨。我国果蔬加工品标准陈旧，与国际标准相比，在有害微生物及代谢产物、农药残留量等食品安全与卫生标准方面差距很大，不能与国际市场接轨。发达国家在食品安全与质量控制中普遍实行的 HACCP（危害分析与关键控制点）体系、GMP（良好生产操作规程）体系和ISO9000族质量管理规范，在我国只有一些出口型或大型企业建立和执行，而大多数果蔬加工企业基本没有建立。

7. 果蔬加工企业规模小，行业集中度低，管理和技术创新能力低 果蔬加工行业通过资本运作，逐步进行企业的并购与重组，企业规模不断扩大，行业集中度日益增高，产生了一批农业产业化龙头企业，产业规模得以迅速扩张，但依然处于企业的加工规模小、抗风险能力差、产品单一、产品销路不畅、竞争力差的发展阶段。更重要的是，我国果蔬加工企业的研发与创新能力十分薄弱，核心竞争力实质只是所谓的"低价格优势"。在国外，绝大部分企业都设有企业的研发部门或研发中心，进行新产品的开发，一般企业的研发费用占销售收入 2%～3%或以上。但是，我国的大部分加工企业不重视产品的研发和科技投入，不注重企业人才培养与引进，造成企业研发人才和研发设施缺乏，从而导致企业研发与创新能力差、技术水平落后、市场竞争能力不强，产品难以满足市场需求。

三、果品蔬菜加工的发展趋势

1. 果蔬优质加工专用原料基地的建设　　建立果蔬加工专用原料生产基地，保证原料的品种、品质和产量。果蔬深加工以产地为主，发达国家的许多大型果蔬采后工作站就建立在产地，其清洗、分级、加工、包装和贮藏运输设备都很先进，加工能力很强。在果蔬原料的生产中，许多发达国家都开始实行 HACCP 体系管理方式，实现规模化、安全化是大势所趋。

从使用传统的加工技术生产传统的果蔬加工产品向采用现代化高新技术开发生产新型保健产品方向转化。

2. 果蔬中功能成分的分离和提取　　果蔬中含有许多重要的生理活性物质。例如，被称为果蔬中"第一号抗氧化剂"的蓝莓中含有花色苷，它具有预防功能失调、改善短期记忆、提高老年人的平衡性和协调性等作用。番茄中的番茄红素，具有抗氧化作用，能预防前列腺癌、消化道癌及肺癌的产生。葡萄中的功效成分白藜芦醇、白藜芦醇苷和原花青素，能够抑制胆固醇在血管壁的沉积，防止动脉中血小板的凝聚，有利于防止血栓的形成，还具有抗癌作用。南瓜中具有环丙基结构的降糖因子，对治疗糖尿病有明显的作用。大蒜中含有硫化合物，具有降血脂、抗癌、抗氧化等作用。菠菜中含有叶黄素，具有减缓中老年人的眼睛自然退化的作用。另外还有芦荟中的多糖，牛蒡、洋葱中的低聚果糖，银杏中的黄酮类化合物，刺梨、沙棘果中的超氧化物歧化酶（SOD）等。采用超临界萃取技术、膜分离技术、高压技术、微胶囊化技术等现代化的高新技术来开发、生产这些具有功能性作用的果蔬产品是今后的发展方向。

3. 果蔬汁的加工　　果蔬汁因较好地保留果蔬原料中含有的营养成分而备受大众的青睐。一些国外先进的果蔬汁生产线，采用先进的加工技术如高温短时杀菌技术、无菌包装技术、膜分离技术等使果蔬汁加工业快速发展。目前果蔬汁的发展呈现出的主要趋势有以下几种。

（1）浓缩果汁：通常采用多级真空蒸发法，但它会导致果蔬汁风味芳香成分的大量损失，今后的趋势是采用膜分离技术，可较好地保持果汁风味和营养成分，降低耗能。

（2）天然果蔬汁：又称非浓缩还原汁（not from concentrate，NFC），它是从原料果蔬中取汁后直接杀菌、包装而成，不是由浓缩果蔬汁加水稀释而来。该果蔬汁营养高、风味好，已被广大消费者所接受。

（3）复合果蔬汁：依据不同果蔬原料的特点，将果汁与蔬菜汁进行综合调制而成。

（4）果肉饮料：多以桃、杏、草莓、山楂等水果原料为主，可较好保留水果中的膳食纤维。

（5）果汁奶饮料：它是在黏稠的混合果汁饮品中添加一些乳品配料，通常乳含量为 8%～10%（V/V），如风靡欧美的时髦（Smoothie）等果汁奶饮料。

4. 果蔬粉的加工　　传统的果蔬制粉时，因物料温度过高，破坏了原料中的营养成分、色泽和风味,今后要向低温超微粉碎的方向发展,可实现细胞壁粉碎,平均粒径在 2μm 以下,能充分利用果蔬中的膳食纤维,更易消化、吸收,符合当今食品行业"高效、优质、环保"的发展方向。

5. 果蔬脆片的加工 果蔬脆片是以新鲜、优质的纯天然果蔬为原料,以食用植物油作为热的媒介,在低温真空条件下加热,使之脱水而成。其母体技术是真空干燥技术。作为一种新型果蔬风味食品,由于其保持了原果蔬的色香味并具有松脆的口感,且具有低热量、高纤维、富含维生素和多种矿物质、不含防腐剂、携带方便、保存期长等特点,在欧洲各国、美国、日本等国家十分受宠,发展前景广阔。

6. 果蔬采后防腐保鲜与商品化处理、特色果蔬保鲜、预切果蔬和净菜加工 果蔬的最少加工,又称果蔬的 MP(minimally processed)加工,与传统的加工技术如罐藏、速冻、干制、腌制不同,它不对果蔬产品进行热加工处理,只适当采用去皮、切割、修整等处理,果蔬仍为活体,能进行呼吸作用,具有新鲜、方便、可 100%食用的特点。但由于切割对果蔬组织产生机械损伤,保鲜难度大增,随着切割技术的成熟、冷链的建立和人们生活节奏的加快,最少加工果蔬将会走进广大消费者家中。

7. 谷-菜复合食品的加工 谷-菜复合食品是以谷物和蔬菜为主要原料,采用科学方法将它们"复合",所生产出的产品,其营养、风味、品种及经济效益等多种性能互补,是一种优化的复合食品,如蔬菜面条、蔬菜米粉及营养糊类、蔬菜谷物膨化食品、蔬菜饼干、面条、面包、蛋糕类食品等。谷-菜复合食品有很多优点,市场潜力巨大,随着冷冻、真空及微波干燥技术设备的广泛应用,商品化的谷-菜复合食品将逐步走向市场。

第三节 果品蔬菜败坏的原因及其控制

果蔬加工原理是在充分认识果蔬败坏原因的基础上建立起来的。

一、果品蔬菜败坏的原因

食品的败坏含义较广,凡不符合食品食用要求的变质、变味、变色、分解和腐烂都属于败坏,并不单指腐烂。一种食品,凡是改变了原来的性质和状态使品质变差,就可认为其发生了败坏。食品的败坏包括变质、变味、变色、软化、膨胀和腐烂等。败坏后的产品外观不良,风味减损,成为废物,甚至成为有害物质,误食后可危及生命。

引起果蔬败坏的原因主要有微生物和化学两个方面。

1. 微生物败坏 有害微生物的生长繁殖是导致果蔬及一切食品败坏的主要原因。由微生物引起的食品败坏通常表现为生霉、酸败、发酵、软化、腐烂、膨胀、产气、变色、浑浊等。微生物种类繁多,无处不在,果蔬原料、加工器具及加工用水都会携带大量的微生物,如果果蔬加工原料和加工器具清洗不充分、加工制品杀菌不完全、加工卫生条件不符合要求、加工用水及加工原料被污染、制品密封不严、保藏剂(糖、酸、醇、醋及盐等)浓度不够等都会引起微生物的感染,导致果蔬加工品发生败坏。引起果蔬败坏的微生物包括细菌、酵母菌和真菌三大类。细菌主要引起罐头、果汁和果酒等的败坏;酵母菌主要引起糖制品、蔬菜腌制品、果汁、果酒和果醋等的败坏;真菌则主要危害新鲜果蔬、果汁、干制品和蔬菜腌制品等。要避免微生物造成的危害,必须注意各个环节的清洁卫生,杜绝污染源头。一旦发生败坏，要查清具体原因，采取相应措施，防止再次发生。

　　一般来说，除了酿造果酒、果醋、乳酸饮料和某些腌渍蔬菜需利用发酵微生物外，其他果蔬加工中应杀灭微生物。

　　2. 化学败坏　　造成果蔬加工品败坏的另一重要原因是在加工和贮藏过程中发生了各种不良的化学变化，如氧化、还原、分解、合成和溶解等。

　　化学败坏的原因：①果蔬内部的化学物质发生变化，如果胶物质发生水解使果实变软；②果蔬与氧气接触发生反应，如果蔬当中的多酚物质与氧接触造成的氧化褐变；③果蔬与加工设备、包装容器、加工用水等的接触发生反应，如果蔬当中的单宁与铁接触引起的褐变。

　　与微生物败坏相比，化学败坏程度较轻，但普遍存在，会导致制品不符合标准，其中某些败坏，如果蔬的变色至今仍是加工中的一大难题。化学败坏会对果蔬加工品的色、香、味造成损失，一般无毒，可以在一定的范围内允许存在，但少数也不利于健康。

　　化学败坏表现为产品的变色、变味、软烂及维生素的损失等。产品的变色包括酶促褐变、非酶褐变、叶绿素和花青素的变色或褪色、胡萝卜素的氧化，以及各种金属离子与食品中的化学成分发生化学反应而引起的变色。变味主要是加工制造或贮藏中造成的芳香物质的损失和异味的产生，如柑橘汁中苦味的出现等。软烂主要是由于果蔬中的原果胶物质水解所致，过于软烂会导致品质下降。维生素的损失是由于氧化和受热分解所致。

　　所有上述败坏都与果蔬中所含化学物质的性质有关。

二、果品蔬菜败坏的控制

　　根据果蔬败坏的原因，控制果蔬败坏的措施包括物理的、化学的和生化的，生产中常以物理方法为主，同时辅以化学和生化的方法来防止果蔬的败坏。

　　控制果蔬败坏的总原则是：①减少物理作用和化学作用对果蔬的影响；②消灭微生物或造成不适于微生物生长的环境；③果蔬制成品与外界隔绝，不与空气、水分接触，防止微生物再侵染。具体措施包括如下几个方面。

　　1. 保证原料和加工的清洁卫生　　搞好清洁卫生工作是保证一切食品质量的首要条件。果蔬原料大多是露天生产的，其表面往往会携带大量的微生物，因此加工前原料一定要充分清洗，以减少附着在原料表面的微生物。工厂厂区和车间要经常打扫，保持干净，生产中产生的皮屑废物要及时清除，污水要及时处理和排放，生产车间要定期进行消毒处理，加工设备、加工器具使用后要及时洗净，保持干燥。

　　2. 热处理（杀菌）　　杀菌是果蔬加工的重要环节，也是保障果蔬加工品不发生败坏的重要措施。杀菌方法有热力杀菌和非热力杀菌，生产上多以热力杀菌为主。

　　热力杀菌是食品加工与保藏中用于改善食品品质和延长食品贮藏期的最重要的处理方法之一，其作用主要是：杀死微生物、钝化酶；改善食品的品质和特性，提高食品中营养成分的可消化性和可利用率；破坏食品中不需要或有害的成分。

　　热力杀菌的效果与食品中所含微生物的种类和数量有关。不同种类微生物的最适生长温度不同，致死温度差异很大。大多数细菌、酵母菌和霉菌生长适温为 $16 \sim 38^{\circ}C$，耐热菌在 $66 \sim 82^{\circ}C$ 生长。大多数细菌在 $82 \sim 93^{\circ}C$ 被杀死，但细菌芽孢耐高温，必须采用 $100^{\circ}C$ 以上的湿热温度才能将其杀死。食品中所含微生物的数量越多、微生物的耐热性越强，杀菌所需温度越高或时间越长。

　　热力杀菌的效果还与食品含酸量有关，食品含酸量越高，所需杀菌热量越低，杀菌效果越好，因为酸可以降低微生物的致死温度，提高热的杀菌力。

　　热力杀菌按杀菌条件可分为低温杀菌法和高温杀菌法。

　　1) 低温杀菌法　　杀菌温度低于水的沸点(100℃)温度，又分为巴氏杀菌法和高温短时杀菌法。

　　(1) 巴氏杀菌法：杀菌温度在水的沸点以下，普通使用范围为 60～90℃，杀菌效果与温度和时间密切相关，温度高则时间短，温度低则时间长，如 90℃时需 1min，而 60℃时则需 20～30min。巴氏杀菌仅杀死微生物的营养体而不能杀死芽孢。巴氏杀菌适用于果蔬汁、果酒等流质及用高糖或高盐保藏的食品，如果酱、果冻、糖浆制品或酱菜、泡菜等。果汁为低 pH 流质食品，果酒含有乙醇，故微生物不易生长繁殖，采用高温杀菌反而会损害其风味。糖制品和腌渍品为高渗透压产品，也无需用高温杀菌。

　　(2) 高温短时杀菌法：由巴氏杀菌演变而来，是一种在高温下短时间杀菌的方法。适合于果汁等易受热变质的流质食品，其主要目的除了杀灭微生物营养体外，还需钝化果胶酶及过氧化物酶。果胶酶及过氧化物酶的钝化温度分别为 88℃和 90℃，所以常用的杀菌温度不低于 88℃或 90℃，如柑橘汁常用 93.3℃杀菌 30s。

　　2) 高温杀菌法　　杀菌温度在水的沸点以上，常在 100～121℃，有时高达 130℃以上，是果蔬罐头和果汁饮料常用的杀菌方法。杀菌后不存在能繁殖的微生物，达到所谓的"商业无菌"状态。高温杀菌法根据杀菌方法不同可分常压杀菌法、加压杀菌法和超高温瞬时杀菌法。

　　(1) 常压杀菌法：在常压下进行杀菌，杀菌温度为水的沸点温度，适用于 pH4.5 以下的酸性或高酸性果蔬罐头的杀菌。

　　(2) 加压杀菌法：在加压条件下进行杀菌，杀菌温度高于水的沸点温度，通常在 105～121℃，适用于 pH4.5 以上的低酸性蔬菜类罐头的杀菌。

　　(3) 超高温瞬时杀菌法：采用 130℃以上的超高温对料液进行瞬间的杀菌。超高温瞬时杀菌法杀菌效果特别好，几乎可达到或接近灭菌的要求，而且杀菌时间短，只需几秒钟，物料中营养物质破坏少，营养成分保存率达 92%以上，大大优于其他热力杀菌法，目前已广泛用于杀菌乳、果汁及各种饮料、豆乳、酒等产品的生产中。

　　非热力杀菌是一种冷杀菌技术，主要包括超高压杀菌、辐照杀菌和臭氧杀菌等。非热力杀菌一般在常温条件下完成，处理过程中不产生热效应或热效应很低。因此，它克服了一般热力杀菌传热相对较慢和对杀菌对象产生热损失等缺点，该方法不仅可以有效杀灭食品中的有害微生物、钝化原料中内源酶活性，而且能够更好地保持食品原有风味、色泽和营养组分，特别适合于对热敏性物料及其制品的杀菌。

　　3. 低温处理　　微生物的活力随着温度的降低而减慢，这是冷藏和冻藏的根据。低温菌在 0℃或更低温度下仍能生长，但在低于 10℃时生长就变得缓慢，温度越低，生长越慢，当食品中的水分全部冻结时，微生物就停止生长。

　　冷藏是将原料或成品保藏在较低的温度下。冷藏原理是低温下微生物的活动受阻，食品内部的生物化学变化速率变慢，食品不易发生霉变、腐败等，有利于较好地保持原有品质。

　　冻藏是将食品保持在其冰点以下的温度环境中，使其冻结，之后将制品贮藏在冰点以下的环境中。冻藏原理是低温不仅抑制了微生物和食品中酶的活动，还能使食品中的水分由液态变为固态，使食品的水分活度大大下降，进一步抑制微生物和酶的活动，所以可良好地保持制品的品质。冻结可分速冻和缓冻，果蔬制品宜用速冻。

4. 脱水和干燥处理　　利用热能或其他能源排除果蔬中多余的水分，使其保持在一定程度的干燥状态下，从而降低了果蔬的水分活度，微生物由于缺少水分而无法生长发育，果蔬中的酶也由于缺乏有效水分作为反应介质而不能催化反应，因而有保藏效果。

微生物的生长需要一定的水分，如果将水分从食品中除去，微生物的生长就会受到抑制。将食品脱水，或添加糖、盐一类溶质，水分子在溶质的束缚下，能为微生物所利用的有效水分也随之下降。

食品中的水分以水分活度来表示，水分活度(Aw)是指物料水分的蒸汽压(P)与纯水的蒸汽压(P_0)之比，Aw 为 $0 \sim 1$。纯水 Aw 为 1，完全无水时 Aw 为 0。水分活度取决于食品的干燥程度和食品所含盐、糖等可溶性固形物的浓度。食品越干燥、食品含盐或含糖越多，吸水性越强，则水分活度就越小，微生物的生长受到抑制越大。当食品的 Aw 值低于某一限度时，微生物就不能生长。Aw 还受环境中 pH、温度、氧、盐、糖等各种因素的影响。一般微生物发育要求的最低 Aw 值如下：细菌 $0.95 \sim 0.91$，耐盐性细菌 $0.80 \sim 0.75$，酵母菌 $0.91 \sim 0.87$，耐高渗透压酵母 $0.65 \sim 0.60$，霉菌 $0.87 \sim 0.80$，干性霉菌 0.65。

5. 糖和盐处理　　微生物在浓糖液或浓盐液中时，微生物细胞中的水分就会发生反渗透进入糖液或盐液中，从而引起微生物细胞发生质壁分离现象，微生物的生长就会受到抑制甚至死亡。这与溶液和食品的水分活度密切相关，溶质浓度越高，渗透压越大，Aw 值越低，微生物细胞发生质壁分离的现象就越严重。

某种溶液对渗透压和水分活度的定量关系取决于溶质的分子质量。浓度相同时低分子质量溶质对增加溶液渗透压和降低水分活度的作用比高分子质量溶质大。例如，10%的 $NaCl$ 溶液增加渗透压和降低水分活度的作用比 10%蔗糖溶液要大。所以常用高浓度的食糖或食盐进行果蔬加工品、半成品或原料的保藏。果酱、果冻及腌渍果蔬即利用此原理来达到保藏目的。

6. 酸处理(pH)　　微生物的生长受酸度的影响较大，不同种类的微生物对酸的敏感程度不同，有些微生物比其他微生物对酸更加敏感。一种微生物在发酵过程中所生成的酸往往会抑制另一种微生物的繁殖，这是用控制发酵手段抑制腐败菌的生长来保藏食品的原理之一；另外，游离的 H^+ 可使蛋白质凝固。可以通过添加选定的产酸菌种在食品中生成酸或让食品自然发酵产酸，也可将酸直接添加于食品中。酸具有不同程度的防腐能力，直接与 H^+ 浓度或 pH 有关，但是同样 pH 的两种酸可能具有不同的防腐能力，因为某些酸的阴离子也发挥作用，相同 pH 下，无机酸的效果大于有机酸，常用的酸为醋酸、乳酸、磷酸和柠檬酸。

7. 抽真空与密封　　氧气除对维生素、食品色泽、风味和其他食品成分有破坏作用以外，还是霉菌生长所必需的，要控制需氧腐败菌，必须把氧气除去。

从食品中排除氧气的办法：在加工过程中进行排气；隔绝与空气接触；添加抗氧化剂；抽真空包装或充惰性气体包装。

真空处理不仅可以防止因氧化而引起的品质劣变，不利于微生物的繁殖，而且在加热浓缩时，可以缩短加工时间，能在较低温度下完成加工过程，使加工品的品质进一步提高。

密封是保证加工品与外界空气隔绝的一种必要措施，只有密封才能保证有一定的真空度。番茄酱等半成品大罐保藏，充气保藏食品时只有密封才能有适当的正压，防止微生物生长。无论何种加工品，只要在无菌的条件下密封保持一定的真空度，避免与外界的水分、氧和微生物接触，则可以久藏不坏。

8. 应用防腐剂　　防腐剂作为保藏的一种辅助手段用于食品的保藏。在食品保藏中常用的防腐剂有苯甲酸及其钠盐、山梨酸(花楸酸)及其钾盐、二氧化硫及亚硫酸盐类、维生素 K_3、脱氢醋酸和乳酸链球菌素等。

苯甲酸及其钠盐：最常用的是苯甲酸钠，溶解性好。国内使用剂量不超过 0.1%，一般为 0.05%~0.1%，但在果汁中使用时剂量不能超过 0.05%；对加工原料或半成品进行保藏时，使用剂量可适当提高。苯甲酸在酸性条件下效果高。

二氧化硫及亚硫酸盐类：应用于果汁半成品、干制品、果酒原料等。

山梨酸及其盐类：山梨酸又名花楸酸，是一种不饱和脂肪酸，呈白色结晶，能溶于多种有机溶剂，微溶于水。其钠、钾盐则易溶于水，故应用较多。花楸酸及其盐的抑菌作用在于妨碍脱氢酶系统，在酸性条件下效果较好，用量也可减少，抑制霉菌及酵母比抑制细菌效果好。我国规定保藏果汁半成品用量可达 0.1%，一般为 0.05%~0.1%。

9. 应用抗氧化剂　　抗氧化剂是能使产品避免或减轻氧化反应发生的一类物质。其原理大致有下述几种：一是自身先与氧发生反应，以消耗有效氧；二是减少氧在溶液中的溶解；三是阻止或减弱氧化酶系统的活力。果蔬加工中常用的抗氧化剂有抗坏血酸、二氧化硫及亚硫酸盐、有机酸、食盐、草酸盐、茶多酚等。抗坏血酸在果汁加工时常以 50~200mg/L 果汁的用量在压榨时加入，食盐以 1%~2%的浓度作为护色液用。

10. 辐射处理　　用不同种类的辐射，可在一定程度上杀死微生物和使酶钝化。X 射线、微波、紫外线等都是已用于保藏食品的各种电磁辐射。紫外线和超短波光只需 20~50s 即可达到杀菌目的，但其作用仅在产品的表面，难以深入内部，所以常用于加工原料、容器、车间及包装材料的消毒。一般辐射通常是指用电离射线(β 射线或 γ 射线)照射食品，放射线按剂量的大小，现在已用于杀菌、杀虫或抑制发芽等方面。这种辐射形式并无显著升温，所以无热杀菌(冷杀菌)是这种方法的特征，而且在短时间内即可处理大批量食品。辐射必须在专用的辐射室中进行，而且要限制在许可范围之内，因为辐射会发生副反应，如发生辐射臭和色香味的变化等。另外，辐射处理存在安全问题，如是否致癌等，所以辐射保藏受到一定的限制。

11. 生化保藏　　果蔬内所含的糖在微生物的作用下发酵，变成具有一定保藏作用的酒精、乳酸、醋酸等，可以加强食品的保藏性。果酒、乳酸饮料、酸菜、泡菜及果醋即是利用此种方法保藏的产品。但是，只有酒精和醋酸往往还不够，尚需应用其他措施才能长期保藏。

在果蔬加工保藏时，根据加工品的种类不同，采取不同的控制措施。一种或一类果蔬加工品既有单一应用上述食品败坏控制措施的，也有同时应用几种食品败坏控制措施的。

第四节　果品蔬菜加工保藏方法

果蔬的保藏与腐败因素密切相关，在进行果蔬保藏时，必须根据引起果蔬的败坏因素来确定保藏方法。根据加工原理，果蔬保藏方法可归纳为以下四类。

一、抑制微生物活动的保藏方法

利用某些物理手段和化学手段抑制食品中微生物和酶的活动，属于这类的保藏方法有干制、糖制、腌制和冷冻保藏等。

干制是通过自然或人工控制条件下减少食品中所含的大部分水分，使食品水分活度降低到微生物不能利用的程度，食品本身酶的活性也同时受到抑制。

盐藏、糖藏是利用其具有较高的渗透压，脱出了自由水分，降低了水分活度，从而抑制微生物的生长和酶的活性。

冻藏是指在能使食品保持冻结状态的温度(-18℃)下贮藏。冻藏时的低温不仅抑制了微生物和食品中酶的活动，还能使食品当中的水分由液态变为固态，使食品的水分活度大大下降，进一步抑制微生物和酶的活动，从而使食品能够较长时间的保存。速冻是目前比较先进的加工技术。速冻食品能保持新鲜食品原有的风味和营养价值，深受消费者欢迎。

二、生化保藏法

生化保藏法又称发酵保藏法，是指利用某些有益微生物的发酵活动，产生和积累代谢产物如酒精、乳酸和醋酸等来抑制其他有害微生物活动的一种保藏方法。果酒、乳酸饮料、酸菜、泡菜、果醋即是利用此种方法保藏的产品。

三、无菌保藏法

无菌保藏法是指通过热处理、微波、辐射、过滤等工艺手段，将食品中腐败菌数量减少到能使食品长期保存所允许的最低限度。罐藏是重要的食品保藏方法，食品经排气、密封和杀菌保存，在不受外界微生物污染的密闭容器中，就能长期保存，不再引起败坏。

四、维持食品低生命活动的保藏方法

通过气调贮藏或低温贮藏等方法，使果蔬和微生物的生命活动维持在一个较低的水平。此法主要用于保存新鲜果蔬原料，一般保存期比较短，这不属于加工保藏，是贮藏保鲜，对加工果蔬原料的保存有重要意义。

总之，食品各种加工保藏方法都是创造一种使有害微生物不能生长繁殖的环境条件。各种保藏方法可综合或有机地配合使用，可以同时采用2～3种方法进行保藏，如干制加冷藏。

──思 考 题────────────────────────

1. 引起果蔬败坏的原因是什么？
2. 导致果蔬败坏的微生物主要是哪几类？
3. 简述控制果蔬败坏的措施及其原理。
4. 根据加工原理，果蔬加工保藏方法可归结为哪几类？

第二章 果品蔬菜加工原料的特性及处理

【内容提要】

本章介绍果蔬原料的种类、品种、成熟度、新鲜度、化学成分与果蔬加工工艺及果蔬加工品质量的关系，果蔬加工原料选择的原则，果蔬加工原料预处理的方法、原理、作用及注意事项。

果蔬加工品的种类较多，包括果干、脱水菜、果蔬脆片、果蔬罐头、果蔬汁、果酒、果醋、果酱、果脯蜜饯、腌制菜、速冻果蔬制品等。各类果蔬加工品的制造工艺虽然不同，但对原料的选择、贮存，以及选剔分级、清洗、去皮、去心、切分和破碎等处理，均有共同之处。

第一节　果品蔬菜加工原料的特性

果品蔬菜的加工方法虽然比较多，但每一种加工方法都对原料的品质特性有一定的要求，只有符合要求的原料才能生产出优质的产品。对果蔬原料品质特性影响较大的因素为果蔬的种类和品种、果蔬的成熟度和果蔬的新鲜度。

一、果品蔬菜的种类和品种

根据原料的品种特性进行适合的加工是充分利用资源的保证，不恰当的加工既浪费原料，也得不到品质好的产品。

果蔬特性决定其加工类型。果蔬的种类、品种杂多，多数都可进行加工，但不同种类、品种间的理化特性和组织结构存在差异，因而适宜进行加工的种类和品种也就不同。何种原料适合制作何种加工品是根据其特性决定的，如柑橘类、柠檬、葡萄、柚含酸含汁多，宜做果汁，不宜做果干、罐头；甜橙、脐橙酸甜适度、风味芳香，宜做果汁、果酱、果酒、蜜饯；苹果酸度高，宜做果脯、罐头（'红玉'、'国光'）、果汁（'富士'等）；青刀豆应该选择豆荚呈圆柱形、直径小于0.7cm、直而不弯又不太长、无纤维的品种用于罐藏。

不同加工品对原料品质也有一定的要求。根据加工产品的要求选择适宜的种类和品种是获得高产优质加工品的首要条件，不符合要求的原料，只能得到产量低、质量差的产品。

果酒和果汁的原料要求汁液丰富、取汁容易、可溶性固形物含量高、酸度适宜、风味芳香独特、色泽良好及果胶含量适宜的种类和品种，如葡萄、柑橘、苹果、梨、菠萝、樱桃、桑葚、番茄、黄瓜、芹菜、大蒜等。然而有的果蔬汁液含量并不丰富，如胡萝卜和山楂等，但它们具有特殊的营养价值和风味色泽，可以采取特殊的工艺处理而加工成澄清或浑浊型的果汁饮料。

干制品的原料要求干物质含量较高、水分含量较低、可食部分多、粗纤维少、风味及色泽好的种类和品种,较理想的果蔬干制原料有红枣、柿子、山楂、苹果、龙眼、杏、胡萝卜、马铃薯、辣椒、南瓜、洋葱、姜和大部分的食用菌等。但某一适宜的种类中并不是所有的品种都可以用来加工干制品。例如,脱水胡萝卜制品'新黑田五寸'就是一种最佳加工品种,而有的胡萝卜品种则不宜用于加工。

罐藏制品的原料要求果心小、肉质厚、质地致密嫩脆、糖酸比例适当、耐煮性好、整形后的形态美观、色泽一致。一般大多数的果蔬均可适合此类制品的加工。

糖制品的原料要求肉质肥厚、果胶物质丰富、有机酸含量较高、风味浓、香气足、耐煮制。例如,水果中的山楂、杏、草莓、苹果等就是最适合加工这类制品的原料种类。而蔬菜类的番茄酱加工对番茄红素的要求甚为严格。

腌制品对原料的要求不太严格,一般应以水分含量低、干物质较多、肉质厚、风味独特、粗纤维少为好。优良的腌制原料有芥菜类、根菜类、白菜类、黄瓜、茄子、蒜、姜等。

二、果品蔬菜的成熟度

果蔬的成熟度是表示原料品质与加工适应性的指标之一。不同的加工品对原料成熟度的要求不同。选用成熟度适宜的原料进行加工,既可以提高产品的质量,又可提高出品率;反之,原料成熟度不适宜,不仅加工困难,而且产品质量低劣、出品率低。

在果蔬加工学上,一般将成熟度分为可采成熟度、加工成熟度和生理成熟度三个阶段。

可采成熟度是指果实充分膨大长成,但风味还未达到顶点。这时采收的果实,适合于贮运并经后熟后方可达到加工的要求,如香蕉、西洋梨等水果。一般工厂为了延长加工期,常在这个时期采收进行贮存,以备加工。

加工成熟度是指果实已具备该品种应有的加工特征,分为适当成熟与充分成熟。

生理成熟度是指果实质地变软,风味变淡,营养价值降低,一般称这个阶段为过熟。这种果实除了可做果汁和果酱外(因不需保持形状),一般不适宜加工为其他产品。即使要做上述制品,也必须通过添加一定的添加剂或在加工工艺上进行特别处理,方可制出比较满意的加工制品,这样势必会增加生产成本,因此,任何加工品均不提倡在这个时期进行加工。但制作葡萄的加工品时,则应在这时采收,因为此时果实含糖量高,色泽、风味最佳。

不同种类的果蔬加工品对原料成熟度的要求不同。果汁和果酒要求原料充分成熟、色泽好、香味浓、酸低糖高(个别要求高酸)、榨汁容易、出汁率高,这样才能制得优质的果汁、果酒;否则,成熟度不够,制品色淡、味酸、榨汁不易,澄清也比较困难。

干制品要求果实充分成熟,否则成品质地坚硬,缺乏应有的风味。例如,杏如果在其青绿色未褪尽时采收进行干制,干制以后,由于叶绿素分解变成暗褐色,外观难看,干燥率也很低。

果脯蜜饯和罐藏原料要求成熟度适中,果实含原果胶较多,组织坚硬,耐煮制;否则充分成熟或过熟的果实在煮制或加热杀菌过程中容易煮烂,还易导致罐内汁液的浑浊。

果糕、果冻类原料要求成熟度适当,原料原果胶含量高,制成品具有较好的凝胶特性。

蔬菜供食用的器官不同,采收期不同。收获期应适时,收获太晚,则组织疏松,粗纤维增多,可溶性固形物含量下降,品质差;收获过早,组织太细嫩,营养物积累不多,产量低。蔬菜原料采收后应及时运至加工厂加工。

青豌豆、青刀豆等罐头用原料，以乳熟期采收为宜。青豌豆花后17～18天采收品质最好，糖分含量高，粗纤维少，表皮柔嫩，制成的罐头甜、嫩、汁液不浑浊。若采收过早，果实发育不充分，难以加工，产量也低；若选择在最佳采收期后采收，则籽粒变老，糖转化成淀粉，失去加工罐头的价值。

金针菜以花蕾充分膨大还未开放时做罐头和干制品为优，花蕾开放后，易折断，品质变劣。

制作清水蘑菇罐头的蘑菇子实体在1.8～4.0cm时采收为优，过大、开伞后的蘑菇，菌柄空心，外观欠佳，不适合做蘑菇罐头，只可做蘑菇干。

青头菜、萝卜和胡萝卜等果实充分膨大、尚未抽薹时采收为宜，此时原料纤维素少，品质高；否则，组织木质化或糠心，品质下降甚至不能食用。

马铃薯、藕以地茎开始枯萎时采收为宜，此时淀粉含量高。

叶菜类与大部分果实类不同，一般要在生长期采收，此时粗纤维少，品质好。

酱腌果菜类，如进行酱腌的黄瓜要求选择幼嫩的乳黄瓜或小黄瓜进行采摘。

三、果品蔬菜的新鲜度

加工用原料越新鲜完整，成品的品质也就越好，损耗率也越低，所以从采收到加工，应尽可能保持新鲜完整。加工厂房应设置在产区，根据加工设备能力分期、分批采收，用来包装运输的容器应坚固光滑，大小也应适宜。果品运至加工厂后，应尽快处理，如来不及加工，应贮存在适宜的条件下，以保证新鲜完整，减少腐烂损失。原料在采收、运输过程中造成的部分机械损伤、轻微的病虫害果，如果及时进行加工，尚能保证成品的品质，否则这些原料容易腐烂，失去加工价值。

葡萄、草莓和桑葚等原料柔软，不耐压，不耐存，易破裂流汁被微生物感染，既增加原料损耗，又给以后的杀菌消毒增加困难，所以采收后要及时进行加工处理；桃采后易变软，应在采后1天内加工；蔬菜易萎蔫，应注意及时加工，蘑菇、芦笋要在采后2～6h加工；青刀豆、蒜薹、莴苣应在采后1～2天内加工；大蒜、生姜应在采后3天内加工，否则表皮干枯，去皮困难；甜玉米应在采后6h内加工，否则水分和糖分含量会迅速下降，淀粉含量增加，易老化，影响加工品品质；葡萄、杏、草莓、樱桃应在采后12h内加工。如果运输距离较远，来不及加工，则应有相应的保藏措施，如蘑菇等食用菌要用盐渍保藏；甜玉米、豌豆、青刀豆及叶菜类最好立即进行预冷处理；桃子、李、番茄、苹果等最好入冷藏库贮存。同时，在采收、运输过程中防止机械损伤、日晒、雨淋及冻伤等，以充分保证原料的新鲜。

四、果品蔬菜的化学成分

果蔬加工的目的，除了防止腐败变质外，还要使加工品尽可能保存原料原有的营养成分和风味特点，其实质就是控制果蔬化学成分的变化。因此有必要了解果蔬主要化学成分的基本性质及其加工特性。

根据果蔬中化学成分的功能，将果蔬的化学成分分为以下4类：

(1)色素物质：叶绿素、类胡萝卜素、花青素、类黄酮等；

(2)营养物质：水分、糖类、脂肪、蛋白质、氨基酸、维生素、矿物质等；

(3)风味物质：糖、酸、单宁、糖苷、氨基酸、芳香物质、辣味物质等；

(4)质构物质：果胶类物质、纤维素、水分等。

（一）色素类物质

果蔬的色泽及其变化是评价新鲜果蔬品质、判断成熟度及加工制品品质的重要感官指标。

1. 叶绿素类　　叶绿素是由 4 个吡咯环的 α-碳原子通过次甲基相连而成的复杂共轭体系的衍生物，是由叶绿酸、叶绿醇和甲醇三部分组成的酯。叶绿素 a 为蓝绿色，叶绿素 b 为黄绿色。在植物中，叶绿素 a 和叶绿素 b 含量比大约为 3：1。叶绿素不溶于水，易溶于有机溶剂。叶绿素不稳定，在酸性条件下容易脱镁形成脱镁叶绿素，绿色消失，呈现褐色；在碱性条件下，叶绿素分解生成叶绿酸、甲醇和叶绿醇，叶绿酸呈鲜绿色，较稳定，可与碱进一步生成绿色的叶绿酸钠（或钾）盐，叶绿酸盐性质稳定。因此，绿色蔬菜加工时，常在烫漂液中加小苏打进行护绿，也可用氯化锌、硫酸镁和氯化钙等进行护绿。

叶绿素不耐光也不耐热。光照或加热时，叶绿素生成脱镁叶绿素，呈暗绿色至绿褐色或紫褐色，在加工过程中采用高温短时处理和避光保存的方法有利于绿色的保护。热烫处理有利于绿色的保护。

叶绿素中的镁离子还可以被铜、锌所取代而显示出稳定的绿色。因此，在绿色蔬菜加工时，为了保持加工品的绿色，常用一些盐类如氯化锌（$ZnCl_2$）、硫酸镁（$MgSO_4$）和氯化钙（$CaCl_2$）等进行护绿。

2. 类胡萝卜素　　类胡萝卜素为一种浅黄色至深红色的非水溶性色素。果蔬中的类胡萝卜素有 300 多种，主要有胡萝卜素、番茄红素、番茄黄素、辣椒红素、辣椒黄素和叶黄素等，呈现黄色、橙色、红色。类胡萝卜素的耐热性强，在果蔬加工中所受的影响较少，即使与锌、铜、铁等金属共存时也不易破坏；遇碱稳定；在光照或有氧条件下，易被脂肪氧化酶、过氧化物酶等氧化脱色，尤其是紫外线也会促进其氧化；完整的果蔬细胞中的类胡萝卜素比较稳定。加工时未经酶钝化的蔬菜胡萝卜素损耗量可达 80%。

胡萝卜素常与叶黄素、叶绿素共同存在于果蔬的绿色部分中，只有叶绿素分解后，才能表现出黄色。胡萝卜、南瓜、番茄、辣椒、绿叶蔬菜、杏和黄桃中胡萝卜素的含量较高。果蔬中胡萝卜素的 85% 为 β-胡萝卜素，是人体膳食维生素 A 的主要来源。

3. 花青素　　花青素是一类水溶性色素，以糖苷形式存在于植物细胞液中，故称为花色苷，呈现红色、蓝色、紫色。花青素很不稳定，加热对它有破坏作用。氧气和紫外线可促使大部分花青素种类发生分解并形成沉淀。花青素与金属离子反应生成盐类，大多数为灰紫色，与锡、铁、铜等离子反应生成蓝色或紫色。因而，含花青素的产品采用涂料灌装，加工时避免与金属接触。pH 会影响花青素的色泽，呈现出酸红、中紫、碱蓝的趋势，原因是花青素的结构会随 pH 的变化而变化。

花青素是一种感光色素，充足的光照有利于花青素的形成。因此，山地、高原地带果品的着色往往好于平原地带。此外，花青素的形成和累积还受植物体内营养状况的影响，营养状况越好，着色越好，着色好的水果风味品质也较佳。

4. 黄酮类色素　　黄酮类色素是一类水溶性的色素，其水溶液呈涩味或苦味。黄酮类色素比花青素稳定。黄酮类物质在酸性条件下无色，在碱性时呈黄色，与铁盐作用会变成绿色或紫褐色。比较重要的黄酮类色素有圣草苷、芸香苷、橙皮苷等，它们存在于柑橘、芦笋、杏、番茄等果实中，是维生素 P 的重要组分，而维生素 P 具有调节毛细血管透性的功能。柚皮苷存在于柑橘类果实中，是柑橘皮苦味的主要来源。

(二)风味物质

构成果蔬的基本风味有香、甜、酸、苦、辣、涩、鲜等几种。

1. 香味物质　　果蔬的芳香是由其所含的多种芳香物质形成的,这些芳香物质大多为油状挥发性物质,故又称挥发性油,也称精油。构成果蔬香味的主要物质为醇、酯、醛、酮、萜类和烯烃等化合物,在这些香味物质的分子中都含有发香基团如羟基、羧基、醛基、羰基、醚基、酯基、苯基、酰胺基等;也有少量是以糖苷或氨基酸形式存在的,在酶的作用下分解成挥发性的香味物质如苦杏仁油和蒜油等(表2-1)。

表2-1　几种果蔬的主要香味物质(叶兴乾,2009)

名称	香味主要成分	名称	香味主要成分
苹果	乙酸异戊酯	萝卜	甲硫醇、异硫氰酸烯丙酯
梨	甲酸异戊酯	叶菜类	叶醇
香蕉	乙酸戊酯、异戊酸异戊酯	花椒	天竺葵醇、香茅醇
桃	乙酸乙酯、γ-葵酸内酯	蘑菇	辛烯-1-醇
柑橘	蚁酸、乙酸、乙醇、丙酮、苯乙醇、甲酯、乙酯	蒜	二烯丙基二硫化物、甲烯丙基二硫化物、烯丙基
杏	丁酸戊酯		

果品的香味物质多在成熟时开始合成,进入完熟阶段时大量形成,产品风味也达到了最佳状态。大部分果蔬的芳香物质为低沸点、易挥发、易氧化物质和热敏物质,果蔬贮藏加工过程中芳香成分的含量会因热和酶的作用发生分解,使果蔬及其产品风味变差。因此,果蔬加工时应尽量避免长时间的热处理以防果蔬加工品的风味减损。某些芳香物质,如大蒜油、橘皮油等具有一定的抑菌和抗氧化作用。

2. 甜味物质　　构成果蔬甜味的主要物质是糖及其衍生物糖醇类物质,此外,一些氨基酸、胺等非糖物质也具有一定的甜味。蔗糖、果糖、葡萄糖是果蔬中的主要甜味物质,也是果蔬中可溶性固形物的主要部分。此外,果蔬中还含有甘露糖、半乳糖、木糖、核糖、山梨醇、甘露醇和木糖醇等甜味物质。果蔬的含糖量差异很大,一般来说,水果含糖量较高,而蔬菜中除西瓜、甜瓜、番茄和胡萝卜等含糖量较高外,其余的含糖量都很低。大多数水果的含糖量为7%~22%,而蔬菜的含糖量大多在5%以下,表2-2是几种果蔬的含糖量。

表2-2　几种果蔬的含糖量(Belitz and Grosch,1997;Li et al.,2002)　　(单位:g/100g)

名称	果糖	葡萄糖	蔗糖	麦芽糖	总糖
苹果	5.6	1.8	2.6	—	10.0
杏	0.4	1.9	4.4	—	6.7
鳄梨	0.1	0.1	—	—	0.2
香蕉	2.9	2.4	5.9	—	11.2
樱桃	6.1	5.5	—	—	11.6
葡萄柚	1.6	1.5	2.3	0.1	5.5
葡萄	6.7	6.0	0.0	0.0	12.7
芒果	3.8	0.6	8.2	—	12.6

续表

名称	果糖	葡萄糖	蔗糖	麦芽糖	总糖
橘子	2.0	1.8	4.4	—	8.2
桃	4.0	4.5	0.2	—	8.7
梨	5.3	4.2	1.2	—	10.7
李子	3.2	5.1	0.1	0.1	8.5
草莓	2.3	2.6	1.3	—	6.2
西瓜	2.7	0.6	2.8	—	6.1

果蔬的甜味不仅与糖的含量有关，还与所含糖的种类有关。各种糖的相对甜味差异很大，若以蔗糖的甜度为100，则果糖的甜度为173，葡萄糖的甜度为74。不同果蔬所含糖的种类及各种糖之间的比例各不相同，甜度与味感也不尽相同。仁果类果实果糖含量较多，核果类、柑橘类果实蔗糖含量较多，而浆果类的糖分则主要以葡萄糖为主。

另外，果蔬甜味的强弱还受糖酸比的影响，糖酸比越高，甜味越浓；反之，酸味增强。

3. 酸味物质　　有机酸是果蔬酸味的主要来源，果蔬中的有机酸主要为柠檬酸、苹果酸和酒石酸，还有少量的琥珀酸、酮戊二酸、绿原酸、咖啡酸、阿魏酸、水杨酸等。由于柠檬酸、苹果酸和酒石酸在水果中含量较高，是构成水果酸味的主要有机酸，所以将它们称为果酸。蔬菜的含酸量相对较低，除番茄外，大多都感觉不到酸味的存在。

不同种类和品种的果蔬，有机酸种类和含量不同。例如，苹果总酸含量为0.2%~1.6%，梨为0.1%~0.5%，葡萄为0.3%~2.1%。常见主要果蔬中的有机酸含量见表2-3。

表2-3　常见主要果蔬的有机酸含量（赵晋府，2009）

种类	柠檬酸/%	苹果酸/%	种类	柠檬酸/%	苹果酸/%
草莓	0.91	0.10	甘蓝	0.14	0.10
苹果	0.03	0.02	胡萝卜	0.09	0.24
葡萄	—	0.65	洋葱	0.02	0.17
橙	0.98	痕量	马铃薯	0.51	—
柠檬	3.84	痕量	甘薯	0.07	—
香蕉	0.32	0.37	荚豌豆	0.03	0.13
菠萝	0.84	0.12	南瓜	—	0.15
桃	0.37	0.37	菠菜	0.08	0.09
梨	0.24	0.12	花椰菜	0.21	0.39
杏(干)	0.35	0.81	番茄	0.47	0.05
洋李	0.03	0.92			

果蔬的生长期不同，含酸量不同，幼嫩的果蔬一般含酸量较高，含糖量较低，口感较酸；随着果实的发育成熟，含糖量逐渐增高，含酸量因呼吸消耗而降低，使糖酸比提高，导致酸味下降。

有机酸的酸感也不完全一样。在有机酸中，酒石酸的酸性最强，并有涩味；其次是苹果酸和柠檬酸。酸感的产生除了与酸的种类和浓度有关外，还与体系的温度、缓冲效应和其他物质的含量(主要是糖和蛋白质的含量)有关。体系缓冲效应增大，可以增大酸的柔和性。在饮料及某些产品的加工过程中，使用有机酸的同时加入该酸的盐类，其目的就是为了使体系形成一定的缓冲能力，改善酸感。

菠菜、茭白、苋菜、竹笋这几种蔬菜含有较多的草酸，由于草酸会刺激腐蚀人体消化道内的黏膜蛋白，还可与人体内的钙盐结合形成不溶性的草酸钙沉淀，降低人体对钙的吸收利用，故不宜多食。

酸是确定罐头杀菌条件的主要依据之一，酸能降低微生物的致死温度，低酸性食品一般要采用高压杀菌，酸性食品则可以采用常压杀菌，这也是水果和蔬菜罐头杀菌温度区别的主要原因；有机酸在加热时还可以促进蔗糖和果胶等物质的水解，影响果胶的凝胶强度，促进非酶褐变的发生；而有机酸又具有很好的抗氧化作用，可以护色和保护维生素 C 免遭破坏。因此，有机酸在果蔬加工中的作用极为重要。

4. 涩味物质　　果蔬的涩味主要来自于单宁类物质，适量的单宁与糖酸结合可形成良好的风味，但单宁含量过多则会使风味过涩。当可溶性单宁的含量(如涩柿)达 0.25%左右时，就可感觉到明显的涩味。未成熟果蔬中单宁的含量较高，加之含酸量高，所以口感酸涩，但随着果实的成熟，可溶性单宁的含量会随之下降，口感也会变得清凉。除了单宁类物质外，儿茶素、无色花青素及一些羟基酚酸等也具有涩味。

涩味的产生是由于可溶性的单宁与口腔黏膜蛋白发生凝固反应而产生的一种收敛感。单宁物质含量高时会给人带来很不舒服的收敛性涩感，但适度的单宁含量可以给产品清凉的感觉，也可以强化酸味的作用。这一点在清凉饮料的配方设计中具有很好的使用价值。

单宁由可溶态转变为不溶态，果实的涩味就会减弱，甚至完全消失。无氧呼吸产物乙醛可与单宁发生聚合反应，使可溶性单宁转变为不溶性缩合物，涩味消失。所以人们在生产实践中常常采用温水浸泡、乙醇或高浓度的二氧化碳处理等措施，诱导柿果产生无氧呼吸而达到脱涩的目的。

单宁与果蔬加工品的色泽有密切关系。单宁在有氧条件下极易被氧化发生酶促褐变，尤其在遇到铁等金属离子后，会加剧色变。此外，单宁遇碱很快变成黑色，因此在果蔬碱液去皮处理后，一定要尽快洗去残留的碱液。

单宁与蛋白质作用会生成不溶性化合物，生产澄清果汁时常利用此性质。

5. 苦味物质　　果蔬中的苦味主要来自一些糖苷类物质，由糖基与苷配基通过糖苷键连接而成。当苦味物质与甜、酸或其他味感恰当组合时，就会赋予果蔬特定的风味。果蔬中的苦味物质组成不同，性质也各异。

(1)苦杏仁苷。苦杏仁苷是苦杏仁素(氰苯甲醇)与龙胆二糖形成的苷，具有强烈苦味，在医学上具有镇咳作用，普遍存在于桃、白果、李、樱桃、苦扁桃和苹果等果实的果核及种仁中。苦杏仁苷本身无毒，但生食桃仁、杏仁过多，会引起中毒，因为同时摄入的苦杏仁苷酶使苦杏仁苷水解为葡萄糖、苯甲醛和剧毒的氢氰酸。因此，加工时要先进行脱毒去苦处理，以防中毒。

(2)茄碱苷。茄碱苷又称龙葵苷，主要存在于茄科植物中，以马铃薯块茎中含量较多，其含量超过 0.01%时就会感觉到明显的苦味。因为茄碱苷分解后产生的茄碱是一种有毒物质，其含量超过 0.02%时即可使人食后中毒。马铃薯所含的茄碱苷集中在薯皮和萌发的芽眼部位，当马铃薯块茎受日光照射表皮呈淡绿色时，茄碱含量显著增加，据分析，可由 0.006%增加到 0.024%。所以，发绿和发芽的马铃薯应将皮部和芽眼削去后方可食用。在未熟的绿色茄子中，茄碱苷的含量也较多，成熟后含量减少。

　　(3) 橘皮苷(橙皮苷)。主要存在于柑橘类果实中，尤以白皮层、种子、囊衣和轴心部分为多，具有强烈的苦味。橘皮苷是维生素 P 的重要组成部分，具有软化血管的作用。橘皮苷不溶于水，而溶于碱液和乙醇中。橘皮苷在碱液中呈黄色，溶解度随 pH 升高而增大。当 pH 降低时，溶解了的橘皮苷会沉淀出来，形成白色的浑浊沉淀，这是柑橘罐头中白色沉淀的主要成分，在柚皮苷酶的作用下，可水解成糖基和苷配基，使苦味消失，这就是果实在成熟过程中苦味逐渐变淡的原因。据此，在柑橘加工中常利用酶制剂来使柚皮苷和新橙皮柑水解，或者采用酸性加热使橘皮苷逐渐水解，以降低橙汁的苦味。

　　6. 辛辣味物质　　适度的辛辣味具有增进食欲、促进消化液分泌的功效。生姜中的辛辣味的主要成分是姜酮、姜酚和姜醇，其辛辣味有快感。辣椒中主要是辣椒素，属于无臭性的辣味物质。葱、蒜等蔬菜中的辛辣味物质是硫化物和异硫氰酸酯类，有强烈的刺鼻辣味和催泪作用，它们在完整的蔬菜器官中以母体的形式存在，气味不明显，只有当组织受到挤压破坏后，母体才在酶的作用下转化成具有强烈刺激性气味的物质。例如，大蒜中的蒜氨酸，本身并无辣味，只有在大蒜组织受到挤压破坏后，蒜氨酸才在蒜酶的作用下分解生成具有强烈辛辣气味的蒜素；芥菜中的刺激性辛辣味成分是芥子油，为异硫氰酸酯类物质，在完整组织中是以芥子苷的形式存在，本身并不具辛辣味，只有当组织破碎后，才在酶的作用下分解为葡萄糖和芥子油，芥子油具有强烈的刺激性辛辣味。

　　7. 鲜味物质　　果蔬中的鲜味物质主要来自一些具有鲜味的氨基酸、酰胺和肽，其中以 L-天冬氨酸、L-谷氨酰胺和 L-天冬酰胺最为重要，它们广泛存在于果蔬中。此外，竹笋中含有的天冬氨酸钠也具有天冬氨酸的鲜味。另一种鲜味物质谷氨酸钠是我们熟知的味精，其水溶液有浓烈的鲜味。谷氨酸钠或谷氨酸的水溶液加热到 120℃ 以上或长时间加热时，则发生分子内失水，缩合成有毒、无鲜味的焦性谷氨酸。

　　(三)营养物质

　　果蔬是人体所需维生素、矿物质与膳食纤维的重要来源，此外有些果蔬还含有大量维持人体正常生命活动必需的营养物质如淀粉、糖、蛋白质等。表 2-4 是几种果蔬所含主要营养成分。

表 2-4　几种果蔬的营养成分 (Moreiras et al.，2001；Arthey and Dennis，1991) (单位：g/100g)

名称	水分	碳水化合物	蛋白质	脂肪	纤维素
苹果	86	12.0	0.3	Tr	2.0
杏	88	9.5	0.8	Tr	2.1
鳄梨	79	5.9	1.5	12	1.8
香蕉	75	20.0	1.2	0.3	3.4
樱桃	80	17.0	1.3	0.3	1.2
葡萄	82	16.1	0.6	Tr	0.9
番石榴	82	15.7	1.1	0.4	5.3
猕猴桃	84	9.1	1.0	0.4	2.1
芒果	84	15.0	0.6	0.2	1.0

续表

名称	水分	碳水化合物	蛋白质	脂肪	纤维素
甜瓜	92	6.0	0.1	Tr	1.0
橘子	87	10.6	1.0	Tr	1.8
木瓜	89	9.8	0.6	0.1	1.8
桃	89	9.0	0.6	Tr	1.4
梨	86	11.5	0.3	Tr	2.1
菠萝	84	12.0	1.2	Tr	1.2
李子	84	9.6	0.8	Tr	2.2
山莓	86	11.9	1.2	0.6	6.5
草莓	91	5.1	0.7	0.3	2.2
西瓜	93	8.0	1.0	Tr	0.6
甘蓝	90	3.3	3.3	—	3
豌豆	79	11	6	—	5.2
马铃薯	76	21	2	—	2
胡萝卜	90	5.4	—	—	3
番茄	93	3	1	—	1.5

注：Tr 表示含量极微，可以忽略不计。

1. 维生素　　维生素是维持人体正常生命活动不可缺少的营养物质，大多是以辅酶或辅因子的形式参与生理代谢。维生素缺乏会引起生理代谢的失调，诱发生理病变。果蔬中含有多种多样的维生素，但与人体关系最为密切的主要有维生素 C 和类胡萝卜素(维生素 A 原)。据报道，人体所需维生素 C 的 98%、维生素 A 的 57%左右来自于果蔬。表 2-5 是几种果蔬的维生素含量。

表 2-5　几种果蔬的维生素含量(USAD，2004；Arthey and Dennis，1991)

名称	维生素 C /(mg/100g)	维生素 E /(mg/100g)	胡萝卜素 /(μg/100g)	硫胺素 /(mg/100g)	核黄素 /(mg/100g)	烟酸 /(mg/100g)	维生素 B_6 /(mg/100g)	叶酸 /(μg/100g)
苹果	4.6	0.18	3	0.017	0.026	0.091	0.041	3
杏	10.0	0.89	96	0.030	0.040	0.600	0.054	9
鳄梨	10.0	2.07	7	0.067	0.130	1.738	0.257	58
香蕉	8.7	0.10	3	0.031	0.073	0.665	0.367	20
樱桃	7.0	0.07	3	0.027	0.033	0.154	0.049	4
葡萄	10.8	0.19	3	0.069	0.070	0.188	0.086	2
番石榴	183.5	0.73	31	0.050	0.050	1.200	0.143	14
猕猴桃	75.0		9	0.020	0.050	0.500	—	—
西番莲果	53.2	0.18	11	0.087	0.040	0.282	0.060	30
橘子	61.8	0.73	55	0.027	0.032	0.338	0.019	38
木瓜	30.0	0.02	64	0.000	0.130	1.500	0.100	14

续表

名称	维生素C / (mg/100g)	维生素E /(mg/100g)	胡萝卜素 /(μg/100g)	硫胺素 /(mg/100g)	核黄素 /(mg/100g)	烟酸 /(mg/100g)	维生素B_6 /(mg/100g)	叶酸 /(μg/100g)
桃	6.6	0.73	16	0.024	0.031	0.806	0.025	4
梨	4.2	0.12	1	0.012	0.025	0.157	0.028	7
菠萝	36.2	0.02	3	0.079	0.031	0.489	0.110	15
李子	9.5	0.26	17	0.028	0.026	0.417	0.029	5
山莓	26.2	0.87	2	0.032	0.038	0.598	0.055	21
草莓	58.8	0.29	1	0.024	0.022	0.386	0.047	24
甘蓝	60	0.2	300	0.06	0.05	0.3	—	—
豌豆	25	—	300	0.32	0.15	2.5	—	—
马铃薯	10	0.1	—	0.11	0.04	1.2	—	—
胡萝卜	6	0.5	12000	0.06	0.05	0.6	—	—
番茄	20	1.2	600	0.06	0.04	0.7	—	—

维生素C特别容易氧化，尤其与铁等金属离子接触会加剧氧化，在光照和碱性条件下也易遭破坏，低温、低氧可有效防止果蔬贮藏中维生素C的损耗。在加工过程中，切分、烫漂、蒸煮和烘烤是造成维生素C损耗的主要原因，应采取适当措施尽可能减少维生素C的损耗。

此外，在果蔬加工中，维生素C还常常用作抗氧化剂，防止加工产品的褐变。

新鲜果蔬中含有大量的胡萝卜素，胡萝卜素本身不具有维生素A的生理活性，在人和动物的肠壁以及肝脏中能转变为具有生物活性的维生素A，因此胡萝卜素又被称为维生素A原。维生素A和胡萝卜素比较稳定，但由于其分子的高度不饱和性，在果蔬加工中容易被氧化，加入抗氧化剂可以使其得到保护；维生素A对高温和碱性条件相当稳定。在果蔬贮运时，冷藏、避免日光照射有利于减少胡萝卜素的损失。绿叶蔬菜、胡萝卜、南瓜、杏、柑橘、黄肉桃、芒果等黄色、绿色的果蔬含有较多量的胡萝卜素。

2. 矿物质　　矿物质是人体结构的重要组分，又是维持体液渗透压不可缺少的物质，同时许多矿物离子还直接或间接地参与体内的生化反应。人体缺乏某些矿物元素时，会产生营养缺乏症，因此矿物质是人体不可缺少的营养物质。

矿物质在果蔬中分布极广，占果蔬干重的1%～15%，平均值为5%，而一些叶菜的矿物质含量可高达10%～15%，是人体摄取矿物质的重要来源。表2-6和表2-7是几种果蔬的矿物质含量。

果蔬中的矿物质可与呼吸释放的HCO_3^-结合，中和血液pH，使血液pH上升，因此在营养学上将其称为"碱性食品"。

谷物、肉类和鱼、蛋等食品中，磷、硫、氯等非金属成分含量很高，它们的存在会增加体内的酸性。同时这些食品富含淀粉、蛋白质与脂肪，它们经消化吸收后，其最终氧化产物为CO_2，CO_2进入血液会使血液pH降低，所以在营养学中称之为"酸性食品"。

过多食用酸性食品，会使人体血液的酸性增强，易造成体内酸碱平衡的失调，甚至引起酸性中毒，因此为了保持人体血液、体液的酸碱平衡，在鱼、肉等动物食品消费量不断增加的同时，更需要增加果蔬的食用量。

在食品矿物质中，钙、磷、铁与健康的关系最为密切，人们通常以这三种元素的含量来衡量食品的矿质营养价值。果蔬尤其是某些蔬菜钙、磷、铁的含量很高，是人体所需钙、磷、铁的重要来源之一。

表2-6　几种水果的矿物质含量（USAD，2004）

名称	Fe/(mg/100g)	Ca/(mg/100g)	P/(mg/100g)	Mg/(mg/100g)	K/(mg/100g)	Na/(mg/100g)	Zn/(mg/100g)	Cu/(mg/100g)	Se/(μg/100g)
苹果	0.12	6	11	5	107	1	0.04	0.027	0.0
杏	0.39	13	23	10	259	1	0.20	0.078	0.1
鳄梨	0.55	12	52	29	485	7	0.64	0.190	0.4
香蕉	0.26	5	22	27	358	1	0.15	0.078	1.0
樱桃	0.36	13	21	11	222	0	0.07	0.060	0.0
葡萄	0.36	10	20	7	191	2	0.07	0.127	0.1
番石榴	0.31	20	25	10	284	3	0.23	0.103	0.6
猕猴桃	0.41	26	40	30	332	5	—	—	—
橘子	0.10	40	14	10	181	0	0.07	0.045	0.5
木瓜	0.10	24	5	10	257	3	0.07	0.016	0.6
西番莲果	1.60	12	68	29	348	28	0.10	0.086	0.6
桃	0.25	6	20	9	190	0	0.17	0.068	0.11
梨	0.17	9	11	7	119	1	0.10	0.082	0.1
菠萝	0.28	13	8	12	115	1	0.10	0.099	0.1
李子	0.17	6	16	7	157	0	0.10	0.057	0.0
山莓	0.69	25	29	22	151	1	0.42	0.090	0.2
草莓	0.42	16	24	13	153	1	0.14	0.048	0.4

表2-7　几种蔬菜的矿物质含量（Arthey and Dennis，1991）　　（单位：μg/100g）

名称	Na	Ca	Mg	Fe	Zn
甘蓝	23	75	20	0.9	0.3
豌豆	1	15	30	1.9	0.7
马铃薯	7	8	24	0.5	0.3
胡萝卜	95	48	12	0.6	0.4
番茄	3	13	11	0.4	0.2

3. 淀粉　　淀粉是由葡萄糖脱水缩合而成的多糖，是人类膳食的重要营养物质。大多数水果蔬菜淀粉含量较低，但在板栗及薯类、藕、芋头等地下根茎类蔬菜中淀粉的含量很高。此外，一些未成熟的果实如香蕉、苹果中也含有较多的淀粉，未成熟的香蕉中淀粉含量可达26%。果蔬中的淀粉含量随着果蔬的生长发育会发生变化，一般来讲，水果中的淀粉会随着

果实的成熟，在淀粉酶的作用下不断转化成糖，成熟后的香蕉淀粉含量只有大约 1%，而桃、李、杏、柑橘等水果在成熟后则基本不含淀粉。但根茎类蔬菜、豆类、甜玉米等随成熟过程淀粉趋向积累，成熟薯类淀粉含量可达 20%。

果蔬中淀粉含量及其采后的变化直接影响果蔬的品质和贮藏性能。富含淀粉的果蔬，淀粉含量越高，耐贮性越强；地下根茎菜，淀粉含量越高，品质与加工性能也越好；但青豌豆、菜豆、甜玉米等以幼嫩的豆荚或子粒供鲜食的蔬菜，淀粉含量的增加却意味着品质的下降；加工用马铃薯则不希望淀粉过多转化，否则转化糖多会引起马铃薯制品的色变；而香蕉和苹果随着果实的成熟淀粉会不断地转化成糖，使其甜度和食用品质提高。

4. 蛋白质和氨基酸　　果蔬中蛋白质物质含量差别较大，在水果中主要存在于坚果中，其他果实含量较少，为 0.2%～1.5%，坚果中有的可高达 16%左右。相对水果，蔬菜中蛋白质的含量较为丰富，一般在 0.6%～9%。

蛋白质在加工过程中易发生变性而凝固、沉淀，这一现象在饮料和清汁类罐头的加工中经常遇到，在等电点附近更易发生。采用适当的稳定剂、乳化剂及采用酶法改性工艺可以防止这类现象发生。蛋白质与单宁物质能够产生絮凝，利用这一性质可以对果蔬汁进行澄清。

蛋白质和氨基酸是美拉德反应的底物，该反应对产品的色泽具有很大的影响。游离氨基酸的含量越多，pH 越高，温度越高，还原糖的含量越高，美拉德反应越易发生。因此在加工过程中应从 pH、还原糖的含量、温度、蛋白质和氨基酸的含量等方面进行控制。此外，亚硫酸盐对美拉德反应也有很好的抑制效果。

5. 脂类　　脂类是人体细胞的重要组成部分。脂肪能促进某些维生素在体内的吸收，对人体器官具有缓冲和保护作用，保持体温。大部分果蔬中的脂类含量小于 0.5g/100g，而板栗中脂类的含量可达 55%，杏仁中可达 40%，葡萄籽 16%，苹果籽 20%。

（四）质地因子

新鲜果蔬的一个突出特点是含水量高，易腐烂。果蔬水分含量高，细胞膨压大，质地脆嫩可口。果蔬的质地主要体现为脆、绵、硬、软、细嫩、粗糙、致密和疏松等，它们与品质密切相关，是评价品质的重要指标。果蔬质地在生长发育的不同阶段会有很大变化，因此质地又是判断果蔬成熟度、确定加工适性的重要参考依据。果蔬的质地与果蔬的组织结构密切相关，而果蔬的组织结构又与其所含化学成分密切有关，构成果蔬质地的化学成分包括水分、果胶物质、纤维素和半纤维素。

1. 水分　　水分是影响果蔬新鲜度、脆度和口感的重要成分，与果蔬的风味品质密切相关。新鲜果品、蔬菜的含水量大多为 75%～95%，少数蔬菜，如黄瓜、番茄、西瓜含水量可高达 96%～98%。

含水量高的果蔬，细胞膨压大、组织饱满脆嫩、食用品质好、商品价值高，但采后由于水分的蒸发，果蔬会大量失水，失水后的果蔬会变得疲软、萎蔫，品质下降。另外，很多果蔬采后一旦失水，就难以再恢复新鲜状态。因此，为了更好地加工，一定要保持果蔬采后的新鲜度。

含水量高的果蔬，生理代谢非常旺盛，物质消耗很快，极易衰老败坏；含水量高也给微生物的活动创造了条件，使得果蔬产品容易腐烂变质。为了减少损耗，一定要将加工厂建在原料基地的附近，且原料进厂后最好马上加工处理。

2. 果胶物质　　　果胶是由半乳糖醛酸形成的长链。果胶物质是构成细胞壁的主要成分，也是影响果实质地的重要因素，果实的软硬程度和脆度与原料中果胶的含量和存在形式密切相关。果蔬中的果胶物质存在于植物的细胞壁与中胶层，果胶物质在果蔬中以原果胶、可溶性果胶和果胶酸三种形态存在，果胶物质的形态会随着果蔬的生长发育发生变化。原果胶存在于未成熟的果蔬中，是可溶性果胶与纤维素缩合而成的高分子物质，它不溶于水，具有黏结性，它们在胞间层与蛋白质、钙、镁等形成蛋白质-果胶-阳离子黏合剂，使相邻的细胞紧密黏结在一起，赋予未成熟果蔬较大的硬度。随着果实的成熟，原果胶在原果胶酶的作用下，分解为可溶性果胶与纤维素，可溶性果胶是由多聚半乳糖醛酸甲酯与少量多聚半乳糖醛酸连接而成的长链分子，存在于细胞汁液中，相邻细胞间彼此分离，组织软化。但可溶性果胶仍具有一定的黏结性，故成熟的果蔬组织还能保持较好的弹性。当果实进入过熟阶段时，果胶在果胶酶的作用下，分解为果胶酸与甲醇，果胶酸无黏结性，果蔬组织相邻细胞间便没有了黏结性，组织就变得松软无力，弹性消失。果胶物质形态的变化是导致果蔬硬度下降的主要原因。在生产中硬度是影响果蔬贮运性能的重要因素，人们常常借助硬度来判断某些果蔬如苹果、梨、桃、杏、柿果、番茄等的成熟度，确定它们的采收期，同时也是评价贮藏效果的重要参考指标。

果胶在果汁及果酱类制品加工中具有重要意义，可作为胶凝剂、增稠剂和稳定剂使用。果酱类产品的制造是利用果胶的胶凝作用制取的。在生产浑浊果汁时，可利用果胶作为稳定剂防止果肉微粒沉淀，保持果汁浑浊稳定。而在生产澄清果汁时，则需要除去果胶，使果汁澄清。

3. 纤维素和半纤维素　　　纤维素、半纤维素是植物细胞壁中的主要成分，是构成细胞壁的骨架物质，它们的含量及存在状态，决定着细胞壁的弹性、伸缩强度和可塑性。纤维素和半纤维素性质较稳定，不易被酸、碱水解。果实中纤维素含量为 0.2%～4.1%，半纤维素含量为 0.7%～2.7%；蔬菜中纤维素含量为 0.3%～2.3%，半纤维素含量为 0.2%～3.1%。幼嫩果蔬中的纤维素，多为水合纤维素，组织质地柔韧、脆嫩；老熟时纤维素会与半纤维素、木质素、角质、栓质等形成复合纤维素，组织变得粗糙坚硬，食用品质下降。角质纤维素具有耐酸、耐氧化、不易透水等特性，主要存在于果蔬表皮细胞内，可保护果蔬，减轻机械损伤，防止微生物侵染。

第二节　果品蔬菜加工原料的处理

果品蔬菜加工前的处理对果蔬加工和产品质量都有很大的影响，如果处理不当，不但会影响产品质量和产量，而且会对以后的加工工艺造成影响。果品蔬菜加工前处理包括挑选、分级、清洗、去皮、切分、修整、烫漂、硬化、抽空等工序。在这些工序中，去皮后还要对原料进行各种护色处理，以防原料产生变色而使品质变劣。尽管果品蔬菜种类和品种各异、组织特性相差很大、加工方法不同，但加工前的预处理过程却基本相同。

一、原料的分级

果蔬原料进厂后首先要进行粗选，然后再进行分级。粗选的目的是剔除不符合加工要求的果蔬原料，包括未成熟或过熟的、机械损伤严重的、病虫害严重的及腐烂长霉的果蔬。对于残、次果和损伤不严重的果蔬修整加以利用。分级的目的，一是便于操作，提高生产效率；二是可以提高产品质量，保证产品质量均匀一致。

　　果蔬的分级方法包括大小分级、成熟度分级和色泽分级等，生产中应根据果蔬的种类及加工要求选用。

　　大小分级便于工艺处理，能达到均匀一致的加工品，提高商品价值。分级方法有手工分级和机械分级两种。手工分级一般在生产规模不大或机械设备较差时使用，同时也可配以简单的辅助工具，以提高生产效率，如圆孔分级板、分级筛及分级尺等。而机械分级法常用滚筒分级机、振动筛及分离输送机。除了上述各种通用机械外，果蔬加工中还有许多专用分级机，如蘑菇分组机、橘片专用分级机和菠萝分级机等。

　　成熟度与色泽的分级在大部分果品蔬菜中是一致的，常用目视估测法进行。成熟度的分级一般按照人为制定的等级进行分选。色泽分级常按色泽深浅进行分级，除目测外，也可用灯光法和电子测定仪装置进行色泽分辨选择，有条件的企业可以采用机、电、仪一体的机械进行自动化分级。

　　品质分级使成品质量统一，保证能够达到规定的产品质量要求。

　　罐藏用原料必须进行分级处理。整形番茄罐头要求形态圆正、体积不大、色泽鲜艳；苹果、桃、梨按大小分级；蘑菇罐头按菌盖直径大小分级，凡不宜做整形蘑菇罐头的，挑出来切成薄片；青豌豆罐头先按直径大小分级，再用不同密度的食盐水进行品质分级，具体方法是：先用相对密度为 1.04 的食盐水浸泡，浮起的为甲级；下沉者再用相对密度为 1.07 的食盐水浸泡，上浮者为乙级，下沉为丙级。青豌豆含糖分多者相对密度小，如果糖分转化为淀粉则相对密度增加，质量就下降，故上浮者品质好些，下沉者质量差些；石刁柏罐头根据茎部直径大小、形态是否完整、组织是否细嫩、有无粗纤维、是否纯白或带绿色等来分级。

　　酱菜、腌制品、糖渍制品等也应事先进行分级，才能使产品整齐美观，但果酒、果汁、菜汁、果酱等不需要进行形态及大小分级。

二、原料的清洗

（一）清洗的目的

　　洗去果品蔬菜表面附着的灰尘、泥沙、微生物、虫卵及部分残留的化学农药，保证产品清洁卫生。

（二）清洗用水

　　果蔬加工原料一般用常温软水清洗，蜜饯、果脯、腌渍原料常用硬水清洗。若原料污染严重，可用热水清洗以增加清洗效果，但热水不适于柔软多汁、成熟度高的果品蔬菜的清洗。也可先用热水浸渍，然后再清洗。

　　残留农药等有毒药剂的原料，清洗时先在常温下浸泡数分钟（浸泡液为：0.5%～1.0% HCl 溶液，或 0.1%高锰酸钾溶液，或 600ppm[①]漂白粉液等），再用清水洗去化学药品。清洗时使水流动，或使原料震动及摩擦，以提高清洗效果。清洗时应注意节约用水。

---

　　① 1ppm=$1×10^{-6}$

一般根据各种原料被污染程度、耐压耐摩擦程度及表面状态采取不同的清洗方法和清洗机械来进行清洗。

(三)常用清洗设备

1. 清洗水槽　　清洗水槽用砖或不锈钢制成。槽内安置金属或木质滤水板，用以存放原料。在清洗槽上方安装冷、热水管及喷头，用来喷水，清洗原料，并安装一根水管直通到槽底，用来清洗喷洗不到的原料。在清洗槽的上方有溢水管，在槽底也可安装压缩空气喷管，通入压缩空气使水翻动，提高清洗效果。清洗水槽的优点是设备简单，适于各种果品蔬菜的清洗，可将果蔬放在滤水板上冲洗、淘洗，也可将果蔬用筐装盛放在槽中清洗。清洗水槽的缺点是不能连续化，功效低，耗水量大。

2. 滚筒式清洗机　　滚筒式清洗机的主要部分是一个可以旋转的滚筒，筒壁呈栅栏状，与水平面成3°左右倾斜安装在机架上。滚筒内有高压水喷头，以0.3~0.4MPa压力喷水。原料由滚筒一端经流水槽进入后，随滚筒的转动与栅栏板条相互摩擦至出口，被冲洗干净。滚筒式清洗机适合于质地较硬和表面不怕机械损伤的原料，如李、黄桃、苹果、马铃薯、甘薯、胡萝卜等。图2-1为滚筒式清洗机。

图 2-1　滚筒式清洗机　　　　　　　　　图 2-2　喷淋式清洗机

3. 喷淋式清洗机　　喷淋式清洗机是在清洗装置的上方或下方均安装喷水装置，原料在连续的滚筒或其他输送带上缓缓向前移动，受到高压喷水的冲洗。清洗效果与水压、喷头和原料间的距离、喷水量有关，压力大、水量多、距离近则清洗效果好。喷淋式清洗机对原料损伤小，而且清洗效果好，尤其适用于柔软多汁的水果的清洗，常在番茄、柑橘汁等连续生产线中应用，可与挑选机配合安装，即输送带一端进行品质挑选，另一端进行清洗。图 2-2为喷淋式清洗机。

4. 压气式清洗机　　在清洗槽内安装有许多压缩空气喷嘴，通过压缩空气使水产生剧烈的翻动，物料在空气和水的搅动下进行清洗。在清洗槽内的原料可用滚筒(如番茄浮选机)、金属网、刮板等传递。压气式清洗机用途广，常见的有番茄洗果机。

5. 浆叶式清洗机　　浆叶式清洗机为清洗槽内安装有浆叶的装置，每对浆叶垂直排列，末端装有捞料的斗，清洗时槽内装满水，可边推动、边搅拌、边清洗，可连续进料、连续出料。新鲜水也可以从一端不断进入。浆叶式清洗机适用于胡萝卜、甘薯、芋头等较硬物料的清洗。

6. 超声波清洗机　　超声波是一种超出人类听觉范围、频率在20kHz以上的声波，可以引起质点振动，质点振动的加速度与超声频率的平方成正比。超声波在清洗液中传播时会产生空化效应，在空化气泡突然闭合时发出的冲击波可在其周围产生上千个大气压，对果蔬表面的污层直接反复冲洗，破坏污物与果蔬表面的吸附，同时污物脱落后分散到清洗液中，从而达到清洗的目的。超声波清洗效果好、清洁度高、清洗速度快、对果蔬无损伤，对表面结构复杂的果蔬亦可清洗干净。

三、原料的去皮

(一)果蔬去皮的原因

除叶菜类外，大部分果蔬外皮比较粗糙、坚硬，影响制品的口感，还有些果蔬具有不良风味，会影响制品的品质。例如，苹果、梨、桃、李、杏外皮富含纤维素、原果胶及角质；柑橘类外皮含有香精油、果胶、纤维素及糖苷(苦味)；荔枝、龙眼的外壳木质化；菠萝外皮粗硬，含有菠萝蛋白酶，对人体蛋白质有水解作用。去皮、去核的目的是为了除去不可食用部分或影响制品品质的部分，提高制品的品质。

但浆果类加工可不去皮，制蜜饯、凉果及果干原料的枣、杨梅、李、柿、橄榄等也不去皮。某些果酱、果汁、果酒生产时要打浆、压榨或其他原因也不用去皮。

(二)注意事项

去皮时只要求去掉不合要求的部分，过度的去皮去心只能增加原料的损耗，并不能提高成品的品质，所以去皮去心不可过度。去下的皮屑、果心应进行综合利用。

(三)去皮的方法

果蔬去皮的方法有手工去皮、机械去皮、碱液去皮、热力去皮、真空去皮、酶法去皮、冷冻去皮及表面活性剂去皮。

1. 手工、机械去皮　　手工去皮是应用特别的刀、刨等工具人工削皮。手工去皮的优点是去皮干净、损失率少，并兼有修整的作用，同时也可以将去心、去核、切分等工序同时进行，在果蔬原料质量较不一致的条件下能显示出其优点。手工去皮的缺点是费工、费时，生产效率低，难以大量生产。手工去皮常用于柑橘、苹果、梨、柿、枇杷、竹笋、瓜类等。

机械去皮是采用专门的机械进行去皮。机械去皮机的种类有旋皮机、擦皮机及专用去皮机械。旋皮机是在特定的机械刀架下将果蔬皮旋去，适合于苹果、梨、柿、菠萝等大型果品。擦皮机是利用机器内表面的金刚砂或表面粗糙的转筒或滚轴，借摩擦力的作用擦去表皮。此法适用于马铃薯、甘薯、胡萝卜、荸荠、芋等原料，效率较高，但去皮后原料的表皮不光滑。该方法也常与热力方法连用，如甘薯去皮即先行加热，再喷水擦皮。

青豆、黄豆等采用专用的去皮机来完成，菠萝也有专门的菠萝去皮、切端通用机。

机械去皮比手工去皮的优点是效率高、质量好；缺点是去皮前原料要有较严格的分级，易发生褐变，由于器具被酸腐蚀而增加制品内的重金属含量。所以用于果蔬去皮的机械，特别是与果蔬接触的部分应该用不锈钢制造，否则会引起果肉的褐变。

2. 碱液去皮　　碱液去皮是利用碱液的腐蚀性来使果蔬表皮内的中胶层溶解，从而使果皮和果肉分离。绝大部分果蔬如桃、李、苹果、胡萝卜等，皮是由角质层和半纤维素组成，比较坚硬，碱液可使角质层和半纤维素变薄溶解；有些种类果皮与果肉的薄壁组织之间主要是由果胶等物质组成的中胶层，在碱的作用下，中胶层溶解失去凝胶性，从而使果蔬表皮剥落。

碱液去皮常用氢氧化钠，氢氧化钠的腐蚀性好、价格低廉。碱液浓度、处理时间和碱液温度是碱液去皮的三要素，应根据果蔬原料的种类、品质、成熟度和大小确定合适的碱液浓度、碱液温度和处理时间，既要保证有效去除果皮，又不会对果肉造成腐蚀，使果肉溶解，果肉表面变得毛糙，影响果块美观，造成资源浪费。表2-8是几种果蔬碱液去皮的条件。

表2-8　几种果蔬碱液去皮的条件（叶兴乾，2009）

果蔬种类	NaOH浓度/%	碱液温度/℃	处理时间/min
桃	2.0~6.0	>90	0.5~1.0
杏	2.0~6.0	>90	1.0~1.5
李	2.0~8.0	>90	1.0~2.0
猕猴桃	2.0~3.0	>90	3.0~4.0
橘瓣	0.8~1.0	60~75	0.25~0.50
苹果	8.0~12.0	>90	1.0~2.0
梨	8.0~12.0	>90	1.0~2.0
甘薯	4.0	>90	3.0~4.0
茄子	5.0	>90	2.0
胡萝卜	4.0	>90	1.0~1.5
马铃薯	10.0~11.0	>90	2.0

碱液去皮是果蔬原料去皮中应用最广的方法，其优点：一是适应性广，几乎所有的果蔬均可用碱液去皮，尤其适合于表面不规则、大小不一的原料；二是碱液去皮只要掌握合适，原料损失率低，利用率高；三是节省人工、设备等。

经碱液处理后的果蔬必须立即在冷水中浸泡、清洗，反复换水，同时搓擦、淘洗，除去果皮渣和黏附余碱，漂洗至果块表面无滑腻感、口感无碱味为止。漂洗必须充分，否则会使罐头制品的pH偏高，导致杀菌不足、口感不良。

为了加速降低pH和清洗，可用0.1%~0.2%的盐酸或0.25%~0.5%的柠檬酸水溶液浸泡，并有防止变色的作用。盐酸比柠檬酸好，因盐酸解离的氢离子和氯离子对氧化酶有一定的抑制作用，而柠檬酸较难解离；盐酸和原料的余碱可生成盐类，抑制酶活性；盐酸还具有价格低廉的优点。碱液去皮时切忌用铁、铝质制品。

碱液去皮的方法有浸碱法和淋碱法。

1）浸碱法　　是将一定浓度的碱液装入特制的容器中，将果实浸泡一定的时间后取出搅动、摩擦去皮、漂洗即成。浸碱法又分为冷浸与热浸，生产上常用热浸。冷浸常用设备为耐酸碱的搪瓷或不锈钢锅；简单的热浸设备常为夹层锅，用蒸汽加热，手工浸入果蔬，取出去皮。大量生产可用连续的螺旋推进式浸碱去皮机或其他浸碱去皮机械。其主要部件均由浸碱箱和清漂箱两大部分组成。切半后或整果的果实，先进入浸碱箱的螺旋转筒内，经过箱内的碱液处理后，随即在螺旋转筒的推进作用下，将果实推入清漂箱的刷皮转筒内，螺旋式棕毛刷皮转筒在运动中边清洗、边刷皮、边推动将皮刷去，原料由出口输出。

2)淋碱法　　　将热碱液喷淋于输送带上的果蔬上，淋过碱的果蔬进入转筒内，果蔬在转筒内翻滚，果蔬之间及果蔬与转筒内壁之间发生摩擦，在水的冲洗下即可完成去皮。杏、桃等果实常用此法。

浸碱或淋碱后的碱液，浓度要随时进行调整（补碱），直至溶液变稠后弃去。

案例　山核桃仁的去皮

山核桃仁种皮含有单宁，使山核桃仁有一种不易被人接受的苦涩味，加工出的系列产品由于口感不好，且易产生褐色，影响产品的口味和色泽，加工时需要去除。核桃仁表面极不规则，采用其他去皮方法去皮难度大、效果差，而碱液去皮则非常适合。浙江大学生物系统工程与食品科学学院的刘森等对山核桃仁碱液浸泡法去皮工艺进行了研究，获得了山核桃仁碱液去皮的最佳工艺条件：氢氧化钠溶液浓度 0.9%，浸泡温度 78℃，浸泡时间 3min。按此条件处理，山核桃仁去皮效果好，核桃仁质地良好。

3. 热力去皮　　　热力去皮是果品在短时间的高温作用下，表面迅速变热，果皮膨胀破裂，果皮与果肉间的原果胶水解失去胶凝性，果皮与果肉组织分离，迅速冷却后即可完成去皮。热力去皮适用于桃、杏、枇杷和番茄等薄皮果实的去皮，且果实的成熟度要高。热力去皮原料损失少，果肉色泽、风味好。

热力去皮的热源为蒸汽和热水。热烫时间应根据原料的种类和成熟度而定。例如，番茄可在 96～98℃的热水中浸泡 20～30s，取出后用冷水浸泡或喷淋，然后手工剥皮；桃可在 100℃的蒸汽下处理 8～10min；枇杷果用 95℃以上的热水烫 2～5min 即可剥皮。

也可用红外线加热去皮，即用红外线照射，使果蔬皮层温度迅速提高，皮层下水分汽化，因而压力骤增，使组织间的联系破坏而使皮肉分离。据报道，将番茄在 1500～1800℃的红外线高温下处理 4～20s，即可用冷水喷射除去外皮。

4. 酶法去皮　　　酶法去皮适用于柑橘类，其原理是柑橘的瓣瓣在果胶酶（主要是果胶酯酶）的作用下，果胶发生水解，脱去囊衣。酶法去皮的优点是条件温和，去皮效果好，产品质量高。

案例　　酶法去除柑橘囊衣

柑橘罐头是我国柑橘加工的主导产品，占柑橘加工产品的 80%，占国际贸易额的 60%以上，在国际市场具有很强的竞争力。柑橘的橘瓣外附着白色丝状的囊衣，影响柑橘罐头的美观度，加工时需要除去。浙江省柑橘研究所的方修贵等以浙江产中晚熟温州蜜橘为试材，采用 $L_9(3^4)$ 正交实验设计对复合酶解脱除柑橘囊衣工艺参数进行优化，并提出以酶解产物中还原糖含量作为酶解效果的评价指标。结果表明：pH3.4，温度 50℃，果胶酶与纤维素酶的使用比例为 1:1，酶解时间 38min，不仅可以有效去除囊衣，且橘瓣完整而紧实。

5. 冷冻去皮　　　将果品与冷冻装置的冷冻（-28～-23℃）表面接触片刻，使其外皮冻结于冷冻装置上，当果品离开时，外皮即被剥离。该法适用于桃、杏、番茄。

6. 真空去皮　　　将成熟的果蔬加热后置于真空室内，进行抽空处理。随着真空度的提高，真空室内的压力迅速降低，果皮下的液体迅速沸腾，皮与肉分离，然后破除真空，冲洗或搅动去皮。此法适用于成熟的果蔬，如桃、番茄等。

7. 表面活性剂去皮　　　用 0.05%蔗糖脂肪酸酯、0.4%的三聚磷酸钠和 0.4%NaOH 混合液在 50～55℃处理柑橘瓣 2s，即可冲洗去皮。此法通过降解果蔬表皮的表面张力，再经润湿、渗透、乳化、分散等作用使碱液在低浓度下迅速达到很好的去皮法效果，较化学去皮法更优，适用于柑橘瓣衣的去除。

四、原料的切分、去心、去核、修整及破碎

体积较大的果蔬原料在罐藏、干制、加工果脯、蜜饯及蔬菜腌制时，为了保持适当的形状，需要适当地切分；核果类加工前需去核；仁果类则需去心。

罐藏加工时为了保持良好的形状外观，需对果块在装罐前进行修整。例如，除去碱液去皮未去净的果蔬皮，残留于芽眼或梗洼中的皮，除去部分黑色斑点和其他病变组织。去囊衣柑橘罐头则需去除未去净的囊衣；制果酱的原料要破碎以便煮制；制果汁、果酒的原料经破碎后便于榨汁。

食品企业一般采用专用机械来完成上述工序，专用机械主要包括以下几种。

(1)劈桃机：用于将桃切半，主要原理为利用圆锯将其锯成两半。

(2)多功能切片机：为目前采用较多的切分机械，可用于果蔬的切片、切块、切条等。

(3)专用切片机：在蘑菇生产中常用于蘑菇定向切片。

除此之外，还有菠萝切片机、青刀豆切端机、果脯切丁机、甘蓝切条机等。

五、原料的烫漂

原料的烫漂是将已经切分的新鲜果蔬原料在温度较高的热水或沸水或常压蒸汽中加热处理的方法。烫漂是许多果蔬加工品的重要加工工序，如糖制、干制、罐藏及冻藏等原料大都需要进行烫漂处理。

1. 烫漂的作用

(1)排除果肉组织内的空气，使罐头保持合适的真空度；减弱罐内残留氧气对马口铁内壁的腐蚀；避免罐头杀菌时发生跳盖或爆裂。

(2)破坏果蔬组织中酶的活性，防止色素及维生素 C 的氧化，减少氧化变色和营养物质的损失。烫漂可以破坏冻藏蔬菜组织内的过氧化物酶和接触酶，从而避免冻藏蔬菜产生一种类似枯草的气味和色泽的改变。

(3)使果蔬细胞内的原生质发生凝固，造成质壁分离，细胞膜的透性增大，利于果蔬干制时水分的蒸发和干制品的复水，从而缩短干燥和复水时间；也有利于糖制时糖分的渗透，缩短煮制的时间。

(4)减少某些原料的苦味(芦笋)、涩味及辣味(辣椒)，除去不愉快的风味，从而使品质得到改善。

(5)降低果蔬中的污染物，杀灭果蔬表面附着的一部分微生物和虫卵。

(6)使果蔬原料质地软化，体积缩小，果肉组织变得柔软且富有弹性，果块不易破损，有利于装罐操作。

(7)用中性或微碱性的水烫漂，可以很好地保持蔬菜的绿色，起到护色作用。

(8)排除果肉组织间隙的空气，提高制品的透明度，使其更加美观；同时可以除去表皮的黏性物质，使原果胶变为可溶性果胶质，从而改善制品的品质。

2. 烫漂的方法　　常用的烫漂方法有热水法和蒸汽法两种。

热水法是在不低于90℃的温度下处理2~5min。热水法的优点是物料受热均匀，升温速率快，方法简便；缺点是部分维生素及可溶性固形物损失较多，一般损失 10%~30%。所以，采用热水法烫漂时，烫漂水应重复使用，可减少可溶性固形物的流失，烫漂液可收集进行综

合利用。

蒸汽法是将原料装入蒸锅或蒸汽箱中，用蒸汽喷射数分钟后立即关闭蒸汽并取出冷却。蒸汽法的优点是可避免营养物质的大量损失；缺点是必须有较好的设备，否则加热不匀，热烫质量差。

近几年来，烫漂方法向快速、节能和操作控制方便的方向发展，其中以微波烫漂和常温酸烫漂为主要代表。微波烫漂是将预处理后的原料放在 915MHz 或 2450MHz 的电磁场中，利用微波的热效应和生物效应，破坏酶的空间结构，使酶失活。这种方法使蔬菜内外同时加热，品温上升快；常温酸烫漂主要用于易发生褐变的蔬菜类。例如，蘑菇含有大量的多酚氧化酶，可以将切片的蘑菇放在 pH3 左右、浓度为 0.005mol/L 的柠檬酸溶液中处理数分钟，由于低 pH 和柠檬酸的作用破坏了酶的三级结构，并且柠檬酸可以螯合多酚氧化酶的中心金属离子，使酶失活。

绿色蔬菜烫漂时可在烫漂液中加入少量的碱性物质如 $NaHCO_3$ 等，起到很好的护绿效果。

无论采用何种烫漂方法，都必须严格控制烫漂的时间和温度。烫漂不足，不仅没有使酶完全失活，还使得蔬菜组织遭受破坏，速冻蔬菜在冻藏中更快产生劣变；烫漂过度，组织破坏严重、质地过软，原料失色严重。

果品蔬菜烫漂的程度应依其种类、块形、大小和工艺要求而定，生产前需要进行预实验。一般要求烫至组织透明，组织中的多酚氧化酶和过氧化物酶的活性被全部破坏即可。烫漂后是否达到后序加工的要求，常以果蔬中最耐热的过氧化物酶的钝化作为标准，对速冻果蔬加工，这项检测尤显重要。过氧化物酶活性的检查，可用 0.1%愈创木酚乙醇溶液或者 0.3%联苯胺溶液，与 0.3%过氧化氢溶液等量混合，将热烫后的原料切片后，滴几滴上述混合溶液，数分钟内不变色，则说明过氧化物酶被钝化，烫漂程度已够。若愈创木酚变褐色，或者联苯酚变蓝色即说明酶未被破坏，烫漂程度不够。

果品蔬菜烫漂后，应立即冷却，以停止热处理的余热对产品造成的不良影响并保持原料的脆嫩，一般采用流动水漂洗冷却或冷风冷却。

六、工序间的护色处理

果蔬原料去皮和切分之后，放置于空气中，很快会变成褐色，不仅影响产品外观，也破坏了产品的风味和营养价值。在空气中放置时间越久，变色越深；单宁越多，变色越快，褐色越深。在碱性溶液中果蔬的变色更快。果蔬褐变由酶促褐变和非酶褐变引起，主要是酶促褐变。酶促褐变是果蔬组织中的酚类物质在多酚氧化酶和过氧化物酶的作用下，被氧化而变成褐色的过程。酶促褐变的关键因素是酚类底物、酶和氧气。由于底物不能除去，所以一般的护色措施从排除氧气和抑制酶活性两方面着手。果蔬加工中工序间的护色措施有以下几种。

(一)食盐水护色

食盐溶于水后，能减少水中的溶解氧，从而可控制氧化酶系的活性；同时食盐溶液具有高渗透压，也可使酶细胞脱水失活。食盐溶液浓度越高，护色效果越好。工序间的短期护色一般采用 1%~2%的食盐溶液。食盐浓度过高，虽然护色效果好，但脱盐难度大。为了提高食盐水护色的效果，可以在食盐水中加入 0.1%的柠檬酸。在制作果脯、蜜饯时，为了提高耐煮性，也可用氯化钙溶液浸泡，因为氯化钙溶液既有护色作用，又有硬化作用，可提高果块的硬度。食盐水护色是水果罐头和果脯加工中常用的护色方法。

(二)酸溶液护色

酸溶液可以减弱或抑制多酚氧化酶的活性，降低溶液中氧的含量(氧气在酸性溶液中的溶解度小)，起到抗氧化作用。果蔬护色常用的酸有柠檬酸、苹果酸和维生素 C。苹果酸和抗坏血酸价格高，所以生产中主要使用柠檬酸，使用浓度为 0.5%～1%。

(三)热烫

如烫漂所述。

(四)硫处理

二氧化硫或亚硫酸盐处理是果品蔬菜加工中原料预处理的一项重要措施，主要用于果蔬原料的护色及果蔬半成品的保藏。

1. 护色原理　　二氧化硫与有机过氧化物中的氧结合，阻止过氧化物的生成，过氧化物酶便失去了氧化作用；同时，二氧化硫与单宁的酮基结合，使单宁不被氧化。

2. 亚硫酸的作用

(1)亚硫酸具有强烈的护色效果。亚硫酸对氧化酶的活性有很强的抑制或破坏作用，可防止酶促褐变；亚硫酸还能与葡萄糖发生加成反应，防止羰氨反应的进行，从而可防止非酶褐变。

(2)亚硫酸具有防腐作用。亚硫酸能消耗组织中的氧气，抑制好气性微生物的活动，还能抑制某些微生物活动所必需的酶的活性。亚硫酸的防腐作用随其浓度提高而增强，对细菌和霉菌作用较强，对酵母菌作用较差。

(3)亚硫酸具有抗氧化作用。亚硫酸具有强烈的还原性，能消耗组织中的氧，抑制氧化酶活性，对防止果品蔬菜中维生素 C 的氧化破坏很有效。

(4)亚硫酸还具有促进水分蒸发的作用。亚硫酸能增大果蔬细胞膜的透性，不仅可以缩短干燥脱水的时间，还使干制品具良好的复水性能。

(5)亚硫酸具有漂白作用。亚硫酸能与许多有色化合物结合变成无色的衍生物。亚硫酸对花青素中紫色和红色的漂白作用特别明显，对类胡萝卜素影响较小，对叶绿素不起作用。二氧化硫解离后，有色化合物又恢复原来的色泽。所以，用二氧化硫处理保存的原料，色泽变淡，经脱硫后色泽复显。

(6)二氧化硫能与原生质成分内某些化合物的碳原子团起作用。例如，二氧化硫与水解酶的醛基作用，破坏了酶的活性，从而使微生物和果品本身的水解作用同时受到抑制，果品中维生素不易氧化损失。

3. 硫处理方法

1)熏硫法　　将原料放在密闭的室内或塑料帐内，燃烧硫黄产生二氧化硫，也可将钢瓶中的二氧化硫直接送入密闭室或塑料账内。熏硫室或帐内二氧化硫浓度宜保持在 1.5%～2.0%，也可以按每立方米空间燃烧硫黄 200g 计算，或者按每吨原料用硫黄 2～3kg 计算。熏硫所用硫黄要纯净不含其他杂质，熏硫程度以果肉色泽变淡，果肉内二氧化硫的含量达到0.1%左右为宜。熏硫结束后，打开密闭室的门，待二氧化硫散净后，方能入内工作。熏硫后的果蔬原料应贮藏在密闭的容器中，并在低温下保存，以防止二氧化硫的逸散。保存期中要定期检查原料中的二氧化硫的有效浓度，若果肉内二氧化硫含量降低到 0.02%时，就要进行加工处理或再进行熏硫补充。

2）浸硫法　　用一定浓度的亚硫酸盐溶液，在密封容器中将洗净后的原料浸没。亚硫酸盐的浓度以有效二氧化硫计，一般要求为果实及溶液总重的 0.1%～0.2%。处理时，根据不同的亚硫酸盐所含的有效二氧化硫计算用量，各种亚硫酸盐中有效二氧化硫的含量如表 2-9 所示。

表 2-9　亚硫酸盐中有效二氧化硫的含量（叶兴乾，2009）

名称	有效 SO_2 的含量/%	名称	有效 SO_2 的含量/%
液态二氧化硫(SO_2)	100	亚硫酸氢钾($KHSO_3$)	53.31
亚硫酸(H_2SO_3)	6	亚硫酸氢钠($NaHSO_3$)	61.95
亚硫酸钙($CaSO_3 \cdot 1.5H_2O$)	23	偏重亚硫酸氢钾($K_2S_2O_5$)	57.65
亚硫酸钾(K_2SO_3)	33	偏重亚硫酸氢钠($Na_2S_2O_5$)	67.43
亚硫酸钠(Na_2SO_3)	50.84	低亚硫酸钠($Na_2S_2O_4$)	73.56

亚硫酸盐适用于含酸量高的原料，而含酸量低的原料，必须加酸提高酸度，才能发挥亚硫酸盐的防腐功效。

$$3NaHSO_3 + C_6H_8O_7 （柠檬酸） \longrightarrow 3SO_2 + Na_3C_6H_5O_7 + 3H_2O$$

4. 使用注意事项

(1)亚硫酸和二氧化硫对人体有毒。人的胃中含有 80mg 的二氧化硫就会发生中毒，国际上规定每人每日二氧化硫的最大摄入量不超过 0.7mg/kg 体重。对于成品中的亚硫酸含量，各国规定不同，但一般要求在 20mg/kg 以下。因此，硫处理的半成品不能直接食用，必须经过脱硫处理再加工制成成品。

(2)经硫处理的原料，只适宜于干制、糖制、制汁、制酒或片状罐头，而不宜制整形罐头。因为残留过量的亚硫酸盐会释放出二氧化硫腐蚀马口铁，生成黑色的硫化铁或硫化氢。

(3)亚硫酸在 pH3.5 以下时分解产生二氧化硫发挥护色和防腐作用，当 pH≥3.5 时亚硫酸便开始解离，且 pH 越高，解离越多，护色和防腐效果越弱，所以一般应在 pH3.5 以下使用。对于一些含酸量较低的原料，可以添加柠檬酸，提高其护色和防腐效果。

(4)硫处理时应避免接触金属离子，因为金属离子可以将残留的亚硫酸氧化，还会促进已被还原色素的氧化变色，故生产中应注意不要混入铁、铜、锡等其他重金属离子。

(5)亚硫酸盐类溶液容易分解失效，所以要现用现配。由于二氧化硫容易挥发，原料处理时，应注意密闭。

（五）抽空处理

某些果蔬如苹果、菠萝、柑橘、番茄等内部组织疏松，含有较多空气，不利于加工，如罐藏时容易造成果块上浮，糖制时影响糖分的渗透，因此需要进行抽空处理。抽空处理就是用抽空法将原料周围及果肉组织中的空气排除。

果蔬的抽空装置主要由真空泵、气液分离器、抽空罐组成(图2-3)。真空泵采用食品工业中常用的水环式，除能产生真空外，还可带走水蒸气。抽空罐为带有密封盖的圆形筒，内壁用不锈钢制造，罐上有真空表、进气阀和紧固螺丝。

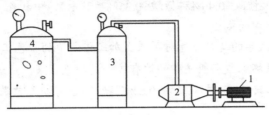

图2-3　抽空系统示意图(尹明安，2006)
1. 电动机；2. 水环式真空泵；3. 气液分离器；4. 抽空罐

果蔬抽空的具体方法有干抽法和湿抽法两种。

1) 干抽法　　将处理好的果蔬装于容器中，置于真空度为90kPa以上的真空室或真空锅内抽去组织内的空气，然后吸入抽空液，抽空液应淹没果面5cm以上。吸入抽空液时，应防止真空室或锅内的真空度下降。

2) 湿抽法　　将处理好的果实，浸没于抽空液中，放在抽空室内，在一定的真空度下抽去果肉组织中的空气，抽至果蔬表面透明即可。

果蔬所用的抽空液一般为糖水、盐水或护色液三种，因种类、品种和成熟度不同而选用。原则上抽空液的浓度越低，渗透越快。

影响抽空效果的因素如下。

(1) 真空度：真空度越高，空气逸出越快，抽空效果越好。真空度一般以 87~93kPa 为宜。成熟度高、细胞壁较薄的果蔬真空度可低些；反之，则要求高些。

(2) 温度：温度越高，渗透效果越好，但一般不宜超过50℃。

(3) 抽空时间：果蔬的抽空时间应根据果蔬的品种和成熟度等情况来确定，一般抽至抽空液渗入果块，果块呈透明状即可，生产时应先做小型试验。

(4) 果蔬受抽面积：果蔬受抽面积越大，抽空效果越好。小块比大块的抽空效果好，切分的比不切分的抽空效果好，去皮去核的比带皮带核的抽空效果好。生产中应根据生产标准和果蔬的具体情况而定。

(5) 抽空液的浓度：浓度低，渗透快，抽空效果好；相反，浓度高，渗透慢，但后者成品的色泽好。当抽空液的浓度低(渗透压低)于果实的细胞渗透压时，果实就会发生吸胀增重；反之，抽空液的浓度高(渗透压高)于果实的细胞渗透压时，果实就会发生失水皱缩，体积变小或减重，这点在实际操作中应充分注意。

(6) 果实成熟度：成熟度高，抽空效果好；成熟度低，要达到相同的抽空效果，则需要适当延长抽空时间。同时，果蔬组织致密，抽空效果差；组织较疏松的，抽空效果好。

果蔬加工过程中的护色案例

案例 1：吉首大学的吴竹青等研究了低糖雪莲果果脯制作过程中的护色措施，结果表明，对去皮后的0.5cm厚的雪莲果鲜切片先进行沸水烫漂处理4min，立即冷却后再用护色硬化液(1.0%食盐+0.5%柠檬酸+1.5%氯化钙)常温浸泡2h；然后进行糖制处理，得到色、香、味、形俱佳的低糖雪莲果果脯。

　　案例 2： 天津科技大学的孙平等研究了马铃薯全粉加工过程中的护色技术，研究结果表明，先将马铃薯片在沸水中热烫 2min，再将热烫后的马铃薯片放入 70℃的复合护色剂（0.10%维生素 C+0.30%植酸+0.40%柠檬酸+0.35%半胱氨酸）中护色 20min，即可有效地抑制马铃薯全粉加工过程中的褐变。

　　案例 3： 甘肃农业大学的马文杰等对苹果泥加工过程中的护色工艺和配方进行了研究，结果表明，柠檬酸、抗坏血酸和亚硫酸钠均有较好的护色效果，用这三种单一护色剂组成的复合护色剂（4%柠檬酸+0.8%抗坏血酸+0.6%亚硫酸氢钠）护色效果最佳。

第三节　半成品的保存

　　果品蔬菜的最大特点就是成熟期集中，采收期短，含水量大，极易腐烂变质，所以生产上为了防止收获季节因加工设备不足或运输不及时而造成腐烂或变质损失，延长加工期，常常将原料加工成半成品进行保存。半成品的保存就是将新鲜的果蔬原料用食盐、二氧化硫等物质处理后进行保存。果蔬半成品保存常用的方法有盐腌处理、硫处理、防腐剂处理和无菌大罐保存。

一、盐 腌 处 理

　　盐腌处理是将新鲜果蔬原料（如青梅、橄榄、乌榄、桃、荠菜、萝卜、胡萝卜等）用高浓度的食盐腌渍保存或做成盐坯进行保存的一种半成品保存方法。盐腌保存的半成品加工时需要先进行脱盐处理，而后才能经后续工艺加工成成品，如凉果、蜜饯、腌渍蔬菜。

　　1.盐腌的作用　　盐腌能够抑制有害微生物的活动，使半成品得以保存不坏，同时食盐中的钙、镁等离子能增进半成品的硬度，提高耐煮性。

　　2. 盐腌的原理

　　(1)食盐溶液能够产生强大的渗透压使微生物细胞失水，处于假死状态，不能活动。但不同的微生物耐渗透压的能力是不同的。

　　(2)食盐能降低食品的水分活度。食品中的水分活度低，微生物能利用的水就少，微生物的活动就弱，就不能发育危害食品。

　　(3)食盐能够降低氧在水中的溶解度，抑制好气性微生物的活动。

　　(4)食盐的高渗透压作用和降低水分活度的作用，也迫使新鲜果蔬的生命活动停止，从而避免了果品的自身溃败。

　　新鲜水果盐腌时，由于水果的含酸量较高，可大大提高食盐的防腐力；另外，通过压紧或盐水淹没，可以减少或隔绝空气，就能有效抑制酵母菌等的发育。

　　3.盐腌的缺点　　果蔬盐腌的缺点是原料营养成分损失较多。一方面，盐腌时，原料可溶性固形物溶出损失；另一方面，半成品加工时，要反复漂洗脱盐，又造成了可溶性固形物的再次流失。

　　4. 盐腌方法

　　1)干腌　　干腌适用于成熟度高、水分含量多的果蔬原料，食盐的用量为原料的 14%～15%。

干腌的方法：分批拌盐，盐要拌匀，下层用盐较少，由下而上逐层加多，表面用盐覆盖，隔绝空气，即能保存不坏。也可盐腌一段时间后，取出晒干或烘干，做成干坯保存。

2）水腌　　水腌适用于成熟度较低、水分少的果蔬原料。水腌的方法：用10%的食盐溶液将原料淹没。

二、硫 处 理

采用硫处理是果蔬加工时常用的另一种半成品保存方法。除整形罐头外，硫处理适合于各种果蔬加工品，且脱硫方便。

影响二氧化硫防腐效果的因素如下：

1）介质的pH　　介质的pH越低，二氧化硫的防腐作用越强，所需二氧化硫浓度越小；pH越高，二氧化硫的防腐作用越弱，所需二氧化硫浓度越大。所以对含酸量较低的果蔬原料进行半成品保存时，可以通过加酸来提高防腐效果，也可以通过加酸来降低二氧化硫的使用量。

2）亚硫酸的存在状态　　未解离的亚硫酸分子，抑制作用最为有效；HSO_3^-或SO_3^-或与其他物质结合状态，其作用降低。而亚硫酸的解离程度与介质的pH有关，pH≤3.5时不解离，pH≥3.5时开始解离，且pH越高，解离越多。所以亚硫酸只有在酸性环境下才能发挥它的保藏作用。

3）原料的化学成分　　二氧化硫能和果蔬原料中的糖、纤维素、单宁、果胶、蛋白质结合，降低其防腐力。

4）原料的质地　　果蔬原料质地不同，需要二氧化硫的浓度不同。果肉致密的(桃、李、杏)，所需浓度大；果肉疏松的(苹果)，所需浓度小。

经过硫处理的果蔬原料，宜保存在密闭的容器中，否则亚硫酸易被氧化成硫酸，二氧化硫也容易挥发损失，降低防腐能力。

由于二氧化硫对果胶酶的抑制作用较小，大多数果品经硫处理保存后，果肉会变软，用于制造蜜饯、果脯时，耐煮性变差。可以加入消石灰，使其生成酸式亚硫酸钙，则既发挥防腐作用，又可起到硬化效果。

三、防腐剂处理

除食盐、二氧化硫为保存半成品常用外，应用防腐剂或防腐剂和其他措施配合防止果蔬原料败坏也是生产上广泛应用的半成品保存方法。该法适合于果酱、果汁半成品的保存。果蔬半成品保存所用防腐剂必须是对人体无毒、对成品的品质无影响，或在加工过程中能解除毒性的，才能使用。常用的防腐剂有苯甲酸及其盐类、山梨酸及其盐类、过氧乙酸。使用剂量按国家标准执行。许多发达国家目前已禁止使用化学防腐剂来对果蔬半成品进行保存。

四、无菌大罐保存

目前，国际上现代化的果蔬汁及番茄酱加工企业大多采用无菌大罐(袋)来保存半成品，无菌大罐是无菌包装的一种特殊形式，是将经过巴氏杀菌并冷却的果蔬汁或果浆在无菌条件下装入已杀菌的大罐(袋)内，经密封而进行长期保存。

该法是一种先进的贮存工艺，可以明显减少因热处理造成的产品质量变化，对于绝大多数加工原料的周年供应具有重要意义。无菌大罐保存设备投资费用较高，操作工艺严格，技术性强，但由于消费者对加工产品质量要求越来越高，半成品的无菌大罐保存技术将会被广泛应用。我国对大容器无菌贮存设备进行了研制，并在番茄酱半成品的贮存中获得了成功，相信经过不断完善和经验积累，很快会推广应用。

思 考 题

1. 果蔬成熟度分为哪几个阶段？各类果蔬加工品加工原料的适宜采收期是什么时期？
2. 碱液去皮和酶法去皮的原理是什么？应该注意哪些事项？
3. 果蔬烫漂有什么作用？
4. 果蔬变色的原因是什么？
5. 果蔬加工时工序间的护色措施及其原理是什么？
6. 果蔬半成品保存方法盐腌和硫处理的原理是什么？

第三章　果品蔬菜干制

【内容提要】

　　果蔬干制是一种最原始、最简单、最经济的果蔬加工方法，果蔬干制品重量轻、易保藏。本章主要介绍果蔬干制的原理、方法、干制工艺、关键工序的操作要点，以及果蔬在干制过程中的变化等。

　　干制又称干燥或脱水，是指在自然条件或人工控制条件下促使果蔬中水分蒸发的工艺过程。果蔬干制的目的在于减少果蔬中的水分，使可溶性物质的浓度增高到微生物不能利用的程度，同时果蔬本身所含酶的活性也受到抑制，产品能够长期保存。果蔬干制品具有良好的保藏性，并能够较好地保持果蔬原有风味。

　　干制是一种原始而古老的加工方法。我国干制历史悠久，许多果蔬干制品如红枣、葡萄干、荔枝干、笋干、辣椒干、金针菜、香菇、木耳等，都是畅销国内外的传统特产。果蔬干制在我国果蔬加工业中占有重要地位，干制设备可简可繁，生产技术较易掌握，生产成本比较低廉，可以就地取材、当地加工，产品在良好包装中容易保存，有利于周年供应，调节生产淡旺季，而且体积小，重量轻，便于运输，携带食用方便，对于外贸出口及野外作业、航海、军需、旅行等都有重要意义。

第一节　果品蔬菜干制的基本原理

　　果蔬干制过程是热现象、扩散现象、生物和化学现象的复杂综合体。要获得高质量的干制品，必须了解果蔬原料的性质，果蔬干制过程中水分的变化规律，干燥介质的温度、湿度、气流循环等对果蔬干制的影响。

一、果品蔬菜中的水分状态与性质

　　果品蔬菜含水量很高，一般为 70%～90%，有的甚至高达 97%以上，如黄瓜。果蔬中的水分以游离水、胶体结合水和化合水三种不同状态存在。

　　1) 游离水　　以游离状态存在于果蔬组织中，是充满在果蔬毛细管中的水分，所以也称毛细管水。游离水是果蔬中水分的主要存在状态。例如，马铃薯中水分为 81.5%，其中游离水分占 64.0%，结合水分占 17.5%；苹果中水分为 88.7%，其中游离水分占 64.6%，结合水分占 24.1%。游离水的特点是能溶解糖、酸等多种物质，流动性大，可以借毛细管和渗透作用向外或向内迁移，所以干燥时易被排除。

2) 胶体结合水　　也称束缚水或物理化学结合水。它被吸附于果蔬组织内亲水胶体的表面。胶体结合水可与组织中的糖类、蛋白质等的亲水官能团形成氢键，或者与某些离子官能团产生静电引力而发生水合作用。胶体结合水的特点是不表现溶解作用，即对在游离水中易溶解的物质不溶解，干制时很难除去，除非在高温下方可部分除去。胶体结合水的相对密度为1.02～1.45，热容量为0.7，小于游离水的热容量，不易结冰，在低温下甚至–75℃也不结冰。

3) 化合水　　存在于果蔬化学物质中的水分，一般不能因干燥而排除。

果蔬原料中除水分以外的物质叫干物质。果蔬干燥过程中，根据水分是否能被排除将其分为平衡水分和自由水分。

1) 平衡水分　　在一定的温湿度条件下，原料排除的水分与吸收的水分相等时，只要外界的温湿度条件不发生变化，原料中所含的水分也将维持不变，即原料中的含水率和周围空气的湿度达到平衡，不再变化，这时的含水量即称为该温湿度条件下的平衡水分，也称之为平衡湿度或平衡含水率。平衡水分是果蔬在该温度、湿度条件下可以干燥的极限。

平衡水分随温度、湿度而变化，空气中的湿度增大，则所含水蒸气量增大，平衡水分也增大；反之，空气中的湿度降低，则所含水蒸气量下降，平衡水分也降低。在湿度不变的条件下，温度的升高或降低，同样也会引起平衡水分的变化，温度升高，平衡水分下降，温度下降，平衡水分上升。

2) 自由水分　　在干制过程中能除去的水分，即是果蔬原料所含水分大于平衡水分的那部分水。自由水分主要为游离水，也有部分胶体结合水。

二、果品蔬菜的水分活度与保藏性

1. 水分活度　　果蔬中除了自由水分以外，其余水分都程度不等地被束缚着，为了更好地定量说明原料中的水分状态，引入水分活度的概念。

水分活度是指溶液中水的逸度与纯水的逸度之比，可近似地表示为溶液中水的蒸汽分压与纯水的蒸汽压之比，计算公式如下：

$$Aw=P/P_0=ERH$$

式中，Aw，水分活度；P，溶液中或食品中水的蒸汽分压；P_0，纯水蒸汽压；ERH，平衡相对湿度，即物料既不吸湿也不散湿时的空气相对湿度。

纯水的水分活度是1；溶液中由于溶质的存在，使溶液的蒸汽压降低，所以溶液的水分活度小于1；果品蔬菜中部分水分是以结合水的形式存在，所以其水分活度也小于1。

2. 等温吸湿曲线　　等温吸湿曲线表示物料中的含水量与水分活度之间的关系，即在恒定温度下，以物料的水分含量为纵坐标、以物料的水分活度为横坐标所作的曲线，如图3-1所示。曲线上低含水量区的线段上，极少量的水分含量变动即可引起水分活度极大的变动。

由图3-1可看出，浓缩与脱水过程中，除去水分的难易程度是与水分活度有关的，同时由等温吸湿曲线可以评定食品的稳定性，也可以直接反映食品中非水物质

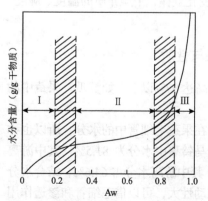

图3-1　吸湿等温线及分区（叶兴乾，2002）

与水的结合程度。

在等温吸湿曲线上，按照含水量和水分活度情况，可以分为三个区段。

第 I 个区段是单层水分子区。水在溶质上以单层水分子层状吸附着，结合力最强，Aw 也最低，为 0～0.25，这种状态下的水称为 I 型束缚水，含水量为 0～0.070 g/g 干物质。

第 II 个区段是多层水分子区。在这种状态下存在的水是靠近溶质的多层水分子，它通过氢键与邻近的水及产品中极性较弱的基团缔合，它的流动性较差，其 Aw 为 0.25～0.8。这种状态下的水称为 II 型束缚水，含水量为 0.07～0.33g/g 干物质。

第 III 个区段是毛细管凝结水区，主要是产品组织内和组织间隙中的水，以及细胞内的水和凝胶中束缚的水，这部分水与稀盐溶液中的水具有类似的性质，其 Aw 为 0.80～0.99。这种状态的水称为 III 型束缚水，含水量为 0.14～0.33g/g 干物质。

另外还有完全自由水，属 IV 型水。I 区和 II 区的水通常占总水分含量的 5%以下。III 区水占总水分的 95%以上。各区域的水不是截然分开的，也不是固定在某一区域内，而是在区域内和区域间快速地交换着，所以等温吸湿曲线中各个区域之间有过渡带。

3. 吸附与解吸之间的滞后现象　将水加到干的样品中(吸附)，所得的吸附等温线与把水从湿样品移去(解吸)所得到的解吸等温线不重叠的现象称为吸附与解吸之间的滞后现象。滞后的大小与食品的性质、加入或除去水时所产生的物理变化、温度、解吸速率及解吸过程中被除去的水分的量有关。一般来说，当 Aw 一定时，解吸过程中食品的水分含量大于回吸过程中水分含量。图 3-2 为吸附与解吸的等温吸湿曲线图。

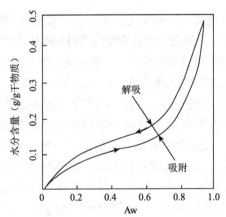

图 3-2　等温吸湿曲线的两种形式(叶兴乾，2002)

4. 果蔬的水分活度与保藏性　各种食品都有一定的 Aw 值，各种微生物的活动和各种化学反应也都有一定的 Aw 阈值。表 3-1 为一般微生物生长繁殖所需最低 Aw 值。了解微生物生长发育、化学与生物化学反应所需 Aw 条件，可以帮助预测食品的耐藏性。

表 3-1　一般微生物生长发育的最低 Aw 值（陈锦屏，1994）

微生物种类	生长发育的最低 Aw 值
革兰氏阴性杆菌、一部分细菌的孢子和某些酵母菌	1.00～0.95
大多数球菌、乳杆菌、杆菌科的营养体细胞、某些霉菌	0.95～0.91
大多数酵母	0.91～0.87

续表

微生物种类	生长发育的最低 Aw 值
大多数霉菌、金黄色葡萄球菌	0.87～0.80
大多数耐盐细菌	0.80～0.75
耐干燥细菌	0.75～0.65
耐高渗透压酵母	0.65～0.60
任何微生物不能生长	<0.60

由于不同食品的成分和质构状态不同，食品中水分的束缚度不同，因此 Aw 值也会不同，所以含水量相同的不同食品耐藏性表现不一样。表 3-2 为一组 Aw 值相同的食品的含水量。

表 3-2　Aw7.0 时不同食品的含水量（叶兴乾，2009）　　　（单位：g/g 干物质）

食品种类	含水量	食品种类	含水量	食品种类	含水量
凤梨	0.28	干淀粉	0.13	聚甘氨酸	0.13
苹果	0.34	干马铃薯	0.15	卵白	0.15
香蕉	0.25	大豆	0.10	鳕鱼肉	0.21
糊精	0.14	燕麦片	0.13	鸡肉	0.18

大多数新鲜果蔬的水分活度都在 0.99 以上，所以各种微生物都能导致新鲜果蔬的败坏。细菌生长所需的最低水分活度最高，当果蔬的水分活度值降到 0.90 以下时，就不会发生细菌性的腐败，而酵母菌和霉菌仍能旺盛生长，导致腐败变质。一般认为，在室温下贮藏干制品，其水分活度应降到 0.70 以下方为安全，但还要根据其他条件，如果蔬种类、贮藏温度和湿度等因素而定。

水分活度会影响果蔬中酶的活性。食品中的酶一般在加热时会由于蛋白质变性而失活。但是，某些果蔬中的酶在干制后仍具有一定的活性，而酶促反应的速率和生成物的量与食品的水分活度成正比，水分活度值越高，酶促反应速率越快，生成物的量也越多。例如，淀粉与淀粉酶的混合物在水分活度值较高时，很易发生淀粉的分解反应，当水分活度下降到 0.70 时，则淀粉不发生分解。但这又与物质存在的环境有关，如果将这种混合物放到毛细管中，水分活度即使在 0.46 时也能引起淀粉酶解。另外，如脂肪氧化酶、多酚氧化酶等处在毛细管充满水时，作用就更大。这也表明了酶的活性除与水分活度有关外，还与水分存在的场所有关。

果蔬干燥过程并不是一个杀菌过程，果蔬干制品之所以能够较长期保存不坏，是因为经过干燥后果蔬的 Aw 值降低到微生物生长发育所需最低 Aw 值以下，抑制了微生物的生长发育，同时，果蔬干制品中的化学与生物化学反应也由于 Aw 的降低而减弱。换句话说，果蔬干制品并非无菌，如果保存不当，干制品会从环境中吸湿，Aw 增大，果蔬干制品就会败坏。因此，干制品要长期保存，还要进行必要的密封包装，并在低温干燥的条件下进行贮藏。

三、果品蔬菜干制机理及干燥过程

果蔬干制过程是一个水分迁移和蒸发的过程，目的就是蒸发游离水和部分胶体结合水。

目前常规的加热干燥，都是以空气作为干燥介质。当果蔬所含水分超过平衡水分，与干燥介质接触后，果蔬从干燥介质吸收热量，果蔬表面的水分就会蒸发。水分从产品表面的蒸发称为水分外扩散（表面汽化），干燥初期水分的扩散主要为外扩散。随着表面水分的蒸发，果蔬内部的水分就会在水蒸气分压差的作用下向表面不断移动。水分从内部向表面的移动称为内扩散。同时由于果蔬表面温度高于内部温度，在内外温差的作用下，部分水分由温度高的地方向温度低的地方扩散，这种由于内外温差原因引起的水分扩散称为热扩散。由于干制时果蔬内外温差甚微，所以内部水分的移动主要为内扩散，热扩散可以忽略不计。

　　一般物料干燥过程的特性可以利用干燥曲线、干燥速率曲线及温度曲线（图 3-3）等来进行分析和描述。

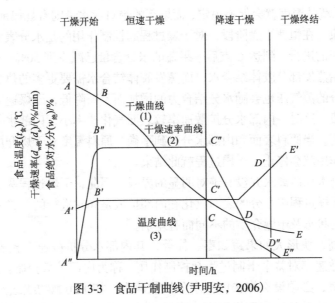

图 3-3　食品干制曲线（尹明安，2006）

　　其中，干燥曲线是说明物料含水量随干燥时间变化的关系曲线。由图 3-3 可知，在干燥开始后的很短时间内，食品的含水量几乎不变。这个阶段持续的时间取决于物料的厚度。随后，食品的含水量直线下降。在某个含水量（第一临界水分含量，C 点）以下时，食品含水量的下降速率将减慢，最后达到其平衡水分含量，干燥过程即停止。

　　干燥速率曲线是表示干燥过程中任何时间的干燥速率与该时间的食品绝对水分之间关系的曲线。它是根据干燥曲线用图线微分法画成的，因为干燥曲线上任何一点的切线倾角之正切即为该含水量时的食品干燥速率。该曲线表明，含水量仅有较小变化时，干燥速率即由零增加到最大值，这个过程为初期加热阶段。在随后的干燥过程中，物料干燥速率保持不变，食品水分含量直线下降，这个阶段称为恒速干燥期（也称第一干燥阶段）。当食品含水量降低到第一临界点时，干燥速率开始下降，食品水分含量下降速率亦逐渐减慢，进入降速干燥期（也称第二干燥阶段）。当水分含量达到平衡水分时，干燥曲线中食品水分含量基本稳定，这个转折点 D 就称为第二临界点，相应的物料水分含量称为第二临界水分含量，也等于平衡水分。这时的干燥速率为零，干燥终止。由于在降速干燥期内干燥速率的变化与食品的结构、大小、水分与食品的结合形式及水分迁移的机制等因素有关，因此，不同的食品具有不同的干燥速率曲线。

而温度曲线则是表示干燥过程中食品温度与其含水量之间关系的曲线。由图 3-3 可知,干燥起始阶段食品的表面温度很快达到湿球温度。在整个恒速干燥期内,食品的表面均保持这个温度不变,此时食品吸收的全部热量都消耗于水分的蒸发。从第一临界点开始,由于水分扩散的速率小于水分蒸发的速率,食品吸收的热量不仅用于水分的蒸发,而且使食品的温度升高。当含水量达到平衡水分含量时,品温等于加热空气的温度。

干燥开始时,果蔬接受干燥介质的热量而使品温升高,当果蔬温度超过水分蒸发需要的温度时,水分开始蒸发,此时蒸发的水主要是游离水,果蔬表面的蒸气压几乎和纯水的蒸气压相等,而且在这部分水分未完全蒸发掉以前,此蒸气压也必然保持不变,只要外界干燥条件恒定,果蔬的干燥速率就保持不变。由于干燥速率是恒定的,单位时间提供的热量也基本是恒定的,这样果蔬的温度就会保持恒定,而果蔬的绝对含水量则有规律地下降,达到 C 点,干制第一阶段结束。在恒速干燥阶段,对干燥过程起控制作用的是水分表面的气化速率。

随着干燥作用的进行,到达 C 点后,果蔬的水分含量已减少到 50%~60%,大部分游离水已被蒸发,开始蒸发部分胶体结合水,而蒸发胶体结合水需要更多的热量,这样果蔬温度就不断升高,水分的蒸气压也会随水分结合力的增加而不断降低,干燥速率就会下降,干燥进入降速干燥阶段。这时,内部水分扩散速率较表面气化速率小,内部水分扩散速率对于干燥作用起控制作用。当原料表面和内部水分达到平衡、原料温度和干燥介质的干球温度相等时,水分的蒸发作用就会停止,干燥过程就此结束。

实际上,结合水和游离水并没有绝对明显的界限,因此,干燥过程两个阶段的划分也没有明显的界限。干燥过程中水分的表面汽化和内部扩散是同时进行的,二者的速率随果蔬种类、品种、原料的状态及干燥介质的不同而有差别。

一些含糖量高、块形大的果蔬如枣、柿等,其内部水分扩散速率较表面气化速率慢,这时内部水分扩散速率对整个干制过程起控制作用,称为内部扩散控制。这类果蔬干燥时,为了加快干燥速率,必须设法加快内部水分扩散速率,如采用抛物线式升温、对果实进行热处理等,而绝不能单纯提高干燥温度、降低相对湿度,特别是干燥初期,否则表面气化速率过快,内外水分扩散的毛细管断裂,使表面过干而发生结壳现象。果蔬干制过程中,由于水分的外扩散速率远远大于内扩散速率,造成内部水分来不及转移到表面,则原料表面会因过度干燥而形成硬壳,这种现象称为结壳现象。一旦出现结壳现象,不仅会阻碍水分的继续蒸发、延长干燥时间,而且由于内部水分含量高,蒸汽压力大,原料较软部分的组织往往会被压破,出现开裂现象,使制品品质降低。因此,这类果蔬干制前期的温度要适当,不宜过高。

对一些含糖量低、比表面积(表面积与体积之比)大的果蔬原料,如切成薄片的萝卜片、苹果片、黄花菜、叶菜类等,由于距离短,果蔬内部水分扩散一般较快,只要提高环境温度、降低湿度,就能加快干制速率。这类果蔬干制时水分的表面气化速率对整个干制过程起控制作用,称为表面气化控制。这类果蔬干制时,在保证产品质量的前提下,应尽量提高干制温度,以缩短干制时间,提高设备的利用率。

总之,果蔬干燥过程的控制应严格遵照以下三个原则:合理利用两个动力——温度梯度和湿度梯度;灵活掌握三个扩散——外扩散、内扩散、热扩散;严格区分两个控制——表面气化控制和内部扩散控制。干制时水分的表面气化和内部扩散相互衔接,配合适当,才是缩短干燥时间、提高干制品质量的关键。

四、影响果品蔬菜干燥速率的因素

在干制过程中，干燥速率的快慢对于果蔬干制品的品质起决定性作用，其他条件相同时，干燥的越快，越不易发生不良变化，成品的品质就越好。干燥的速率在很大程度上取决于干燥介质的温度、相对湿度和气流循环的速率，同时也受到果蔬种类和状态的影响。

1. 干燥介质的温度　　干燥介质一般为预热的空气。一般来说，温度越高，干燥速率就越快；反之，温度越低，干燥速率也越慢。

果蔬干制时，尤其在初期，一般不宜采用过高的温度，否则会产生以下不良现象。

(1)果蔬含水量很高，骤然和干燥的热空气相遇，则组织中汁液迅速膨胀，易使细胞壁破裂，内容物流失。

(2)原料中的糖分和其他有机物因高温而分解或焦化，有损成品外观和风味。

(3)高温低湿易造成原料表面结壳，从而影响水分的蒸发。

因此在干燥过程中，要控制干燥介质的温度稍低于致使果蔬变质的温度，尤其对富含糖分和芳香物质的原料。

2. 干燥介质的湿度　　在温度不变的情况下，相对湿度越低，果蔬的干燥速率越快。升高温度的同时又降低相对湿度，则原料与外界水蒸气分压差就越大，水分的蒸发就越容易，干燥越迅速，干制品的含水量也越低，这种现象特别是在干燥后期更为明显。例如，干制后期的红枣，当烘房温度为 60℃、空气相对湿度 65% 时，红枣的含水量为 47.2%；空气相对湿度 56% 时，则红枣的含水量为 34.1%。

3. 气流循环的速率　　干燥空气的流动速率越大，果蔬表面的水分蒸发也越快；反之，则越慢。

加大空气流速有以下两个方面的作用。

(1)有利于将空气的热量迅速传递给原料，以维持其蒸发温度。

(2)从果蔬周围迅速带走蒸发出的水分，降低果蔬周围的空气相对湿度，促进果蔬表面水分的不断蒸发。

4. 果蔬的种类和状态　　果蔬的种类不同，所含化学成分及其组织结构也不同，即使是同一种果蔬，因品种不同，其成分和结构也有差异，因而干燥速率也不相同。一般来讲，可溶性固形物含量高的、组织致密的、果皮厚的、比表面积小的果蔬干燥速率慢，反之则快。所以干制前对原料进行去皮、切分等处理可以加快干燥速率，缩短干制周期。

5. 果蔬干制前的预处理　　果蔬干制前的预处理包括去皮、切分、热烫、浸碱、熏硫等，对干制过程均有促进作用。去皮使果蔬原料失去表皮的保护，有利于水分蒸发。原料切分后，比表面积增大，水分蒸发速率也增大，切分越细越薄，则干燥时间越短。热烫和熏硫，均能改变果蔬细胞膜的透性，降低细胞持水力，使水分容易移动和蒸发。

6. 原料的装载量　　烘盘单位面积上装载的原料量，对于果蔬的干燥速率也有很大的影响，烘盘上原料装载量多，则厚度大，不利于空气流通，影响水分蒸发，干燥速率慢；反之则快。

五、果品蔬菜在干燥过程中的变化

(一)物理变化

1. 体积缩小，重量减轻　　果品蔬菜干制后，体积会明显缩小，重量也会显著减轻。一般干制后果品体积为原来的 25%～35%，蔬菜约为 10%；果品重量为原重的 20%～30%，蔬菜为 5%～10%。

2. 水分的变化 果蔬干制中，水分含量变化最大，经过干制，果蔬中的大部分水分被蒸发，果蔬含水量大幅减少。果蔬干制过程中水分的变化通常用水分率来表示，而不用湿重百分数表示，因为在干燥过程中，原料重量及含水量均在不断发生变化，只有干物质是相对恒定不变的(虽然干制过程中果蔬呼吸会消耗少量干物质，但和水分的变化相比可以忽略不计)。

水分率是指一份干物质所含水的份数。

$$M = \frac{m}{100-m}$$

式中，M，水分率；m，湿重的含水量。

干燥率：生产一份干制品与所需新鲜原料份数的比例，也可折算成百分率来表示(表 3-3)。

$$D = \frac{100-m_2}{100-m_1} = \frac{S_2}{S_1} = \frac{M_1+1}{M_2+1}$$

式中，D，干燥率($X:1$)；M_1，原料的水分率；M_2，干制成品的水分率；S_1，原料的干物质(%)；S_2，干制成品的干物质(%)；m_1，原料的含水量(%)；m_2，干制成品的含水量(%)。

表 3-3 几种果蔬的干燥率（于新，2011）

果蔬名称	干燥率	果蔬名称	干燥率
苹果	(6～8)：1	马铃薯	(5～7)：1
梨	(4～8)：1	洋葱	(12～16)：1
桃	(3.5～7)：1	南瓜	(14～16)：1
李子	(2.5～3.5)：1	辣椒	(3～6)：1
杏	(4～7.5)：1	甘蓝	(14～20)：1
荔枝	(3.5～4)：1	菠菜	(16～20)：1
香蕉	(7～12)：1	胡萝卜	(10～16)：1
枣	(3～4)：1	菜豆	(8～12)：1
柿子	(3.5～4.5)：1	黄花菜	(5～8)：1

3. 干缩和干裂 干缩是物料失去弹性的变化，是指果蔬组织的细胞壁受到张力，内容物受压，细胞膨压消失，达到一定限度时再也无法恢复到原来的形状。干缩的程度与果蔬的种类、干燥方法及条件等有关。含水量多、组织脆嫩者干缩程度大，而含水量少、纤维质果蔬的干缩程度较轻。与其他干燥相比，冷冻干燥制品几乎不发生干缩；热风干燥时高温比低温所引起的干缩严重，缓慢干燥比快速干燥引起的干缩严重。干缩有两种情况，即均匀干缩和非均匀干缩。有充分弹性的细胞组织在均匀而缓慢地失水时，就产生了均匀干缩，否则就会发生非均匀干缩。干缩之后细胞组织的弹性都会或多或少地丧失，非均匀干缩还容易使制品变得奇形怪状，影响外观。

松密度是指单位体积制品中所含干物质的质量。快速干燥时果蔬表面硬化和内部高蒸气压的迅速建立会使其形成多孔性，制品的松密度减小。这主要是由于表面的干燥速率比内部水分的迁移速率快，因而迅速干燥硬化，在内部继续干燥时收缩，内部应力使组织与表层脱开，干制品就会出现大量的裂缝和孔隙，形成多孔性结构。

另外，高温快速干燥时物料块片表层在中心干燥之前干硬，而中心干缩时就会脱离干硬壳膜而出现内裂、孔隙和蜂窝状结构，称为干裂。干缩和干裂是干制过程中最容易出现的问题。

4. 表面硬化现象　　表面硬化是物料表面收缩和封闭的一种特殊现象，是指干制品外表干燥而内部软湿的现象。有两种原因会造成表面硬化现象。

1)溶质迁移　　由于干燥时物料表层收缩使深层受压，组织中的溶质成分随水分同时穿过孔隙、裂缝和毛细管向外移动，最后造成表面硬化。溶质的迁移有两种趋势：一种是由于物料干燥时表层收缩使内层受到压缩，导致组织中的溶质成分随水分同时穿过孔隙、裂缝和毛细管向外流动，迁移到表层的溶液蒸发后，浓度逐渐增大；另一种是在表层与内部溶液浓度差的作用下出现的溶质由表层向内层移动。

2)表面干燥过于强烈　　由于表面干燥过于强烈，内部水分不能及时迁移扩散到表面，表面上形成一层干膜。

5. 透明度的改变　　新鲜果蔬细胞组织间的空气，在干制时受热被排除，使干制品呈半透明态，因此干制品的透明度取决于果蔬中气体被排除的程度。气体越多，制品越不透明；反之，则越透明。干制品越透明，质量就越高，因为空气含量少，可减少氧化作用，使制品耐贮藏。干制前对果蔬原料进行烫漂处理即可达到这个目的。

6. 热塑性　　果实一般含糖量较高，加热时更容易软化变形，即热塑性强，这对干制是极其不利的。所以果品干制后复水时，往往很难恢复到原来的形状，即复原性差；而蔬菜的复原性较好。

7. 风味的变化　　果蔬干制品风味的变化主要是由于芳香物质的挥发损失造成的。干燥易使挥发性风味成分散失，其制品失去原有风味。生产中可从干燥设备中回收或冷凝外逸的蒸汽，再加回到产品中，也可从其他来源取得风味制剂再补充到制品中，或干燥前在某些液态食品中添加树胶和其他包埋物质。

（二）化学变化

1. 色泽变化　　果品蔬菜在干制过程中或干制后，色泽会发生变化，常常会变成黄色、褐色或黑色，一般称之为褐变。根据产生的原因不同，可以分为酶褐变和非酶褐变。

1)酶褐变　　酶褐变是在酶的作用下果蔬产生的变色现象。引起果蔬褐变的酶主要为氧化酶和过氧化物酶，褐变底物主要是果蔬中的多酚尤其是单宁，还有酪氨酸。儿茶酚（单宁）被氧化成过氧化儿茶酚，酪氨酸在酪氨酸酶的催化下会产生黑色素使产品变黑。去皮后的香蕉、苹果和马铃薯的褐变就是果蔬褐变的典型例子。

只要能够控制底物（单宁、酪氨酸等）、酶（氧化酶、过氧化物酶）活性和氧气三者之中的一种，即可抑制果蔬的酶褐变。

单宁是果蔬褐变的基质之一，其含量因原料的种类、品种及成熟度不同而异。一般未成熟的果实单宁含量远高于同品种的成熟果实，因此果蔬干制时应选择含单宁少而且成熟的原料。

干制加工前，采用沸水或蒸汽进行烫漂处理、硫处理，都可破坏酶的活性而抑制褐变。

酶是一种蛋白质，在一定温度下可凝固变性而失去活性，酶的种类不同，其耐热能力也有差异。氧化酶在 71～73.5℃、过氧化物酶在 90～100℃下，5min 即可遭受破坏。

2) 非酶褐变　　　不属于酶的作用所引起的褐变，叫非酶褐变。

(1) 羰氨反应(美拉德反应)，是指游离氨基酸和羰基化合物(如醛类或还原糖)发生的反应。游离氨基酸和羰基化合物经过一系列反应最终生成复杂的高分子化合物黑蛋白素。

羰氨反应引起的变色程度及快慢取决于氨基酸的种类和含量、糖的种类和含量、温度条件。黑蛋白素的形成与氨基酸含量成正比。氨基酸中赖氨酸、胱氨酸和苏氨酸与糖的反应较强。

参与羰氨反应的糖类只有还原糖，即含有醛基的糖。不同种类的还原糖发生羰氨反应的情况不同，五碳糖中，核糖＞木糖＞阿拉伯糖；六碳糖中，半乳糖＞鼠李糖。

黑蛋白素的形成与温度成正比，温度高，反应速率快，褐变程度重；而温度低，反应速率慢，褐变程度轻，故低温贮藏干制品是控制非酶褐变的有效方法。

(2) 色素物质变色。果蔬中的色素主要有 4 类，即叶绿素、类胡萝卜素、花青素和黄酮类色素。类胡萝卜素和黄酮类色素在加工过程中性质比较稳定，不容易发生变色。叶绿素和花青素在加工过程中不稳定，容易引起变色。叶绿素在氧和阳光下都极易受到破坏而失去鲜嫩的绿色。此外，在酸性环境中，氢离子容易取代叶绿素中的镁离子而形成脱镁叶绿素，使制品由绿色变成褐黄色或褐色。叶绿素在碱性环境中，与碱作用生成叶绿素酸盐(绿色)，叶绿酸盐比较稳定，能使制品保持绿色。花青素是一类水溶性色素，以糖苷形式存在于植物细胞液中，呈现红色、蓝色、紫色。花青素很不稳定，加热对它有破坏作用；pH 会影响花青素的色泽，呈现出酸红、中紫、碱蓝的趋势，原因是花青素的结构会随 pH 的变化而变化；花青素可与钙、镁、猛、铁、铝等金属结合生成蓝色或紫色的络合物，色泽变得稳定而不受 pH 的影响。

(3) 重金属引起的褐变：重金属元素与果蔬中的单宁、花青素和黄酮类色素等发生反应引起的果蔬变色。例如，单宁与铁反应生成黑色化合物，与锡反应生成玫瑰色化合物；花青素遇金属铁、铜、锡则变色，还能促使马口铁皮腐蚀；黄酮类色素与金属作用发生变色；加工过程中蛋白质分解产生的硫化氢与铁和铜作用生成黑色的硫化铁或硫化铜。重金属元素按褐变由小到大的顺序为锡、铁、铅、铜，所以果蔬在加工时应避免使用这些金属器具。硫处理能抑制非酶褐变，因为 SO_2 与不饱和糖反应形成磺酸，可减少黑色素的形成。

除以上三种类型的非酶褐变之外，还有单宁与碱作用变色(单宁遇碱变黑)、糖的焦化变色、有机酸与糖反应变色等都能引起加工过程变色，应予以控制。

2. 营养成分的变化　　　果蔬干制中，营养成分的变化因干制方式和处理方法的不同而有差异，总的情况是：水分减少较大、糖分和维生素损失较多，矿物质和蛋白质则较稳定。

1) 糖分的变化　　　果蔬中的糖主要为葡萄糖、果糖和蔗糖，果蔬种类不同，三种糖的含量也不同。一般来讲，水果含糖量较高，蔬菜除果菜类和根菜类的含糖量较高外，其他蔬菜的含糖量都很低。果蔬干制过程中，果蔬的呼吸作用会消耗一部分糖分和其他有机物质，所以果蔬经过干制后，含糖量会有所降低，降低的程度与果蔬干制的方法有关。干制时间越长，糖分损失越多，干制品的质量越差，重量越少。自然干制，由于干制温度低、时间长，果蔬中酶的活性不能很快被抑制，果蔬呼吸作用消耗的糖和其他有机物质的量就多，所以出品率就低；人工干制由于干制温度高、时间短，能很快抑制酶的活性和呼吸作用，果蔬呼吸作用消耗的糖和其他有机物质的量就少，所以出品率就高。但干制时过高的温度也会对果蔬中的糖分产生较大的影响。一般来说，糖分的损失随温度的升高和时间的延长而增加，温度过高使糖分焦化，颜色深褐色至黑色，味道变苦，变褐的程度与温度及糖分含量成正比。

2)维生素的变化　　　干制中，果蔬中的各种维生素都会遭到不同程度的破坏，其中以维生素C(抗坏血酸)的氧化破坏最快。维生素C被破坏的程度与干制环境中的氧含量、温度有关，也与抗坏血酸酶的活性和含量有关。维生素C在氧、高温、阳光照射下、碱性环境中容易被破坏，但在酸性溶液或者浓度较高的糖液中则较稳定。其他维生素在干制时也会受到不同程度的破坏，如维生素B_1对热敏感，维生素B_2对光敏感，胡萝卜素也会因氧化而遭受损失。

3)蛋白质和脂肪的变化　　　果蔬中蛋白质和脂肪的含量较低，但蛋白质和脂肪对热极其敏感。蛋白质受热凝固易变性。还原糖和氨基酸(蛋白质)在合适的条件下可发生美拉德反应。研究发现，氨基态氮的最大损失发生在平衡 Aw(0.65～0.70)，高于或低于此值氨基酸损失都较小。氨基酸与蛋白质参与反应的结果会造成营养成分的损失；脂肪受热易发生氧化变质并产生臭味。

第二节　果品蔬菜干制的方法和设备

果蔬干制方法分为自然干制和人工干制。

一、自 然 干 制

自然干制是指在自然条件下，利用太阳辐射能、热风等使果蔬干燥的方法。

1. 自然干制的方法　　　分为晒干(日光干制)和阴干(晾干)。

晒干：原料直接接受阳光暴晒。

阴干：原料在通风良好的室内、棚下用热风吹干。阴干主要采用干燥空气使果蔬产品脱水，如吐鲁番葡萄干的生产。

2. 自然干制的设备　　　主要设备为晒场和晒干用具，如晒盘、席箔、运输工具等，以及必要的建筑物，如工作室、贮藏室、包装室等。晒场应向阳，交通方便，远离灰尘、饲养场、垃圾物、养蜂场等，以保持清洁卫生，避免污染和蜂害。

3. 自然干制的特点　　　优点是可以充分利用自然条件，节约能源，方法简单，处理量大，设备简单，成本低；缺点是受气候限制。广大农村目前还普遍使用自然干制。

二、人 工 干 制

人工干制是指人为控制干燥环境和干燥过程，利用各种能源向物料提供热能，并造成气流流动环境，促使物料水分蒸发而进行干燥的方法。

优点：可大大缩短干燥时间，并获得高质量的干制产品。

缺点：人工干制设备和安装费用高，操作技术比较复杂，成本较高。

(一)加热干燥

1. 加热干燥设备必须具备的条件

(1)具有良好的加热装置及保温设备，以保证干制时所需较高和均匀的温度，使水分吸收热能而汽化，成为水蒸气。

(2)具有良好的通风设备，能及时排除原料蒸发的水分。

(3)具有良好的卫生和劳动条件，避免产品污染，便于操作管理。

2. 加热干燥设备的类型　　按干燥时的热作用方式，分为借热空气加热的对流式干燥设备、借热辐射加热的热辐射式干燥设备和借电磁感应加热的感应式干燥三类。

1)烘房　　烘房的形式很多，但基本结构大同小异。主要组成部分包括烘房主体建筑、加热设备、通风排湿设备和装载设备。烘房的优点是生产能力大，适宜于大量生产，干燥速率快，制品质量好，设备简单，造价不高，可就地取材。图3-4为组装式节能环保型烘房结构示意图。

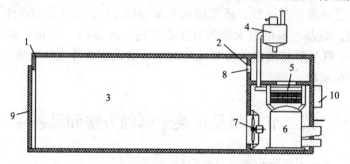

图3-4　组装式节能环保型烘房结构示意图

1. 高效防火绝热密闭房体；2. 排湿口及排湿控制装置；3. 烘制室；4. 净化除尘脱硫装置；5. 供热换热器；6. 燃烧器；7. 循环风机；8. 循环风口；9. 密闭门；10. 温湿度控制系统等

2)干制机

A. 隧道式干制机　　干燥间为一条或两条狭长形隧道，隧道内设有轨道，原料装在载车的烘筛上，由一端送进，与热空气进行热交换，完成脱水后从另一端送出。废气的一部分由排气孔排出，另一部分回流到加热间。根据热空气流动的方向与载车前进的方向不同，可分为顺流干制机、逆流干制机和混合式干制机。

(1)顺流干制机：原料载车前进的方向与热空气流动的方向相同，即开始时原料处在高温干燥的环境，水分蒸发很快，车越向前进，温度越低，湿度越高。一般初温为80～85℃，最终温度为55～60℃。此机适合于含水量较多的蔬菜干制。

(2)逆流干制机：原料载车前进方向与热空气流动方向相反，即干燥开始时原料处在低温高湿的环境，最后处在高温低湿环境中完成干燥。一般入口温度为40～50℃，最终为65～85℃。此机适于含糖量高、汁液黏稠的果实，如桃、李、杏、葡萄。管理中要注意后期温度不能过高，否则会使原料烘焦，如桃、杏、梨≤72℃，葡萄＜65℃。

(3)混合式干制机：又称对流式干制机或中间排气式干制机。干制过程分为两个阶段：一个是顺流阶段，一个是逆流阶段，即热风由两端吹向中间，而排气口设在中央。图3-5为混合式干制机示意图。

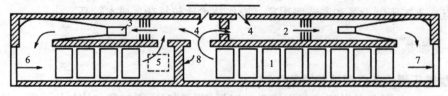

图3-5　混合式干制机(尹明安，2006)

1. 运输车；2. 加热器；3. 电扇；4. 空气入口；5. 空气出口；6. 新鲜品入口；7. 干燥品出口；8. 活动隔门

优点：原料先经过顺流，处在较高温度下，水分蒸发迅速；中间阶段温度低、蒸发慢，原料不易发生结壳现象；到最后又进入高温低湿，以保证原料到达要求的干燥程度；在原料进入逆流隧道后，应控制好空气温度，温度过高会使原料焦化和变色；能连续生产，温、湿度易控制，生产效率高，产品质量好。

B. 滚筒式干制机　　原料在滚筒上进行干燥，滚筒为中空，通有加热介质，筒外壁与被干燥的原料接触而布满一层薄薄的原料，转动一周，原料即达到干燥程度，由所附的刮器刮下，离开滚筒而落在下方的盛器中，干燥得以连续进行。一般由一至两个钢质滚筒组成，它既是加热部分又是干燥部分，适合于浆状物质的干燥。图3-6为滚筒式干制机示意图。

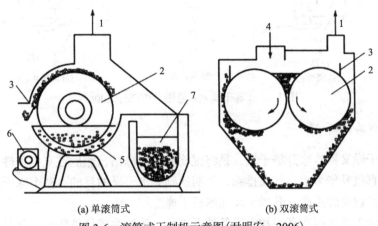

(a) 单滚筒式　　　　　　　　　　　　(b) 双滚筒式

图 3-6　滚筒式干制机示意图(尹明安，2006)

1. 空气出口；2. 滚筒；3. 刮刀；4. 加料口；5. 料槽；6. 螺旋输送器；7. 贮料槽

C. 带式干制机　　将原料铺在传送带上，在向前转动时与干燥介质接触而干燥。此机主要适用于透气性较好的片状、条状、颗粒状物料的干燥，对于脱水蔬菜、中药饮片等含水率高而物料温度不允许过高的物料尤为合适；具有干燥速率快、蒸发强度高、产品质量好的优点。

D. 喷雾式干燥机　　喷雾干燥是采用雾化器将料液(可以是溶液、乳浊液或悬浮液，也可以是熔融液或膏糊液)分散为雾滴，并利用热空气干燥雾滴而完成的干燥过程，常用于各种果蔬粉等粉体食品的生产。液体原料经过特种装置喷成雾状进入干燥间，同时热空气也不断进入，物料在下落过程中完成热交换和水分的蒸发，干燥粉末集落在下方的承受器内。喷雾干燥系统由输送系统、喷雾系统、干制系统和净化系统组成，其中喷雾系统和干制系统是喷雾干燥系统的核心部分。喷雾系统的作用是将液态或浆质状态食品喷成雾状液滴。常见的喷雾系统有三种形式，即压力式喷雾、气流式喷雾和离心式喷雾。气流式喷雾是采用压缩空气(或蒸汽)以很高的速率(300m/s)从喷嘴喷出，利用气、液两相间的速率差所产生的摩擦力，将料液分裂为雾滴。压力喷雾是采用高压泵(0.17～0.34MPa)将料液加压，高压料液通过喷嘴(直径为 0.5～1.5mm)时压力能转变为功能而高速喷出分散形成雾滴。离心喷雾是料液在高速转盘 5000～20 000r/min 或圆周速率为 90～150m/s 的转盘中受离心力作用从盘的边缘甩出而雾化。

喷雾干燥的料液与热空气的结合方式有顺流、逆流及混流等三种，如图 3-7 所示。顺流式干燥时料雾与热空气以相同的方向进入干燥室，初期干燥迅速，后期干燥缓慢；逆流干燥时料雾与热空气以相反的方向进入干燥室,受热空气的浮力作用,料雾将在干燥室中停留较长时间,且与热空气混合较充分,干燥效果较好;混流式干燥则是同时进行顺流干燥和逆流干燥。

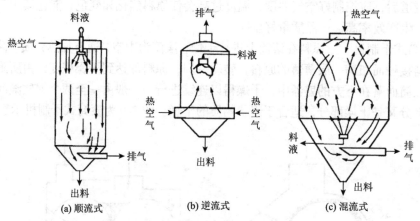

图 3-7　喷雾干燥室示意图(尹明安,2006)

(二)真空冷冻干燥

真空冷冻干燥又称冷冻升华干燥,是将湿物料降温冻结,然后在真空条件下使物料中的水分由固态冰直接升华为水蒸气而排除,从而达到脱水干燥的目的。整个冻干过程包括三个分过程,分别是物料的预冻、升华干燥和解析干燥。

优点:整个干燥过程在真空和低温条件下进行,热敏性成分破坏小,营养成分和风味物质损失少,可以最大限度地保留食品中的营养成分和色、香、味;干制品体积不会过分收缩,复水容易,复水后产品接近新鲜产品;不会发生表面硬化现象。比热风干燥要优越得多。

缺点:冻干设备的投资和运转费用高,冻干过程时间长,故生产成本高,只适合于对产品质量要求特别高的产品干燥。

(三)微波干燥

微波干燥就是利用微波加热的方法使物料中水分得以干燥。微波是指频率为 300MHz～300kMHz,波长为 1～1000mm 的高频交流电(或者高频电磁波)。微波具备电场所特有的振荡周期短、穿透能力强、与物质相互作用可产生特定效应等特点。

微波干燥是一种内部加热的方法。湿物料处于振荡周期极短的微波高频电场内,其内部的水分子会发生极化并沿着微波电场的方向整齐排列,之后迅速随高频交变电场方向的交互变化而转动,并产生剧烈的碰撞和摩擦(每秒钟可达上亿次),结果一部分微波能转化为分子运动能,并以热量的形式表现出来,使水的温度升高蒸发而离开物料,从而使物料得到干燥。也就是说,微波进入物料并被吸收后,其能量在物料电介质内部转换成热能。因此,微波干燥是利用电磁波作为加热源、被干燥物料本身为发热体的一种干燥方式。微波干燥设备的核心是微波发生器,目前微波干燥的常用频率为 915～2450MHz。

微波干燥的优点有以下几点。

(1)干燥速率快、时间短,只需常规干燥法 1%～10%的时间。

(2)加热均匀,不会发生结壳现象,干制品质量好。微波加热不是从外部向内部加热的,而是在加热物内部直接产生热量来加热,不论物料形状如何,热量都能均匀渗透。

(3)选择性加热。当物料进行干制时，物料中的水分比干物质的吸热量大很多，温度也高得多，很容易蒸发，此时可通风以排除蒸发出的水蒸气，而物料本身吸收热量少，且不过热，因此不影响被干燥物料的色、香、味及组织结构，有效成分也不易被分解、破坏，干制品质量高。

(4)热效率较高，反应灵敏。微波的热量直接产生于湿物料内部，热损失少，热效率高达80%，无环境和噪声污染。

微波干燥的主要缺点是耗电量较大，干燥成本较高。

(四)远红外干燥

远红外干燥是利用远红外辐射元件发出的远红外线被加热物体所吸收，直接转变为热能而使水分得以蒸发。红外线是波长在0.72~1000μm范围的电磁波，介于可见光与微波之间，一般把5.6~1000μm区域的红外线称为远红外线，而把5.6μm以下的称为近红外线。干燥时，物体中每一层都受到均匀的热作用。

远红外线在食品干燥领域发展很快，因为在干燥过程中食品物料表面及内部分子可同时吸收远红外线，因此干燥速率快，生产效率高，干燥时间一般为近红外干燥时间的1/2，为热风干燥的1/10。远红外干燥可以节约能源，耗电量仅为近红外干燥的1/2左右，且设备规模小，建设费用低，干燥后产品质量好。

(五)膨化干燥

膨化干燥系统主要由压力罐和真空罐组成，真空罐的体积是压力罐体积的5~10倍。果蔬原料经预干燥后，干燥至水分含量15%~25%，然后将果蔬置于压力罐内，通过加热使果蔬内部水分不断蒸发，罐内压力上升至40~480kPa，物料温度大于100℃，处于过热状态，迅速打开连接压力罐和真空罐(真空罐已预先抽真空)的减压阀，由于压力罐内瞬间降压，使物料内部水分发生闪蒸现象，导致果蔬表面形成均匀的蜂窝状结构。在负压下维持加热脱水至所需水分含量(3%~5%)，停止加热，使加热罐冷却至外部温度时开盖破除真空即完成干燥。膨化技术已成功地应用于马铃薯、苹果、胡萝卜、猕猴桃和蓝莓等果蔬上。采用膨化技术生产的果蔬膨化制品具有蜂窝状结构，产品质地松脆，复水性好，能最大限度地保持原料的色泽、风味和营养成分，而且比传统干制方法节约能源44%，缩短干制时间2.1倍。

(六)渗透干燥

渗透干制是在一定温度下将果蔬浸入到高渗透压溶液中除去部分水分的方法。渗透干制常用的高渗透压溶液为糖溶液或盐溶液，水果常用糖溶液，蔬菜常用盐溶液。当果蔬处于高渗透压溶液中时，在压力差的作用下，果蔬中的水分会通过细胞膜进入溶液中，溶液中的溶质糖或盐也会通过细胞膜进入果蔬组织内。渗透干制只能脱去果蔬中的部分水分，只能作为脱水果蔬加工的一种前处理方式，需要与微波干制或热风干制结合使用才能达到干制效果。

(七)RW干燥

RW(Refractance Window)干燥是美国MCD科技公司1990年研究开发的一种新的脱水干燥技术，它属于传导、辐射和薄层相结合的干燥方式。RW干燥采用循环热水作为热源，湿物料被喷涂到聚酯薄膜传送带上，传送带以设定速率运转，热水的红外能量透过传送带进入湿物料，湿物料中的水分因此被加热蒸发并由抽气扇排走。物料的干燥速率取决于物料的厚度、水分含量、循环热水的温度和排风的速率。在干燥传送带末段再通过低温水冷却，有助于物料从传送带上被移除，还可以减少温度对产品质量的影响。RW 干燥设备简单、成本低、节能，与滚筒干燥相比，能明显降低干燥温度，适宜于不能进行喷雾干燥、需要在较低温度下干燥的热敏性高的浆状物料的干燥，如果浆和蔬菜泥。

（八）气体射流冲击干燥

气体射流冲击干燥是利用一个或多个蒸汽喷嘴向物料表面垂直喷射气流促使物料水分蒸发的一种干燥技术。干空气和过热蒸汽是射流干燥中最主要的两种干燥介质。射流干燥速率快，但蒸汽容易引起物料质地的变化，影响感官品质。

（九）过热蒸汽干燥

过热蒸汽干燥是一种以过热蒸汽直接与湿物料接触而除去水分的干燥方式。以水蒸气作为干燥介质，干燥机排出的废气全部是蒸汽，利用冷凝的方法可以回收蒸汽的潜热再加以利用。过热蒸汽干燥的优点是干燥介质的消耗少、能耗低，干燥时间短，物料收缩变形小，色泽和营养成分变化少，复水性好。

第三节　果品蔬菜干制工艺和干制技术

一、工 艺 流 程

原料选择→清洗→整理→护色处理→干燥→后处理→包装→成品

二、操 作 要 点

1. 原料选择　　果蔬干制对原料的要求是干物质含量高，粗纤维和废弃物少，可食率高，成熟度适宜，新鲜，风味好，无腐烂和严重损伤等。

水果原料要求含水量低、干物质含量高，纤维素含量低，风味良好，核小皮薄，成熟度在 8.5～9.5 成。大多数果品都是很好的干制原料，如苹果、梨、桃、杏、葡萄、柿、山楂、枣、荔枝、龙眼等，每类水果又有特殊的要求，如苹果要求肉质致密、单宁含量低；梨要求巨细胞和石细胞少、香气浓；葡萄要求含糖量 20% 以上，无核。同一种类不同品种原料的干制适宜性差异也很大，如临泽、民勤的小枣特别适宜干制，但庆阳的葫芦枣不宜干制；南方柠檬的含酸量高达 6%，不宜干制。

蔬菜原料要求肉质厚密、组织致密、粗纤维少、新鲜饱满、色泽好、废弃物少。不同种类的蔬菜干制时成熟度要求有很大的不同，黄花菜应在花蕾长 10cm 开花前采收；青豌豆在乳熟期采收；食用菌开伞前采收；红辣椒、干姜片老熟期采收。蔬菜中有少数不适宜干制，如石刁柏，干制后组织坚韧、不宜食用；黄瓜干制后软绵；番茄除制作番茄粉外，不宜加工块状干番茄。

2. 清洗　　人工清洗或机械清洗，洗去果蔬原料表面附着的泥沙、杂质、农药和微生物，使物料基本达到脱水加工的要求，保证产品的卫生。

3. 整理　　除去皮、核、壳、根、老叶等不可食部分和不合格部分，并适当切分，去除原料的外皮或蜡质，既可提高产品的食用品质，又有利于脱水干燥。去皮主要是去掉不可食用的外皮。去皮方法有手工去皮、机械去皮、热力去皮和化学去皮等。

对一些大块型的果蔬，采用机械或人工作业，将原料切分成一定大小和形状，增大原料的比表面积，以便水分蒸发。蔬菜一般切成片、条、粒和丝状等。其形状、大小和厚度应根据不同种类及产品规格要求而定。对某些蔬菜，如葱、蒜等在切片过程中还需用水不断冲洗所流出的胶质汁液，直至把胶质液漂洗干净为止，以利于干燥脱水和使产品色泽更加美观。

有些果实如李、葡萄、红枣等的果皮上附着较厚的蜡质层，会阻碍水分的蒸发，影响干制。为了促进水分的蒸发、缩短干制时间，需要进行脱蜡处理，脱蜡的方法是用碱液处理，即用 90℃以上的热碱液浸泡果实，浸泡用碱可用氢氧化钠、碳酸钠或碳酸氢钠。碱液浓度和处理时间根据果实表面附着的蜡质层的厚度而定，葡萄一般采用 1.55%～4.0%氢氧化钠处理1～5s,李子用 0.25%～1.5%的氢氧化钠处理 5～30s,红枣用 0.5%～1.0%的氢氧化钠处理 10～30s。碱液处理结束后应立即用清水清洗，以除去残留的碱液。

4. 护色处理　　果干多以硫处理护色；而脱水菜以烫漂处理护色。有些原料还在烫漂后再用硫处理护色(主要是控制非酶褐变)。

原料干制前要沥干水分，生产上常用振动筛和离心机脱水。对于叶菜类，用离心机可脱掉湿菜重约 20%的水分，能显著提高干燥速率。

5. 干燥　　果蔬干燥有热风干燥、真空冷冻干燥、微波干燥、远红外干燥等方法。考虑到成本、经济效益等因素，生产中目前使用最多的是热风干燥。

三、干 制 技 术

下面以烘房为例介绍果蔬的人工干制技术。

1. 摊筛　　将处理后的物料平铺于竹筛、塑料筛或是不锈钢网筛上。烘筛多为长方形，一般大小为 1.0m×1.0m×0.48m，筛孔以 6mm×6mm 为好，每只烘筛铺料为 2.0～5.0kg，具体因不同果蔬种类而异。

2. 装车　　将铺好物料的烘筛装入载料烘车架上，每车有 18～20 层，可放置 36～40 只烘筛。

3. 入烘　　将装好物料的烘车推入烘房内进行干燥。

4. 温度控制　　要在较短的时间内，采用适当的温度，通过通风排湿等操作管理获得高质量的产品，关键在于对不同种类(甚至品种)的果蔬分别采用不同的控温方式，即干制的不同阶段采用不同的干制温度。烘房的控温方式有三种。

第一种是"低温—高温—低温"方式，即干制的初期和后期采用较低的干制温度，干制中期则采用较高的干制温度。该法适合于可溶性物质含量高的果蔬，或者不切分的整个果蔬的干制，如红枣、柿饼等的干制。特点是成品品质好，成品率较高，生产成本也较低。

第二种是"高温—低温"方式，即初期急剧升高烘房温度至 65～75℃，原料进入后吸收大量的热而使烘房降温，一般降低 25～30℃，此时继续加大火力，使烘房升温至 70℃左右，维持一段时间后，视产品干燥状态，逐步降温至烘干结束。该法适宜于可溶性物质含量较低的果蔬，或切成薄片、细丝的果蔬，如黄花菜、辣椒、苹果、李的干制。特点是烘制时间较短，成品质量优良，但技术难掌握，耗煤量较高，生产成本也相应增加。

第三种是恒温方式，即在整个烘干期间内，温度维持在55～60℃的恒定水平，直至烘干临近结束时再逐步降温。该法适宜于大多果蔬的干制。特点是操作技术易于掌握，成品品质好，但成本高。

5. 通风排湿　　果蔬干制时水分大量蒸发，烘房内相对湿度急剧升高，甚至可以达到饱和的程度，因此必须注意烘房内的通风排湿工作。相对湿度达到70%时就应进行排湿，经验是当人进入烘房感到空气潮湿闷热，脸、手骤然潮湿，呼吸窘迫，即表明空气相对湿度已经达到70%，此时应打开进气窗和排气筒，进行通风排湿。通风排湿的方法和时间应根据室内相对湿度的高低和外界风力的大小来决定，如室内相对湿度高，外界风力小，则排湿时间长；若室内相对湿度稍高，外界风力大，则排湿时间短，一般每次通风排湿时间以10～15min为宜，过短，排湿不够，影响干燥速率和产品质量；过长，会使室内温度下降过多。经验是当人进入室内，感到空气干燥，脸手不觉潮湿，呼吸顺畅时，即停止排湿，继续干燥。

6. 倒换烘盘　　由于烘房的上、下、前、后部位温度不同(温差2～4℃)，故为了使成品干燥程度一致，尽可能避免干湿不均匀状况，必须倒换烘盘。倒换烘盘时一般将烘房内烘架最下部的第一、二层烘盘(连同其中的原料)与烘架中部的第四至六层烘盘互换位置。在倒换烘盘的同时抖动烘盘，使原料(如红枣、柿饼等)在盘内翻滚，或者用手翻动产品，使原料受热均匀，干燥程度一致。

7. 后处理　　果蔬原料完成干燥后，有些可以在冷却后直接包装，有些则需经过回软、挑选和压块等处理才能包装。

回软也称均湿或平衡水分，由于干燥过程热风分布不均匀或原料切分、铺料不均匀，往往使产品的含水量略有差异。所以干制结束后应趁热立即装入能密封的密闭容器中，促使干制品间的水分平衡。均湿期间，含水量高的蒸发水分，含水量低的则吸收水分，从而使干制品的含水量得到均衡。回软结束后，应立即打开容器，将原料摊开冷却至室温，方可包装或贮藏。

挑选是在回软后或回软前剔除产品中的碎粒、杂质等，拣除不合格产品。挑选操作要迅速，以防产品吸潮和水分回升。挑选后的成品还需进行品质和水分检验，不合格者需进行复烘。

压块是将干制后的产品压成砖块状，主要针对脱水蔬菜。叶菜类脱水后呈蓬松状，体积大，不利于包装运输，所以干制结束后需要进行压块处理，压块可以缩小干制品的体积(一般可缩小为原来的1/7～1/3)，减少与空气的接触，降低氧化作用，还能防止破碎并减少虫害。压块的效果与温度、湿度和压力密切相关，在不损坏产品质量的前提下，温度越高、湿度越大、压力越高，则菜干压得越紧，因此压块工作应在干制结束后趁热进行，否则蔬菜冷却后，组织坚脆，极易压碎。压块一般条件为温度60～65℃、压力0.2～0.8MPa，适当控制湿度。

第四节　果品蔬菜干制品的包装、贮藏与复水

一、果品蔬菜干制品的包装

为了防止干制品吸湿败坏，提高产品附加值，便于贮藏和运输，需要对果蔬干制品进行包装处理。

干制品的包装应能达到下列要求：

(1)防止干制品吸湿回潮以免结块和长霉，在90%相对湿度中，每年水分增加量不超过2%；

(2)防止外界空气、灰尘、虫、鼠和微生物及气味等入侵，能遮盖外界光线；

(3)在贮藏、搬运和销售过程中耐久牢固，能维护容器原有特性，包装容器在30~100cm高处落下120~200次而不会破损，在高温、高湿或浸水和雨淋的情况下也不会破烂；

(4)与产品接触的包装材料应符合食品卫生要求，并且不会导致食品变性、变质；

(5)包装的大小、形状和外观应有利于商品的销售，包装费用应做到低廉合理。

果蔬干制品的包装容器和包装材料要求能够密封、防潮、防虫。包装分为外包装和内包装，外包装容器一般采用瓦楞纸箱，另外还有木箱、麻袋(气候干燥地区)、塑料薄膜大袋和锡铁罐等；内包装材料主要为聚乙烯和聚丙烯等塑料薄膜袋或铝薄膜袋。

果蔬干制品的内包装方法主要有普通包装法、真空包装法和充气包装法。普通包装法是指在普通大气压下，将经过处理和分级的果蔬干制品按一定量装入包装容器中然后进行密封。真空包装法是将果蔬干制品装入塑料薄膜袋或铝薄膜袋中，然后进行抽真空后密封的包装方法，采用真空包装机完成。充气包装法是将果蔬干制品装入塑料薄膜袋或铝薄膜袋中，然后充入惰性气体(如氮气、二氧化碳)进行密封的包装方法。真空包装和充气包装有效降低了包装容器内的氧气含量，可以有效防止食品的氧化，增强制品的保藏性。

二、果品蔬菜干制品的贮藏

果蔬干制品特别是未经密封包装的果蔬干制品在不良环境条件下，容易发生败坏。良好的贮藏条件是干制品耐藏性的重要保障。因此，果蔬干制品最好保存在避光、低温、干燥、无异味、无虫害的环境中。贮藏期间要定期检查成品含水量及虫害情况。

影响果蔬干制品贮藏效果的因素很多，如原料的选择与处理、干制品的含水量、包装、保藏条件及保藏技术等。

(1)原料的状态、预处理。选择新鲜完整、充分成熟的原料，经充分洗涤干净，能提高干制品的保藏效果。烫漂的比未经烫漂的能更好地保持其色、香、味，并降低在贮藏中的吸湿性。经过熏硫的也比未经过熏硫的易于保色和避免微生物或害虫的侵害。

(2)干制品的含水量。制品含水量对保藏效果影响很大，在不损害制品质量的条件下，含水量越低，保藏效果越好。

(3)贮藏环境的温度和湿度。贮藏环境应保持低温而干燥，一般贮藏温度为 0~2℃，不可超过 14℃，因为氧化作用与温度有关，温度越高，氧化越快，氧化作用不但促进变色和维生素损失，而且能氧化亚硫酸为硫酸盐，降低亚硫酸的保藏效果，故应低温贮藏。空气相对湿度高，干制品容易从环境中吸收水分，从而使干制品的含水量上升，干制品中有效二氧化硫的浓度降低，降低干制品的保藏性，因此，干制品贮藏环境的空气相对湿度一般应控制在65%以下。

(4)光线。光线能促进色素分解，引起干制品变色，因此干制品应当在避光条件下贮藏。

(5)虫害和鼠害。库房要良好保管，经常检验产品质量，防治害虫、鼠类。

三、果品蔬菜干制品的复水

复水就是干制品吸收水分恢复原状的一个过程。干制品复水性是干制品质量的一个重要指标，也是干制生产过程中控制产品质量的主要指标，复水性好，品质好。干制品的复水性受原料加工处理的影响，部分因干燥方法而有所不同。

脱水菜的复水方法：把脱水菜在 12～16 倍质量的冷水里浸泡 0.5h，再迅速煮沸并保持沸腾 5～7min，复水以后，再按常法烹调。蔬菜复水率或者复水倍数依种类、品种、成熟度、干燥方法等不同而有差异。表 3-4 为几种脱水蔬菜的复水率。

表 3-4　几种脱水蔬菜的复水率（尹明安，2006）

蔬菜名称	复水率	蔬菜名称	复水率
甜菜	1：(6.5～7.0)	青豌豆	1：(3.5～4.0)
胡萝卜	1：(5.0～6.0)	菜豆	1：(5.5～6.0)
萝卜	1：7.0	刀豆	1：12.5
马铃薯	1：(4.0～5.0)	菠菜	1：(6.5～7.5)
洋葱	1：(6.0～7.0)	甘蓝	1：(8.5～10.5)
番茄	1：7.0	茭白	1：(8.0～8.5)

对不同干制工艺的胡萝卜进行复水试验，结果表明，较低干燥温度、不烫漂、纵切、厚度薄的胡萝卜复水性较好，虽然经烫漂的胡萝卜复水性差，但色泽保持较好。

复水时，水的用量和质量关系很大。用水量如过多，可使花青素、黄酮类色素等溶出而损失。水的 pH 不同也能使色素的颜色发生变化，此种影响对花青素特别显著。白色蔬菜主要是黄酮类色素，在碱性溶液中变为黄色，所以马铃薯、花椰菜、洋葱等不用碱性的水处理。水中的金属离子会使花青素变色。水中如果含有 $NaHCO_3$ 或 Na_2SO_3，易使菜软化，复水后变软烂；硬水常使豆类质地粗硬，影响品质。含有钙盐的水还能降低吸水率。

第五节　果品蔬菜干制品的质量标准

由于果蔬干制品具有特殊性，大多数产品无国家统一制订的产品标准，只有生产企业参照有关标准所制订的地方企业产品标准。

果蔬干制品的质量标准主要有感官指标、理化指标和微生物指标。产品不同，质量标准尤其是感官指标差别很大。

一、感官指标

(1)外观：要求整齐、均匀、无碎屑。对片状干制品要求片型完整，片厚基本均匀，干片稍有卷曲或皱缩，但不能严重弯曲，无碎片；对块状干制品要求大小均匀，形状规则；对粉状产品要求粉末细腻，粒度均匀，不黏结，无杂质。

(2)色泽：应与原果蔬的色泽相近，色泽一致。

(3)风味：具有原果蔬的气味和滋味，无异味。

二、理化指标

理化指标主要是含水量指标。不同果蔬干制品含水量要求不同，果干的含水量一般为 15%～20%，但红枣和柿饼的含水量相对较高，干枣的含水量为 25% 左右，柿饼的含水量为

30%～33%；脱水菜的含水量一般为6%左右。

三、微生物指标

一般果蔬干制品无具体微生物指标，产品要求不得检出致病菌。

第六节　果品蔬菜干制实例

一、黄花菜的干制

1. 工艺流程

原料验收→烫漂→装盘→烘制→回软均湿→成品

2.操作要点

1)黄花菜的采收　　要获得黄花菜较高的成品率和提高产品的质量，必须掌握好收获的季节与摘采时间。成熟时的花蕾呈黄绿色，花体饱满、花瓣上纵沟明显。黄花菜的品种不同，生长的气候、地理环境不同，其成熟期不同，收获季节不同。例如，湖南的四月花，6月上旬收获，而中秋花要到9月上旬才能收获；江苏的大叶比小叶收获季节早。黄花菜须在花蕾待放前及时采摘干制，采收过早，花蕾小、产量低，加工后干制品颜色易发黑，产品质量差；采收过晚，花蕾已经开放，产品质量也差。湖南早黄花、江苏的大叶必须在早晨采摘，过后花蕾开放则影响质量。菜子花与江苏的小叶在午前1～2h采摘。阴雨天花蕾开放早，可适当提前采摘。

2)原料的验收　　用作干制的黄花菜要选择花蕾大、黄色或橙黄色的品种。选择花蕾充分发育而尚未开放，外形饱满，颜色由青绿转黄，花蕾有弹性，花瓣结实不虚的黄花菜为原料，剔除已经开放或尚未发育好的花蕾及其他杂质。并按成熟度进行分级。验收后马上加工，以免花蕾继续开放，影响品质。

3)烫漂　　用蒸汽或用沸水处理数分钟，当花蕾颜色由黄色变成淡黄色，用手捏住柄部，花蕾向下垂，即停止加热。

4)干制　　将烫漂过的黄花菜放入烘盘中，厚度要适当。干燥时先将烘房温度升至85～90℃，然后把盛有黄花菜的烘盘放入烘房。此时黄花菜大量吸热，烘房内温度下降至60～65℃时，在此温度下保持10～12h，最后将温度自然降至50℃，直至烘干为止(黄花菜的含水量为15%左右)。当烘房内的相对湿度达到70%以上，应立即进行通风排湿，当相对湿度降到60%以下时结束通风排湿。在干燥期间注意倒换烘盘和翻动黄花菜，防止黄花菜粘于烘盘或烘焦。整个干制期间倒盘翻菜3～4次。

5)回软均湿　　烘干后的黄花菜，由于含水量低，极易折断，且黄花菜个体间的干燥程度不一，含水量不均匀，所以，烘制结束后应立即放到密闭容器中进行回软均湿。当以手握不易折断，手松开时能恢复弹性时，即可进行包装。

二、红枣人工干制

1. 烘制工艺流程　　原料→分级→清洗→装盘→烘制→回软→成品

2. 操作要点

1)原料的挑选分级　　红枣的挑选分级可结合采收一并进行，红枣采收后，剔除干枝枣叶，挑出风落枣、病虫枣、破头枣，按品种、大小、成熟度进行分级，使干制程度一致。

2)装盘　　　每平方米烘盘面积上的装枣量，因枣的品种不同而异，一般为12.5~15kg，装枣厚度以不超过两枣为宜，小果品种如鸡心小枣、金丝小枣等则可适当装厚些。

3)干制　　　红枣的人工干制分为三个阶段。

(1)预热处理阶段：物料送入烘制室，关闭烘制室门，将自控装置的微处理器的温度设定为55℃，时间设定为8h。启动风机，燃烧介质快速燃烧，热能经热交换器转变成干净的热风送入烘房，红枣温度逐步升高，枣果皮出现微皱纹，此时枣体温度在50℃左右，含水量高的品种，此时枣果表面有微薄一层水雾，当烘房内的温度达到55℃后，通过微处理器关闭风机，将烘房内的温度控制在55℃左右。

(2)蒸发阶段：提高干燥温度，前期将微处理器的干球温度设定在65℃，时间设定为12h，相对湿度的上限值设定为70%，下限值设定为60%，这时微处理器向燃烧室发出指令，启动风机，快速将烘房内的温度升至65℃。随着烘房温度的升高，枣体温度超过55℃，水分大量蒸发，烘房内相对湿度增高，当烘房内的相对湿度达到70%时，微处理器就会向通风排湿装置发出指令进行通风排湿，当烘房内的相对湿度降到60%时，微处理器就会指示通风排湿装置关闭进风口和排湿口，停止通风排湿。后期将微处理器的干球温度设定在55℃，时间设为4h，相对湿度的上限值设定为70%，下限值设定为60%，由自控装置控制升温和通风排湿。

(3)干燥完成阶段：将微处理器的干球温度设定在50℃，时间设定为10h，相对湿度的上限值设定为70%，下限值设定为60%，由自控装置控制升温和通风排湿。此阶段继续蒸发的水分较少，通风排湿的次数较少，通风排湿的时间较短。

4)回软均湿　　　由于大小不一，经过同一批次干制的红枣干燥程度不尽相同，小个的干燥程度高，含水量低，口感差，大个的干燥程度低，含水量高，容易败坏，所以需要进行均湿处理。回软均湿是将烘制结束后的红枣趁热装入可以密封的包装容器内，立即密封，促进红枣水分含量均匀的措施。在均湿过程中，含水量高的红枣蒸发水分，含水量低的红枣则吸收水分。

5)散温冷却　　　红枣回软均湿结束后，应立即打开包装容器，将枣摊开进行散温冷却后方可堆放贮存。如果不经冷却直接进行堆放，由于红枣含糖量高，在热力的作用下，糖分发酵，枣味变酸，影响品质。

──── 思 考 题 ────────────────────────────────

1. 何为平衡水分和结壳现象？
2. 果蔬中的水分以哪几种状态存在？干制时主要排除哪部分水分？
3. 果蔬干制保藏的原理是什么？
4. 影响果蔬干燥速率的因素有哪些？
5. 果蔬干燥过程分为哪两个阶段？各阶段对干燥起控制作用的是水分的哪种扩散？
6. 如何根据果蔬原料的特点确定科学合理的干制工艺？
7. 何为回软？回软有什么作用？
8. 人工干制比自然干制有哪些优点？

第四章 果品蔬菜罐藏

【内容提要】

本章主要介绍果蔬罐头的发展历史、加工原理、加工工艺和操作要点、包装材料、常见的质量问题和防止措施，以及部分果蔬罐头的加工实例。

果品蔬菜罐藏是将果品蔬菜经预处理后在容器或包装袋中密封，通过杀菌杀灭大部分微生物的营养细胞，在维持密闭和真空的条件下，在室温下长期保存果品蔬菜的保藏方法。果品蔬菜罐头品种多，产量大，安全卫士，保藏性能好，食用方便，不仅能有效地丰富和调节食品市场，更是旅游、航海和野外作业的理想食品。

第一节 概　况

食品的罐藏是指将整理好的原料连同辅料(盐水、糖液等)密封于气密性的容器(镀锡板罐、玻璃罐、软包装等)中，以隔绝外界空气和微生物，再进行加热杀菌，杀死罐内绝大部分微生物(即腐败菌和致病菌)并使酶失活，阻止了有关因素引起食品的腐败变质，借以获得在室温下较长时间的贮藏。所以，凡是由密封容器包装，并经加热杀菌保藏的食品，都称为罐藏食品，俗称罐头。

一、果品蔬菜罐藏发展历史

1. 制罐技术的发展历史　　罐藏食品源于法国，18 世纪末，拿破仑带兵作战，因食品不能长期保存而供应紧张，军队的生活受到很大威胁，于是他悬赏 12 000 法郎征求食品保藏技术。法国糖果商 Nicolas Appert 从 1795 年开始研究，1804 年，他以广口瓶装食物，煮沸 30～60min 后，以软木塞塞紧瓶口，用线拴紧或涂蜡密封以达贮藏目的。这一试验达到了预期的效果，Nicolas Appert 于 1810 年获法国拿破仑皇帝颁给的奖金 12 000 法郎，他也因此成为食品罐藏的始祖。1811 年，这种贮藏方法在法国正式推广。1812 年，Nicolas Appert 开设了全世界第一家罐头工厂，命名为"阿培尔之家"。

1823 年，英国人 Peter Durand 将马口铁皮罐用于食品贮藏，取得英国政府的专利，成为马口铁皮罐之始祖。但制作马口铁皮罐是手工操作，需将大块铁皮剪成一定的尺寸后再用锡焊接成罐，生产率很低且不卫生。1849 年美国亨利·伊凡斯在纽约建立罐头厂，并采用冲床制造瓶；1876 年开始用机械制罐；1879 年改进为卷缝封罐机。至此，制罐技术已到达较完备的程度，原因在于焊接面积的减少使罐内食品更加卫生，同时由卷边机械制成的铁罐质量好，制罐生产率也大大提高。

2. 罐头杀菌技术的发展历史　　　不光是制罐技术，杀菌技术的发展也是罐头工业史上的一个里程碑。罐头的杀菌技术开始是 Nicolas Appert 发明的煮沸杀菌法，时间为 30～60min。若要长期保存，则需 6h。后来发展为用氯化钙溶液杀菌，使杀菌温度由 100℃提高到 115.6℃，时间缩短到 1.5h，罐头食品的品质及生产率明显提高。然而由于杀菌锅内没有压力，杀菌时罐头内外的压力差太大，罐藏容器的变形较为严重。

1851 年，Chevalier Apport 将加压烹调的理论应用于罐头加工，并发明了杀菌釜，但操作不太安全。1864 年，Louis Pasteur 发现了杀菌与败坏的关系，证明了微生物是导致食品败坏的关键因素，从而为罐头杀菌原理奠定了稳固基础。1873 年，他又提出了加热杀菌的理论，即巴斯德杀菌法（62～63℃处理 30min）。1874 年，美国人 Shriver 发明了从外界通入加热蒸汽，并配备有控制设备的高压蒸汽杀菌釜，这样不仅保证操作安全，又缩短了杀菌时间。随后，杀菌工艺和设备不断得到改进。

19 世纪 50 年代初期，连续振动杀菌工艺与更快、更可靠的灌装和封罐机的使用，极大地提高了罐头生产线的速度。19 世纪 50 年代后期，法国人又发明了火焰加工工艺，这一工艺采用罐头与由气体燃烧炉产生的约 1093℃的高温气体直接接触的方式进行快速加热杀菌。

20 世纪初期，美国人 Bigelow 和 Esty 明确了食品的 pH 与细菌芽孢的耐热性之间的关系，从而为罐头食品根据其 pH 的大小分成酸性食品和低酸性食品奠定了基础。这种以 pH 进行分类的方法是确定罐头食品杀菌方法的一个重要因素。1920～1923 年，Ball 和 Biselow 建立了用数学方法来确定罐头食品合理杀菌温度和时间的关系；1948 年，斯塔博等提出罐头食品杀菌理论基础 F 值。

3. 世界罐头工业的发展情况　　　世界罐头工业已成为大规模现代化工业部门。全世界罐头总产量已近 5000 万 t，主要生产国家有美国、意大利、西班牙、法国、日本、英国等。世界人均年罐头消费量为 10kg（美国达 90kg，日本为 23kg，中国为 1.6kg），罐头品种达 2500 多种。

4. 中国罐头工业的发展情况　　　早在 6 世纪，我国北魏贾思勰写的《齐民要术》中记载到"一层鱼、一层饭，手按令紧实，荷叶闭口。泥封勿令漏气"。这是我国最原始的罐藏方法，可算是罐头的雏形，要比 Nicolas Appert 的发明早 1300 多年。1906 年，现代罐头生产技术正式传到我国，我国的第一个罐头厂由上海泰丰食品公司建立。新中国成立前，罐头生产仍停留在手工作坊式生产，且罐头厂仅分布在沿海的少数大城市，设备简单，年产近 500t。新中国成立后，我国罐头工业有了突飞猛进的发展，生产技术和设备也不断提高与完善，到 20 世纪 80 年代初，产量达 50 万 t，近年来产量已达 300 万 t，出口近 70 万 t，品种上千个。

我国的果蔬罐头产品已在国际市场上占据绝对优势。水果罐头年产量达130多万t，近60万t用于出口，出口量约占全球市场的1/6，出口额达4亿多美元。在出口的水果罐头中，橘子罐头的出口量最大，每年约30万t，约占出口量一半；位居第二的是桃子罐头，每年的出口量在7万t左右；接下来是菠萝、梨、荔枝罐头。蔬菜罐头出口量超过140万t，其中，蘑菇罐头占世界贸易量的65%，芦笋罐头占世界贸易量的70%。

二、罐头食品的特点

1. 安全卫生　　　由于在加工时达到了"商业无菌"的要求，即经过了密封和杀菌处理，杀灭了致病菌和腐败菌，而且微生物也不会有再次污染的机会，所以罐头食品是安全卫生的食品。

2. 耐久藏且风味、营养价值损失少　　在常温下可保存 1~2 年不变质。食物在真空和无菌状态下，由于采用纯物理的加工方法，可以最大限度保存天然食品的色、香、味及营养，部分罐头(如菠萝罐头)的风味却能胜过新鲜食品(或食物)，同时能较长时间保藏。一般动物性食物保质期为 24 个月，植物性食物保质期为 6~18 个月。因此罐藏食品无需添加任何防腐剂，就能达到长期贮存的目的。曾有试验证明，罐头放置几十年后，质量仍可完全达到食用标准。

3. 经济、实惠、方便　　罐头食品可供直接食用，是一种方便食品，无需另外加工处理。罐头加工是工业化的批量生产，原料集中采购，生产成本低。以加工一罐 340g 午餐肉罐头为例，大致需要 500g 猪肉原料，加工时添加各种天然香料，使用先进设备生产，卫生且安全，每罐午餐肉市场零售价仅相当于 500g 鲜肉的价格。

罐头食品便于携带、运输和贮存，是很好的旅游食品。随着人们生活水平的提高，出行和旅游次数不断增加，饮食营养知识的普及和食品消费观念的改变，对以罐头为代表的方便食品需求呈快速增长的势头。另外，在航海、航空、探险、地质勘察、科学考察等特殊环境下，罐头更是一种方便营养的绝佳食品。

4. 能常年供应市场　　罐头食品不易受季节影响，能常年供应市场，是一种很好的战备物资。对于新鲜易腐产品，不仅可以保证制品品质，加工成罐头更可以调节市场供应。

基于以上优点，罐藏食品被广泛应用。

三、罐头工业的新特点

随着科学技术的发展和人们生活水平的提高，罐头工业出现了新的特点，表现如下。

1. 罐头加工基地的集中化　　大罐头食品厂都有自己的原料基地，这样便于根据生产需要组织原料，降低运输成本；加工及时，提高原料利用率，提高产品得率。例如，美国柑橘加工厂都设在盛产柑橘的佛罗里达州。日本的芦笋罐头食品厂都在芦笋产地北海道；我国水果罐头加工区域主要分布在东南沿海地区；蔬菜罐头加工区域有西北地区(新疆、宁夏和内蒙古)的番茄加工基地及中南部地区的蘑菇和芦笋产业带。

2. 罐藏原料的品种日趋优化　　日本的蜜橘是从我国温州引进的，经精心育种，培养出无核、组织紧密、易分瓣、色泽风味好的优良品种。蜜橘分为早、中、晚三个成熟期，可进行分批采收和加工。日本的橘子罐头产量占世界橘子罐头产量的 65%，其售价也较我国同类产品高 10%~15%。

3. 生产技术的现代化　　随着市场需求和企业研发能力的增强，高新技术在果蔬罐头加工业中得到了广泛应用。例如，罐头制造的焊接技术是当今世界最先进的高频电阻焊，焊接速度达 600 罐/min。上下底盖使用高密封性能的填充橡胶，可使罐头食品完全密封。在我国，低温连续杀菌技术和连续化去囊衣技术在橘子罐头中得到了广泛应用；引进了计算机控制的新型杀菌技术——板栗小包装罐头；大力引进超高压、微波、红外线、超声波、酶制剂等先进的杀菌技术；包装方面除了马口铁、空罐、涂料、玻璃瓶和易拉罐外，高阻隔性材料乙烯/乙烯醇共聚物(EVOH)已经应用于罐头生产。

另外，罐头食品的生产形成生产线，生产量大，而需人工少；桃子、杏子的定位、切半、挖核都由机械操作，不用人工动手。生产方式的自动化，促进了罐头食品工业高速度、高质量、连续化生产。

4. 生产方式的专业化　　空罐制造和罐头生产分开，效率大大提高；集中制罐，然后分送到各家罐头厂组织生产。例如，日本每年生产约 145 亿只空罐，其中 95% 是三家制罐公司生产的，然后再分送至全国 800 多家罐头食品厂。

5. 不断完善的质量标准与质量控制体系　　在原料选择方面，生产罐头所用的水果和蔬菜的原料质量上乘，要满足绿色食品标准，经过预处理、清洗、预煮等多道工序，加工成符合国家或国际标准的产品，对重量、组织形态、滋味和气味及理化指标方面都有严格的要求。

在生产操作方面，生产车间和人员有严格的卫生要求，每道工序都有严格的规范操作。在罐头食品工业发达的国家都设有专业化的高等院校、研究所或研发中心，罐头食品厂的工程技术、科学研究人员的比例较高。在美国，生产热杀菌低酸性封口罐头食品时规定，所有操作人员都必须由专业人员进行监督，这些监督人员必须经过政府认可的专业学校培训并完成规定课程。

在质量控制方面，罐头食品企业普遍推行良好生产操作规范(Good Manufacturing Practice，GMP)、危害分析与关键控制点系统(Hazard Analysis and Critical Control Points System，HACCP)和国际质量管理体系认证系列(ISO9000、ISO9001、ISO9002、ISO9003、ISO9004 和 ISO19011)等满足罐头发展的需要。

第二节　果品蔬菜罐藏的基本原理

果蔬罐藏食品若加工或贮藏不当，极易发生变色、变味、汁液浑浊或产生沉淀等败坏现象。原因有两个：一是果蔬原料中酶的活动，促进了果蔬自身的生理变化，从而导致变质；二是微生物的侵染使罐头内容物败坏。

一、酶和罐头食品

(一)酶的概念及对罐头食品品质的影响

酶(enzyme)是指具有生物催化功能的高分子物质。大多数酶是蛋白质，但少数酶如核酶是核酸。

果蔬原料中含有多种酶，它们能加速果蔬中有机物的分解，如果任由这些酶在果蔬中活动，会引起原料及制品变色、变味、变浊或质地软化。为了最大限度地保持原料及制品的色、香、味与营养成分，需将酶完全钝化。

(二)影响罐头食品中酶活性的主要因素

罐头食品中，影响酶活性的主要因素有氧气、温度、pH、二氧化硫及亚硫酸盐和糖液。

1. 氧气　　在果蔬罐头加工中，氧气参与了多酚氧化酶和过氧化物酶催化的褐变反应，常导致原料及罐头制品变色。所以，在果蔬罐头加工中，常采用盐水浸泡及抽空等方法，减少氧气的含量，也就是通过降低底物浓度，从而抑制酶促褐变的发生。

2. 温度　　在一定的温度范围内，温度每升高 10℃，酶促反应速率可以相应提高 1～2 倍。但是，超过了酶的最适温度范围，温度越高，反应速率反而下降，这是因为酶蛋白受热后被破坏。因此，过高或过低的温度都会降低酶的催化效率。

不同生物体内酶的最适温度不同。植物体内的酶最适温度为 40～50℃，微生物体内各种酶的最适温度为25～60℃。但有些酶的最适温度较高，如黑曲糖化酶的最适温度为62～64℃、葡萄糖异构酶的最适温度为80℃、枯草杆菌的液化型淀粉酶的最适温度为85～94℃。

　　一般来说，在罐藏加工过程中，温度提高到80℃后，热处理几分钟，大部分酶都会遭到不可逆的破坏。采用高温瞬时杀菌和无菌灌装技术生产的果蔬罐头，虽然可以使微生物全部被抑制，但是却有一些酶（如过氧化物酶）的幸存会导致罐藏的酸性或高酸性食品变质。因此，通常把过氧化物酶钝化作为酸性食品罐头杀菌的一项指标。

　　3. pH　　酶在最适pH范围内表现出良好的活性，大于或小于最适pH，都会降低酶活性。主要表现在两个方面：首先，pH的变化改变底物分子和酶分子的带电状态，从而影响酶和底物的结合；其次，pH的变化会影响酶蛋白的构象，影响酶分子的稳定性。过高或过低的pH都会影响酶的稳定性，使酶遭受不可逆破坏。因此，通过调节pH来达到抑制罐头食品中酶活性的目的。

　　4. 二氧化硫及亚硫酸盐　　在果蔬罐头加工中，常用二氧化硫及亚硫酸盐来防止果蔬（如苹果、蘑菇等）组织的酶促褐变。酶促褐变是酚酶催化酚类物质形成醌及其聚合物的反应。二氧化硫或亚硫酸盐遇水后电离出的 HSO_3^- 会将酚酶活性中心的 Cu^{2+} 还原成 Cu^+，致使酚酶受到不可逆的抑制；二氧化硫还可与酚酶发生络合作用，从而抑制酚酶的活性。以上抑制作用都需要在酸性条件下进行，故用二氧化硫及亚硫酸盐对果蔬进行护色处理时需要与柠檬酸或抗坏血酸配合使用。

　　5. 糖液　　研究表明，高浓度的糖液对桃、梨中的酶具有保护作用。用热力钝化酶的活性时，随着糖液浓度的增加，酶的钝化越来越困难。

二、微生物和罐头食品

　　微生物的生长繁殖是导致食品败坏的主要原因之一。为了防止由微生物引起的罐头食品的败坏，需要借助罐藏条件杀灭罐内能引起败坏、产毒、致病的微生物，并保持密封状态使罐头不再受外界微生物的污染。

（一）罐头食品中常见的微生物

　　罐头食品中常见的微生物主要有霉菌、酵母菌及细菌等。

　　1. 霉菌　　霉菌广泛分布于自然界中，在适宜的温度和湿度条件下，几乎可在各种食品中生长繁殖。霉菌属于需氧微生物，在缺氧或无氧条件下被抑制而不能生存。霉菌耐热性较差，一般情况下，在加热杀菌后的罐头食品中不能生存。

　　霉菌孢子对罐头食品有很大的影响。霉菌孢子根据繁殖方式不同分为无性孢子（如节孢子、厚垣孢子、分生孢子、孢囊孢子等）和有性孢子（如接合孢子、卵孢子、子囊孢子）。霉菌孢子一般比菌丝具有更强的耐热性。曾在果蔬罐头中发现了纯黄丝衣霉，这种霉菌能形成子囊孢子，在85℃条件下处理30min还能生存，一般需要在93～100℃处理1min将其杀灭。霉菌孢子的耐热性也因种类不同而存在显著的差异。例如，污染草莓罐头的费氏曲霉无毛变种，其分生孢子用80℃处理10min可致死，而它的子囊孢子在相同时间内用100℃处理才能致死。因此，对于可能存在霉菌孢子的果蔬罐头，在加热杀菌中要特别注意。

　　2. 酵母菌　　酵母菌广泛存在于大自然中，多数生活在含有糖和有机酸的食品中。它的最适生长温度是25～30℃，由于其耐热性差，罐头食品在加热杀菌后一般不会有酵母菌存在。

如果罐头密封不严或杀菌不彻底，偶然会发现有酵母菌引起的罐头腐败。

3. 细菌　　细菌较霉菌和酵母菌小，是引起罐头食品败坏的主要微生物。引起罐头腐败的细菌主要有球菌、杆菌和球杆菌。多数细菌都有鞭毛，因此能在液体食品中或水中很快运动。许多细菌能产生芽孢，芽孢耐热性和抗干燥能力都很强，因此往往由它引起罐头腐败。

(二)影响罐头食品中微生物生长发育的条件

1. 营养物质　　微生物同其他生物一样，它们的生长发育离不开营养物质。罐藏原料及其制品中含有丰富的营养物质如糖类、脂类、蛋白质等，为微生物的生长提供了丰富的物质基础。由于原料本身附有大量的微生物，就增加了制品败坏的潜在危险，因此，原料的消毒、工厂车间和用具的清洁卫生就显得非常重要。

2. 水分　　细菌细胞含水量一般在75%～85%，而其芽孢的含水量较低，在30%～40%。这就意味着，这些微生物要想维持正常的生命活动，需要从周围环境中吸收大量的水。微生物所利用的水分是自由水，自由水含量的高低与食品的水分活度密切相关。果蔬原料及罐藏制品中的含水量都很高，可以被细菌利用。但是，随着盐水或糖液浓度的增高，微生物可以利用的自由水分减少，从而抑制了细菌的活动。因此，对于糖浆罐头、果酱罐头等水分活度低的制品，杀菌温度可相应降低，杀菌时间也可缩短。

3. 氧气　　大多数细菌和酵母菌是兼性厌气性菌，也就是既能在有氧条件也能在无氧条件下生长，而霉菌必须在有氧的环境中才能生长。在罐头制造中，需氧微生物易被控制，只要罐头的密封性良好，罐内便会处于真空状态，需氧微生物由于缺氧而无法生存。而兼性厌气性微生物和厌氧微生物如果在热处理时没有被彻底杀死，对罐藏食品易造成污染和腐败。

4. pH　　细菌的生长与pH密切相关，不同细菌适宜生存的pH范围不同。pH可以改变细菌原生质膜的渗透性，从而影响微生物对营养物质的吸收。罐头产品的pH对细菌的重要作用就是影响它对热的抵抗能力。在一定温度下，pH越低，细菌及孢子的抗热能力也越弱，因此易于通过热杀菌处理杀灭之。

5. 温度　　每一种微生物都有其生长的适宜温度，高于或低于这个适温，生长就会受到影响。根据生长适温不同，可将微生物分为嗜冷菌、嗜温菌和嗜热菌(表4-1)。

表4-1　微生物生长的温度范围

类型	最低温度/℃	最适温度/℃	最高温度/℃	种类
嗜冷菌	−10～0	5～20	20～30	细菌、霉菌
嗜温菌	5～10	30～40	40～50	病原菌、腐败菌
嗜热菌	25～45	50～60	70～80	细菌

对大多数微生物而言，当温度高于36℃时，细菌的繁殖速率减慢，一般在80℃左右能杀菌。原因是高温能使微生物的蛋白质和其菌体内的酶因变性而失活，使其代谢发生障碍而引起菌体死亡，从而达到高温杀菌的目的。温度越高，杀菌效率越好。

80℃左右的温度不能杀死芽孢，芽孢有时可在121℃生存1h，这种耐热性，给罐头的杀菌带来不利。原因是芽孢含水分较少，菌体蛋白不易凝固，芽孢本身又有较厚而致密的膜，热不易透入，对热的抵抗力很强，只有当温度达100～121℃时，才能被杀灭。

6. 化学药品　　化学药品能够抑制微生物的生长或使微生物受毒害而死。凡是可以杀死致病菌及其他有害微生物的化学药品均称为化学消毒剂。凡是能抑制微生物活动的药剂称为防腐剂。

消毒剂按照其作用的水平可分为杀菌剂、高效消毒剂、中效消毒剂、低效消毒剂。杀菌剂可杀灭一切微生物，包括甲醛、过氧乙酸、过氧化氢、乙醇等。高效消毒剂可杀灭一切细菌繁殖体(包括分枝杆菌)、病毒、真菌及其孢子等，对细菌芽孢也有一定杀灭作用，包括含氯消毒剂、臭氧等。中效消毒剂仅可杀灭分枝杆菌、真菌、病毒及细菌繁殖体等微生物，包括含碘消毒剂、醇类消毒剂等。低效消毒剂仅可杀灭细菌繁殖体和亲酯病毒，包括双胍类消毒剂、金属离子类消毒剂及中草药消毒剂。

罐头工业中常用的消毒剂有高锰酸钾、漂白粉和70%乙醇。0.1%的高锰酸钾溶液用于厂房、用具或水果的消毒；0.5%～1%漂白粉溶液可在1～5min内杀死大部分细菌，5%的漂白粉溶液能在1h内杀死芽孢，2%～5%的漂白粉溶液常用于消毒工艺用水及用具。

三、罐头食品杀菌

食品罐藏技术是一种能够较长时间保存易腐食品的方法。1810年罐头制品诞生，但当时并不真正了解其原理。1864年，巴斯德发现了杀菌与败坏的关系，证明了微生物是导致食品败坏的关键因素，罐藏之所以能保藏食品不变质，是因为罐藏食品被密封的同时接受了加热处理，能将其中的腐败菌杀灭。

食品本身还含有各种酶，由于酶的耐热性不强，通常在原料进行装罐前的热处理过程中就失去活性。而微生物的耐热性比酶强得多。所以罐藏食品进行最后热处理(即杀菌)时的对象主要是微生物。罐头食品杀菌，并不要求做到绝对无菌，只要符合商业无菌的要求即可，也就是经热杀菌后，不含有致病菌、产毒菌和腐败菌。腐败菌可能是细菌、酵母菌或霉菌，也可能是混合菌类。商业杀菌允许罐内残留少量非致病微生物，前提是这些微生物在罐内密封状态下，在一定的保存期内不致引起食品腐败变质。

因此，杀菌的目的一是杀灭一切引起罐内食品腐败和产毒致病的微生物，使罐内食品在密封条件下能够长期保存而不腐败变质，防止食物中毒；二是尽可能地保持食品的色、香、味及营养成分，改进质地和风味。

随着我国科学技术水平的不断进步，近些年来我国罐头食品的杀菌技术也取得了新的进展。罐头食品的杀菌技术分为热杀菌技术、冷杀菌技术和栅栏杀菌技术三大类。

1. 热杀菌技术　　热杀菌技术包括含气调理杀菌技术、微波杀菌技术和欧姆杀菌技术。

含气调理杀菌技术是一种新杀菌技术，广泛应用于果品蔬菜罐头。该技术的原理是在对原材料预处理后，将食品装在高阻氧的软包装袋中，抽出袋内的空气，再注入不活泼的气体(如氮气)并将包装袋密封。最后，将其放入含气调理杀菌锅中，通过多阶段升温(主要分为预热期、调理期及杀菌期三大阶段)和两阶段急速冷却进行温和式的杀菌操作。

微波杀菌技术是通过微波处理使罐头中的微生物丧失活性或死亡，从而延长罐头食品的保存期。与传统的热杀菌技术相比，微波杀菌加热时间短、升温迅速、杀菌均匀，而且有利于保持原料的色、香、味及营养成分。目前，该杀菌技术在荔枝罐头中应用较多。

欧姆杀菌技术是借助电流使食品内部产生热量从而达到杀菌目的的一种杀菌方法。该技术主要针对偏酸性食品或带颗粒的罐头食品进行杀菌，具有杀菌时间短、杀菌效果好的优点。

因此，欧姆杀菌技术在果蔬罐头生产中具有广阔的应用前景。

2. 冷杀菌技术　　冷杀菌技术是相对于加热杀菌而言，无需对物料进行加热的一类新的杀菌技术。冷杀菌技术包括超高压杀菌技术、超高压脉冲电场杀菌技术、辐射杀菌技术、紫外杀菌技术及脉冲强光杀菌技术等。由于在冷杀菌过程中食品的温度变化小，所以既有利于保持食品功能成分的生理活性，又有利于保持色、香、味及营养成分。目前，在罐头加工中应用较多的是超高压杀菌技术，其他冷杀菌技术在罐头食品的应用还处于实验室研究阶段。

超高压杀菌是利用压媒（如水）来施加高压，使食品中的微生物灭活、酶失活、蛋白质变性和淀粉糊化，从而达到杀菌目的的物理过程。该技术不仅实现了均匀、瞬时、高效杀菌，也保证了罐头食品的良好色泽、口感和食用品质，在罐头生产中，主要用于果汁类及果酱类罐头食品的杀菌。

3. 栅栏杀菌技术　　栅栏杀菌技术是在加工和存贮罐头食品时，考虑多个栅栏因子，即低温冷藏、高温处理、氧化还原、竞争性菌群、降低水分活度、防腐剂、辐射及酸化等的共同作用，从而形成的一类特殊的防止食品变质的杀菌方法。利用栅栏技术对罐头食品的杀菌正处于研究阶段，如通过栅栏技术解决莴笋及豆芽等蔬菜罐头在高温杀菌过程中的过度酸化及组织软烂等问题。

四、影响罐头食品杀菌效果的主要因素

（一）杀菌前食品的污染程度

罐头制品在加工过程中，从原料进厂处理至密封前的各个环节，食品均有受到微生物污染的潜在危险。如果原料处理不当或车间卫生条件控制不好，罐头食品在杀菌前便会受到污染，那么，食品中就可能存在很多细菌及芽孢。

原料受污染程度越大，需要的杀菌强度就越大。尤其是芽孢数，它是影响杀菌效果的重要指标，若食品中存在的芽孢数越多，在相同温度下，所需的时间就越长。例如，以 100℃ 杀灭肉毒杆菌的芽孢为例，当 1ml 孢子悬浮液含芽孢数为 7.2×10^{10} 个时，大约需要 4h；当 1ml 孢子悬浮液含芽孢数为 1.6×10^9 个时，大约需要 2h；而当芽孢数为 1.6×10^4 个时，约 50min 便可杀灭。罐头食品污染的微生物数量越多，耐热性越强，在相同温度下所需的致死时间越长。所以，罐头企业要加强工厂的卫生管理，原料在进入生产线前不要拖延时间和积压，避免微生物对原料的污染。

（二）微生物的耐热性

罐头食品污染的微生物种类有很多，微生物种类不同，其耐热的程度也不同。同一菌种，其耐热性也因菌株而异。各菌种芽孢的耐热性也不相同，耐热性依次为：嗜热菌芽孢＞厌氧菌芽孢＞需氧菌芽孢。同一菌种芽孢的耐热性也会因热处理前菌龄、培养条件、贮存环境的不同而异。例如，热处理后残存芽孢经培养繁殖和再次形成芽孢后，新生芽孢的耐热性就较原来的强。

（三）腐败微生物的耐热性指标

腐败微生物的耐热性指标可用 TDT 值、D 值、Z 值和 F 值来描述。

1. TDT 值　　TDT 值即热致死时间，表示在一定的温度条件下，杀死一定数量的微生物所需要的时间。要想彻底杀灭某种菌，杀菌时间随温度不同而有差异，一般来说，温度越高，所需的时间越短。

2. D 值　　D 值也称指数递减时间，是指利用一定的致死温度（121.1℃或 100℃）进行加热处理时，90%的活菌被杀死所需要的时间（min）。微生物的 D 值越大，它的耐热性就越强，杀灭 90%的微生物芽孢所需的时间也就越长。

3. Z 值　　Z 值指的是缩短 90%的加热时间所需要升高的温度（℃）。

4. F 值　　F 值称为杀菌值，是指在一定的致死温度（一般为 121℃）下，杀死一定浓度的细菌营养体或芽孢所需热处理的时间（min）。F 值可用来比较 Z 值相同的微生物的耐热性。F 值越大，杀死一定浓度的细菌或芽孢所需要的热力致死时间越长，微生物的耐热性越强；反之，F 值越小，微生物的耐热性越弱。但是，Z 值不同的微生物不能用 F 值来比较它们的耐热性。

（四）食品的化学成分及性质

罐头制品中微生物生存所需的营养物质是由罐头原料提供的，因而罐头食品的化学成分及性质将直接影响微生物的存亡。果蔬罐头食品中含有的糖、酸、盐、脂肪、蛋白质、植物杀菌素等能影响微生物的耐热性。

1. 糖　　在研究大肠埃希氏菌、金黄色葡萄球菌、嗜热链球菌、藤黄八叠球菌、肉毒梭菌、生孢梭菌等的芽孢时发现，高浓度的糖对微生物细胞免受加热损伤具有保护作用，且随着糖液浓度增加，芽孢的耐热性增强。可能原因是芽孢内原生质部分脱水，抑制了其蛋白质的凝固。但当糖浓度高到一定程度，就会形成高渗透压环境，反而抑制了微生物发育。

2. 酸　　食品中的酸度对微生物的耐热性影响很大，未解离的有机酸分子很容易渗入细菌的活细胞中而离解为离子，从而使细胞发生了不利于生存的转化，引起细胞死亡。所以酸度高的食品一般杀菌温度可低些，时间可短些。

GB4789.26—2013 规定，除酒精饮料以外，凡杀菌后平衡 pH 大于 4.6、水分活度大于 0.85 的罐藏食品，原来是低酸性的水果、蔬菜或蔬菜制品，为加热杀菌的需要而加酸降低 pH 的，属于酸化的低酸性罐藏食品。杀菌后平衡 pH 小于或等于 4.6 的罐藏食品，pH 小于 4.7 的番茄、梨和菠萝及其制成的汁，以及 pH 小于 4.9 的无花果均属于酸性罐藏食品。造成酸性罐头食品败坏的是酵母、霉菌及耐酸性的细菌和芽孢菌，它们抗热能力差，杀菌温度达到 80 ~ 100℃，就可以充分杀菌；造成低酸性罐头食品败坏的主要微生物是一类嗜温性细菌，杀菌温度通常在 105 ~ 121℃才能被彻底杀灭。

3. 盐　　盐类的存在有时能增强或减弱微生物的耐热性，其作用效果随盐的种类、浓度及菌种等因素的变化而有相当大的差异。盐类对微生物可能产生的作用效果归纳起来有以下几个方面：第一，盐类的添加，使细胞内外的渗透压调节得恰到好处，从而减少一些重要成分在加热过程中漏出细胞外；第二，NaCl、KCl 之类的盐对蛋白质的水合作用影响较大，因此，可能对酶及其他重要蛋白质的稳定性产生影响；第三，Ca^{2+}、Mg^{2+} 等二价阳离子与蛋白质结合生成稳定的复合体，增强了细菌的耐热性；第四，高浓度盐类的存在使水分活度降低，从而使细胞的耐热性增强。

食盐是罐藏食品最常用的盐，它对微生物耐热性的影响效果因菌种、盐液浓度及其他环境条件而有所变化。通常浓度低于 4%的食盐溶液对芽孢有保护作用，但浓度高于 8%时可削弱芽孢的抗热力，这种保护或削弱的程度，随腐败菌的种类而异。例如，在加盐的青豆汤中，大部分芽孢在盐浓度为 1.0%～2.5%时，随着盐浓度的增加耐热性增强；当盐浓度增加到 3.0%～3.5%时，耐药性最强；当盐浓度达到 4%时，耐热性变化不大。而对于该青豆汤中的肉毒杆菌芽孢，却呈现了不同的耐热性，当盐浓度在 0.5%～1.0%时，随着盐浓度的增加耐热性增强；当盐浓度增至 6%时，耐热性没有减弱；继续增加到 10%～20%时，耐热性明显减弱。此外，其他盐类如氯化钙、碳酸钠、磷酸钠等对微生物耐热性的影响与食盐类似。

氢氧化钠、碳酸钠或磷酸钠等对芽孢有一定的杀伤力，这种杀伤力常随温度的升高而增强。因此，若食盐溶液中加入氢氧化钠、碳酸钠或磷酸钠时，杀死芽孢的时间可大为缩短。这种杀伤力通常认为来自未解离的分子而并非来自氢氧根离子。

4. 脂肪　　微生物在脂类物质中的耐热性远比在水中强。食品中若存在脂肪，食品中的酵母、链球菌、蜡状芽孢杆菌、肉毒梭菌芽孢等大部分微生物的耐热性增强，罐头食品的杀菌变得困难。但有时脂类物质对微生物耐热性的影响也可能会因食品成分及其他有关因素的存在而减少。例如，牛奶中的金黄色葡萄球菌、假单胞菌，耐热性不受其脂肪含量（14%～20%）的影响。而且，在相同的杀菌条件下，嗜热链球菌、生孢梭菌在黄油中的死亡率反而比在脱脂乳中高。

5. 蛋白质　　食品中的蛋白质在一定的低浓度范围内对微生物的耐热性有保护作用。例如，蛋白胨、肉膏对产气荚膜梭菌的芽孢有保护作用；葡萄球菌、链球菌在全脂乳和脱脂乳中比在生理盐水中难以致死。可能原因是蛋白质分子之间或蛋白质与氨基酸之间相互结合，使微生物蛋白质产生了稳定性。

6. 植物杀菌素　　植物杀菌素是指高等植物分泌的对单细胞生物、细菌、真菌有抑制或致死作用的物质。富含植物杀菌素的食品有芥、辣椒、洋葱、生姜、蒜等。例如，大蒜对一些致病菌（如大肠杆菌、伤寒杆菌、霍乱弧菌、金黄色葡萄球菌、痢疾杆菌、结核菌等）有抑制或杀灭的作用；大蒜、洋葱、生姜的汁液对柑橘青霉菌、绿霉菌均有抑制和杀灭作用；某些小麦或大麦体内含有酮类化合物，棉和豆中含有某种酚酸，这些物质都可抑制霜霉病菌游动孢子的萌发。目前，人们了解的植物杀菌素的作用机制有两个方面：一是植物杀菌素通过影响菌体的细胞壁、细胞膜而具有抑菌能力；二是植物杀菌素通过抑制孢子萌发、菌丝生长起到抑制微生物的作用。

（五）热的传递

1. 传热方式　　加热杀菌时，罐头不断地从蒸汽、沸水等加热介质中接收热量。常见的传热方式有传导、对流及对流传导结合式三种。

1）传导　　在加热或冷却罐头食品时，热量由高温向低温方向传递，在罐头的中心部位吸收和释放热量最慢，此处称为冷点，如图 4-1（a）所示。加热时冷点的温度最低，冷却时冷点的温度最高，因此加热和冷却需时均较长。固态及黏稠度高的食品属于传导传热型的罐头。

2）对流　　罐内的液态食品在加热介质与食品间温差的影响下，部分食品受热迅速膨胀，密度降低，形成了液体循环流动，因而在加热和冷却过程中罐内各点温度比较接近，温差很小，如图 4-1（b）所示。对流传热型罐头加热杀菌时需要的加热和冷却时间比较短。

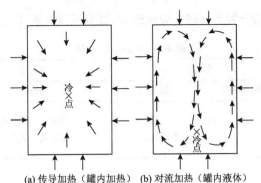

(a) 传导加热（罐内加热）　　(b) 对流加热（罐内液体）

图 4-1　对流和传导型食品的冷点（赵晋府，2002）

3) 对流传导结合式　　食品传热时对流和传导同时存在，或先后相继出现。例如，乳糜状玉米罐头的传热方式为先对流后传导，但冷却时只有传导传热；苹果罐头传热方式是先传导后对流，它冷却时则以对流方式冷却。对流传导结合式罐头的冷点应根据对流和传导的关系来决定。

2. 影响罐头食品传热速度的因素

1) 罐头容器的种类和罐型　　罐头所用容器的热阻对传热速度有一定的影响，取决于罐壁的厚度与热导率。因此，罐壁越厚，热导率越小，则热阻越大。传热速度最快的是蒸煮袋，其次是镀锡薄钢板罐，玻璃罐传热速度最慢。从罐型来说，小罐比大罐传热快。

2) 食品的物理性质和装罐方式　　食品的含水量高低、块状大小、装罐松紧、汁液浓稠等都会影响罐头食品杀菌时的传热速度。流质食品如清汤和果汁类传热较快；含有糖液、盐水或调味液的罐头如盐水青刀豆、盐水蘑菇和糖水桃罐头等，它们的传热速度随糖液、盐水或调味液的浓度增加而降低；固体食品如肉类谷物混合制品等，传热速度慢；块状食品加汤汁比不加汤汁传热快，块状大的较块状小的传热慢；装罐紧的较装罐松的传热速度慢。

3) 杀菌设备形式　　回转式杀菌比静置式杀菌效果要好，因为罐头在回转式杀菌设备中处于不断旋转状态，杀菌所需的时间短。它对流动性较差的层装罐头如桃片、番茄、叶菜等尤其有效。杀菌时要注意杀菌锅内空气的排量和冷凝水的积聚，它们会影响杀菌效果。

4) 食品初温　　食品初温指的是装入杀菌设备后，开始杀菌前的温度。以传导传递热量的罐头（如玉米罐头）初温对加热时间的影响极为显著，初温高的明显比初温低的到达杀菌温度所需的时间短。因此，杀菌前应提高罐内食品的初温，这对于传热较慢的罐头尤为重要。但是，对流型罐头，尤其是对流强烈的罐藏食品如葡萄汁，罐头的初温对加热时间影响不显著。

5) 海拔高度　　海拔高度影响气压的高低，进而影响水的沸点温度，海拔越高，水的沸点越低。一般情况下，海拔每升高 300m，常压杀菌时间应延长 2min。

第三节　果品蔬菜罐藏容器

罐藏容器对于罐头食品的长期保存起着重要的作用，为使罐藏食品能长期贮存，最大限度地保持原有的营养价值，在符合食品卫生要求的前提下，同时适应市场化需求，要求罐藏容器应具备如下条件：对人体没有毒害；密封性能好；耐酸碱和腐蚀；能承受各种机械加工；能适应人民生活不断增长的要求。

罐藏容器的发展经历了玻璃罐→马口铁罐→蒸煮袋→纸罐→聚酯瓶的过程。目前，果蔬罐藏容器按制作材料不同分为金属罐、玻璃罐和软包装三种(表 4-2)。

表 4-2　罐藏容器种类

容器种类	金属罐		玻璃罐	软包装
材料	镀锡(铬)薄钢板	铝或铝合金	玻璃	复合铝箔
罐型或结构	两片罐、三片罐,罐内壁有涂料	两片罐,罐内壁有涂料	卷封式、旋转式、螺旋式、爪式	外层:聚酯膜 中层:铝箔 内层:聚烯烃膜

一、金　属　罐

(一)金属罐的材料

1. 制作罐体的材料　　金属罐罐体所用材料有镀锡板、镀铬板和铝合金薄板。

1)镀锡板　　镀锡薄钢板,简称镀锡板,俗称马口铁板,是低碳钢板表面镀锡后制成的产品。钢板镀锡后呈现银白色,此时锡镀层较薄,孔隙较多。为减少孔隙以提高耐腐蚀性能,在此工序后继续进行软熔处理和钝化处理,生成一薄层锡铁合金,使镀层发亮。

镀锡板由钢基板、锡铁合金层、锡层、氧化膜和油膜五部分组成(图 4-2)。镀锡板各构成部分的厚度、成分和性能见表 4-3。

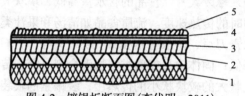

图 4-2　镀锡板断面图(李代明,2011)
1. 钢基板;2. 锡铁合金层;3. 锡层;4. 氧化膜;5. 油膜

表 4-3　镀锡板各构成部分的厚度、成分和性能

结构名称	厚度		成分		性能
	热浸镀锡板	电镀锡板	热浸镀锡板	电镀锡板	
钢基板	0.2~0.3mm	0.2~0.3mm	低碳钢	低碳钢	加工性能良好,制罐后具有必要的强度。钢基板的酸浸时滞值越小,钢基板的耐腐蚀性越好
锡铁合金层	5g/m²	<1g/m²	锡铁合金结晶	锡铁合金结晶	加工性能良好,制罐后具有必要的强度。锡铁合金层的合金-锡电偶值(ATC 值)越小,锡铁合金层连续性越好,镀锡板的耐腐蚀性越好
锡层	22.4~44.8g/m²	5.6~22.4g/m²	纯锡	纯锡	美观、易焊、耐腐蚀,且无毒害。锡层的铁溶出值越小,表示镀锡板的耐腐蚀性越好
氧化膜	3~5mg/m²	1~3mg/m²	氧化亚锡	氧化亚锡、氧化锡、氧化铬和金属铬	具有防锈、耐腐蚀、防变色和防硫化斑的作用
油膜	20mg/m²	2~5mg/m²	棕榈油	棉籽油或癸二酸二辛酯	润滑、防锈、耐腐蚀

锡板有涂饰性、涂膜附着性、锡焊性等表面性能。涂饰性是为了防止镀锡板的外表面发生腐蚀、生锈或变色，用涂料对镀锡板进行涂饰和印刷。影响镀锡板涂饰性的因素有表面涂油的量、所涂油的种类及钝化处理方法。镀锡板同涂油之间的黏合性称为镀锡板的涂膜附着性，涂膜本身的凝集力、涂料的选择、镀锡板表面的光洁度、锡氧化膜的状态和数量都是影响因素。镀锡板能用于制造罐头容器，就是利用它容易进行锡焊的特性，且锡焊强度大。

2) 镀铬板　　镀铬板采用的原板也是低碳结构薄钢板，但镀铬层<1.3μm，较薄，其工艺和镀锡板相同。镀铬板的结构有四层：钢基板、金属铬层、水合氧化铬层和油膜。镀铬板各结构层的厚度、成分及特性见表4-4。

表4-4　镀铬板各构成部分的厚度、成分和性能

结构名称	厚度	成分	性能
钢基板	0.2～0.3mm	低碳钢	加工性能良好，制罐后具有必要的强度
金属铬层	32.3～140mg/m^2	金属铬	耐腐蚀
水合氧化铬层	7.5～27mg/m^2	水合氧化铬	具有保护金属铬层、防止产生孔眼的作用
油膜	22mg/m^2	二酸二辛酯	润滑、防锈、耐腐蚀

镀铬板与镀锡板相比，具有以下特点：成本较镀锡板低10%左右，外观光泽不及镀锡板好看；耐蚀性较镀锡板弱，使用时内外表面要上涂料；抗硫化腐蚀能力比镀锡板强；附着力强，镀铬板对有机涂料的附着力比镀锡板强3～6倍；镀铬板不能锡焊，只能采用搭接电阻焊或粘合；镀层薄，韧性差，制罐易破裂，因而不宜冲拔罐，可用于深冲罐；耐高温，一般在7000℃颜色和硬度才开始变化。

3) 铝合金薄板　　相比于其他包装材料，铝质材料具有以下特点：铝的表面能自然生成一层致密的氧化薄膜(Al_2O_3)，具有良好的耐大气腐蚀性；铝表面光泽度高，易于着色，商业效果好；铝对光、热的反射性能和传导性能优异，可提高食品罐头加热杀菌和低温处理的效果；纯铝强度不如钢，可在纯铝中加入少量合金元素形成铝合金，或通过变形硬化提高强度；铝质材料的耐蚀性较差，不宜盛装酸性、碱性及盐含量多的食品；铝材焊接困难，只能用冲压或粘接的方法制造。

铝合金主要为铝中加入少量锰、镁的合金(称防锈铝)，使用较多的是防锈铝镁合金(LF2)和铝锰合金(LF21)，二者都含有硅、铁、铜、锰、镁、钛和铝，但这些金属成分在 LF2 和LF21 中的含量不同，有时 LF2 不含锰而含铬。LF2 和 LF21 不可热处理强化，强度低，塑性高，抗蚀性、焊接性良好。铝合金薄板是厚度为 0.2mm 以上的板材，它被大量用于制造两片罐，特别用于制造小型冲底罐和易开盖。此类罐质轻，便于运输；抗大气的腐蚀，不生锈；通常不会受到含硫产品的染色；易于成型；无毒害。其缺点是：强度低，易变形；不便于焊接；对产品有漂白作用；使用寿命不及马口铁罐；成本费用比马口铁昂贵。

2. 罐壁的涂料

1) 涂料的目的　　涂料主要是针对镀锡板而使用的。普通镀锡板的耐腐蚀性通常不能满足某些食品包装的需要，如富含蛋白质的食品在高温杀菌时，蛋白质分解产生硫化氢对镀锡罐壁产生硫化腐蚀，使罐内壁产生硫化斑，对食品产生污染。高酸性食品，如番茄、酸黄瓜

制品对罐壁腐蚀产生氢气胀罐或腐蚀穿孔。有色果蔬，如草莓、樱桃等，因罐内壁溶出二价锡离子的作用将发生褪色现象。为此，采用在镀锡板上涂覆涂料，使食品与镀锡板隔离，避免它们之间的反应，确保罐装食品质量和延长保存期。

2) 对涂料的要求　　由于涂在罐内壁的涂料要直接与食品接触，因此，对其有很高的要求。第一，要求涂料无臭无毒，不影响食品品质、风味。第二，涂料组织要致密，基本无空隙点，能有效防止内容物对罐壁的腐蚀。第三，涂料成膜后，附着力强，有良好的机械力学性能，涂料随同镀锡板进行成型加工时能承受冲压、折叠、弯曲等作用，不破裂、脱落，并无有害物质溶出。第四，有足够的耐热性，能承受制罐加工、罐装食品热杀菌加工等的高温作用而不变色、不起泡、不脱离。第五，涂料价格便宜，加工方便，涂层干燥迅速，贮存稳定性好，与镀锡板间有良好亲润性。

3) 涂料的种类　　目前根据涂料的目的不同，大致有抗酸涂料、抗硫涂料、脱膜涂料、冲拔罐抗硫涂料、接缝补涂料及其他专用涂料等。目前国内常用的涂料有抗酸涂料、抗硫涂料和冲拔罐抗硫涂料。

A. 抗酸涂料　　抗酸涂料能够有效抵制罐内酸性腐蚀。一般是以环氧树脂、油树脂类涂料作为水果罐头的抗酸涂料。例如，涂料＃214 环氧酚醛树脂，由＃609 环氧树脂和＃703 苯酚甲醛树脂制成。其色泽金黄，附着力、耐冲性、耐焊锡热和防腐蚀性较好，涂膜基本无味。用于肉禽罐头、水产罐头和一般蔬菜、豆类、果酱类罐头，也适于冲制各种瓶盖。其涂印方式有三种：第一种是"一涂一烘"，可用于一般抗酸场合；第二种是"二涂一烘"，可作为一般抗酸抗硫两用涂料；第三种是"三涂二烘"，作为番茄酱罐头专用的抗酸涂料。

B. 抗硫涂料　　抗硫涂料可以有效抵制罐内壁的硫化腐蚀，具有较强的抗硫化氢透过性，以酚醛树脂涂料和改性酚醛树脂涂料为好。抗硫涂料加入吸硫剂，如氧化锌、碳酸锌等，可增强涂膜的抗硫性能，避免罐头内壁变黑；有时也加入铝粉增强涂膜隔绝作用，从而提高抗硫性能。

例如，＃2126 酚醛树脂涂料有苯酚、甲酚和甲醛以氨水作催化剂缩合制成，致密性和抗化学性能好，但耐冲性差，用作抗硫涂料铁的面涂料或补涂料；又如，＃617 环氧脂氧化锌涂料，是由＃604 环树脂与豆油酸、亚麻仁油酸脂化的环氧脂和氧化锌制成。它的耐冲性和抗硫性较好，但涂膜较软，是抗硫涂料铁和防粘涂料铁的底涂料。

C. 冲拔罐抗硫涂料　　冲拔罐抗硫涂料用于深冲罐。例如，＃S-73 冲拔罐抗硫涂料，是以＃214 环氧酚醛为基，加入＃621 线性环氧树脂的氧化锌浆制成。还有＃51 冲拔罐抗硫涂料，它是由环氧酚醛树脂底涂料和多羟酚醛树脂面涂料配制而成。

D. 其他涂料　　罐头工业中还有许多内涂料，510 涂料专用于蘑菇罐头和荸荠罐头。脱膜涂料用于防止食品与罐头内壁的粘连。

4) 涂料镀锡板的制造及主要质量要求　　涂料镀锡板是由镀锡板经钝化处理、表面净化处理、喷涂料、烘烤固化而制成。涂料层的厚度一般在 12g/m² 以下，涂料层太薄易出现眼孔使金属暴露，过厚将影响涂层与镀锡板之间的结合强度。例如，要求＃214 环氧酚醛树脂底涂料的厚度为 4～5g/m²，面涂料的总厚度 10～20g/m²。涂料层表面应连续、光滑、完整，色泽均匀一致，无杂质油污和涂料堆积等现象。烘烤温度要适宜，使涂料固化；涂膜不能烤焦，烤焦的涂膜就失去涂料保护金属板的作用，锡层不熔融，镀锡板反面不带料。

（二）金属罐的结构

金属罐按制造的结构分为两片罐和三片罐。

1. 两片罐　　两片罐由罐身和罐盖两部分组成。两片罐的罐身与罐底为一体，没有罐身接缝，只有一道罐盖与罐身卷封线。

两片罐的分类方法很多，根据罐身的高矮，分为浅冲罐和深冲罐；根据制罐的材料，分为铝罐和铁罐；根据制造技术，分为变薄拉伸罐和深冲拉拔罐等。

两片罐有很多特点。第一，密封性良好。罐身与罐底是一体的，只有一道罐盖与罐身卷封线，不渗漏，不用检漏。第二，可以确保罐头产品卫生。两片罐没有罐身接缝，避免焊接带来的污染，保证产品卫生。第三，罐体美观大方。罐身无接缝，造型美观，且罐身的金属材料装潢印刷效果好。第四，生产效率高。两片罐只有两个部件，罐身制造工艺简单，可极大地提高生产效率。第五，节省原材料。由于制造时罐身是整体成型，无罐身纵缝和无罐底接缝，相对于三片罐节省了材料。但是，两片罐对制罐技术、制罐设备、材料性能等的要求较高，可装填物料的种类（主要是罐头和碳酸饮料）较少。

2. 三片罐　　三片罐由罐身、罐底和罐盖三片金属薄板（多为马口铁）制成，故得名"三片罐"。三片罐具有很多优点：刚性好，容易变换尺寸，能生产各种形状的罐；材料利用率高；生产工艺成熟；包装产品种类多。

罐底和罐盖的形状、尺寸及制造方法完全相同，其结构是由膨胀圈、盖钩圆边、肩胛、外面筋、斜坡、盖中心、密封胶等组成。

罐身的结构是罐身接缝、环筋和翻边。现在的罐身接缝多是通过熔焊密封，可避免铅污染，能耗低、材料消耗少。

（三）金属罐的规格

金属罐的形状各异，大致有 8 种，即圆罐、冲底圆罐、方罐、冲底方罐、椭圆罐、冲底椭圆罐、梯形罐和马蹄形罐。它们的外形形状如图 4-3 所示。

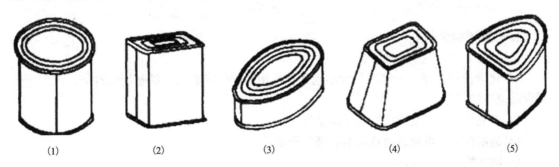

| (1) | (2) | (3) | (4) | (5) |

图 4-3　金属罐罐型

(1)圆罐；(2)方罐；(3)椭圆罐；(4)梯形罐；(5)马蹄形罐

二、玻　璃　罐

在罐头工业的发展过程中，玻璃罐的应用历史是最长的。到目前为止，玻璃罐在世界各国的罐头工业中的应用仍相当广泛。

（一）玻璃罐的化学组成和制作

玻璃罐所用的玻璃材料是由无机熔融体冷却而成的非结晶态固体。玻璃的化学成分基本上是SiO_2和各种金属氧化物，如Na_2O、K_2O、CaO、Al_2O_3、Fe_2O_3、MgO等，有些还含有BaO。

玻璃罐的制造包括玻璃的熔制和罐的成型，它们二者是一个连续的工艺过程，具体工艺过程如下：

配料（新原料或碎玻璃）→熔炼（500～1600℃）→容器成型（吹制法或压吹法）→退火（500～600℃）→二次加工（烧口、研磨、抛光等）→检验→成品。

（二）玻璃罐的种类

根据罐型或结构的不同，玻璃罐主要分为卷封式、旋转式、螺旋式和爪式四类。

1. 卷封式玻璃罐　　卷封式玻璃罐的罐盖采用镀锡薄板或涂料铁，卷封时将盖边和放入盖边内的橡皮垫圈紧压在玻璃罐口上而密封。这类玻璃罐具有密封性能好、能承受加压加热杀菌的优点，应用较为广泛，但开启不便，造型还需改进。

2. 旋转式玻璃罐　　罐盖的材料一般用镀锡薄板或塑料制造，罐盖底部有盖爪，罐颈上有螺纹线，当罐盖旋转，盖爪与螺纹互相吻合并紧压胶圈，即可密封。罐盖上的盖爪有三旋式、四旋式和六旋式，大罐型可用六旋式盖，小罐型可用三旋式盖，常用的为四旋式。这种罐多用于盛装果蔬及果酱等。

3. 螺旋式玻璃罐　　螺旋式玻璃罐的罐盖用马口铁制成，盖内衬橡胶圈。玻璃罐颈上和罐盖上都有螺纹，二者相互拧合，即可实现密封目的。这种罐开启方便，密封严实，食物可分次取出、分次食用。

4. 爪式玻璃罐　　罐盖用铝皮或铁皮制造，盖内溶胶为塑料溶胶，密封时，是在盖子上面加压使罐盖的圆边部分在数处向内侧钩合密封。

除以上几种常用的罐型外，还有套压式盖玻璃罐、扣带式盖玻璃罐等。

（三）玻璃罐的特点

1. 玻璃罐的优点

（1）无毒无味，卫生清洁。

（2）化学稳定性好，一般不与食品起理化作用，同时具有良好的耐腐蚀性能，因而能保持食品原有的风味。

（3）阻隔性好，能提供良好的保质条件。

（4）透明性好，可见罐内食品的色泽、形状。

（5）刚性好，不易变形。

（6）成型加工性好，可加工成多种形状。

（7）温度耐受性好，可高温杀菌，也可低温贮藏，耐压、耐清洗。

（8）可以重复使用，降低成本。

2. 玻璃罐的缺点

（1）机械性能差，易破碎。

（2）重量大，运输困难。

(3)加工时能耗大，对环境污染严重。

(4)印刷性能差。

(5)传热性能差，抗冷、抗热变化范围差，温差超过 60℃时，即发生破碎。

(6)灌装成本高、成型加工较复杂。

尽管如此，由于玻璃罐具有其固有的优点，在使用上仍然相当广泛。

(四)罐头生产对玻璃罐的要求(QB/T 4594—2013)

1. 颜色　　透明无色或略带青色。

2. 外观

(1)瓶口不应有尖刺，封合面上不应有影响密封性的缺陷。

(2)不应有折光裂纹。

(3)不应有表面气泡；不应有直径大于 3mm 的气泡；直径 1.0~3.0mm 的气泡不多于 3 个；1mm 以下的能目测的气泡每平方厘米不多于 5 个。

(4)不应有大于 1mm 的结石。

(5)模缝线不应尖锐刺手，且其凸出量不应大于 0.5mm。

(6)不应有明显的皱纹、条纹、冷斑、黑斑、油斑和影响外观的缺陷。

(7)不应有内壁黏料、玻璃搭丝。

(8)不应有瓶底塌陷及其他导致瓶身不能稳定站立的瓶底缺陷。

3. 规格　　灌口口径大小相同，罐颈呈正圆形，罐颈上缘的纵向和横向不得错开，罐颈也不得错开，否则封罐时受压不一，易发生破碎。

4. 铅、镉溶出量　　铅、镉溶出量见表 4-5。

表 4-5　铅、镉溶出量

容量/ml	允许限量	
	铅溶出量/(mg/L)	镉溶出量/(mg/L)
<600	≤1.5	≤0.5
600~3000	≤0.75	≤0.25
>3000	≤0.5	≤0.25

(五)玻璃罐的新发展

20 世纪 80 年代以来，由于玻璃罐存在生产成本上升，且玻璃罐较重、易碎、运输成本高的劣势，玻璃包装食品市场正在面临严峻的考验。为了适应市场的需求，人们研制出轻量瓶、强化瓶等。

1. 玻璃罐的轻量化　　为了减轻玻璃罐的重量，提高其绿色性与经济性，人们通过采用调整玻璃配方、减小壁厚及优化结构设计的方法，达到了轻量化的目的。

1)调整玻璃配方　　玻璃罐的主要成分是 $Na_2O\text{-}CaO\text{-}SiO_2$，轻量化玻璃罐通过增加提高玻璃强度的成分，提高组成中网络形成物含量，使玻璃结构更趋紧密。

2)减小壁厚，优化结构设计　　减小玻璃容器的壁厚是实现玻璃罐轻量化最直接的手段，但只是在玻璃容器的原有结构基础上减小壁厚，玻璃容器的垂直荷重能力会减小，因此减小壁厚的同时必须优化玻璃容器结构，使玻璃容器的应力分布均匀、冷却均匀，耐内压强度和冲击强度得以提高。应通过以下几个方面来优化结构设计。

(1)改善玻璃瓶造型。优化结构设计时，首先要考虑玻璃瓶造型。结构合理的玻璃瓶造型，应该是：玻璃瓶高度不大；瓶型的线条简单、无尖角(尖棱)；瓶身形状呈圆柱形；瓶肩线的曲率半径较大；瓶身与瓶底平缓过渡；瓶罐口部的加强环要尽量小，或取消加强环。因此在设计阶段，要以结构合理的玻璃瓶造型为基础进行设计。

(2)强化生产工艺技术。可采用化学或物理的强化工艺及表面涂层强化方法来强化生产工艺，这就要求生产过程的各环节(包括原料组织、配料、熔制、成型、退火等)都必须严格控制。因此，必须在设计阶段明确规定强化工艺，在提高材料的物理机械强度的前提下，使玻璃容器薄壁化而达到轻量化目的。

2. 玻璃罐的强化　　制造高强度玻璃罐的重要制造手段是对玻璃进行表面处理。表面处理方法有很多，具体方法如下。

1)制瓶时添加涂层　　添加涂层可以分为热涂、冷涂和起霜三种方法。

2)物理强化(钢化)　　也称为风冷强化。瓶罐脱模后，立即送入马弗室内加热到接近玻璃的软化温度，然后转入钢化室快速冷却，使制品表面因突然收缩而形成压应力层，制品内部的冷却因滞后于表面而形成张应力层，当这两种应力分布合理时，玻璃耐内压强度即可显著提高。

3)化学强化(钢化)　　这是一种对玻璃表面进行离子交换处理的方法，主要有熔盐法和喷涂法。

熔盐法是用溶质中半径大的离子交换玻璃中半径小的离子，或用溶质中半径小的离子置换玻璃中半径大的离子，使玻璃表面产生压应力，从而提高耐内压强度，经处理后制品的硬度高、耐磨性好。

喷涂法是在玻璃制品进入火窑前先在其表面均匀地喷涂一层钾盐溶液，然后送入退火窑同时进行退火和离子交换。喷涂法处理后的制品具有耐磨损、使用安全的特点。与熔盐法相比，喷涂法的生产效率高而成本低，是目前比较理想的一种增强工艺。

4)表面酸处理　　这种方法将玻璃制品置于低浓度的氢氟酸(有时还加入适量硫酸或磷酸)中浸蚀一定时间，以减少玻璃表面的应力集中。

5)涂布聚酯涂层　　常用浸液、流延和静电等方法在瓶的外表面涂上树脂或合成橡胶涂层，涂后加热硬化。

三、软 包 装

软包装材料是由两层或两层以上不同品种可挠性材料(如塑料薄膜、铝箔和纸等)通过一定技术组合而成的"结构化"多层材料。软包装在罐头工业的应用，是在罐藏容器发展到一定程度才出现的。

1. 软包装的特点　　在罐头工业中使用软包装有很多优点。第一，封口简便牢固，开启方便；第二，软包装材料能承受高温高压杀菌，杀菌所需时间短，食品受热时间短，有利于食品色、香、味的保存；第三，具有高阻隔性(阻气、阻香、防潮、遮光)，能保持内容物不发生化学变化，从而保持食品的品质和风味；第四，光学性能好，印刷性好；第五，体积小，质量轻，携带方便。当然，软包装也存在缺陷，如内容物装袋速度较慢、杀菌时需要特殊装置等。

2. 软包装的分类　　罐头工业上常用的软包装是蒸煮袋，它所使用的复合软包装材料具有特殊的耐高温性。蒸煮袋按杀菌时承受高温的温度范围不同，可分为高温蒸煮袋（121℃杀菌 30min）和超高温蒸煮袋（135℃杀菌 30min）；按包装的透明程度不同，可分为透明袋和不透明袋两种。透明袋杀菌时传热慢，适用于内容物 300g 以下的小型蒸煮袋，当内容物超过 500g 时应使用有铝箔的不透明蒸煮袋。

3. 蒸煮袋的材料结构及要求　　制作蒸煮袋的复合薄膜有三层结构。对于透明袋，其复合薄膜内层材料是流延聚丙烯薄膜（CPP），外层为聚对苯二甲酸类塑料（PET）或聚酰胺（PA），中间层为聚偏二氯乙烯（PVD）或聚乙烯醇（PVA）；不透明袋的复合薄膜中间层是铝箔。蒸煮袋应满足无毒、无味、耐油、耐化学性能好、阻隔性好、热封性好、封口强度高的要求。

第四节　果品蔬菜罐头加工工艺

一、工 艺 流 程

果品蔬菜罐头的加工工艺流程如图 4-4 所示。

空罐、罐盖的清洗 →消毒

原料挑选、分级 →洗涤→去皮→切分、去核（心）→抽空→烫漂→装罐→排气→密封→杀菌 →冷却→成品

配制罐注液

图 4-4　罐头生产工艺流程图

二、原料的处理

原料的处理包括原料的挑选分级、洗涤、去皮、去核、抽空、热烫等。

1. 挑选、分级　　剔除腐烂、病虫害、畸形、成熟度不足或过熟等不合格原料，按大小、成熟度、色泽等分级。

2. 抽空处理　　所有的果蔬组织中含有一定量的空气，不利于罐头的加工。装罐前的抽空处理，对罐头产品的护色保质具有明显的效果。抽空处理的方法有干抽法和湿抽法。为了改提高空处理的护色效果，有时在抽空液中加入适量的食盐、氯化钙、柠檬酸、亚硫酸或亚硫酸氢钠。不同抽空液的作用及护色效果见表 4-6。

原料的洗涤、去皮、去核和热烫的处理参见第二章相关内容。

表 4-6　不同抽空液的作用及其护色效果比较

抽空液	常用浓度/%	作用以及护色效果
水		护色，护色效果优于直接烫漂
食盐	1～3	护色与调味，护色效果优于水
糖水	15～70	护色与调味，护色效果优于食盐溶液
氯化钙	0.5～2	护色与硬化，护色效果与盐水相当
柠檬酸	0.1～0.2	护色与调酸，护色效果优于糖水
亚硫酸	0.01～0.2	护色与防腐，护色效果优于柠檬酸溶液
亚硫酸氢钠	0.02～0.3	护色与防腐，护色效果与亚硫酸溶液相当

三、装　罐

装罐之前，除对果蔬原料进行合理的处理外，还必须做好空罐的准备工作和罐注液的配制。

（一）空罐的准备

1. 空罐的清洗和消毒　　对于第一次使用的玻璃罐，先用温水浸泡，再用转动的毛刷逐个刷洗其内外壁，或用高压水冲洗其内外壁，然后在万分之一的氯水中浸泡消毒，最后用清水洗涤数次，倒置沥干水后，存放在卫生清洁的环境中备用。清洗后的玻璃瓶或铁罐也可用热水或蒸汽消毒后备用。一般用 95～100℃的水或蒸汽消毒处理 10～15min。铁罐通常先用温水浸泡后，再用清水冲洗，最后用温水或蒸汽消毒。

对于回收的旧玻璃瓶，通常瓶壁上粘有油脂和贴商标的胶水，应该用 40～50℃的 2%～3%NaOH 溶液浸泡 5～10min，然后在热水中刷洗瓶的内外壁或用高压热水冲洗，最后用清水冲洗数次，倒置并沥干水后备用。旧瓶的洗涤也可用复合洗涤液，如无水碳酸钠与磷酸氢钠配成的洗涤液，氢氧化钠、磷酸三钠及水玻璃配成的洗涤液。

罐盖使用前也应清洗，再用 95～100℃的水或水蒸气消毒处理 3～5min，沥干水分后备用，也可将洗净的盖用 75%乙醇消毒。

2. 空罐的检查　　将清洗消毒的罐头容器与盖检查后方可装罐。一般来讲，铁罐要求罐型符合标准，缝线与焊缝均匀完整，罐壁无锈斑和脱锡现象，内壁涂料均匀且无漏斑，罐口与罐盖边缘无缺陷或变形。玻璃罐要求罐口平整，无裂纹，罐壁无气泡。此外所有罐要求清洗干净。

（二）罐注液的配制

除果汁、果酱、干制品罐头外，大多数果蔬罐头要求加注糖或盐溶液，称为罐注液或填充液。一般果品罐头的罐注液为糖溶液，蔬菜罐头的罐注液为食盐溶液。罐注液对改善罐头食品风味、提高品质、延长保质期均有重要的意义。由于罐内注入罐注液，提高了罐头杀菌时的传热和升温速率，保证了杀菌效果；在罐头内注入较高温度的罐注液后再封罐，提高罐头内真空度和罐头杀菌的初温，有利于延长产品保质期和提高护色效果。

糖液的配制：在配制糖溶液前，首先应根据罐头质量标准所要求的开罐时糖溶液的浓度与果蔬原料本身的可溶性固形物含量来计算罐注液的浓度，计算方法如下：

$$W_1 A + W_2 X = (W_1 + W_2) B \tag{4-1}$$

根据式（4-1）推出：
$$X = \frac{(W_1 + W_2)B - W_1 A}{W_2} \tag{4-2}$$

式中，W_1，每罐装入的果肉重(g)；W_2，每罐注入的糖液重(g)；A，原料的可溶性固形物含量(%)；B，罐头质量标准所要求的开罐时的糖液浓度(%)；X，配制的糖液浓度(%)。

虽然是同一种原料，由于产地或成熟度的不同，其可溶性固形物的含量也不同，所以配制的糖液浓度应随每批原料固形物含量变化而调整。

根据生产计划与所需糖液的浓度计算并称取白砂糖，将糖用少量水在夹层锅内加热溶解，配成浓糖浆，并过滤，将过滤后的浓糖浆在稀释槽内稀释至要求的糖浓度。有时糖溶液中需加入柠檬酸，则应加热将糖溶解后再加入柠檬酸，以防柠檬酸加入过早导致蔗糖转化过多，还原糖与蛋白质在加热杀菌时形成黑蛋白素而影响产品色泽。

配制糖浆不仅要求糖浓度精确，而且对原料糖、配料用水以及用具都有严格的要求。要求糖的纯度在 99.5%以上，不含杂质或有色物质，特别要求二氧化硫在糖中的残留极少，否则，硫化物会对铁罐内壁造成腐蚀，形成金属硫化物，金属硫化物在罐头固形物表面形成黑色污斑，影响产品质量，所以一般要求选用硫酸法生产的蔗糖，而不选用亚硫酸法生产的蔗糖，亚硫酸法生产蔗糖残留的二氧化硫较多。配制糖液用水要求符合饮用水的卫生标准，最好选用软水。配制糖浆时不能使用铁器，糖液要求当天配制、当天使用。

盐溶液的配制：蔬菜罐头的罐注液一般为盐溶液，浓度为 1%～4%，根据产品质量标准要求的盐溶液浓度与生产计划计算并称取所需食盐，将盐用少量水在夹层锅内加热溶解而配置成浓的盐溶液，除去上层泡沫，过滤后静置，取上清液稀释至所需浓度。

配制罐注液所用盐的纯度直接影响罐头产品的质量，一般要求盐的纯度为 98%以上，若盐中含有铁，铁离子本身带色，使罐注液变色；铁还与果蔬中的单宁发生反应，形成黑色物质；钙盐会使罐注液发生沉淀，镁盐会使罐注液呈苦味。

（三）装罐

按产品质量的标准要求对预处理后的果蔬原料进行挑选和修整，选出变色、软烂或有病虫害的果块，然后按形状大小分别装罐。装罐的方法有人工装罐和机械装罐两种方法，对于大部分的果蔬罐头，因原料形态、成熟度、色泽等差异很大，成品罐头内的固形物排列各异，所以，固形物通常采用人工装罐，对于小的果蔬丁、块、粒状原料，可采用机械法装罐。罐注液一般采用机械法灌注。

经预处理后的果蔬原料和配制好的罐注液迅速装罐，装罐后应及时封口，否则会增加微生物污染机会，降低封罐后的罐中心温度与罐内真空度，影响了罐头的杀菌效果与产品的保质期。

每罐的净重和固形物含量应符合罐头质量标准要求，一般要求每罐净重的公差为±3%，出口罐头不允许有负公差。净重指罐头内容物的重量，即罐头容器及其内装食品的总重量减去罐头容器与盖的重量后所得重量。固形物含量指罐内固态食品占净重的百分数，一般要求每罐固形物含量为 45%～65%。

装罐时注意合理搭配，力求做到大小、色泽、形态、成熟度等均匀一致，排列式样美观，如此操作，可以提高原料的利用率，降低成本。

装罐时要保持罐口清洁，罐口不得粘有果蔬碎块、糖液与盐溶液，以免影响罐头的密封性。

装罐时应留有适当的顶隙，顶隙是指罐头内食品表面层或液面与罐盖之间的空隙，一般要求顶隙为 3～8mm。顶隙太小，罐内原料在加热杀菌时受热膨胀，使罐头底或盖受压而外凸，可能造成物理性胀罐，乃至罐头密封不良。由于罐头密封性被破坏，会导致罐头食品在贮运以及销售过程中被再次污染而腐败变质。若罐头顶隙太大，罐头的净重或可溶性固形物含量达不到产品质量的标准要求，而且排气密封后，罐内残留的空气较多，会对罐头容器造成腐蚀，也可能导致罐内食品变色、变质或营养物质的破坏。

装罐时应注意卫生，特别是用具和人的卫生，操作程序要规范，严防混入杂物，保证罐头质量。

四、排　气

1. 排气的目的和作用　　排气后封罐，使罐头内形成一定的真空度，可有效抑制好气性微生物的生长和繁殖，延长产品的保质期。由于罐内形成一定的真空，避免了罐头加热杀菌时因空气的受热膨胀而对罐头容器产生不良的影响，如玻璃瓶罐头在杀菌时的"跳盖"现象。铁盒罐头的罐盖或罐底向外凸出，形成"假胀罐"，严重的"假胀罐"会导致罐头密封不良，使罐头在贮藏或销售过程中被微生物再次浸染，导致罐内食品的腐败变质；排气封罐后，罐内形成一定的真空，有效减少了罐内的氧气，避免了氧气对营养物质和罐内食品色泽、风味等的不良影响，以及对铁罐内壁的腐蚀。

2. 排气方法　　排气的方法有两种，即加热排气和抽空排气两种。其中加热排气法又包括两种，即先加热后装罐法和先装罐后加热法。

先加热后装罐的排气方法是将内容物在装罐之前加热至一定温度，然后趁热装罐并密封，这种方法通常适用于果酱类罐头。

先装罐后加热的排气方法是将装好原料和糖液的罐头送入排气箱内，一般排气箱的温度为 80～95℃，排气时间为 7～10min，罐内中心温度达 75℃以上。加热排气后，立即封罐。采用这种方法进行排气，温度越高，时间越长，罐内空气被排得越多。但是过高的排气温度和太长的时间，会导致果蔬组织软烂和糖液溢出。所以对于热传导慢或不耐热的果蔬原料，不适宜采用这种方法。而且应尽可能减少内容物的受热时间，以利于保持罐内食品的色、香、味。

抽空排气是利用抽真空装置排除罐内的空气，从而实现排气的目的。采用抽真空排气时，一般要求真空度在 46～59kPa 为宜。对于组织致密、块形大的果蔬原料，必须在装罐前进行抽空处理，才能使抽空排气后罐内真空度达到要求。

抽空排气法与加热排气法相比，有许多优点：抽空排气避免了果蔬原料的受热，有利于保持罐内食品的色、香、味和质地，节约能源，降低成本；抽空排气所需时间较加热排气短，便于机械化作业，提高劳动生产效率。

3. 影响排气效果的因素　　排气的目的是排除罐头食品中含有的及罐头顶隙间的大部分空气，使罐头密封后形成一定的真空度。所以，通常用真空度衡量排气效果。罐头食品的真空度是指罐外大气压与罐头内残留气体的压力之差。一般小型罐的真空度为 50kPa 以上，大型罐的真空度为 39kPa 以上。

$$罐内真空度 = 大气压力 - 罐内残留气体的压力$$

根据罐内真空度的计算公式可以看出，大气压力和罐内残留气体的压力（即罐内残留气体的多少）是影响罐内真空度的主要因素，而影响大气压与罐内残留气体的量是多方面的，所以影响罐头真空度的因素也很多。

排气时，内容物的温度越高，排气时间越长，封罐后，罐头内残留的气体越少，真空度就越大。若采用加热排气法，封罐时，内容物的温度越高，封罐、冷却后，罐内真空度越高；

反之，则真空度降低。所以加热排气后，应迅速封罐。

在相同的排气条件下，罐头顶隙越大，则封罐后的真空度越高；反之，罐内真空度越低。

罐头贮藏的环境温度影响罐内气体压力，从而影响罐头的真空度。当环境温度升高时，罐内气体压力增大，而大气压变化很小，所以罐内真空度降低；当环境温度降低时，罐内气体压力变小，则真空度变大。因此，同一罐头在不同的环境温度条件下，其真空度不同。而且，在寒冷地区生产的罐头运到热带地区，容易发生胀罐现象。

海拔高度影响大气压力，从而影响了罐头真空度，海拔越高，大气压力降低，罐内的真空度越小。

五、密　封

罐头密封状况是决定罐内食品能否长期保存的关键工序。密封良好的罐头经杀菌后，罐头内容物与外界隔绝，不会受外界微生物的再次侵染，使得罐头食品长期贮藏。

罐头的密封可采用手工法或机械法，不同类型的罐头，采用的封罐方法不同。对于三旋、四旋和六旋罐，通常采用手工旋紧法，铁罐或卷封式玻璃罐等的密封通常采用机械法。常用的封罐机有手扳式封罐机、半自动封罐机和全自动封罐机，不管采用何种方法封罐，都要求罐头具有良好的密封性。

1. 金属罐的密封　　金属罐的密封通常采用半自动封罐机或全自动封罐机，个别小厂采用手扳封罐机，手扳式封罐机通常不配抽空装置，所以加热排气后方可封罐。半自动封罐机和全自动封罐机配有抽真空装置，封罐前不需要加热排气，其原理是将待密封的罐头推进封罐机的密封室，由真空泵通过连接的管道把密封室内及罐内的空气抽出，而后再密封。

2. 玻璃罐的密封　　卷封式玻璃罐的密封：卷封式玻璃罐的密封通常采用手扳式封罐机、自动封罐机和真空封罐机。其原理是：玻璃罐由托盘上升时与罐盖压头吻合，玻璃罐由旋转的压头带动而旋转，然后在滚轮推动下将罐盖及其胶垫密合在罐口凸缘处。卷封式玻璃罐密封后，要求卷边平滑，卷边下缘无锯齿状波纹或裂口；胶垫完整且无皱折；罐盖与罐身紧密结合，不易松动。

旋转式玻璃罐的密封：这种罐的罐口有三条、四条或六条凸出而倾斜的螺纹线，每条螺纹线的尾端则与第二条螺旋线的始端交错衔接，构成一圈首尾相互交错衔接的圈纹，罐盖下缘也相应具有三个、四个或六个向内卷曲延长的爪，盖内垫有橡胶垫圈。盖爪与罐口凸出的螺纹线紧扣，达到严密封紧的程度。这类罐头的封口通常采用手工旋紧或旋盖拧紧机旋紧。

3. 罐号打印　　封罐前，在罐盖上打印代号，即用字母和数字来代表产品生产的年月日、班组、产品类别及生产厂家，以便于成品质量检查。代号打印在罐盖中部，其格式有以下两种(图 4-4)。

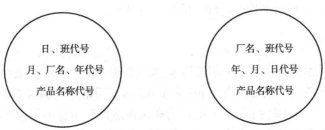

图 4-4　罐盖代号打印示意图

六、软罐头的装料、排气、密封

1. 软罐头的装料　　软罐头的装料有两种方式，即手工装料和装料机装料。装料机通常采用定容法进行定量，所以，装料机一般用于粉状、小颗粒状和流体食品的分装；而果蔬原料没有固定的形状和大小，一般采用重量法定量。因此，果蔬软罐头的固形物部分通常采用手工装料，罐注液可采用装料机罐装。软罐头的装料应注意以下事项：装料前，袋内插入扩袋鸭嘴器而打开袋口；装料时，袋口不能粘有果蔬原料的碎粒、小片及罐注液，否则会影响软罐头的密封效果。

2. 软罐头的排气　　软罐头的排气目的与其他罐头的排气目的相同，但软罐头排气的方法却不同。对于含有罐注液的软罐头，常用以下三种方法：抽气管法、加压式排气法和蒸汽喷射法。抽气管法是将真空管插至预留的密封边处，将空气吸出，再抽出管子并密封，有时管子会粘有食品及其汁液，污染封边，影响密封效果；加压式排气法常用于以液态食品占优势的软罐头的排气，具体操作是先用狭条夹板将食品层以上的袋夹紧，阻止袋内食品向上冲，然后挤压狭条夹板以上的袋，排掉其中的空气，密封；蒸汽喷射法就是向已经填充食品物料的袋内喷射蒸汽，排出其内的空气，然后密封。

3. 软罐头的密封　　软罐头密封的常用方法是脉冲加热密封法。在低压条件下，极细的电阻丝瞬间通过较大电流，加热板温度瞬间上升到要求的高温，使封边内的两膜层因受热而相互粘合。

七、杀　菌

（一）杀菌的目的及意义

目前罐头的杀菌多数采用热杀菌。在加热的条件下，杀灭绝大多数对罐内食品起腐败作用和产毒致病的微生物，使罐头食品在保质期内具有良好的品质和食用安全性。罐头食品的杀菌属商业杀菌，不能杀灭罐头内所有的微生物，特别是一些嗜热的细菌。罐头加工时，采取了排气工艺，罐内具有一定的真空度，可有效抑制好气性微生物对罐内食品的腐败。所以罐头的热杀菌主要是杀灭那些在厌氧条件下仍能活动的微生物，同时也杀灭了部分好氧微生物。罐头食品的杀菌包括升温、杀菌和降温三个阶段，通常用下式表示。

$$\frac{t_1 - t_2 - t_3}{T} P$$

式中，T，杀菌温度（℃）；t_1，由初温升到杀菌温度所需时间（min）；t_2，杀菌时间（min）；t_3，降温时间（min）；P，反压杀菌冷却时注入的反压力（Pa）。

（二）杀菌方法

目前罐头食品的杀菌方法通常采用常压杀菌法和加压杀菌法。罐内食品 pH 低于 4.5 的果蔬罐头通常采用常压杀菌；当罐内食品 pH 大于 4.5 时，通常采用加压杀菌。

1. 常压杀菌　　只要罐内 pH 小于 4.5，常压杀菌适用于所有不同包装的罐头杀菌。常压杀菌时，将罐头放入常压的沸热水中，罐头必须保持在热水的液面下 10～15cm 处，在保持杀菌温度不变的情况下维持适当的杀菌时间。海拔高度的增加，会使大气压降低，大气压的降低导致水的沸点下降，所以在高海拔地区进行罐头生产时，常压杀菌的温度较低，为了保证杀菌效果，必须延长杀菌时间。一般要求海拔每升高 300m，延长 20%的杀菌时间。根据其操作上的差异，常压杀菌可分为间歇式、连续式和连续搅动式。间歇式杀菌所需设备最简单，可在能加热的锅内进行，但工作效率较低；连续式和连续搅动式杀菌所需设备较复杂，而且昂贵，但工作效率大大提高。

2. 加压杀菌　　加压杀菌可分为加压蒸汽杀菌和加压水杀菌两种方法。加压杀菌的条件下，杀菌锅内的蒸汽或水的温度和压力均比常压杀菌处理的高，即罐头内的温度和压力也高，所以加压的条件下，可有效缩短杀菌时间。加压杀菌包括排气升温、杀菌、降温三个阶段。从杀菌锅内导入蒸汽直至温度升至杀菌温度的阶段称为排气升温阶段，排气升温阶段包括排气阶段和升温阶段。杀菌锅内导入蒸汽前，先将排气阀打开，然后打开蒸汽阀并导入杀菌锅内，利用蒸汽将锅内空气排出，当排气阀排出的气体呈灰色，即为纯蒸汽，杀菌锅内空气已排净，关闭排气阀，这一过程称为排气阶段。杀菌锅内的空气排净后，关闭排气阀，继续向杀菌锅内通入蒸汽，直至锅内温度达到预定的杀菌温度，这一过程称为升温阶段。达到预定杀菌温度时，根据锅内的温度与压力对应情况推断杀菌锅内空气是否排净。当杀菌锅内的温度与当时的压力条件下相对应的纯水的蒸汽温度一致，那么，杀菌锅内的空气被排净；否则，杀菌锅内还有残留的空气。升温结束后，进入杀菌阶段。从杀菌锅的温度升至预定杀菌温度开始至维持该温度到预定杀菌时间的过程称为杀菌阶段。杀菌期间的温度波动控制在±0.5℃的范围内。

八、冷　　却

常压杀菌的罐头冷却通常采用喷淋或冷水浸两种方法，也可先淋后浸。铁盒罐头经常压杀菌后，可直接放入冷水中冷却；玻璃罐头则应采用分段降温，每段内的温差不超过 20~25℃。冷却到38~40℃时，从冷却水中取出罐头，擦干罐体表面。

高压杀菌的罐头罐内温度和压力较高，冷却时，杀菌锅内的压力急剧下降，而罐头内的压力不能相应地大幅度下降，使罐头内外压差急剧增加，导致铁罐卷边松弛，乃至爆罐，玻璃瓶盖有可能发生跳盖现象，软罐头会发生胀裂现象。所以高压杀菌后，应采用反压冷却。反压冷却就是罐头在高压杀菌锅内冷却时，要求杀菌锅内保持一定压力，直至罐头内压力和外界大气压接近时，才能逐渐将锅内压力降低到常压。反压冷却包括三种方法：冷水反压冷却、空气反压冷却和蒸汽反压冷却。这三种反压冷却的原理大致相同，它们分别利用高压水、压缩空气或高压蒸汽弥补降温操作导致杀菌锅内的压力下降，使杀菌锅内的压力在冷却过程中始终不低于杀菌时的杀菌锅内压力，直至罐头内压力小于外界大气压时，才能削减杀菌锅内压力，打开杀菌锅进行常压冷却。

九、保温检查与贴标签

将杀菌冷却后的罐头放入保温室内，中性或低酸性罐头在37℃下保温一周，酸性罐头在25℃下保温 7~10 天，未发现胀罐或其他腐败现象，即检验合格，贴标签。标签要求贴得紧实、端正、无皱折。

第五节　果品蔬菜罐头的质量标准、检验及贮藏

一、果品蔬菜罐头的质量标准

果蔬罐头品种繁多，产品质量标准主要包括三个方面，即感官指标、理化指标和微生物指标。

（一）感官指标

GB11671—2003 规定，罐头食品的感官指标应符合：容器密封完好，无泄露、胖听现象存在；容器外表无锈蚀，内壁涂料无脱落；内容物具有该品种罐头食品的正常色泽、气味和滋味，汤汁清晰或稍有浑浊；番茄酱罐头内容物酱体细腻。

（二）理化指标

理化指标包括净含量、固形物含量、可溶性固形物含量或含盐量、pH、干燥物含量和重金属含量。

1. 净含量　　净含量是指食品商品除去包装容器和其他包装材料后内装食品的量。罐头净含量一律允许公差±3%，但每批产品平均净含量不低于标示值。

2. 固形物含量　　固形物含量是指沥干物重（含油脂）占标明净重的百分比。

3. 可溶性固形物含量或含盐量　　可溶性固形物是指液体或流体食品中所有能溶于水的化合物（包括糖、酸、维生素、矿物质等）的总称。罐头食品可溶性固形物一般是指水果罐头的糖水浓度。

罐头的含盐量一般是指蔬菜罐头中的氯化钠含量。

4. pH　　pH 即氢离子浓度指数，是表示溶液酸碱度的数值。果蔬罐头在出厂前要与同批中冷藏保存对照样品相比，比较 pH 是否有显著差异。pH 相差 0.5 及以上判为显著差异。

5. 干燥物含量　　干燥物含量是指干燥至恒重的物料的质量与干燥前物料质量的比值。对于黏稠制品、含悬浮物质的制品及高糖制品，要测定干燥物含量。

6. 重金属含量　　GB11671—2003 指出罐头食品的重金属主要检测锡、总砷和铅，其限量应符合表 4-7 的规定。

表 4-7　果蔬罐头的锡、总砷、铅的限量

项目		指标/(mg/kg)
锡(Sn)/(mg/kg)	≤	200
总砷(以 As 计)/(mg/kg)	≤	5.0
铅(Pb)/(mg/kg)	≤	1.0

果蔬罐头的理化指标因品种不同而异，具体参见第七节"果品蔬菜罐头加工实例"。

（三）微生物指标

应符合罐头食品商业无菌要求，番茄酱罐头霉菌计数（%视野）≤50。商业无菌是指罐头

食品经过适度的杀菌后，不含有致病性微生物，也不含有在通常温度下能在其中繁殖的非致病性微生物。

二、果品蔬菜罐头成品检验

果品蔬菜罐头的成品检验按照 GB/T 10786—2006 执行（略）。

三、果品蔬菜罐头的贮藏

果品蔬菜罐头要充分冷却后入库贮藏。应贮藏在干燥、通风良好的场所，不得与有毒、有害、有异味、易挥发、易腐蚀的物品同处贮存。对贮存的罐头应经常检查，并及时检出问题罐。罐头制品在贮存环境中，对其影响程度最大的是温度和湿度。

1. 温度　　罐头贮存的适宜温度是 0～10℃。温度过高，会加速内容物的理化性质的改变，导致果肉组织变软，失去原有风味和色泽，降低营养成分；高温环境加速罐头内壁腐蚀，发生胖听；高温给罐内残存的微生物创造适宜繁殖的条件，导致内容物变质。温度过低，内容物冻结，解冻后将导致水果蔬菜组织解体，易发生汁液浑浊和沉淀，影响食品的质地和风味。此外，贮存过程中，还要避免温度的剧烈波动及变化。

2. 湿度　　罐头食品应贮存在干燥环境中，空气相对湿度最高不要超过 80%。空气湿度过大，罐头外部易生锈、腐蚀，严重时将导致罐壁穿孔。因此，要经常给仓库通风，使仓库保持干燥，防止因湿度变化使水蒸气在罐外表面凝结。

第六节　果品蔬菜罐头败坏及防止措施

果品蔬菜罐头在生产过程中由于原料处理不当、加工操作不合理或成品贮藏、运输不当等原因，常会使罐头发生败坏。罐头败坏有两种后果：一是失去食用价值，不能食用；二是失去商品价值，即罐头外形、色泽发生改变，虽然内容物质量变化不大，还可食用，但不能被消费者接受。果蔬罐头常见的败坏现象表现在以下几个方面。

一、胀　　罐

罐头在正常情况下其底盖中心部位平坦或呈凹陷状态。当罐头内部的压力大于外界空气的压力时，底盖膨胀而外凸，这种现象称胀罐（或胖听）。

根据胀罐程度的不同，胀罐分为四种类型。一是撞罐（也称隐胀），是指外形正常，如将罐头抛落撞击或振动，能使一端底盖突出，如施以压力底盖即可恢复正常。二是初胀（也称轻胀、单面胖听），是指罐头的一端（底或盖）向外突出，如果手按突出的一端，则可恢复正常，而另一端则向外突出。三是软胀（也称弹胀、假胖听），是指罐头的两端底盖都向外突出，如施加压力可以保持一段时间的向内凹入的正常状态，但是除去压力立即恢复外突状态。四是硬胀，这是胀罐的严重阶段，罐头底、盖同时坚实的或永久性的外凸，加压也不能使其两端底或盖平坦凹入，如果内压继续增大，就可导致罐身裂缝处爆裂。

根据胀罐产生的原因，可将胀罐分为物理性胀罐、化学性胀罐和细菌性胀罐。

（一）物理性胀罐

物理性胀罐在罐的外形上表现为罐头两端或一端的罐盖凸起，用手压时，凸起处可恢复平坦，但手离后又重新凸起。这类型的胀罐，内容物并未坏，可以食用。

1. 产生原因　罐头内容物充填太满，顶隙太小，加热杀菌时内容物及气体受热膨胀，冷却后即形成胀罐；加压杀菌后，消压和冷却过速；排气不足或贮藏温度过高；贮藏环境的变化，如将罐头从高气压环境运往低气压环境里，或从低海拔地区运往高海拔地区等，都可能形成物理性胀罐。

2. 防止措施

(1)严格控制装罐量，并留顶隙，顶隙距离要控制在3～8mm。

(2)排气要充分；提高排气时罐内的中心温度；排气要有较高的真空度，即达3999～5065Pa。

(3)加压杀菌后的罐头减压和降温速率不能太快，使罐内外的压力保持平衡，切勿差距过大。

(4)罐头产品的贮藏温度要恒定适宜，一般控制在0～10℃。

（二）化学性胀罐

化学因素引起的胀罐多发生在酸性食品中，如杂色酱菜、番茄酱等蔬菜罐头和杨梅、樱桃、草莓等水果罐头。因化学性胀罐不是腐败菌引起，轻度胀罐对产品影响不大，无异味，尚可食用；严重时能使制品产生金属味，并会导致金属含量超标，因此，不要食用这类罐头。

1. 产生原因　由于内容物的有机酸(果酸)与罐头内壁的金属发生化学反应产生氢气，使内压增大，发生胀罐，故也称"氢胀"。例如，镀锡薄钢板有漏铁点或涂料铁涂布不均匀、孔隙多，都会产生集中腐蚀，放出氢气。

2. 防止措施

(1)防止空罐内壁受机械损伤，以防因涂料脱落而出现露铁现象。

(2)空罐宜采用无露铁点或涂层完好的抗酸涂料钢板制罐，以提高对酸的抗腐蚀性能。

（三）细菌性胀罐

细菌性胀罐在罐的外形上表现为罐头两端凸起，严重者罐头发生破裂。这种胀罐除产生气体外，通常伴有恶臭味和产生毒素。同时，内容物腐败变质，完全失去食用价值。

1. 产生原因　引起细菌性胀罐的可能原因有三个。一是杀菌不充分引起的，如杀菌操作不当或杀菌温度和时间不够，没有达到彻底杀灭腐败微生物的要求，致使其能够继续活动、繁殖而产生气体，发生胀罐。二是加工过程中卫生条件不良，原料被细菌污染，杀菌前已开始变质，虽然杀菌条件正常，也不能完全杀灭有害微生物。三是罐盖密封性不好，加热杀菌后冷却时，铁罐卷边内外层收缩不一致而形成缝隙，致使冷却水进入罐内，使微生物再次侵染而发生胀罐。

2. 防止措施

(1)采用新鲜的原料，并进行充分清洗，在生产过程中严格控制卫生条件，防止原料和半成品污染。

(2)在保证罐头产品质量的前提下，对原料进行充分预煮、杀菌等热处理，从而彻底杀灭产毒菌和腐败菌。

(3)某些罐头加工过程中进行适当酸化处理，即在预煮水或糖液中加入适量的有机酸(如柠檬酸)，降低罐头内容物的 pH，提高杀菌效果。例如，竹笋漂洗用水的 pH 要控制在 4.2～4.5，荸荠预煮时在罐注液中加适量的柠檬酸，均可提高杀菌效果。

(4)罐头的密封性能要好，防止泄露。杀菌后的罐头要迅速冷却，冷却水要清洁卫生(最好采用经氯化处理的冷却水)。

(5)罐头生产过程中，及时抽样保温处理，发现带菌问题及时处理。

二、罐壁的腐蚀

金属材料以及由它们制成的结构物，在某些因素的作用下，与所处环境介质发生化学或者电化学作用而引起的变质和破坏，这种现象称为罐壁的腐蚀。罐壁的腐蚀可分为两类：一类是金属容器和内容物发生化学反应产生的腐蚀，称罐内壁腐蚀；另一类是金属容器与外界环境中的气体、液体发生的腐蚀，称罐外壁腐蚀。

(一)罐内壁腐蚀

罐头容器的内壁腐蚀，是由于铁皮表面与罐头内容物发生反应，造成铁皮表面腐蚀。果蔬罐头的主要成分是淀粉、纤维素、糖、酸、维生素、含氮物质和水等，这些物质在罐头内部逐渐发生各种化学变化，所有这些罐头内容物与罐头内壁作用发生变化的现象都称为罐头内壁腐蚀。

理论上讲，如果铁皮表面涂锡和涂料非常均匀，由于锡本身的活泼性很低，对铁皮具有保护作用，同时涂料也具有保护作用，腐蚀现象不易发生。但就目前的生产技术而言，还无法做到涂锡和涂料非常均匀，总会存在露点。同时在加工过程中，罐头容器不可避免地要受到机械冲击和磨损，这将造成铁皮表面一些锡层和涂料层受损，露出钢基板，使铁与锡同时暴露，与罐头内容物直接接触，就会形成短路电池，铁和锡作用原电池的两端，并由铁皮本身连成电路，从而产生金属腐蚀现象。

1. 罐内壁腐蚀的表现形式

1)均匀腐蚀　　是指在酸性或高酸性食品罐头壁上发生的全面的、均匀的溶锡现象，导致整个内壁表面锡层晶体外露，罐内壁上出现鱼鳞状或羽毛状斑纹。由于锡晶外露，罐内容物含锡量增大。当锡含量低于 200mg/kg 时，对罐头产品品质影响不大，也不会产生金属味。但随着贮存时间的增长，腐蚀程度不断加重，含锡量也将增大。当锡含量超过 200mg/kg 时，就会产生金属味；若达到 300～500mg/kg，人食用后会出现锡中毒。此外，这种腐蚀发生时，伴有氢气产生，轻则造成氢胀，重则会造成胀裂。

2)集中腐蚀　　也称孔蚀，是指在罐内壁某些局部面积内出现的金属铁的溶解现象，如麻点、蚀孔、蚀斑、穿孔等。集中腐蚀现象常见于低酸性食品或含空气多的水果罐头(如苹果罐头)。与均匀腐蚀相比，集中腐蚀所需时间短，因而由集中腐蚀引起罐头败坏的时间要快很多。

3)局部腐蚀　　是指罐内壁气液交界部位(如氧化圈)发生的腐蚀现象。刚封罐时，罐内顶隙中含有氧气而引起内壁的腐蚀。

4)硫化腐蚀　　是指在含硫食品或添加有硫化物的罐头中发生铁、锡被腐蚀现象。含硫蛋白质分解产生的硫化氢，与锡罐上的锡铁作用使罐内壁出现青紫色、灰黑色硫化斑，易污染食品。在芦笋、蘑菇等罐头食品中常发生硫化腐蚀。

5) 异常脱锡腐蚀　　有特殊腐蚀因子的某些食品(如橙汁、芦笋、刀豆、番茄等)与罐内壁接触时，就会直接起化学反应，导致罐头内壁在 2~3 个月内出现大量脱锡的现象。期间，罐内真空度缓慢下降，全部脱锡后就会迅速发生氢胀。

2. 影响罐内壁腐蚀的因素

1) 氧气　　O_2 对金属是强氧化剂。尤其在酸性条件下，O_2 具有很强的氧化作用。所以，当罐头容器内有 O_2 存在时，罐内壁的金属与 O_2 发生氧化还原反应而产生腐蚀现象，且 O_2 含量越高，反应越容易进行，腐蚀作用越强。

2) 有机酸　　很多果蔬罐头属酸性或低酸性食品，内容物的 pH 越低，对罐壁的腐蚀就越强。酸的种类不同，腐蚀强度不同，如草酸>醋酸>柠檬酸。氧能促进柠檬酸的溶锡腐蚀，食盐能抑制锡的溶解。

3) 花青素　　紫色、红色果蔬(草莓、葡萄、樱桃、茄子等)含有花青素。花青素是一种还原物质，具有阴极去极化剂的作用，从而促进腐蚀。花青素与锡在水溶液中反应形成沉淀，同时花青素是氢的接受体，当铁皮表面产生氢气时，会在短时间内被花青素接受而消除氢气在金属表面的积累，从而加速锡的腐蚀，最后造成铁皮面的大量暴露，形成局部电偶，继续产生氢气并使铁皮穿孔。

4) 硫及含硫化合物　　果蔬在生长季节会被喷施农药，某些农药是含硫化合物。当原料在加工时清洗不彻底，就会混有硫或硫化物；另外，砂糖中有时含有微量的硫杂质。当硫及含硫化合物存在时就会促进罐壁腐蚀。

5) 硝酸盐　　当硝酸盐存在于罐头食品中时，会引起急剧的溶锡腐蚀。尤其是当罐内残留氧量多，且 pH<5 时，因 NO_3^- 引起的腐蚀速率更快。

6) 盐和其他卤素离子　　酸性水溶液中加入食盐，能抑制锡的腐蚀，但能促进铁的腐蚀。

7) 低甲氧基果胶及半乳糖醛酸　　果胶在果胶酶的作用下会产生低甲氧基果胶及半乳糖醛酸，这两种物质会促进溶锡腐蚀。因此，在果蔬加工过程中，要迅速破坏果胶酶的活性。

8) 罐壁的材质　　镀锡薄钢板若用热轧钢做钢基时，镀锡量与腐蚀无关。但采用冷轧钢做钢基时，镀锡量与罐头食品耐藏期成正比，镀锡量大，孔隙度小，腐蚀程度则轻。此外，钢板中硫、磷、铜含量低时腐蚀较轻。

3. 罐内腐蚀的防止措施

(1) 选用抗腐蚀性能好的镀锡薄钢板，并防止制罐过程中锡层损伤。

(2) 装罐前对空罐进行钝化处理。例如，对于花青素和含酸量高的内容物，容器内壁要涂抗酸涂料；对于含硫量高的内容物，应使用抗硫涂料罐。

(3) 对喷过含硫农药的果实，加强清洗及消毒，可用 0.1%盐酸浸泡 5~6min 后冲洗，洗脱农药。

(4) 抽空处理含空气较多的果实，减少原料组织中空气(氧)的含量，进而降低罐内氧的浓度。

(5) 加热排气要充分，适当提高罐内真空度。

(6) 杀菌后迅速冷却，尽量缩短受热时间。

(7) 装罐时，一般要求顶隙为 3~8mm，以免罐头顶隙过大。

(8)注入罐内的糖水要煮沸，除去糖液中的含硫物质。

（二）罐外壁腐蚀

罐外壁锈蚀是指由于贮藏环境湿度太高而引起铁与空气中的水分、氧气起反应而形成黄色锈斑，影响商品外观。严重时还会促使罐壁腐蚀穿孔导致食品变质和腐败。

1. 产生原因

1)罐头的"出汗"　　当贮藏库温度较高，而罐头进入仓库时温度较低时，空气中的水蒸气就会冷凝在罐外壁形成水滴，即罐头的"出汗"现象。接着，空气中的 CO_2、SO_2 等氧化物溶于罐外壁附着的冷凝水中，成为罐外壁的良好电解质，为外壁的锡、铁偶合提供了场所，从而出现了锈蚀现象。

2)由于杀菌锅内存在的空气而引起的锈蚀　　杀菌时，若杀菌排气不充分，使空气和水蒸气在杀菌锅内并存，就为罐头外壁腐蚀提供了良好的条件。

3)冷却水引起的腐蚀　　罐头冷却水如果含有 Cl^-、SO_4^{2-} 等腐蚀物质且冷却水不能流动时，随着冷却水温度的提高，腐蚀性加剧。若冷却温度过低，罐头表面浮水不易蒸发，也可引起腐蚀。

此外，装箱材料含水分高，贴标签时所用胶水的吸湿性强，也可引起罐外壁腐蚀。

2. 防止措施

(1)罐头入库时温度不宜过低，罐头和仓库温差以 5～9℃为宜，若温差超过 11℃就容易"出汗"。

(2)罐头贮藏库内温度要保持恒定，相对湿度控制在 70%～75%，且要定期进行通风排湿操作。

(3)杀菌的升温阶段，要完全、彻底地排尽杀菌锅内的空气。

(4)罐头冷却时温度要适宜，且用流动水冷却。待罐头充分冷却后装箱，并贮藏在通风阴凉的环境中。

(5)要在罐外壁涂防锈漆。

三、变色及变味

（一）变色

1. 产生原因

1)果蔬中固有化学组分引起的变色　　果蔬中固有的化学组分包括单宁物质、色素物质和含氮物质等。

(1)单宁物质。因反应体系不同，由单宁物质引起的变色是不同的。果蔬加工中经常出现的是由酶和单宁引起的酶促褐变，如在加工中苹果、香蕉、梨等的褐变；还有在酸性及有氧条件下，单宁氧化缩合成红粉色而使水果变红，如梨和荔枝的变红等；单宁在碱性条件下会变黑，如桃子用碱液去皮后黑变；单宁物质遇铁变黑，如糖水莲藕变色。

(2)色素物质。

①叶绿素：在酸性条件下，叶绿素会脱镁变成黄色，即使采取护色措施，也很难达到护绿的效果；在光照条件下，叶绿素很容易分解，用玻璃瓶装的绿色蔬菜罐头经长期光照会变黄。

②花青素：水果中无色的花青素在酸性条件下由于热作用可生成红色物质，使水果呈现出玫瑰红或红褐色，如白桃和梨的变红；花青素遇铁变成灰紫色；花青素遇锡会变成紫色；花青素在 SO_2 或花青素酶作用下会褪色。

③花黄素：花黄素在碱性条件下变黄，如在碱性条件下芋头、荸荠、芦笋变黄；花黄素遇铝颜色变暗，如芦笋、洋葱用铝锅加工时会变色；花黄素遇铁会变色，由于 Fe^{3+} 与花黄素螯合的位置不同，生成焦没食子酸型蓝黑色和儿茶酚型蓝绿色物质。

④胡萝卜素：胡萝卜素在光照下会氧化褪色。

(3)含氮物质。水果所含的氨基酸与糖类发生美拉德反应(羰氨反应)而使水果发生褐变反应，如桃子的变色；水果所含的单宁与氨基酸、仲胺类物质结合生成红褐色至深紫红色物质，如荔枝的变色。

2)抗坏血酸的氧化引起的变色　　在罐头中，适量的抗坏血酸(或D-异抗坏血酸钠)对糖水罐头(如苹果、桃等)有护色作用，但若抗坏血酸(或D-异抗坏血酸钠)在加工或贮藏过程中被氧化，将引起非酶促褐变。

3)加工操作不当引起的变色

(1)采用碱液去皮时，果肉在碱液中长时间浸泡或冲碱不及时、不彻底都会引起变色，如桃子在碱液中停留过久会加速花青素和单宁的氧化变色。

(2)果肉在加工过程中过度受热将加剧果肉变色，如桃肉在预煮、排气或杀菌过程中温度过高或时间延长，变色程度增加。

4)罐头产品贮藏温度不当引起的变色　　罐头在高温下贮藏为罐内的酶促褐变或非酶促褐变反应的发生提供了有利条件，罐内某些成分的变化速率将加快，如糖水桃罐头长时间高温下贮藏会加速单宁物质的氧化缩合等。

2. 变色的防止措施

1)原料的选择　　控制原料品种和成熟度，芦笋、莲藕等选用含花青素、单宁等少的原料，并严格掌握原料成熟度。

2)加工操作时应采取的措施

(1)在整个加工过程中，去皮后的果肉不能直接暴露在空气中，要浸入护色液中护色。另外，果块抽空时，果块不能露出液面。

(2)用碱液去皮时，要及时冲净余碱，必要时可用柠檬酸中和。

(3)对去皮切分的原料及时采取热烫处理，破坏酶的活性。

(4)减少加工过程中的热处理时间，杀菌后及时、迅速、彻底冷却。

(5)糖水要现用现配，配好的糖水应煮沸。如需加酸，加酸的时间不宜过早，避免蔗糖过多的转化为转化糖，转化糖遇氨基酸易产生非酶促褐变。

(6)在加工过程中，原料、半成品不能与铁、铜等金属器具接触，一般要求用具为不锈钢制品，并注意加工用水的重金属含量不宜太高。

(7)仓库的贮藏温度要低，低温下褐变程度轻，高温则加速褐变。

(8)绿色蔬菜罐头罐注液的 pH 要呈中性偏碱。

(9)绿色蔬菜罐头最好选用不透光的包装容器。

3)在罐内加入保护剂

(1)加工苹果、梨、桃罐头时，糖液中添加适量的抗坏血酸作为抗氧化剂来防止变色。

但需注意抗坏血酸脱氢后，会对空罐腐蚀及引起非酶促褐变。

(2)某些有机酸(如苹果酸和柠檬酸)的水溶液，既能起护色作用，又能降低罐头内容物的 pH，从而减缓酶促褐变。因此，原料去皮、切分后应浸泡在 0.1%～0.2%柠檬酸溶液中，另外糖水中加入适量的柠檬酸有防褐变作用。

(3)糖液中添加适量的磷酸盐或 EDTA 螯合金属离子。

(4)罐内加入葡萄糖氧化酶和抗坏血酸，消耗罐内残存的氧，使红色花青素脱色还原。

(5)用花青素酶分解花青素，减少果肉中花青素的含量。

(6)对于绿色蔬菜，采取适当的护绿措施，如热烫时添加少量锌盐。

(二)变味

1. 产生原因

1)原料处理不当　　若原料处理不当，会使罐头制品产生异味，如橘子罐头会因橘络及种子的存在而带有的苦味。

2)罐壁的腐蚀　　罐壁的腐蚀会使罐头制品产生金属味，即铁腥味。

3)微生物引起的变味　　罐头内产酸菌(如嗜热芽孢杆菌)的存在会导致食品变质后呈酸味。这种罐头变味后不能食用。

4)热处理过度　　加工过程中，热处理过度会使内容物产生蒸煮味。

2. 防止措施

(1)对于橘子罐头，应将原料的橘络及种子去除干净。

(2)选择合适的罐藏原料和采用适当的预处理，避免内容物与铜等材料的接触等。

(3)杀菌要充分，避免平酸菌之类的微生物引起的酸败。

(4)严格控制热处理的时间和温度，以免加热过度。

四、罐内汁液的浑浊和沉淀

1. 产生原因

(1)原料成熟度过高，热处理(预煮、热烫、杀菌等)时间太长，使罐头内容物软烂。

(2)罐头制品在运输和销售过程中受剧烈振荡，使果肉碎屑散落。

(3)微生物分解罐内的食品。

(4)内容物受冻后解冻，使组织松散、破碎。

2. 防止措施

(1)原料的成熟度不能过高，且原料的质地不能太软。

(2)热处理要适度，既要做到充分漂烫和杀菌，又不能使果蔬软烂。在热烫处理时，可对原理进行硬化处理。

(3)避免成品罐头在运输和销售过程中急剧振荡。

(4)妥善贮藏，避免罐头受冻。

(5)在加工过程中，要避免原料受到二次污染，且杀菌要彻底，以免产生微生物污染。

五、HACCP 在罐头食品生产中的应用

HACCP(Hazard Analysis Critical Control Point)，即危害分析关键控制点。国家标准

GB/T15091—1994《食品工业基本术语》对 HACCP 的定义为：生产（加工）安全食品的一种控制手段；对原料、关键生产工序及影响产品安全的人为因素进行分析，确定加工过程中的关键环节，建立、完善监控程序和监控标准，采取规范的纠正措施。国际标准 CAC/RCP-1《食品卫生通则 1997 修订 3 版》对 HACCP 的定义为：鉴别、评价和控制对食品安全至关重要危害的一种体系。

　　HACCP 系统是 20 世纪 60 年代由美国开发的，主要用于航天食品。1971 年在美国第一次国家食品保护会议上提出了 HACCP 原理，立即被食品药物管理局（FDA）接受，并决定在低酸罐头食品的 GMP 中采用。1997 年 HACCP 概念已被认可为世界范围内生产安全食品准则。

　　HACCP系统已应用到食品生产的各个领域，罐头食品生产领域也不例外。罐头的杀菌是一种商业杀菌，杀菌时以杀死产毒菌和致病菌为主要目的，允许有部分微生物及芽孢存在。若在生产过程中，生产操作条件控制不当，将会使这部分微生物生长繁殖，进而使罐头产品腐败变质。因此，在罐头食品中建立HACCP具有重要意义。建立步骤应根据危害因素分析确定以下关键控制点。

（一）原料选择与处理

　　1. 危害因素分析　　果蔬罐头原料比较容易携带农药、重金属、微生物及病虫害。若采摘后的原料不能及时投产又不在低温下贮存，极易造成腐烂变质和细菌繁殖。例如，蘑菇罐头原料采摘后不及时处理极易产生肠毒素，且很容易被金黄色葡萄球菌污染。另外，原料清洗不彻底或去皮不净，可残留大量农药或微生物。

　　2. 关键控制点　　原料应来自安全无污染的种植区域，农药残留、重金属等有毒有害物质残留应符合国家法律法规；应在满足产品特性的温度下贮存和运输原料；严格控制原料的新鲜度，应明确从采摘、收购到进厂加工时限；严格筛选原料，剔除不合格原料（腐烂变质、含病虫害或致病菌）；对原料的清洗、切分、烫漂、装罐等应严格按照卫生规程操作，使细菌保持在最低限量内。

（二）空罐检验及封罐

　　1. 危害因素分析　　内壁损伤的空罐与酸性水果接触后，会使罐头产生氢胀。脱焊或封罐不严将导致罐头内容物与空气接触，使罐内残存的微生物大量繁殖，甚至造成二次污染，使内容物变质。

　　2. 关键控制点　　要严格检验空罐的内壁，不允许有损伤；在生产过程中控制酸性食品 pH，保证平衡后最终产品 pH 小于 4.6；封罐前排气要充分；密封要严格，制定严格的打检制度。

（三）罐头杀菌

　　1. 危害因素分析　　罐头杀菌温度、时间、压力如掌握不好，可能导致成批的产品变质。

　　2. 关键控制点　　对杀菌关键因子实施控制，严格按照热力杀菌规程杀菌，保证足以杀灭目标菌；严格按杀菌公式进行，准确控制杀菌温度、时间、压力等因素；确保热力杀菌设备的热分布均匀，在新设备使用前或对设备进行改造后实施热分布测定，杀菌装置在使用过程中应定期实施测定。

（四）罐头的贮藏

1. 危害因素分析　　商业性杀菌不可能把罐头内的微生物都灭活，罐头内可能存在腐生菌或平酸菌。若杀菌后的罐头贮藏在高温环境下，极易使罐内产酸产气的腐败菌繁殖，使罐头胖听。

2. 关键控制点　　贮藏罐头产品的仓库温度要低于20℃，这样即使罐头内有少数微生物存在也不致繁殖，不会使罐头变质。

（五）成品检验

1. 危害因素分析　　成品检验包括感官检验、理化检验和微生物检验，其中最主要的是微生物检验。如平酸菌、肠毒素，使用一般杀菌公式是不能灭活的，故某些罐头的肠毒素和平酸菌是某些罐头微生物检验的重点对象。各种腐生菌，有时也可造成大量罐头变质。

2. 关键控制点　　要严格按照罐头食品检验规程对相应的感官指标、理化指标和微生物指标进行检验，发现问题应及时将不合格产品剔除。

第七节　果品蔬菜罐头加工实例

一、菠萝罐头加工

（一）工艺流程

原料选择→洗果→分级→切端、去皮→雕目→切片、去果芯、切块→选片漂洗→装罐→排气、密封→杀菌、冷却→保温检验→成品

（二）操作要点

1. 原料选择　　选择成熟度在七至八成熟，色泽尽可能一致，果肉平均可溶性固形物不低于10%～12%的果实。果实新鲜饱满，发育正常，外观清洁，无发霉、干瘪及病虫害、鸟啄、日烧病及机械伤引起的腐烂现象。

2. 洗果　　用清水将果面的泥沙和杂物冲洗干净。

3. 分级　　分级主要是按果实截径大小来分（表4-8），要求无严重跳级现象，且不损伤果肉。

表4-8　菠萝原料的分级

级别	果实横径/mm	去皮刀筒口径/mm	捅心筒口径/mm
1	85～94	62	18～20
2	95～108	70	22～24
3	109～120	80	24～26
4	121～134	94	28～30

4. 切端、去皮　　用刀将果实两端垂直于轴线切下，削去外皮，削皮时应将青皮削干净。

5. 雕目　　用三角刀沿果目螺旋方向挖除果目，要求沟纹整齐，深浅以正好能挖净果目为适宜，切边不起毛。

6. 切片、去果芯、切块　　经雕目后的果实用小刀削除残留表皮及雕目残芽，清洗后用刀将果六等份纵向切开，去除果芯。果肉切成厚度为1.5~2.0cm的扇形块，弦长为3~4cm，要求切面光滑，厚度一致。

7. 选片漂洗　　对不合格的果片或断片可切成扇形或碎块，但不能有果目、斑点或机械伤。将选好的合格片进行漂洗，目的是除去切片时产生的一些细碎片，以免漂浮在罐里，影响外观，最后用筛网滤去水分。

8. 装罐

1) 空罐的准备　　装罐前，空罐、盖均用洗涤液洗干净，用清水冲洗后用 90~100℃沸水浸泡 3~5min，把罐倒置，沥干水分备用。

2) 糖液的配制

(1) 原料糖、配料用水及用具的要求：砂糖(蔗糖)用碳酸法生产制得，色泽洁白，清洁，不含杂质或有色物质，纯度在99%以上；所用的水要清洁、无色、透明，无杂质，无异味，以符合饮用标准的软水为宜；配糖的用具和容器忌用铁器。

(2) 糖液浓度的计算。糖液浓度依水果种类、品种、成熟度、果肉装量及产品质量而定，一般要求开罐时糖液浓度为 14%~18%。

(3) 配制方法：根据生产计划与所需糖液的浓度计算并称取白砂糖，将糖用少量水在锅内加热溶解，配成浓糖浆，并过滤，将过滤后的浓糖浆在稀释槽内稀释至要求的糖浓度。注意要现用现配，否则影响色泽。

(4) 糖液浓度的测定。常用折光仪或糖度计来测定糖液浓度。一般测定温度为 20℃，若偏离 20℃，测得的糖液浓度还需加以校正。

3) 装罐　　装罐时应注意同一罐中菠萝扇块的大小、形状、色泽基本一致。果片装罐要求排列整齐，要求罐头成品固形物含量不低于净重的 50%~60%。杀菌后果肉的减重率最少为 10%~15%。

加糖水之前，柠檬酸按 0.1%加入糖水中，使糖水 pH 调至 4.3。注糖水时要注意留 3~8mm的顶隙。

9. 排气、密封　　排气的方法有，即加热排气和抽空排气。加热排气是将装好原料和糖液的罐头送入排气箱内，排气箱的温度为 95℃左右，排气时间为 7~10min，罐内中心温度达 75℃以上。抽空排气是利用抽真空装置排除罐内的空气，要求真空度在 53.3kPa 以上。排气后，立即封罐。

10. 杀菌、冷却　　将密封好的罐头在沸水浴中杀菌，保温 15min。冷却时分级冷却，不能直接置于空气中冷却，因罐头内的温度与外界温差太大，容易造成炸罐。故第一级冷却在 85℃水中，10min 左右。再进行第二级冷却，第二级冷却在 65℃水中 10min，之后才能 45℃的热水中冷却，逐步冷却到38℃，这样才不致炸罐。

11. 保温检验　　擦去罐盖上的水分，将杀菌冷却后的罐头放入保温室内，在 25℃下保温 7~10 天。未发现胀罐或其他腐败现象，即检验合格，贴标签。

二、橘子罐头加工

（一）工艺流程

原料选择→选果分级→热烫→去皮、去络、分瓣→去囊衣→整理→分选装罐→排气、密封→杀菌、冷却→保温检验→成品

（二）操作要点

1. 原料选择　　选择容易剥皮、不苦的橘子品种，果实在八九成熟时采收。要求果实扁圆，直径46～60mm；果肉呈橙红色，果肉组织紧密、细嫩；囊瓣大小均一，呈肾脏形（不要呈弯月形）；无核或少核，囊衣薄；香味浓、风味好，糖含量高，可溶性固形物在10%左右，含酸量为0.8%～1%，糖酸比适度（约12：1）。另外要求橘子未受机械损伤，无虫害、无霉烂。

2. 选果分级　　加工时应首先除去畸形、干瘪、霉烂、重伤、裂口的果子，再用分级机按橘子的果实横径来分为大、中、小三级，横径分别为6.1～7.0cm、5.6～6.0cm、5.0～5.5cm。分级后的果实用清水洗净表面的污垢。

3. 热烫　　目的是易剥去橘皮。将选好的橘子放入90～95℃水中烫煮25～45s，不可超过1min。热烫后及时用冷水冷却，使外皮及橘络易于剥离而不影响橘肉。注意水温不能过高，时间也不能长，否则易造成果实烫熟；同时要随烫随剥皮，不可积压和重烫。

4. 去皮、去络、分瓣　　热烫后取出橘子，趁热进行人工去皮、去络、分瓣处理，先从果蒂处一分为二，翻转去皮并去除部分橘络，再分瓣。此操作不能用力过大，防止果汁的流失。最后选出畸形、僵硬、干瘪及破伤的果瓣，再按大、中、小分级。

5. 去囊衣　　此步骤采用冷酸、冷碱处理（温度为25～30℃）。

1) 酸处理　　将橘瓣用浓度为0.15%～0.2%的盐酸溶液浸泡25～30min。橘瓣与酸液之比为1：1.3。当浸泡到囊衣呈松软状、浸泡液呈乳浊状且咀嚼橘瓣无硬渣感时，取出橘瓣放入流动清水中漂洗至不浑浊为止，然后进行碱处理。

2) 碱处理　　先在缸内注满清水，清水应高出橘瓣面3cm以上。在不断搅拌橘瓣的情况下，慢慢加入浓度0.18%～0.20%的氢氧化钠溶液，每100kg的橘瓣加入0.18%～0.20%的碱液100ml，碱液要稀释后加入，以防局部囊衣过度损伤，充分搅拌碱液，处理时间2～4min，达到粗囊去净、内层囊衣完整后放出碱液，注满清水进行充分清洗。

脱囊衣的程度一般用肉眼观察。全脱囊衣要求能观察到大部分囊衣脱落，不包角，橘瓣不起毛，砂囊不松散，软硬适度。碱处理后应马上在流动水中清洗，防止过度浸损囊衣。应清洗3次以上，洗至橘瓣无碱液残留、手感无滑腻感为宜。

6. 整理　　全脱囊衣橘瓣整理用镊子逐瓣去除囊瓣中心部残留的囊衣、橘络和橘核等，半脱囊衣橘瓣的整理是用弧形剪剪去果心、挑出橘核。整理后用清水漂洗，再放在盘中进行透视检查。透视后，选择片形完整、无核、剪心口整齐、无橘络的橘瓣。

7. 分选装罐　　空罐的准备和糖液的配制，糖液按开罐浓度为16%进行配制。橘瓣按瓣形完整程度、色泽、大小等分级分别装罐，力求同一罐内的橘瓣片形大小和色泽均匀一致。橘瓣装罐量按产品质量标准要求进行计算，一般不低于净重的55%。橘瓣分选装罐后注入糖液，温度要求在80℃以上，保留顶隙3～8mm。

8. 排气、密封　装好的罐头放在热水锅中或通过排气箱加热排气，要求罐内中心温度达到 65～70℃，时间为 5～10min。用真空封罐机抽气密封，封口真空度为 40～53.3kPa。

9. 杀菌、冷却　在沸水中杀菌 10～20min，杀菌后的罐头应迅速冷却到 38～40℃。

10. 保温检验　擦去罐盖上的水分，将罐头送入25～28℃的保温库中存放5～7天，保温期间定期进行观察检查，并抽样做微生物和理化指标的检验。检验合格后，贴上标签。

三、酸黄瓜罐头加工

（一）工艺流程

原料选择→浸泡、清洗→去蒂、去皮、去籽→切块→漂烫→装罐→封罐→杀菌、冷却→保温检验→成品

（二）操作要点

1. 原料选择　选用质地脆嫩、条细、个头小的鲜黄瓜，要求无霉烂、无虫蛀、无严重机械伤。

2. 浸泡、清洗　将黄瓜上的泥沙等物冲洗干净后，在清水中浸泡 6～8h，以排除细胞间隙的空气，并保持果实的脆嫩，泡后再仔细刷洗一遍。

3. 去蒂、去皮、去籽　将黄瓜洗净后去蒂部（因蒂部有苦味），用刀削除黄瓜表皮，再对切成两半，用不锈钢小勺挖去黄瓜籽。然后投入冷水中浸泡约 0.5h，并清洗干净。

4. 切块　将黄瓜用不锈钢刀切成长条形小块（长约 8cm、宽约 3cm）。

5. 漂烫　将黄瓜块放入沸水中烫漂 1.5～2min，热烫后立即捞出，放入流动冷水中冷却。

6. 装罐

（1）用玻璃瓶装，空瓶应先洗净消毒。

（2）罐注液含糖 30%、醋酸 2.3%、柠檬酸 0.15%。配制时先将醋酸、柠檬酸与水混合加热，然后将包有丁香、辣椒粉、生姜、桂皮、白胡椒粉、茴香、香叶的香粉包放入食醋中加热至 80～82℃，维持 1h，温度不可超过 82℃，以免醋酸和香料挥发，1h 后将香料袋取出，趁热加入蔗糖，使之充分溶解，即成罐注液。

（3）装罐时先装入黄瓜，然后装灌注液，果块重量应不少于净重的50%，顶隙距离6～8mm。罐注液温度不低于75℃，有利于排气。

7. 封罐　装罐后的罐头置于排气箱内，蒸汽加热排气至罐中心温度达到82℃，立即用真空封罐机抽气密封，真空度0.067MPa以上，5min后迅速冷却至40℃以下。

8. 杀菌、冷却　按杀菌公式（5～15min）/100℃进行杀菌，杀菌后分段冷却至37℃左右。

9. 保温检验　擦去罐盖上的水分，将杀菌冷却后的罐头放入保温室内，在25℃下保温7～10天。未发现胀罐或其他腐败现象，即检验合格，贴标签。

四、蘑菇罐头加工

（一）工艺流程

原料选择→护色→预煮→挑选、修整、分级→装罐→排气→密封→杀菌、冷却→保温

检验→成品

（二）操作要点

1. 原料选择　　原料呈白色或淡黄色，新鲜饱满，菌盖完好，未开伞，无机械损伤和病虫害的蘑菇；无异味，伞柄切口平整，无泥土和斑点。加工出口蘑菇罐头的鲜菇必须是一级菇；二、三级菇可加工一般罐头。

作为片状蘑菇罐头的原料，菌盖直径1.5～3.3cm，不超过4.5cm，菌柄长度不超过1.5cm；作为碎片蘑菇罐头的原料，菌盖直径不得超过6.0cm，菌柄长度不超菌盖直径的1/2。

蘑菇在采摘、运输和整个加工工艺过程中，必须最大限度地减少暴露在空气中的时间，加工流程越快越好。严格防止蘑菇与铁、铜等金属接触，避免长时间在护色液或水中浸泡。

2. 护色　　将采收后的蘑菇切除带泥根柄，立即浸于0.03%的焦亚硫酸钠溶液（护色液）中，轻轻地上下翻动，洗去泥沙、杂质及菇表层的蜡状物和脂质等；若护色液浑浊，需另换新液。护色2min后，捞出，放入流动水中漂洗1～2h，除去护色剂。

采摘和运输过程中严防机械损伤；若采收后不能在3h内快速加工，则必须用0.6%的盐水浸泡；或者用0.03%焦亚硫酸钠液洗净后，用清水浸泡运输，防止蘑菇露出液面。

经护色后原料应完好无损，颜色洁白，无异味，无杂质。

3. 预煮　　先把配制好的0.1%柠檬酸溶液煮沸，然后放入漂洗好的蘑菇，柠檬酸溶液与蘑菇之比约3：2。继续煮沸直至煮透为止，共8～10min。在此过程中，若水面上有泡沫要及时捞去。预煮后立即将菇捞起，用流动水急速冷却透，约需要30min。

4. 挑选、修整和分级　　挑出菌盖裂开、畸形、开伞、色泽不正等不适宜整装的蘑菇。泥根、菇柄过长、起毛、病虫害、斑点菇等应进行修整，修整后不见菌褶的可做整菇或片菇。不发黑的开伞、脱柄、脱盖、盖不完整或有少量斑点的可作为片菇用。

按加工罐头的规格要求进行分级，分为整菇、片菇、碎菇三种。分级时，以菌盖的尺寸来衡量。生产整菇的宜用直径19～45mm的大号菇，以18～20mm、20～22mm、22～24mm、24～27mm、27mm以上、18mm以下6个级别来分级罐装；直径超过45mm以上的大菇、脱柄菇等可用于加工碎菇；不符合要求的可以切片做片菇，片厚3.5～4.4mm，尽量使切片大小一致。在装罐前应将蘑菇清洗干净。

5. 装罐

1）空罐的准备　　马口铁罐或玻璃瓶罐装罐前应严格进行检查，剔出不合格的空罐。空罐清洗后经90℃以上热水消毒，沥干水分。

2）罐注液的配制　　食盐要纯净，不含铁、钙、镁、铝、硫酸盐等杂质，要求NaCl的含量不小于98%。配制时，将食盐加水煮沸，除去上层泡沫，再过滤、静置，取澄清液配制2.3%～2.5%的盐水。将上述盐水煮沸，加入0.05%～0.06%的柠檬酸溶液，有时还加入0.01%～0.015%的EDTA或0.05%的D-异构抗坏血酸钠使产品色泽良好。

3）装罐　　装罐时按整、片、碎三种规格装罐。①整只装菇：颜色淡黄，有弹性，菌盖形态完整，修削良好的蘑菇。按6个级别分开装罐，要求同罐中色泽、大小、菇柄长短大致均匀。②片菇：同一罐中片的厚薄较均匀，片厚3.5～5.0mm。③碎菇：不规则的片块。

蘑菇装入量见表4-9。

表 4-9　蘑菇罐头装罐量及杀菌条件

罐号	净重/g	蘑菇/g	罐注液/g	杀菌式
761	198	120～130	68～78	10′—（17′—20′）—反压冷却／121℃
6101	284	150～175	109～134	10′—（17′—20′）—反压冷却／121℃
7110（或7114）	415	235～250	165～180	10′—（17′—20′）—反压冷却／121℃
668	184	112～115	69～72	10′—（17′—20′）—反压冷却／121℃
9124	850	475～485	365～375	15′—（27′—30′）—反压冷却／121℃
15178	2977	2050～2150	827～927	15′—（30′—40′）—反压冷却／121℃
15173	2840	1850～1930	910～990	15′—（30′—40′）—反压冷却／121℃

加罐注液时温度应在80℃以上，加入后罐头中心温度在50℃以上。

6. 排气、密封　　预封后及时排气。加热排气时，3000g装罐排气温度为85～90℃，17min；284g装罐排气温度为85～90℃，7min。若为真空排气密封，真空度为3432～3922Pa。

7. 杀菌和冷却　　排气密封后的罐头应立即进行杀菌。在121℃的高温高压条件下，根据罐体积大小，进行不同时间的杀菌，尽可能采用高温短时杀菌。这样开罐后汤汁色较浅，蘑菇颜色较稳定，组织也好。杀菌完毕，进行反压冷却，冷却至37℃左右。

8. 保温检验　　擦去罐盖上的水分，将杀菌冷却后的罐头放入保温室内，在37℃下保温7～10天。未发现胀罐或其他腐败现象，即检验合格，贴标签。

── 思 考 题 ───────────────────────────

1. 为什么要对罐藏食品杀菌？
2. 影响罐头食品杀菌效果的主要因素是什么？
3. 请简述果品蔬菜罐头生产工艺流程。
4. 果蔬罐头有哪些常见的败坏现象？怎么预防？
5. 试论述 HACCP 在罐头食品生产中的应用。

第五章　果品蔬菜制汁

【内容提要】

本章主要介绍果蔬汁的分类、加工工艺、各种果蔬汁特有的加工工序、果蔬汁常见的质量问题及其控制。

果品蔬菜汁是指直接用新鲜水果或蔬菜通过物理机械压榨或浸提法制得的不添加任何外来物质的汁液。以果品蔬菜汁为基料，加水、酸、糖、香精、香料等调配而成的液体饮品称为果品蔬菜汁饮料。果品蔬菜汁色泽鲜艳，营养丰富，食用方便，深受消费者的欢迎，是近些年发展速度最快的一类果品蔬菜加工品。

第一节　果品蔬菜汁的分类及发展趋势

一、果品蔬菜汁的分类

(一)根据加工工艺分类

1. 浑浊汁　　浑浊汁是指外观呈浑浊、悬浮状态的果品蔬菜汁，如猕猴桃汁、番茄汁和百合汁等。

2. 澄清汁　　澄清汁是指果品蔬菜汁或饮料外观呈清澈透明的汁液，如葡萄汁、水蜜桃汁和苹果汁等。

3. 浓缩汁　　浓缩汁是指将新鲜果品蔬菜汁采用物理方法使其去除部分水分浓缩而成汁液，如柑橘浓缩汁、苹果浓缩汁、草莓浓缩汁和胡萝卜浓缩汁等。

(二)根据饮料通则分类

根据饮料通则(GB10789—2007)，可将果品蔬菜汁分为以下几类。

1. 果汁和蔬菜汁　　采用机械压榨方法将水果或蔬菜加工成未经发酵但可发酵的汁液，具有原水果或蔬菜的色泽、风味和可溶性性固形物的含量；或在浓缩果汁或浓缩蔬菜汁中加入浓缩过程中失去的天然存在等量的水，复原而成的制品。

2. 浓缩果汁和蔬菜汁　　采用物理浓缩方法从果汁或蔬菜汁中去除一定比例的水分，加水复原后具有原有果汁或蔬菜汁应有特征的制品。浓缩果汁或蔬菜汁中可溶性固形物含量是原果汁或蔬菜汁的 2 倍以上。

3. 果汁饮料和果蔬汁饮料　　果汁饮料是指在果汁或浓缩果汁中添加水、食糖、酸味剂等调配而成的饮料制品，成品中果汁含量不少于 10%（质量分数），如水蜜桃汁、冰糖雪梨汁和柚子汁饮料等。

蔬菜汁饮料是指在蔬菜汁或浓缩蔬菜汁中添加水、酸味剂和甜味剂等调配而成的饮料，成品中蔬菜汁含量不少于 5%（质量分数），如番茄汁和胡萝卜汁等。

4. 复合果品蔬菜汁及饮料　　复合果品蔬菜汁是指含有两种或两种以上蔬菜汁或水果汁，或其混合物的复合制品，成品中果汁或蔬菜汁总含量不少于 10%（质量分数）。复合果品蔬菜汁饮料则是含有两种或两种以上果汁或蔬菜汁，或两者的混合物中加入水、甜味剂、酸味剂和香精等调配而成的饮料，成品中果汁、果蔬汁总含量不少于 10%（质量分数）。

5. 果肉饮料　　在果浆或浓缩果浆中添加水、甜味剂、酸味剂和香精等调配而成饮料，成品中果浆含量不少于 30%（质量分数）。

6. 果汁饮料浓浆和蔬菜饮料浓浆　　果汁饮料浓浆和蔬菜饮料浓浆是指在果汁或蔬菜汁中添加水、酸味剂、甜味剂和香精等调配而成，稀释后即可饮用的饮品。根据产品标明的稀释倍数稀释后，成品中蔬菜汁含量不少于 5%（质量分数），果汁含量不少于 10%（质量分数）。

7. 水果饮料　　水果饮料是指在果汁中添加水、酸味剂、甜味剂和香精等调配而成的果汁含量较低的浑浊或澄清饮料。产品中果汁含量不少于 5%（质量分数）。

8. 发酵果品蔬菜汁饮料　　发酵型果品蔬菜汁饮料是指水果、蔬菜、果汁、蔬菜汁经发酵后制成的汁液中添加水、甜味剂和风味调节剂等调配而成的饮料。

9. 其他饮料　　除上述 8 种以外的果品蔬菜汁类饮料。

二、果品蔬菜汁的发展趋势

随着科学技术的高速发展，高新技术在果品蔬菜汁加工领域得到广泛应用，且果蔬加工行业装备的机械化、集成化和智能化水平也越来越高。目前，果品蔬菜加工业的高效榨汁技术、非热力杀菌技术、无菌灌装技术、鉴伪技术呈现快速持续发展态势。

1. 高效榨汁技术　　榨汁技术是影响果品蔬菜汁加工的关键技术之一。榨汁技术是将破碎的水果果肉、皮和汁的混合物等液体汁和气体物质通过适当的压力从一个有限的空间挤压室中挤压出去的过程。榨汁效率评估在于固体的保留率和液体的挤出率。影响出汁率的因素包括挤压力（在一定压力范围出汁率同挤压力成正比）、挤压层的厚度、果浆泥的破碎程度及榨汁的助剂等。榨汁设备对于果汁出汁率和浊度影响很大，根据工作方式分为间歇式和连续式两种，间歇式的有液压式榨汁机和包裹式榨汁机；连续式的有螺旋榨汁机和带式榨汁机。柑橘榨汁机中的 FMC 榨汁机可以实现对果实中果汁、果皮、果渣和精油的彻底全分离，实现对果汁的高效榨取，且出汁率高，果汁品质好。因此，高效榨汁技术是未来果汁榨汁的重要发展方向。

2. 非热力杀菌技术　　非热力杀菌（又称冷杀菌技术）是在杀菌过程中食品温度不升高或升高很低的一种安全、高效的杀菌方法。非热力杀菌主要包括超高压技术、辐照技术和脉冲电场技术等，它们不仅攻克了传统热力杀菌易给食品营养带来损失的不足，还能更好地保持食品原有的色、香、味和营养价值，以满足广大消费者回归自然的需求，使得冷杀菌技术的研究与应用在果品蔬菜加工领域备受人们的高度关注。因此，冷杀菌技术被认为是食品加工与保藏技术中最有潜力和发展前途的非热处理技术之一，是未来果品蔬菜汁杀菌技术的重要发展方向。

3. 无菌灌装技术 传统的果蔬汁灌装技术通常采用热灌装，虽可达到无菌要求，但由于热灌装长期处在高温状态，严重影响产品色泽、口感及热敏性营养素(如维生素)含量。无菌灌装技术采用非热力杀菌或超高温瞬时杀菌，对物料的处理时间不超过 30s，可以最大限度保持果品蔬菜汁原有的色泽、口感和风味。杀菌处理是无菌灌装技术成败的关键所在。无菌灌装要求果品蔬菜汁经冷杀菌或高温瞬时杀菌达到无菌状态；包装材料和容器要达到无菌；灌装设备要达到无菌；果品蔬菜汁灌装要在无菌环境下进行。无菌灌装在技术工艺方面比热灌装复杂，但无菌灌装在果品蔬菜汁营养成分保持和保鲜方面有着热灌装无法比拟的优势。随着现代灌装技术的日益完善，无菌灌装技术将逐渐成为未来果品蔬菜汁的主流包装方式。

4. 鉴伪技术 随着人们健康意识和生活水平的提高，果品蔬菜汁产品呈现多样化发展，但是某些生产企业或销售商经不起经济利益的诱惑，在果品蔬菜汁中掺乱使假。掺假问题呈现多元化发展，不仅给社会造成重大的经济损失，制约果蔬加工业的持续健康发展，而且给消费者的身体健康带来不良影响。因此，果品蔬菜汁的鉴伪及评价是目前各国科学家共同关注的课题。当前果蔬汁及饮料的掺假手段主要有加水、甜味剂(蔗糖、糖浆、人工合成甜味剂等)、酸味剂(柠檬酸、苹果酸等)。

果品蔬菜汁的鉴伪通常主要对产品中重要组成成分，主要包括总糖、可溶性固形物和总酸等常规物质，以及果蔬汁中的特定成分，如无机元素、氨基态氮和还原糖及其他特殊成分进行检测。随着现代分析技术的快速发展，果品蔬菜汁的鉴伪从传统常规化学分析、单一性状向专门仪器分析、多性状方向发展，其中分子生物学鉴伪技术是国际上备受关注的研究方向。分子生物学技术具有方便、迅速、准确等特点，从基因水平分析果蔬原料和产品的特性，为果品蔬菜汁的真伪鉴别提供了可靠依据。但是，任何一种方法都有本身的局限性，通过多种检测方法的综合应用及多种仪器分析的联合使用，如色谱-核磁-质谱联用技术、现代的分子标识能力相结合，将是未来果品蔬菜汁鉴伪识别技术体系的发展趋势。

第二节　果品蔬菜汁的加工工艺

一、工 艺 流 程

原料选择→预处理(挑选、分级、清洗、热处理、酶处理)→取汁或打浆→澄清、过滤(澄清汁)/均质、脱气(浑浊汁)/浓缩(浓缩汁)/干燥(果汁粉)

二、果品蔬菜汁对原料的要求

优质的果品蔬菜汁需要优质的原料和先进的加工工艺。总的来说，果品蔬菜汁对原料的要求主要有以下几个方面。

(一)原料品种要求

1. 出汁率高 出汁(浆)率一般是指从果品蔬菜原料中压榨(或打浆)出的汁液(或浆

液)质量与原料质量的百分比值。一般情况下,柑橘类的出汁率为 40%～50%、苹果的出汁率为 77%～86%、梨的出汁率为 78%～82%。出汁率高不仅可以降低生产成本,还能减少给加工过程带来的困难。

2. 色泽鲜艳　　果品蔬菜成熟时表现出特有的色泽,优良的色泽可以增强果品蔬菜汁的感官品质,提高产品的市场竞争力。因此,选取色泽鲜艳且加工过程中色素较为稳定的品种作为加工原料。

3. 香味浓郁　　不同果品蔬菜都有本身特有的典型香气,但不同种类、品种的香气成分差异较为显著。只有选取香气浓郁的品种才能加工出风味诱人的果品蔬菜汁,同时还需考虑不同地区消费者对产品风味物质的要求选择不同风味的原料。

4. 酸甜可口　　糖酸比是果品中总糖与总酸含量的比值,它对果品的口感具有较大影响。果品中糖酸比越小,那么该果品越酸;反之,则越甜。柑橘类果实的糖酸比为 (10～35)∶1;苹果的糖酸比通常为(10～70)∶1,当糖酸比为 13∶1 左右,榨出的苹果汁甜酸可口。

5. 营养丰富　　人体饮用果品蔬菜汁主要是为了摄取其中的营养,以满足机体对营养素的需要。果品蔬菜汁原料中包含了果实中大部分营养成分,但不同种类、品种和产地的果品蔬菜汁原料中的营养成分存在较大差异。因此,应根据原料的品种营养特点及加工特性,选择合适的品种作为制汁原料。

6. 质地合适　　果实的质地与果肉的细胞壁厚薄、水分含量和果皮的厚度密切相关,从而影响到果汁的出汁率。若果实的质地较软,那么不易形成果汁流出的通道,故出汁率较低;若果实的质地较硬,则给加工过程中取汁带来困难,并消耗大量能量,提高取汁成本。因此,应该选取质地合适的果实作为制汁原料。

7. 可溶性固形物含量高　　果实的可溶性固形物含量高,则表明果品蔬菜汁中溶质含量多,同时可以减少加工过程中机械的工作负荷,降低能量消耗。

8. 不良成分含量低　　某些果品蔬菜中含有部分不良成分,会降低产品的品质。例如,琯溪蜜柚中含有较多的柠檬苦素类似化合物,蜜柚果汁加工过程中易产生明显的苦味。柑橘类果实中的柚皮苷、橙皮苷和枸橘苷含量较高时,榨取的果汁苦味重,品质较差。因此,制备柑橘类果汁宜选择柚皮苷等含量较低的品种制汁。

（二）原料品质要求

1. 新鲜度　　原料采收后,果实的表面和内部发生一系列的生理、生化反应,原料中营养成分也随之发生相应变化,甚至其中某些营养成分完全被破坏。因此,原材料的新鲜度对果品蔬菜汁的品质有着重要影响。

2. 成熟度　　果品蔬菜汁通常要求达到最佳成熟度,具有该品种特有的典型色泽、口感和风味特征。未熟或过熟的果实都不能选用,因为采收过早,果实表面颜色淡、质地较硬、甜度小、风味差、品质低劣;相反,采收过晚,果实组织变软,酸度过低,不耐贮藏。因此,选择果实合适的成熟度在果蔬加工过程中尤为重要。

3. 清洁度　　果品蔬菜原料表面的微生物含量对能否达到完善的商业杀菌要求,从而保证产品质量具有关键意义。近年来,随着人们对食品的安全性要求越来越高,在任何情况下,都不允许使用被棒曲霉等霉菌污染的原料制造果品蔬菜汁饮料。

三、清 洗

果品蔬菜汁加工过程中通常采用带皮压榨，因此原料清洗是果品蔬菜汁加工过程中重要前处理工序。原料清洗不仅可以去除原料所带的泥沙等杂质，还能减少微生物对原料的污染，有效降低原料中农药残留量。原料清洗通常采用流动水清洗或浸泡后用清水冲洗。为降低原料中农药残留量，可用一定浓度的 NaOH 或 HCl 溶液浸泡，再用清水冲洗；为减少微生物的污染，可采用一定浓度 K_2MnO_4 或漂白粉浸泡，再用清水冲洗干净。

四、破 碎

(一)破碎目的

由于果蔬的汁液包含于细胞质内，只有打破果实的细胞壁才能取出汁液，大部分果蔬如苹果、梨子和胡萝卜榨汁前需要破碎，且破碎程度适当以提高果汁的出汁率。果实压榨过程中，果浆内部产生的汁液需有足够的排汁通道。破碎不足，出汁率低；破碎过度，易造成压榨时外层果汁很快榨出，形成厚皮，使内层果汁流出困难，同样造成出汁率下降、浑浊物含量增大。

(二)破碎方法

目前常用的破碎方法有机械破碎、冷冻破碎、热力破碎、超声波破碎和酶法破碎等。

1. 机械破碎 机械破碎是目前果品蔬菜破碎的常用传统方法之一。机械破碎是利用机械力的方法来克服物体内部凝聚力达到破碎的单元操作。机械破碎一般采用破碎机或磨碎机，有辊压式、锤磨式和绞肉机等。

2. 酶法破碎 酶法破碎是目前应用较广泛的破碎方法。植物细胞壁中含有大量果胶、纤维素、淀粉和蛋白质等物质，破碎后的果浆十分黏稠，压榨取汁非常困难，且出汁率很低。果胶酶、纤维素酶和半纤维素酶不仅能降解果胶，有效降低黏度，改善压榨性能，提高出汁率和可溶性固形物的含量，而且能增加果汁中芳香成分，减少果渣的产生。

3. 冷冻破碎 冷冻破碎是果品蔬菜新型破碎方法之一。冷冻目的在于使组织液结晶，以彻底破坏果肉组织细胞，但果块整体保存完好，解冻后果肉组织呈通透的海绵状，组织液自由渗出，再采用离心的方法很容易进行汁液分离。

五、加热处理和酶处理

1. 加热处理 许多果品蔬菜破碎后、取汁前需进行热处理，其目的在于提高出汁率和品质。由于加热可使细胞原生质中蛋白质凝固，改变细胞的结构，同时使果肉软化，降低果品蔬菜汁的黏度。此外，加热还可以抑制多种内源酶的催化活性，如果胶酶、过氧化物酶和多酚氧化酶等，使产品不易发生分层、变色、产生异味等，从而保证产品的品质。此外，柑橘类果实进行加热处理有利于去皮和降低精油含量，同时对胡萝卜等蔬菜加热可以去除不良风味；对红葡萄、杨梅和山楂等加热处理有利于果实中水溶性色素的提取。

2. 酶处理 由于大多数果蔬细胞壁主要由纤维素、半纤维素和果胶等组成，因此，果蔬加工过程中添加果胶酶、纤维素酶和半纤维素酶可以使果蔬组织细胞发生降解,大大提高出汁率和榨汁效率。同时,对于榨汁后产生的大量皮渣,可再次酶解,有效实现二次榨汁,便于皮渣中芳香物质及功能性成分的回收,促进果汁工厂成本下降及产品多样化。酶制剂使用时,应注意与破碎后的果蔬组织充分混合,根据原料品种特性控制酶用量;同时,根据酶制剂的性质掌握适当的 pH、温度和酶解时间,以提高酶解效果。

六、打浆、取汁

(一)打浆

打浆是果品蔬菜制汁生产的重要环节之一,其目的是为了便于取汁,提高出汁率。根据果蔬打浆过程中加热与否,打浆可分为热打浆与冷打浆。

(二)取汁

取汁是果品蔬菜制汁生产的关键环节之一。果品蔬菜的取汁方法主要有压榨法和浸提法两种。大多数果蔬,如柑橘、苹果、番茄等含有丰富的汁液,通常采用压榨法进行取汁;但对于汁液含量少、难以用压榨法取汁的原料,如酸枣、山楂和杨梅等则采用浸提法进行取汁。

1. 浸提法　　浸提是将果蔬组织细胞中的汁液转移到液态浸提介质中的过程,该法主要适用于汁液少的果蔬原料,如山楂、酸枣等果品。山楂汁生产采用浸提法,主要分为以下两种。

1)一次浸泡法　　软化温度 85~95℃,时间 20~30min,软化后自然冷却 12~24h, 软化和浸泡总用水量约为原料的 3 倍。

2)连续逆流浸泡法　　可采用各种形式的渗出器,以卧式斜槽为例,用螺旋输送推动物料均匀地由低向高逆流前进,浸提水由高到低,软化温度 80~95℃,时间 20~30min,浸泡温度 65~80℃,浸提时间 90~120min,总用水量为原料总重的 2~3 倍。

2. 压榨法

1)基本概念　　压榨是采用物理挤压将汁液从果蔬原料中分离出来一种取汁方法。根据原料压榨前是否进行热处理,可将压榨分为热榨和冷榨两种方法。热榨是先对破碎后的原料进行加热,再进行压榨取汁,该法主要适用于核果类和浆果类水果。热榨不仅能抑制微生物的生长,还能钝化内源酶活性,从而保证产品的品质。冷榨是原料破碎后不经加热处理,直接在常温或低温下进行榨汁,该法适用于苹果等仁果类水果的压榨。

2)果蔬的出汁率　　出汁率是衡量取汁方法、评价果蔬原料和评价取汁设备的重要指标。压榨时的出汁率可用下面几个公式进行计算:

$$V = \frac{\pi r^4 pt}{8\eta l}$$

式中,V,果蔬出汁率(cm³/s);r,毛细管半径(cm);p,果浆上施加的压力(kPa);t,果汁流出时间(s);η,果蔬汁的黏度(cp);l,毛细管长度(cm)。

重量法:

$$V = \frac{W_1}{W_2}$$

式中，V，果蔬出汁率(%)；W_1，果汁重量(kg)；W_2，原料果实重量(kg)。

可溶性固形物重量法：

$$V = \frac{W_1}{W_2}$$

式中，V，果蔬出汁率(%)；W_1，果汁中的总可溶性固形物重量(kg)；W_2，果实中的总可溶性固形物量(kg)。

3)影响压榨效果的因素

(1)果蔬的种类、品种、成熟度、新鲜度。

(2)果蔬所含纤维、果胶等化学成分。

(3)被挤压的果饼的渗透量和毛细孔透水量。

(4)压榨时间、压力。压榨时间、压力对出汁率影响较大，如果压力增大太快，那么施加压力也能降低出汁率。

压榨时加入一些疏松剂如烯烃聚合物的短纤维等可以提高出汁率。

4)压榨设备　果蔬榨汁机主要有液压式榨汁机、裹包式榨汁机、螺旋榨汁机、连续带式榨汁机等。

果蔬榨汁机通常须符合下述要求：工作快速、压榨量大、结构简单、体积小、与原料接触表面有抗腐蚀性涂料。

七、粗　　滤

粗滤又称筛滤，其主要目的在于去除果品蔬菜汁中的粗大颗粒和悬浮粒，同时保存色粒以获得色泽、风味和典型的香味。新榨果蔬菜汁中悬浮物的类型和数量因植物组织结构和榨汁方法而异。粗大的悬浮物源自果蔬的细胞壁，果蔬中的果皮、种子和其他悬浮物，不仅影响果蔬汁的外观、状态和风味，还会使果蔬汁发生变质。果品蔬菜汁粗滤速率受到过滤器的滤孔大小、施加压力、果蔬汁黏度、悬浮粒的密度与大小及果蔬汁的温度等影响。无论采用哪一种类型的过滤器，都须减少压缩性的组织碎片堵塞滤孔，以提高过滤效率。

八、调整与混合

为提高果品蔬菜汁的营养，改善其口感、色泽、风味和稳定性，果品蔬菜汁加工常需要进行调整和混合，主要包括加糖、酸、维生素、矿物质及其他食品添加剂，或将不同的果品蔬菜汁进行混合，使产品的色香味达到理想的效果。

（一）糖酸调整法

果品蔬菜汁的糖酸比，各国各地区不尽相同。美国认为最好的糖酸比为13.5∶1，根据不同等级可以在(12.5～19.5)∶1范围内，实际上大多数产品为(13.0～17.0)∶1左右。调整糖酸比的方法有在鲜果汁中加入适量的白砂糖、柠檬酸或苹果酸的调整方法，以及将不同品种的原料混合制汁调配的混合法。

1. 糖度的测定和调整方法　　采用折光计测定原果品蔬菜汁的含糖量,再按下式计算出浓糖溶液的质量。

$$X = \frac{W \times (B-C)}{D-B}$$

式中,X,需加入的浓糖液的质量(kg);W,原果品蔬菜汁的质量(kg);C,调整前原果品蔬菜汁的含糖量(%);D,浓糖液浓度(%);B,要求调整后果品蔬菜汁的含糖量(%)。

糖酸比调整一般是将原果品蔬菜汁放入调配罐内,再将液化并过滤的糖液,在搅拌的条件下加入到果汁中,调和均匀后,测定其含糖度,如不符合产品糖酸比要求,可再进行适当调整。

2. 含酸量的测定和调整方法　　经调整糖度后的果品蔬菜汁,先测定其含酸量,再按下式计算每批料液调整到要求酸度应补加柠檬酸量:

$$M = \frac{m(z-x)}{y-z}$$

式中,M,需要补加柠檬酸液质量(kg);m,果品蔬菜汁的质量(kg);z,要求调整酸度(%);x,原果品蔬菜汁的含酸量(%);y,柠檬酸液浓度(%)。

(二)混合

大部分果品蔬菜汁单独制汁具有良好的品质,但与其他种类、品种进行相互混合,可以取长补短,制成品质更优良的复合果品蔬菜汁。甜橙汁可与苹果、葡萄、柠檬和菠萝等果汁混合;欧洲葡萄味甜少酸,它常与美洲葡萄混合;宽皮橘类虽色红,但风味淡薄且缺少香味,常与甜橙、热带水果混合;带肉果汁生产也经常进行混合,如草莓与樱桃、柑橘类水果与苹果进行混合。蔬菜汁的混合生产更为普遍,番茄是最常用的混合菜汁基料,常与青菜、菠菜、胡萝卜等蔬菜混合。此外,果品与蔬菜汁也常进行混合制汁,如柑橘类水果与胡萝卜、苹果和南瓜等进行混合。

九、杀菌和包装

(一)杀菌

1. 杀菌目的　　杀菌是果品蔬菜汁得以长期保藏的关键工序之一,杀菌工艺不仅影响产品的质量,同时还影响产品的保藏性。果品蔬菜中存在细菌、酵母菌和霉菌等各种微生物,它们会使产品腐败变质;同时还存在各种内源酶,使产品的色泽、质地和风味发生变化。因此,杀菌的目的在于杀灭果品蔬菜汁中的有害微生物和钝化酶活性。

2. 杀菌方法　　根据果品蔬菜汁杀菌是否加热,杀菌方法可分为热力杀菌和非热力杀菌两大类。

1)热力杀菌　　热力杀菌技术是指利用加热的方式将食品原料及其制品中微生物杀灭,在保障果品蔬菜汁的质量安全方面发挥了巨大作用。根据杀菌温度和杀菌时间的差异,热力杀菌主要可分为低温杀菌、高温短时杀菌和超高温瞬时杀菌三种方式。

(1)低温杀菌。低温杀菌又称巴氏杀菌，即在温度 60～63℃下，杀菌 30min；或在温度 72～75℃下，杀菌 15～20min。巴氏杀菌虽然可杀灭多数致病菌，但对非致病的腐败菌及其芽孢的杀灭能力较弱。巴氏杀菌主要用于柑橘、苹果汁饮料的杀菌，因为这些果汁的 pH 在 4.5 以下，杀菌对象主要是酵母、霉菌和乳酸杆菌。该方法杀菌时间较长，不宜用于热敏性饮料的杀菌。

(2)高温短时杀菌。高温短时杀菌是果品蔬菜汁常用的热力杀菌方法之一。通常先将产品灌装于容器中，密封后在热蒸汽中杀菌，根据产品的种类、容器大小和 pH 来决定杀菌条件。通常，杀菌条件为温度 85～90℃下进行 15～30min，或 95℃下进行 5min，主要用于低酸性果汁饮料的杀菌。该方法具有需时较短、杀菌效果稳定、操作简单、设备投资小、应用广泛等特点。

(3)超高温瞬时杀菌。超高温瞬时杀菌(ultra heat treated，UHT)是一种传统的热力杀菌法，一般采用的条件为(120±2)℃保持 15～30s，某些特殊低酸性制品可在 130℃以上进行 3～10s 杀菌。由于具有杀菌彻底等优点，因此该方法被广泛应用于果品蔬菜汁的杀菌。

2)非热力杀菌　　非热力杀菌又名冷杀菌，是食品加工领域中一类新兴杀菌技术，即利用非加热的方式将食品原料、制品或加工环境中有害和致病微生物杀灭，达到指定杀菌程度要求的杀菌技术。非热力杀菌一般在常温条件下完成，处理过程中不产生热效应或热效应很低。因此，它克服了一般热力杀菌传热相对较慢和对杀菌对象产生热损失等缺点，不仅可以有效杀灭食品中的有害微生物、钝化原料中内源酶活性，还可以更好地保持食品原有风味、色泽和营养组分，特别适合于对热敏性物料及其制品的杀菌。冷杀菌技术是未来果品蔬菜汁杀菌技术发展的重要方向。

(二)包装

随着消费者对食品安全和品质要求的不断提高，一些环境友好的包装材料和先进的包装技术不断涌现，并被广泛应用于果品蔬菜汁的包装。

1. 包装容器　　果品蔬菜汁常用的包装容器主要有纸复合材料容器、塑料瓶、玻璃瓶和马口铁罐等，其中玻璃瓶和马口铁等金属罐是传统果品蔬菜汁的包装容器。近二十年来，纸复合材料(PE-纸-PE-铝箔-PE)容器被广泛应用于果蔬汁及其制品的包装，这可能是由于它具有以下独特的包装特性：一是成本低，比较经济；二是纸复合材料可以长期保存果蔬汁中天然香味物质和营养成分；三是质量轻，有利于物流运输；四是纸包装是清洁环保型包装方式。同时，塑料瓶在果蔬汁的包装上同样有着广阔的应用前景。它具有良好的刚性、气密性和耐压性；有优良的阻气、水、油及异味功能，同时价格低廉，绿色环保，可回收利用。不同包装材料的优缺点总结如表 5-1 所示。

表 5-1　　不同果蔬汁包装材料比较（叶兴乾，2002）

项目	纸复合材料容器	塑料瓶	玻璃瓶	马口铁罐
重量	轻	轻	重	重
密封性	好	好	好	好
透光性	不透光	透光	透光	不透光
化学反应性	不可能	不可能	不可能	可能

续表

项目	纸复合材料容器	塑料瓶	玻璃瓶	马口铁罐
可回收性	可以	可以	可以	不可以
成本	低	低	高	高

2. 包装方法　　果品蔬菜汁的灌装主要分为热灌装和无菌灌装两种方式。

1)热灌装　　热灌装是果品蔬菜汁经高温短时或超高温瞬时杀菌后,趁热灌入预先消毒的洁净瓶内,同时趁热密封后倒瓶冷却的一种灌装方法。该方法常用于高酸性的果汁及果汁饮料的灌装。苹果汁和橙汁的高温短时杀菌可在温度88~93℃下杀菌40s,再降温至85℃完成;橙汁的超高温瞬时杀菌可在温度107~116℃下2~3s内完成。目前,常见果品蔬菜汁的灌装条件为:在温度135℃下3~5s,85℃以上热灌装10~20s,冷却到38℃。

2)无菌灌装　　杀菌处理是无菌灌装的关键技术之一,它是无菌灌装成败的关键所在。杀菌的范围包括果品蔬菜汁、包装材料、仪器设备和工作环境等。

(1)果品蔬菜汁的杀菌。根据果品蔬菜汁的营养特性,可采用热力杀菌(如巴氏杀菌、高温短时杀菌或超高温瞬时杀菌)或非热力杀菌技术(超高压、电离辐射和脉冲电场)对果品蔬菜汁进行杀菌处理,使其达到商业无菌的要求。

(2)包装材料的杀菌。过氧化氢杀菌是对包装材料常用的杀菌方法。过氧化氢是一种杀菌能力很强的杀菌剂,对微生物有广谱杀菌作用。其杀菌力与过氧化氢的浓度和温度有关,浓度越高、温度越高,其杀菌效果就越好。在常温下,过氧化氢的杀菌作用较弱,且通常不单独使用,一般多与其他杀菌技术配合使用。例如,过氧化氢+热,这是应用最为广泛的方法之一,可以应用于几乎所有包装材料的杀菌处理。用过氧化氢浸泡或喷雾,再进行加热使残留在包装材料表面的过氧化氢挥发和分解。加热本身也有抑菌作用,不同设备加热方式不同,但一般为无菌热空气加热。

(3)仪器设备的杀菌。仪器设备的杀菌处理是通过内部清洗/杀菌(CIP/SIP)及外部清洗/杀菌(COP/SOP)对仪器设备内外表面进行清洗和杀菌来实现的。杀菌后设备采用无菌水循环进行,对设备进行无菌保护。当正式生产时,用杀菌处理后的物料代替无菌水。

(4)工作环境的杀菌。在完成物料、包装材料和设备的杀菌处理后,还须在灌装系统内建立一个无菌洁净环境,使已杀菌产品能在无菌环境中灌装到无菌的包装容器中并完成密封。目前,国内外设备生产企业通常采用无菌隔离环境装置来建立并保持无菌环境。该装置直接装于设备上,其围板上安装多副隔离手套和隔离传热装置,可以在不破坏无菌环境的情况下,调整生产步骤或排除故障。此外,生产线投产前,需要用杀菌剂对无菌隔离装置内的空间进行喷雾熏蒸处理,以快速建立无菌环境,达到无菌状态。

第三节　各种果汁加工的特有工序

一、澄清果汁的澄清和过滤

(一)澄清果汁的澄清

1. 澄清目的　　对于生产澄清果汁来讲,通过澄清不仅需要除去新鲜榨出果汁中的全部悬浮物，而且还要除去容易产生沉淀的胶态颗粒。悬浮物包括发育不完全的种子、果皮和维管束等的颗粒及色粒，胶态颗粒主要包括果胶质、树胶质和蛋白质。电荷中和、脱水和加热则易引起胶粒的聚集沉淀。在澄清果汁的生产中，由于它们会影响到产品的稳定性，所以需加以除去。

2. 澄清方法

1) 自然澄清法　　破碎压榨出来的果汁置于密闭容器中，经长时间的静置，使悬浮物发生沉淀，也使果胶逐渐水解而沉淀，从而降低了果汁的黏度。在静置过程中，蛋白质和单宁也可逐渐形成不溶性的沉淀。自然澄清所需时间较长，果汁容易腐败变质，因此该法仅用于由防腐剂保藏的果汁。

2) 加酶澄清法　　加酶澄清法是利用果胶酶制剂来水解果汁中的果胶物质，生成聚半乳糖醛酸和其他降解产物，果汁中其他胶体失去果胶的保护作用而共同沉淀，达到澄清目的。用来澄清果汁的商品果胶酶制剂，系含有大量水解果胶的霉菌酶制剂。果胶酶通常是指分解果胶物质的多种酶的总称，如果胶酯酶和聚半乳糖醛酸酶等。目前用于澄清果汁的酶制剂主要从黑曲霉和米曲霉两种霉菌培养获得，这些酶制剂需要较低的 pH 环境，所以适合果汁的澄清。

根据果汁的特性选择合适的酶制剂，澄清果汁时酶制剂用量是根据果汁中果胶含量及酶制剂的活力来决定的。酶制剂可在榨出的新鲜果汁中直接加入，也可在果汁加热杀菌后加入。通常情况下，榨出的新鲜果汁未经加热处理，直接加入酶制剂，果汁中的天然果胶酶可起协同作用，使澄清作用较快。因此果汁在加酶制剂之前不宜进行热处理。

3) 明胶单宁澄清法

(1) 适用对象：苹果、梨、葡萄、山楂等含单宁较多的果汁。

(2) 澄清原理：单宁与明胶、鱼胶、干酪素等蛋白质形成的络合物在沉淀同时将果汁中的悬浮颗粒缠绕沉淀。

在果汁中，果胶、维生素、单宁、多聚戊糖带负电荷；在酸性介质中，明胶、蛋白质、纤维素等带正电荷，正负电荷微粒相互作用，凝结沉淀，使果汁澄清。果汁中含有一定数量的单宁物质，生产中为了加速澄清，也常加入单宁。

(3) 明胶溶液的配置：明胶、单宁必须为食用级。明胶以盐酸法制取为优，等电点为 7～9。明胶用时用冷水浸胀 2～3h，随后加热至 50～60℃配制成 1%～3%浓度，配制后静置 5h 左右，过长或过短均不利于澄清。

(4) 明胶和单宁的用量：取决于果汁的种类、品种、成熟度、明胶质量。一般明胶用量 10～30g/100L 果汁，单宁用量 9～12g/100L 果汁，但是对每一种果汁、每一种明胶，用前必须进行澄清试验。

澄清试验的具体方法：取欲测果汁数份，每份 100ml，均加入一定量 1%明胶溶液，混合均匀，置于刻度量筒内，观察澄清度及沉淀的体积数，确定最适用量。

(5) 影响明胶-单宁澄清的主要因素：温度、果蔬 pH 及明胶的等电点和浓度等因素。

酸性和温度较低的条件下易澄清，以 8～12℃为佳。如果明胶过量，不仅会妨碍聚集过程，反而能保护和稳定胶体，其本身形成一胶态溶液，从而影响澄清效果。所以，明胶溶液的浓度不能过高，且必须在充分搅拌下徐徐加入果汁中，而且要混合均匀。加入后在 8～12℃下静置 6～10h，使胶体凝集沉淀。温度过高常导致澄清缓慢，果汁易发酵，则可能出现浑浊现象。

（6）不足之处：明胶与花色苷类色素反应而引起果汁变色。

4）冷冻澄清法　　将果汁急速冷冻，果汁中的胶体溶液完全或部分被破坏而变成不定型的沉淀，故雾状浑浊的果汁冷冻后容易澄清。这种胶体的变性作用显然是由于浓缩和脱水的复合影响的结果。柑橘类果汁也有这种现象，可利用冷冻法澄清果汁，如柑橘类果汁中的悬浮物含有柚皮苷和柠碱等物质，可采用低温冷冻法除去一部分。

5）加热凝聚法　　将果汁在80～90s内加热至80～82℃，再以同样短的时间冷却至室温。由于温度的剧变，果汁中的蛋白质和其他胶体物质变性凝固析出，从而使果汁澄清。由于加热时间短，对果汁的风味影响较小。加热凝聚法的主要优点在于果汁进行巴氏杀菌的同时进行加热，但热凝聚法一般不能完全澄清，且加热会造成果汁中部分芳香成分的损失。

（二）澄清果汁的过滤

1. 过滤目的　　果汁澄清后须进行过滤操作，以分离其中的果肉微粒、澄清过程中的沉淀物及其他悬浮物，使果汁澄清透明。果汁中的悬浮物可借助重力、加压或真空通过各种过滤材料而过滤除去。常用过滤设备有板框过滤机、真空过滤器、离心分离机和纤维过滤器等；过滤材料有硅藻土、帆布、纤维和石棉等。过滤速度受到果汁压力、果汁黏度、果汁中悬浮物的颗粒大小、果汁温度及过滤器的滤孔大小等因素影响。

2. 过滤方法

1）压滤法

（1）板框机过滤。板框机过滤是目前最常用的分离设备之一，特别是近年来常作为超滤澄清的前处理设备，对减轻超滤设备的压力非常有用。

（2）硅藻土过滤。对于非常浑浊的果汁可采用硅藻土过滤作为预滤。硅藻土具有高度多孔性、低重力的助滤剂，呈淡粉红色的含氧化钛硅藻土，可用于果汁过滤。硅藻土过滤机是过滤机的过滤介质上覆上一层硅藻土助滤剂的过滤机。该设备在小型果蔬汁生产企业中应用较多，具有成本低廉、分离效率高等优点，但硅藻土等助滤剂容易混入果蔬汁给后续工序带来困难。

2）真空过滤法　　真空过滤法是过滤滚筒内产生真空，利用压力差使果汁渗过助滤剂，使果汁得以澄清。过滤前在真空过滤器的滤筛上涂一层助滤剂，滤筛部分浸没在果汁中。过滤器以一定速率转动，均匀地将果汁带入整个过滤表面。过滤器内的真空使过滤器顶部和底部果汁有效地渗过助滤剂，过滤器内的真空和果汁流出通过阀门来控制。过滤器的真空度控制在84.6kPa左右。

3）离心分离法　　离心分离是利用高速离心机强大的离心力达到分离的目的，在高速旋转的离心机内悬浮颗粒得以分离。离心分离主要有两种：一种是利用旋转的转鼓所形成的外加重力场来完成固液分离，全过程分为滤饼形成、滤饼压紧和滤饼中果汁排除三个阶段；另一种是利用待离心的液体中固体颗粒与液体介质的密度差，施加离心力来完成固液分离。离心分离机主要有碟片式离心机、螺旋式离心机和管式离心机等。

4）超滤法　　超滤是一种常用的膜分离技术，其原理是借助于不对称膜的选择性筛分作用，大分子物质、胶体物质等被膜阻止，水和低分子物质通过膜，其截留分子质量在10^3～10^6Da。超滤技术目前被广泛应用于果品蔬菜汁的生产。

二、浑浊果汁的均质与脱气

(一)浑浊果汁的均质

均质是生产浑浊果汁的特有工序，多用于塑料瓶和玻璃瓶包装的产品。生产浑浊果汁如番茄汁、柑橘类果汁、胡萝卜汁或带肉果汁时，为防止固液相的分离，降低产品的品质，常进行均质处理。均质是浑浊果汁通过均质设备，使果汁中所含的悬浮粒子进一步破碎，使粒子大小均匀，促进果胶的渗出，使果胶与果汁亲和，均匀而稳定地分散于果汁中，保持果汁均匀的浑浊度。

果品蔬菜汁加工通常先采用胶体磨将颗粒破碎，再经高压均质机进行均质，使颗粒进一步细化形成悬浮颗粒。胶体磨的破碎作用在于快速转动的转子和狭腔的摩擦作用，当果品蔬菜汁进入狭腔时，受到强大的离心力作用，颗粒在转子和定子之间的狭腔中摩擦、撞击、分散和混合形成细小颗粒，微粒的粒径达0.002mm。均质原理主要是混匀的果品蔬菜汁通过柱塞泵的作用，使高压的果汁从极端狭小的间隙中通过，同时压力降低至物料中水的蒸汽压以下，于是在颗粒中形成气泡而膨胀，引起气泡炸裂物料颗粒(空穴效应)，由于空穴效应造成强大的剪切力，使粒子微细化并均匀地分散在果汁中。

(二)浑浊果汁的脱气

1. 脱气的概念　　通常果实细胞间隙中存在大量的空气，浑浊果汁加工过程中经破碎、榨汁、均质及泵、管道的输送都会带有大量的空气到果汁中，在生产过程中需要将这些溶解的空气脱除，这一过程称为脱气。

2. 脱气的目的　　浑浊果汁脱气的目的在于：一是脱除果汁内的氧气，防止维生素等营养成分的氧化，减轻色泽的变化，防止挥发性物质的氧化；二是除去附着在果蔬汁悬浮颗粒上的气体，防止带肉果汁装瓶后固体物的上浮，保持良好的外观；三是减少装瓶和高温瞬时杀菌时起泡，影响装罐和杀菌效果，防止浓缩时过分沸腾；四是减少罐头内壁的腐蚀。

3. 脱气的方法

1)真空脱气法　　真空脱气是将处理后的果汁用泵打到真空脱气罐内进行抽气的操作，其原理是气体在液体内的溶解度与该气体在液面上的分压成正比。果汁进行真空脱气时，液面上的压力逐渐降低，溶解在果汁中的气体不断逸出，直至总压降至果汁的蒸汽压时，已达到平衡状态，此时所有气体已被排除。达到平衡所需要的时间，取决于溶解的气体逸出速率和气体排至大气的速率。真空脱气的缺点在于会造成少量低沸点芳香物质被汽化除去，同时会有2%~5%的水分损失。鉴于此，可安装芳香物质回收装置，将汽化的芳香物质冷凝后再回加到产品中去。

2)气体交换法　　气体交换法是在果汁中通入氮气(N_2)或二氧化碳(CO_2)等惰性气体，使果汁在惰性气体泡沫流的强烈冲击下失去所附着的氧气，最后剩下的气体几乎都是惰性气体。脱氧速率及程度取决于气泡大小、脱氧塔的高度及气体和液体的相对流速，而气泡的大小取决于气-液之间的有效接触面积，减小气泡大小，可大大增加有效表面积，从而提高排除氧气的速率。同时惰性气体可以防止加工过程中果汁的氧化变色。

3)酶法脱气法　　果汁中加入葡萄糖氧化酶(β-葡萄糖需氧脱氢酶)可使葡萄糖氧化生成葡萄糖酸及过氧化氢，在过氧化氢酶的作用下使过氧化氢分解生成水和氧气，氧气又消耗在葡萄糖氧化成葡萄糖酸的过程中,因此具有脱氧作用。

4)化学脱气法　　化学脱气是利用抗坏血酸或异抗坏血酸消耗果汁中的氧气,常与其他方法联合使用,但需注意抗坏血酸不适合在含花色苷丰富的果蔬汁中应用,因为它会使花色苷发生分解。

三、浓缩果汁的浓缩脱水

浓缩果汁是在水果榨汁后采用浓缩方法蒸发掉一部分水分制成的,即采用物理分离方法,从原果汁中除去一定比例的水分,浓缩到原果汁体积50%以下,未发酵但复水后具有发酵能力的产品。果汁浓缩后不仅可以延长产品的货架期,而且还能大大降低包装、运输和贮藏成本,方便销售和消费。但是果汁浓缩过程中会损失糖、酸、维生素、香气和色泽,在加水稀释复原后与原果汁的品质存在一定差异。因此,果汁浓缩过程中应尽可能减少原汁中有效成分的损失,保证浓缩果汁稀释后的品质。目前果汁浓缩的方法有:真空浓缩法、冷冻浓缩法和膜浓缩等方法。

1. 冷冻浓缩法　　果汁的冷冻浓缩法应用了冰晶与水溶液的固、液相平衡原理。当水溶液中所含溶质浓度低于共溶浓度时,溶液被冷却后,水(溶剂)部分成冰晶析出,剩余溶液的溶质浓度则由于冰晶数量和冷冻次数的增加而大大提高,溶液的浓度逐渐增加,达到某一温度时,被浓缩的溶液以全部冻结而结束,这一温度即为共晶点或低共熔点。

果汁的冷冻浓缩过程主要包括冰晶的形成(结晶)、冰晶的生长(重结晶)、冰晶的分离(分离)、果品蔬菜汁的回收等四个步骤。冷冻浓缩的优势在于可以阻止或延缓果品蔬菜汁中不良化学和生物化学变化,并使果品蔬菜汁中的热敏性或挥发性的芳香物质损失降低到较低程度,最大限度地保存果品蔬菜汁的原有风味物质。冷冻浓缩是果品蔬菜汁在低温条件下进行浓缩,且没有加热浓缩水分-蒸汽界面的存在,特别适用于热敏性强的液体。

2. 真空浓缩法　　真空浓缩法又称减压浓缩法,是在较低的真空度下利用水的沸点降低原理将水分蒸发掉,在减压条件下,温度40~60℃时,可迅速蒸发掉果汁中的水分,短时间低热条件对果汁的有效成分影响较小。

真空浓缩法有以下几个方面的优势:①由于在低温下蒸发,可以节省大量能源;②物料不受高温影响,避免了热不稳定成分的破坏和损失,较好地保存了原料的营养成分和香气;③温度梯度大;④低压蒸汽、真空浓缩操作是在较低温度下进行,减少了设备使用时的热量损失。同时,真空浓缩需要有真空系统,从而增加了辅助机械设备及动力。

3.膜浓缩法　　膜浓缩法是利用高分子半透膜的选择性,以浓度差梯度、压力梯度或电势梯度作为推动力,使溶剂与溶质加以分离、纯化或富集的一种方法。膜浓缩法主要包括微滤、超滤和反渗透,特别是反渗透,由于能耗低、可以较好地保存新鲜果汁的营养和感官品质,被广泛应用于浓缩果汁的制造。与传统的蒸发技术相比,由于反渗透的操作过程是在较低的温度下进行且不涉及水的相变,因此具有热损失小、能耗低、耗资少等特点。

四、果蔬汁粉的干燥

随着人们工作节奏的加快和生活品质的提高,人们对食品色、香、味的要求越来越高,对营养、方便食品的需求量也越来越大。果蔬粉不仅重量轻、体积小、保存食用方便,而且具有营养丰富、速溶性好等特点。目前,果蔬汁粉的干燥方法主要有流化床干燥、喷雾干燥、真空冷冻干燥和真空干燥等。

1. 喷雾干燥　　喷雾干燥是利用雾化器将料液分散为细小的雾滴，并在热空气中迅速蒸发溶剂形成干粉的过程，主要适用于果汁含量较高的液态物料。喷雾干燥制粉时物料受热，葡萄糖、果糖易焦煳，产品的冲调性差。喷雾干燥机主要由空气加热器、喷雾器、干燥室、收集系统和鼓风机等组成。目前，喷雾干燥技术广泛应用于猕猴桃粉、芒果粉、香蕉粉和草莓粉的生产。果蔬粉喷雾干燥过程中热空气流量、进风温度和压缩空气流量是影响喷雾干燥效果的重要因素。

> **案例**　陈启聪等(2010)研究了热空气流量、进风温度、压缩空气流量对香蕉汁喷雾干燥效果的影响，研究发现当进风温度达 170.0℃、热空气流量为 36.08m³/h、压缩空气流量为 489.70 L/h 时，产品得率最高，达 44.28%，所制备的香蕉粉含水率低于 5%。

2. 真空冷冻干燥　　真空冷冻干燥是将物料冻结到共晶点温度以下，使物料中的水分变成固态的冰，在真空环境下加热，使物料中的水分直接升华除去，从而使物料脱水获得冻干制品的一种干燥技术。该技术可以较好地保留物料的营养成分和风味，具有良好的复水性和速溶性、容易消化吸收，且产品贮藏、运输成本低。

3. 真空干燥　　真空干燥是将果蔬产品置于真空干燥箱内高真空环境，再通过升温去除产品中水分的干燥方法，常用于果汁粉和麦乳精的生产。通过真空干燥获得的产品，由于在真空条件下形成很大的干燥表面积，具有多孔性和良好的溶解性。

4. 流化床干燥　　流化床干燥是先将果蔬浓缩汁、糖粉、色素、香料等原料混合调制成糊状，经造粒机造粒后，气流呈"沸腾"状流经干燥室，使物料脱水制成干制品的方法。

第四节　果品蔬菜汁的质量标准

根据 GB/T 31121—2014 果蔬汁类及其饮料的质量标准包括感官指标、理化指标和微生物指标。

一、感　官　指　标

1. 色泽　　具有所标示的该种(几种)水果、蔬菜制成的汁液(浆)相符的色泽，或具有与添加成分相符的色泽。

2. 滋味和气味　　具有所标示的该种(几种)水果、蔬菜制成的汁液(浆)应有的滋味和气味，或具有与添加成分相符的滋味和气味，无异味。

3. 组织状态

(1)澄清型：澄清透明的液体。

(2)浑汁型：浑浊度均匀一致的液体。

(3)果粒型：汁液澄清、果粒悬浮均匀。

(4)果肉型：果肉混合均匀，无明显分层现象。

4. 杂质　　无肉眼可见外来杂质。

二、理 化 指 标

1. 可溶性固形物(20℃折光计法)含量　　不同种类果蔬汁对可溶性固形物的含量要求不同。

2. 果汁含量

(1)果蔬汁(浆)：果汁(浆)或蔬菜汁(浆)含量(质量分数)100%。

(2)浓缩果蔬汁(浆)：可溶性固形物的含量与原汁(浆)的可溶性固形物含量之比≥2。

(3)果汁饮料、复合果蔬汁(浆)饮料：果汁(浆)或蔬菜汁(浆)含量(质量分数)≥10%。

(4)蔬菜汁饮料：蔬菜汁(浆)含量(质量分数)≥5%。

(5)果肉(浆)饮料：果浆含量(质量分数)≥20%。

(6)果蔬汁饮料浓浆：果汁(浆)或蔬菜汁(浆)含量(质量分数)≥10%。

(7)发酵果蔬汁饮料：经发酵后的液体的添加量折合成果蔬汁(浆)含量(质量分数)≥5%。

(8)水果饮料：果汁(浆)含量(质量分数)≥5%且<10%。

3. 食品添加剂和食品营养强化剂　　应符合 GB 2760 和 GB 14880 的规定。

三、微生物指标

1. 菌落总数　　菌落总数≤100 个/ml。

2. 大肠菌群　　大肠菌群≤3 个/100ml。

3. 致病菌　　致病菌不得检出。

4. 霉菌　　霉菌≤10 个/ml。

5. 酵母菌　　酵母菌≤10 个/ml。

罐装果汁饮料还应符合商业无菌要求。

第五节　果品蔬菜汁加工中的常见问题

一、浑浊(带肉)果品蔬菜汁的稳定性

(一)浑浊(带肉)果品蔬菜汁稳定性原理

稳定性是影响浑浊(带肉)果品蔬菜汁质量的一个关键技术问题。浑浊(带肉)果品蔬菜汁是一个复杂的胶体体系，其稳定性在通常情况下被认为遵循斯托克斯方程，如式(5-3)所示。因此，为提高浑浊(带肉)果汁的稳定性，生产上就需尽量使其沉降速率降为零，以提高浑浊果汁的产品质量。

$$v = \frac{2gd^2(\rho_1 - \rho_2)}{9\eta} \tag{5-3}$$

式中，v，沉降速率；g，重力加速度；d，浑浊物颗粒半径；ρ_1，颗粒的密度；ρ_2，液体(分散介质)的密度；η，液体(分散介质)的黏度。

(二)浑浊(带肉)果品蔬菜汁稳定性控制

根据斯托克斯方程，我们可以通过减少颗粒粒径，降低颗粒与液体之间的密度差，增大液体(分散介质)的黏度，可提高浑浊(带肉)果品蔬菜汁的稳定性。

1. 颗粒粒径　　由斯托克斯方程可知，减少颗粒粒径可以降低沉降速率。研究表明，浑浊(带肉)果汁中破碎果肉加入果胶酶和纤维素酶进行均质处理，可降低浑浊(带肉)果汁中果肉的颗粒粒径，提高其稳定性。生产上，减少颗粒粒径常用的方法有胶体磨处理、机械均质和超声波均质等。

2. 颗粒与液体间的密度差　　根据斯托克斯方程，降低颗粒与液体之间的密度差，可以降低带肉果汁的沉降速率，提高其稳定性。果汁加工过程中加入高酯化和亲水的果胶分子作为保护分子包埋颗粒可降低密度差。相反，空气的混入会提高密度差，因此脱气可保持浑浊(带肉)果汁的稳定。

3. 液体(分散介质)的黏度　　基于斯托克斯方程，提高液体(分散介质)的黏度，可以降低浑浊(带肉)果汁的沉降速率，增强其稳定性。浑浊(带肉)果汁的黏度主要取决于其中的果胶含量。此外，通过添加黄原胶、卡拉胶、羧甲基纤维素钠和琼脂等胶体物质，来提高液体的黏度，大大降低果肉的沉降速率。

二、澄清果汁的稳定性

澄清果汁营养价值较高，容易被人体吸收利用，深受广大消费者的青睐。由于澄清果汁的稳定性是影响果汁质量和保存期的一个核心技术问题，因此需要加强果汁稳定性及控制技术的研究。

(一)影响澄清果汁稳定性的主要因素

1. 酚类物质　　酚类物质的氧化聚合反应是引起果汁浑浊的重要原因之一。果实中存在的酚类物质主要有原花青素、黄酮类、酚酸、单宁、儿茶素类、二氢查耳酮类。苹果汁中多酚类物质主要包括绿原酸、根皮苷、儿茶素、阿魏酸及咖啡酸等。葡萄汁中的多酚化合物主要有黄酮醇类、酚酸类、花色苷类、黄烷醇类等。在未破坏的果实组织中，由于多酚氧化酶、过氧化物酶等氧化酶类与酚类物质呈区域分布，不会发生酶促氧化反应。在果汁加工过程中，酶和底物的区域化受到破坏；在有氧存在条件下，多酚氧化酶和过氧化物酶可氧化绿原酸、儿茶素和儿茶酚成醌类，进一步聚合形成高分子褐色聚合物。苹果汁加工过程中，原花青素在酸性条件下发生水解，再重新聚合形成不稳定的褐色高聚物。因此，澄清果汁中原花青素的存在不仅引起果汁发生浑浊现象，而且还产生苦、涩味等不良风味物质。

2. 酚类物质和蛋白质的作用　　澄清果汁中蛋白质与酚类物质之间相互作用，容易引起果汁的浑浊。酚类物质和蛋白质作用主要是通过疏水相互作用进行，酚类物质先在蛋白质表面结合，再在蛋白质之间形成多点交联，最终蛋白质发生沉淀。研究显示，蛋白质中脯氨酸含量直接影响到果汁浑浊的程度。脯氨酸残基不仅可作为多酚的结合位点，还能使多肽保持伸展，增加结合的表面积。酚类物质和脯氨酸苯环重叠可形成π键，使果汁形成多聚物，促进果汁浑浊形成。

3. 果胶物质　　果胶物质是高等植物细胞的胞间层和初生细胞的主要成分，果汁中果胶物质含量较高，其中浓缩柠檬汁中果胶含量为 4.1%。果胶可对澄清果汁中残留果肉等悬浮物起保护作用，同时可和酚类物质、蛋白质及细胞壁碎片等形成悬浮胶粒。热加工过程中可使果汁中胶粒发生凝集，导致果汁发生浑浊，从而影响产品质量。

4. 淀粉　　研究表明，淀粉含量较高的果汁饮料易发生分层现象。苹果汁经热处理后，不溶性淀粉转变成胶溶状态，不能被超滤膜或过滤装置所分离；当澄清或浓缩后，大分子淀粉可重新形成，果汁会出现轻微浑浊现象。

5. 微生物　　澄清果汁在加工及贮藏过程中容易被细菌、霉菌和酵母菌等微生物所污染。微生物代谢过程中产生的次生代谢产物会使澄清果汁发生浑浊。鲜果汁在室温条件下贮藏，在酵母菌的作用下产生乙醇，进一步氧化生成乙酸，反过来影响果汁的质量。

（二）澄清果汁稳定性的控制

1. 生物酶法　　生物酶法是控制澄清果汁稳定性的常用方法之一，在澄清果汁生产过程中应用较为广泛。常用的酶制剂有果胶酶、淀粉酶和木瓜蛋白酶等。果汁中的果胶物质在果胶酶的作用下发生降解，防止果汁浑浊的发生。在澄清果汁的加工过程中，提高内源果胶酶活力或应用商品果胶酶不仅可以增加榨汁效率、出汁率，提高澄清度，还能使果汁中的营养物质得以较好地保存，并延长果汁的贮藏期。

2. 澄清剂法　　生产上常用的澄清剂有明胶、活性炭、壳聚糖和蜂蜜等。澄清剂可以单独或与酶制剂联合使用。明胶、单宁等物质能与果汁中果胶、蛋白质和多酚物质等发生相互作用，形成大颗粒物质，再经过滤或离心等方法加以去除，从而达到澄清果汁的目的。

3. 吸附法　　活性炭和聚乙烯吡咯烷酮是一类具有良好吸附作用的惰性物质，其中活性炭在果汁澄清中应用最为普遍。活性炭可以有效吸附果汁中缩合单宁、活性蛋白及色素等物质；聚乙烯吡咯烷酮则可通过氢氧基结合吸附色素和酚类物质。

4. 超滤法　　超滤法是一种快速、有效澄清果汁的新方法。采用超滤法可以简化果汁澄清的传统工艺步骤，减少酶制剂用量，并能在较低温度条件下进行，可以较好地保存果汁中原有营养成分和风味。该方法的优势在于能较好地保存草莓、荔枝等果汁中的原有风味，澄清效果较好；但超滤膜价格较为昂贵、超滤工艺操作较为复杂，且对卫生管理要求严格。

三、果品蔬菜汁的掺假检测

近十年来，我国果品蔬菜汁加工业持续高速增长，但果品蔬菜汁的掺假问题层出不穷，掺假手段也日新月异，给产业的健康可持续快速发展发展带来了严峻挑战。

（一）果品蔬菜汁的掺假问题

目前，果品蔬菜汁的掺假问题呈现多元化趋势。归纳起来，掺假问题主要可分为以下三种。一种是完全配制型掺假，即通过添加甜味剂、酸味剂、着色剂和香精等食品添加剂进行调配而成。该种掺假现象比较容易进行分析和鉴定。第二种是稀释型掺假，即原果品蔬菜汁中添加水和糖分进行简单稀释，以增加原果品蔬菜汁的体积。例如，向高浓缩果品蔬菜汁中加水使其变成稀释果品蔬菜汁，体积增加 20%～30%。该种掺假比较难以判别。第三种是掺和型掺假，即原果品蔬菜汁中掺和其他外源果汁成分，比如在苹果汁中掺入葡萄汁或梨汁，这种掺假难以检测。

（二）果品蔬菜汁的掺假检测方法

1. 有机酸辨别法　　有机酸为果汁掺假鉴定提供了必要的信息。若苹果汁中有大量柠檬酸的存在则表明果汁掺了杂，可能是人为添加了柠檬酸或梨汁；若苹果汁中检出有酒石酸，那么苹果汁中很有可能掺杂了白葡萄汁，因为白葡萄汁中含有酒石酸。

2. 黄酮类化合物鉴别法　　果汁中的某些特有黄酮类成分的检出可为果汁掺假提供可靠的证据。纯橘子汁不含柚苷，葡萄柚汁中不含橘子苷，可作为苹果汁掺假的标志性指示物。如果柑橘汁中发现有大量的花青素和二甲花青素，那么柑橘汁中可能掺杂了以葡萄皮提取物作为掺假的着色剂。

3. 固醇类化合物鉴别法　　研究显示，不同种类果汁中所含的固醇存在较大差异。菠萝汁中主要含有麦角固醇和豆甾烷醇；橙汁和柚汁中的固醇均为豆甾烷醇和菜油甾醇，但两者中豆甾烷醇和菜油甾醇的比值不同，其中橙汁中甾烷醇/菜油甾醇的比值大于柚汁。

四、柑橘类果汁的苦味与脱苦

（一）柑橘类果汁的苦味物质

柑橘类果汁的苦味问题是柑橘加工业所面临的严重问题，它降低了柑橘类果汁的产品质量，并有可能不为消费者所接受。研究表明，柑橘类果汁的苦味物质主要分为黄烷酮糖苷类化合物和三萜类化合物两大类。柑橘类果汁中黄烷酮糖苷类化合物的典型代表有柚皮苷、橙皮苷、新橙皮苷和枸橘苷等，其中柚皮苷具有强烈的苦味，是柑橘类果汁加工过程中或加工后的重要苦味物质之一。三萜类化合物主要包括柠檬苦素、诺米林、宜昌素和诺米林酸 4 种。

（二）柑橘类果汁的脱苦方法

1. 选取高品质原料　　加工柑橘果汁应选取苦味物质含量少的种类、品种，并要求果实充分成熟，以减少果实中柚皮苷和类柠檬苦素的含量。

2. 吸附法　　吸附法是利用各种吸附剂吸附苦味物质进行脱苦，是商业上柑橘类果汁脱苦应用最为广泛的方法之一。柑橘加工业中采用的吸附剂主要分为三类：中性多聚吸附剂、弱酸性树脂（阳离子交换树脂）和碱性树脂（阴离子交换树脂）。常见的吸附剂包括活性炭、离子交换树脂、活化硅酸镁、硅胶和木质吸附剂等。用吸附法脱除柑橘果汁中的苦味，具有三个方面的优点：一是处理过程中带入果汁中的杂质少，对果汁原有的维生素、糖分及其他成分几乎不产生干扰；二是处理温度较低，可在常温下进行脱苦；三是处理时间短，设备简单、成本低，可再生。例如，活化硅酸镁采用水洗或加热方法使之活化，活化后能继续去除柚皮苷和柠檬苦素。

3. 生物酶法　　酶法脱苦具有专一性强、效果好、成本低，且对柑橘类果汁的营养成分和风味没有破坏等特点，是目前较为理想的脱苦方法。根据脱苦酶作用对象分为黄烷酮糖苷类化合物脱苦酶和柠檬苦素化合物脱苦酶两大类。黄烷酮糖苷类化合物脱苦酶主要是柚皮苷酶，将柚皮苷水解成葡萄糖和无苦味的柚皮素。柠檬苦素化合物脱苦酶分解柑橘中的柠檬苦素及柠檬苦素的前体物质——柠檬苦素 A 环内酯。

4. 添加苦味抑制剂　　添加苦味抑制剂可以有效降低柑橘类果汁的苦味，常见的苦味抑制剂有蔗糖、β-环状糊精、新橙皮苷和双氢查尔酮等。

5. 代谢脱苦法　　通过加速柑橘苦味物质的代谢来对柑橘汁进行脱苦，也能降低柑橘类果汁中的苦味。用 2-(4-乙苯氧基)三乙胺和 2-(3,4-二甲苯氧基)三乙胺喷洒柠檬和脐橙等果树，能使果实中柠檬苦素含量有效降低。

6. 超临界 CO_2 脱苦　　超临界 CO_2 可以降低柑橘类果汁中柠檬苦素的含量，减轻柑橘类果汁的苦味。研究显示，压力对柠檬苦素的脱除有显著影响，但温度对柠檬苦素的脱除影响不大。在压力 37.9 MPa 和温度 40℃条件下，可将柑橘类果汁中的柠檬苦素由 17.5mg/L 降低至 1.0mg/L，但对果汁中的其他营养成分没有影响。

五、苹果汁的棒曲霉素及其控制

(一)棒曲霉素的理化特性

苹果汁中的棒曲霉含量是影响苹果汁质量安全的重要指标，引起世界各国人民的普遍高度关注。棒曲霉，即展青曲霉，学名为 4-羟基-4-氢-呋喃骈吡喃-2(6-氢)酮，分子式为 $C_7H_6O_4$，相对分子质量为 154。棒曲霉广泛存在于霉变的水果中，其中以苹果及其制品污染最为严重。研究发现，棒曲霉素是一种具有致癌性、致畸性、细胞毒性、免疫毒性及生殖毒性的真菌代谢产物。

(二)棒曲霉素的控制

1. 物理降解法

1)吸附降解法　　吸附降解法是降解苹果汁中棒曲霉素最为常用的方法之一。多孔物质活性炭、硅胶、树脂等具有很好的吸附作用，可以有效吸附棒曲霉素，降低果汁中毒素含量。活性炭吸附不仅可以有效降低果汁中棒曲霉素的含量，还对果汁具有澄清作用。活性炭的处理效果取决于活性炭的用量和形态，粉末状活性炭比颗粒状活性炭对棒曲霉素的脱除效果好，更有利于保持和提高果汁品质。

2)超声波降解法　　超声波处理技术是降解苹果汁中棒曲霉素的新型有效手段之一，利用超声波的空化作用破坏棒曲霉毒素的结构。

3)辐照降解法　　辐照处理技术是一种降解棒曲霉素的新兴方法，它可以有效降解有机污染物，不需要加入任何化学试剂，也不会产生二次污染，具有降解效率高、反应速度快、污染物降解彻底等优点。常用辐射源有 γ 射线、脉冲光和紫外线等。

2. 化学降解法

1)臭氧降解法　　臭氧是一种具有特殊气味的不稳定气体，有强氧化性，有较强的杀菌作用，可以有效降解苹果汁中的棒曲霉素，同时对果汁的色泽、可溶性固形物、pH、维生素 C 含量均没有显著的影响。

2)维生素类降解法　　维生素 B 族(如硫胺素、维生素 B_6 及泛酸钙)可以降低苹果浓缩汁中棒曲霉素含量，且降解效率与果汁的保存温度有着密切联系。

3. 生物降解法

1) 细菌降解法　　乳酸杆菌、乳酸链球菌和双歧杆菌等细菌在液体环境中对棒曲霉毒素有降解作用。

2) 真菌降解法　　酵母的发酵可以显著降低苹果汁中棒曲霉的含量。

六、富马酸及其控制

富马酸是一种含有双键的二元羧酸，化学名为反丁烯二酸，是顺丁烯二酸的同分异构体。富马酸是控制浓缩苹果汁安全性的重要指标之一，其含量的高低可直接反映出生产企业的生产工艺和管理水平。

1. 严格控制原料质量　　根霉属霉菌的侵染造成果汁加工原料的污染，是果汁中富马酸的主要来源之一。因此，严格控制原料质量是降低浓缩苹果汁中富马酸含量的关键所在。

2. 加大原料清洗力度　　已收购的原料果发生腐烂时，应及时进行分选分级，以降低烂果率。原料果可用含有消毒剂的清水进行冲洗。常用的清洗剂有次氯酸钠，选用浓度为 25～50mg/kg 的次氯酸钠水溶液对原料冲洗 30min 以上，清洗用水应及时进行更换，避免多次循环使用。

3. 加强产品的质量监控　　生产过程中确保生产的连续性，避免每道工序的延时操作，有助于降低果汁中富马酸含量，提高果汁的质量。生产过程中若发生意外中断，应对中间产品进行检测，若产品的质量指标出现超标现象，应及时进行应对处理。

4. 加强卫生管理　　生产企业严格执行卫生标准操作程序(SSOP)和良好操作规范(GMP)，确保生产环境和工作人员的良好卫生条件。生产设备应用消毒液按时进行清洗，确保加工设备的卫生条件。

第六节　加　工　实　例

一、浓缩苹果汁

(一)工艺流程

原料→分级清洗→破碎→榨汁→酶解→过滤→浓缩→杀菌→无菌灌装→贮藏→成品

(二)操作要点

(1)原料选择：选择健康、无病虫害、无霉变、成熟度适度的果实作为原料。

(2)分级清洗：根据果实大小进行分级处理，果实采收后可以用高压清水冲洗苹果，洗去沙土和杂质。

(3)破碎：将洗净的原料果置于破碎机内破碎成 3～8mm 大小的碎片或果浆，为后续榨汁做好准备。

(4)榨汁：用螺旋式或带式压榨机对破碎的碎片或果浆进行压榨制取苹果汁。

(5)酶解：果汁中加入果胶酶，控制酶解温度为 50℃，酶解时间为 1h。

(6)过滤：先用粗滤筛滤除果汁中大颗粒的非水溶性物质，收集滤液用 100～150 目的筛进行精滤,再用超滤装置除去果汁中分子直径大于 0.02μm 的颗粒物质。

(7)浓缩:采用三效蒸发器对苹果汁进行浓缩,澄清果汁浓缩到 1/7～1/5,糖度 65%～68%。因为果胶、糖和酸共存会形成一部分凝胶,所以浑浊果汁浓缩限度为 1/4。

(8)杀菌:在温度 93～95℃下,维持 30s 对果汁进行巴氏杀菌,再将果汁迅速冷却至 20～25℃。

(9)无菌灌装:在温度 130℃的热蒸汽下,采用无菌灌装系统将苹果汁无菌灌入无菌包装袋中,再冷却至室温。

(10)贮藏:产品放入 0～5℃ 的冷库中贮藏,可用于加工果汁和饮料。

二、柑 橘 汁

(一)工艺流程

原料→清洗→榨汁→澄清与过滤→脱苦脱酸→调整与混合→均质与脱气→浓缩→杀菌→灌装→成品

(二)操作要点

(1)原料选择:选取新鲜、色泽稳定、汁液丰富、气味芬芳、无虫果和烂果的果实作为原料。

(2)清洗:原料经验收检查合格后,将原料中的未熟果剔除,合格果采用滚筒喷淋清洗机将原料果带的泥沙、尘土及农药洗涤干净。

(3)榨汁:采用榨汁机榨汁。柑橘榨汁机主要有 FMC 全果榨汁机、Brown 锥汁机和滚筒(万能)榨汁机等三种类型,其中 FMC 全果榨汁机世界上应用最广。

(4)澄清与过滤:榨取的柑橘汁中加入果胶酶,使果汁中果胶物质分解成半乳糖醛酸和其他降解产物,再经 0.3mm 筛孔进行过滤,要求果汁含果浆 3%～5%,果浆太少,色泽浅,风味平淡;果浆太浓,则浓缩时会产生焦煳味。

(5)脱苦脱酸:柑橘脱苦脱酸主要是针对柑橘皮渣苦味较重、果肉偏酸的特点进行的特殊加工步骤。因此,脱苦脱酸是柑橘汁生产不可或缺的加工工序。柑橘汁的脱苦脱酸方法有物理吸附法、生物酶法、膜分离技术、固定化细胞和基因工程脱苦等(见第四节)。

(6)调整与混合:为改善柑橘汁的色泽、营养、口感和风味,脱苦后的果汁按标准加入白砂糖或柠檬酸进行调整与混合,一般可溶性固形物为 13%～17%,含酸量为 0.8%～1.2%。

(7)均质与脱气:为提高柑橘汁的稳定性,使悬浮粒子均匀而稳定地分散于果汁中,均质是生产柑橘汁的特殊必需工艺。果汁可先经过胶体磨的细化作用,可使微粒的细度达 0.002mm,再在 15～25MPa 高压条件下进行均质处理,使悬浮粒子产生紊流、摩擦和冲击,而使粒子进一步破碎。均质后的柑橘汁经脱气机进行脱气,让精油含量保持在 0.025%～0.15%。

(8)浓缩:为节约包装及运输成本,提高柑橘汁的保藏性,可采用真空浓缩、冷冻浓缩、反渗透和超滤浓缩对柑橘汁进行浓缩,使果汁中可溶性物质含量达 65%～68%。

(9)杀菌灌装:采用巴氏杀菌对柑橘汁进行杀菌处理。杀菌温度为 93～95℃,保持 15～20s,降至 90℃,趁热保温在 85℃以上灌装于预先消毒的容器,灌装后的产品应迅速冷却至 38℃。

三、粒 粒 橙

粒粒橙是用柑橘砂囊、橙汁及其他辅料调配而成的果肉饮料。由于粒粒橙具有独特的悬浮观感、口感和风味，因此深受消费者的普遍欢迎。根据砂囊在饮料中的存在状态，粒粒橙主要分为悬浮型和沉淀型两种，目前市面上以悬浮型粒粒橙居多。

(一)工艺流程

原料→清洗→热汤去皮→酶法脱囊衣→砂囊 ⎤
　　　原料→清洗→榨汁→果汁 ⎟
　　　　悬浮剂液制备 ⎬ →调配→灌装→杀菌→均粒→成品
　　　　糖浆制备 ⎦

(二)操作要点

(1)柑橘砂囊的制取：砂囊的质量是影响粒粒橙品质的主要因素之一。砂囊要求丰盈饱满，形态一致，大小均匀，具有最佳感观。目前质量较好的椪柑砂囊，囊胞圆而尾短，囊膜坚韧不易破裂，囊粒饱满，酸甜适中，清香可口，维生素含量高。囊衣制备通常采用人工剥皮分瓣、酸碱脱囊衣和酶法脱囊衣的方法，其中酶法脱囊衣因省工节水、节能减排和品质稳定等特点将成为今后主流技术。

(2)橙汁的制备：原料应选择无苦味、香味浓郁、可溶性固形物高的品种。橙果清洗后用FMC全果榨汁机进行高效取汁，并可同时实现果汁、果皮和果渣的分离。目前世界上70%以上橙汁都是由FMC榨汁机制取的。

(3)悬浮剂的制备：悬浮剂是影响粒粒橙稳定性的关键因素之一。固态颗粒因各自比重不同很容易分层或沉淀，达不到均匀悬浮的效果，只能通过添加合适的悬浮剂或调节糖液的浓度和果汁含量的方法来使砂囊悬浮均匀。常用的悬浮剂有琼脂、甘露胶、海藻酸钠、卡拉胶(CMC)和黄原胶等，其中以琼脂应用最为广泛。琼脂有较好的透明度和悬浮性能，口感爽滑，但耐酸耐热性较差；黄原胶悬浮性较强，但流动性差、颜色深、不透明。因此，为使粒粒橙达到理想、持久的悬浮效果，可采用复合悬浮剂。

(4)糖液制备：糖液浓度太高，砂囊内的水分会向糖液中迁移，从而使砂囊因失水而收缩，囊粒干瘪，影响感观；糖液浓度过低，低糖液内的水会向砂囊膜内渗透，影响砂囊的感观和风味，甚至砂囊因含水过多而胀裂，使成品质量下降。因此，糖液浓度应尽可能与砂囊中果汁浓度接近，使砂囊膜两侧不发生水分的迁移。

(5)灌装与杀菌：升温至85℃维持25min后冷却，杀菌时测试温度应以瓶中心温度为准，并严格控制高温时间，以免因时间短杀菌不完全，或时间太长破坏悬浮剂的稳定性造成产品分层、果粒沉降。

四、番 茄 汁

番茄是茄科植物番茄的浆果，色泽鲜红、营养丰富，酸甜可口，是人体膳食中维生素A和维生素C的重要来源，同时还富含氨基酸和钙、磷、铁等矿物元素。番茄通常用于加工浑浊果汁。

（一）工艺流程

原料→清洗→去蒂、清洗→破碎预热→榨汁→过滤→调配→脱气→均质→杀菌→热灌装→成品

（二）操作要点

（1）原料选择：选择新鲜、成熟度适当、颜色鲜红无虫害、香味浓郁、可溶性固形物含量大于5%以上的番茄作为原料。

（2）去蒂清洗：将选好的番茄果实剔除果蒂，用清水洗去附着在上面的泥沙、病原菌及残留农药。

（3）预热破碎：这道工序是关系到番茄汁黏稠度的重要工序，有热破碎和冷破碎两种方法。一般生产都应用热破碎，一方面出汁率高，另一方面酶钝化快，番茄汁的黏度较高，果汁不易分层。但热破碎温度和时间的不同，对番茄汁的黏度还有很大的影响，而黏度又是影响果汁稳定性及风味的重要因素。

（4）榨汁过滤：将破碎后的番茄用螺旋压榨机进行压榨，可以避免空气混入，减少氧气对番茄红素的破坏，以提高对果汁中番茄红素的稳定性。

（5）调配：加入适量的白砂糖、柠檬酸及稳定剂对番茄汁进行调配，以提高番茄汁的口感、风味和稳定性。

（6）脱气：番茄在破碎、压榨等加工过程中，汁液溶进了不少气体，附着汁液的小气泡影响了饮料外观和饮料风味。汁液必须进行真空脱气处理，脱气条件为真空度0.08MPa。

（7）均质：将调配好的番茄汁进入均质机进行均质，使果肉进一步细化，可有效地防止汁液分层，提高产品的稳定性。

（8）杀菌：均质后的番茄汁可采用高温短时或超高温瞬时进行杀菌处理。高温短时杀菌条件为：杀菌温度100℃，维持15~20min，并立即冷却至40℃。超高温瞬时杀菌条件为：125~127℃，维持20~30s杀菌。高温短时杀菌注意严格控制杀菌时间，否则对番茄红素有较大的破坏作用。

（9）热灌装：将杀菌后的番茄汁，迅速灌装到经杀菌的包装容器中密封，并置于低温下进行贮藏。

—— 思 考 题 ————————————————————————————

1. 根据生产工艺，果品蔬菜汁可分为哪几类？
2. 试述果品蔬菜汁的加工工艺。
3. 试述果品蔬菜汁加工中常用的非热力杀菌技术的原理及特点。
4. 柑橘类果汁的苦味物质有哪些？该如何去除？
5. 试述生产浓缩果汁的方法。
6. 果蔬汁（粉）干燥方法有哪些？
7. 如何有效控制苹果汁的棒曲霉素和富马酸？

第六章 果品蔬菜糖制

【内容提要】

本章主要介绍果蔬糖制品的分类、食糖的保藏作用、食糖的种类、与糖制品加工关系密切的食糖的理化性质、果胶的凝胶方式及其原理、果蔬糖制品对原料的要求、各类果蔬糖制品的加工工艺及操作要点、果蔬糖制品常见的质量问题及防治措施。

果蔬糖制品是以果蔬为原料，与糖或其他辅料配合而成，利用高浓度的糖保藏起来的一类果蔬加工产品。其加工历史悠久，品种丰富。果蔬糖制品含糖量高，大多含糖在60%～65%以上，是一种营养丰富的食品，除直接食用外，也可作为糖果、糕点的辅料。

第一节 果品蔬菜糖制品的分类及特点

依据加工方法和成品的形态，一般将果蔬糖制品分为果脯蜜饯和果酱两大类。

一、果脯蜜饯类

(1)果脯：又称干态蜜饯，是基本保持果蔬形状的干态糖制品，如苹果脯、杏脯、桃脯、梨脯、蜜枣，以及糖制姜、藕片等。

(2)糖衣果脯：是指果蔬糖制并经干燥后，制品表面再涂被一层透明糖衣或结晶糖粉，如冬瓜条、糖橘饼、柚皮糖等。

(3)凉果：是指用咸果坯为主原料的甘草制品。果品经盐腌、脱盐、晒干，加配调料蜜制，再晒干而成。制品含糖量不超过35%，属低糖果制品。外观保持原果形，表面干燥、皱缩，有的品种表面有层盐霜，味甘美、酸甜、略咸，有原果风味，如陈皮梅、话梅、橄榄制品等。

(4)蜜饯：又称糖浆果实，是果蔬经过煮制以后，保存于浓糖液中的一种制品，如蜜饯樱桃、蜜饯海棠等。

二、果 酱 类

果酱类是果蔬经加糖煮制浓缩而成，呈黏糊状、冻体或胶态。果酱制品不保持果实或果块原来形状，但应具有原有的风味，一般多为高糖高酸食品。按其加工方法和成品性质，可分为以下数种。

(1)果酱：以水果、果汁或果浆和糖为主要原料，经预处理、煮制、打浆(或破碎)、配料、浓缩、包装等工序制成的酱状产品，如草莓酱、杏酱、苹果酱、番茄酱等。

(2)果菜泥：一般是将单种或数种水果混合，经软化打浆或筛滤后得到细腻的果肉浆液，加入适量糖(或不加糖)，经加热浓缩成稠厚泥状，如枣泥、苹果泥、山楂泥、什锦果泥等。

(3)果膏：以果汁加糖浓缩制成，含糖在 60%以上，呈浓稠浆状，如梨膏、山楂膏、金樱子膏等。这类制品多数作为疗效食品。

(4)果冻：选用含果胶丰富的果实为原料，将果实软化、榨汁、过滤后，加糖、酸及适量果胶(酸或果胶含量高时可以不加)，经加热浓缩而制成。该制品应具有光滑透明的形状，切割时有弹性，其切面柔滑而有光泽，如山楂冻、苹果冻、柑橘冻、猕猴桃冻等。

(5)果糕：是将果实软化后，取其果肉浆液，加糖(酸、果胶)浓缩而成的凝胶制品，如山楂糕、南酸枣糕、猕猴桃糕等。

(6)果丹皮：是果泥干燥成皮状的糖制品。在果泥中加糖搅拌、刮片、烘干、成卷或切片，用玻璃纸包装的制品，如苹果果丹皮、山楂果丹皮等。

(7)马茉兰：是指在果冻中加入果肉或果皮薄片的制品。马茉兰制品在国外常以甜橙与酸橙为原料，我国多采用柑橘类。加工方法与果冻基本相似，不同的是需在果冻配料中加入柑橘类外果皮切成的条状薄片，并使这些薄片均匀分布于制品中。食用时软滑，富有橘皮的特有风味。

第二节　果品蔬菜糖制的基本原理

一、食糖的保藏作用

糖制品是以食糖的保藏作用为基础的加工保藏方法，因此糖溶液的作用及糖的种类和性质对加工工艺、产品质量和保藏都有很大的影响。糖制品要做到较长时期的保藏，必须使制品含糖量达到一定的浓度。低浓度糖液能促进微生物生长发育，高浓度糖液对微生物有不同程度的抑制作用，其保藏作用主要表现在以下方面。

1. 高渗透压作用　　糖溶液可产生一定渗透压，浓度越高，渗透压越大。据测定，1%葡萄糖液的渗透压为 121.59kPa，同浓度蔗糖液的渗透压为 70.927kPa，而大多数微生物细胞渗透压只有 354.637～1692.127kPa，糖制品的含糖量大多在 60%～70%，因此糖制品中糖液渗透压远远超过微生物细胞渗透压，在高浓度糖液中，微生物细胞里的水分就会通过细胞膜向外流出形成反渗透现象，使其细胞质脱水，出现生理干燥而无法活动，严重时出现质壁分离现象，从而对微生物起抑制作用。

糖浓度提高到一定程度才能抑制微生物的生长。例如，蔗糖含量超过50%才具有脱水作用而抑制微生物活动，但对有些耐渗透压强的微生物，需提高到 72.5%以上。低于此浓度制品还会长霉，高于此浓度则制品发生糖的晶析(返砂)而降低产品质量。为防止蔗糖结晶，一种方法是在糖液中添加部分转化糖(如蜂蜜、淀粉糖浆)来提高糖的溶解度(如等量蔗糖和转化糖混合液的溶解度可达 75%)；另一种方法是适当提高酸含量，在加热熬煮过程，使部分蔗糖转化为转化糖。实践证明，制品总糖量在 68%～70%、含水量在 17%～19%、转化糖达总糖量60%时，一般不发生"返砂"现象。对于长期保藏的果酱类、部分湿态蜜饯制品及低糖制品，可结合巴氏杀菌或加酸、加防腐剂及真空密封等措施使其得以安全的存放。

2. 降低水分活度 高浓度的糖使糖制品的水分活度(Aw)下降，同样也抑制微生物的活动。不同糖溶液浓度与 Aw 的关系见表 6-1。

尽管糖制品含糖量一般高达 60%～70%，但由于存在少数在高渗透压和低水分活度尚能生长的霉菌和酵母菌，因此对于长期保存的糖制品，宜采用杀菌、加酸降低 pH 或真空包装等有效措施来防止产品变质。

表 6-1 不同糖液浓度与 Aw 值的关系(25℃)
(陈锦屏，1990)

糖液浓度/%	Aw
8.5	0.995
15.4	0.990
26.1	0.980
48.2	0.940
58.4	0.900
67.2	0.850

3. 抗氧化作用 由于氧在糖液中的溶解度小于在水中的溶解度，糖浓度越高，氧的溶解度就越低。例如，在 20℃时，浓度为 60%的蔗糖溶液，氧的溶解度仅为纯水含氧量的 1/6。由于糖液中氧含量降低，有利于抑制好氧微生物的活动，也有利于制品的色泽、风味和维生素 C 的保存。

与此同时，高浓度糖液还能加速原料脱水吸糖。由于高浓度糖液的强大渗透压，能加速原料的脱水及糖分渗入，缩短糖渍和煮制时间，有利于改善糖制品的质量。但是，若扩散初期糖液浓度过高，会使原料因脱水过多而收缩，降低成品率。因此，糖煮初期的糖含量以不超过 30%～40%为宜。

二、食糖的种类和特点

加工糖制品常用的食糖，主要有以下几种。

1. 白砂糖 白砂糖(甘蔗糖、甜菜糖)，是加工糖制品的主要用糖。其主要特点是纯度高、风味好、色泽淡、使用方便和保藏作用强，在糖制上广泛使用。

2. 蜂蜜 早在 5 世纪甘蔗制糖发明以前，人们就利用蜂蜜熬煮果品蔬菜制成各种加工品，直到蔗糖(即砂糖)出现才改用蔗糖代替蜂蜜进行糖制。"蜜饯"是由"蜜煎"而来。蜂蜜主要成分为转化糖(果糖和葡萄糖)，占 66%～77%；其次还有 0.03%～4.4%的蔗糖和 0.4%～12.9%的糊精。

在糖制品加工中，使用蜂蜜可以防止产品出现晶析。

3. 饴糖 饴糖是用淀粉酶水解淀粉生成的麦芽糖和糊精的混合体。其中含麦芽糖 53%～60%，糊精 13%～23%，其余多为杂质。饴糖的甜味由麦芽糖决定，饴糖的黏稠度由糊精决定。淀粉水解越彻底，麦芽糖生成量越多，则甜味越浓；反之，淀粉水解不完全，糊精偏多，黏稠度大而甜味小。在糖制过程中饴糖不单独使用，为防止糖制品晶析，常加用部分饴糖。

4. 淀粉糖浆 淀粉糖浆主要成分为葡萄糖和糊精，其中葡萄糖占 30%～50%，糊精 30%～45%，非糖有机物占 9%～15%。淀粉糖浆一般也不单独使用，为防止糖制品返砂，常加用部分淀粉糖浆。

5. 果葡糖浆 果葡糖浆又称异构糖，其成分主要是果糖和葡萄糖。它是以淀粉为原料，先把淀粉糖化成葡萄糖，再经葡萄糖异构酶的作用，使部分葡萄糖转化为果糖，就成了果葡糖浆。这是一种澄清、无色、透明、甜味纯正的黏稠性液体。其甜度由果糖含量的多少决定，异构转化率为 42%的果葡糖浆甜度等于蔗糖。由于其中含果糖成分较多，故吸湿性较强，稳定性也较差，易受热分解而变色。

三、食糖的性质

食糖的特性有很多，与糖制品有关的性质主要有糖的甜度、溶解度与晶析、糖的吸湿性、蔗糖的转化、沸点等，探讨这些性质，目的在于在加工处理中合理使用食糖，更好地控制糖制过程，以及确保质量、提高制品产量等。

1. 糖的甜度　糖的甜度影响着糖制品的甜度和风味。温度对甜度有一定的影响，当糖液浓度一定时，温度低于 50℃，果糖甜于蔗糖；高于 50℃，蔗糖甜于果糖。其原因在于，在不同温度下，果糖异构体间的相对比例不同，温度低于 50℃时较甜的 β-异构体所占比例较大。

各种糖的甜味也有所不同：葡萄糖先甜后苦、涩带酸；麦芽糖甜味差，带酸味；蔗糖风味纯正，味感反应迅速，甜味能迅速达到最大值并可迅速消失。蔗糖与食盐共用时，能降低甜味和咸味，而产生新的独特风味，这也是南方凉果制品的特有风格。在番茄酱的加工中，通常加入少量的食盐，也能使制品的总体风味得到改善。

2. 糖的溶解度与晶析　食糖的溶解度是指在一定的温度下，一定量的饱和糖液内溶解的糖量。糖的溶解度，随着温度升高而溶解加大。但不同温度下，不同种类的糖溶解度会发生变化，如表 6-2 所示。

食糖的溶解度大小受糖的种类和温度的双重影响，由表 6-2 可看出，60℃时蔗糖与葡萄糖的溶解度大致相等，高于 60℃时葡萄糖的溶解度大于蔗糖，而低于 60℃时蔗糖的溶解度大于葡萄糖。而果糖在任何温度下，溶解度均高于蔗糖、转化糖和葡萄糖，高浓度果糖一般以浆体形态存在。转化糖的溶解度受本身葡萄糖和果糖含量的影响，故大于葡萄糖而小于果糖，30℃以下小于蔗糖，30℃以上则大于蔗糖。

表 6-2　不同温度下食糖的溶解度（王颉和张子德，2009）

种类	溶解度/（g/100g）									
	0℃	10℃	20℃	30℃	40℃	50℃	60℃	70℃	80℃	90℃
蔗糖	64.2	65.6	67.1	68.7	70.4	72.2	74.2	76.2	78.4	80.6
葡萄糖	35.0	41.6	47.7	54.6	61.8	70.9	74.7	78.0	81.3	84.7
果糖			78.9	81.5	84.3	86.9				
转化糖		56.6	62.6	69.7	74.8	81.9				

当糖制品中液态部分的糖在某一温度下其浓度达到过饱和时，即可呈现结晶现象，称为晶析，也称返砂。糖制加工中，为防止蔗糖的返砂，常加部分淀粉糖浆、饴糖或蜂蜜，利用它们所含的糊精、转化糖或麦芽糖来抑制晶体的形成和增大。此外，部分果胶、蛋清等非糖物质，能增强糖液的黏度和饱和度，亦能阻止蔗糖结晶。但在蜜饯加工中，如干态糖霜制品等产品，则正是利用了晶析这一特点来维持制品的糖霜状态，提高制品的保藏性。

3. 蔗糖的转化　蔗糖是非还原性双糖，经酸或转化酶的作用，在一定温度下水解生成等量葡萄糖和果糖，这一转化过程称为蔗糖的转化。在糖制品中，转化反应用于提高糖溶液的饱和度，防止制品"返砂"，增大制品的渗透压，提高其保藏性，并赋予制品较紧密的质地，提高甜度。但若制品中蔗糖转化过度，则增强其吸湿性，使制品吸湿回潮而变质。

蔗糖在酸作用下的水解速率与酸的浓度及处理温度成正相关。在较低 pH 和较高温度下蔗糖转化速率快，蔗糖转化的最适 pH 为 2.5。蔗糖在中性或微碱性糖液中不易被分解，pH9 以上时，加热会产生棕色的焦糖。转化糖受碱的影响生成棕黑色物质，还可与氨基酸作用引起糖制品褐变。因此，食品加工上对于淡色制品，要控制蔗糖过度转化。

糖制品中的转化糖量达 30%～40%，蔗糖不会结晶。如果原料酸味成分不足，或糖煮时间不长，转化微弱。因此，在糖煮时，若需要转化，可以补加适量的柠檬酸或酒石酸，或补加含酸的果汁。但对于含酸偏高的原料则避免糖煮时间过长，而形成过多转化糖，出现流糖现象。

4. 糖的吸湿性　　糖具有吸收周围环境中水分的特性，即糖的吸湿性。如果糖制品缺乏包装，那么在贮藏期间就会因吸湿回潮而降低制品的糖浓度和渗透压，削弱了糖的保藏性，甚至导致制品的败坏和变质。

由表 6-3 可看出，糖的吸湿性与糖的种类及环境相对湿度密切相关，各种结晶糖的吸湿量与环境中的相对湿度呈正相关，环境相对湿度越大，吸湿量就越多。各种糖的吸湿性以果糖为最强，麦芽糖和葡萄糖次之，蔗糖为最小。各种结晶糖吸水达 15% 以上便失去晶体状态而成为液态。高纯度蔗糖结晶的吸湿性很弱，在相对湿度为 81.8% 下时，吸湿量仅为 0.05%，吸湿后只表现潮解和结块。果糖在同样条件下，吸湿量达 18.58%，完全失去晶态而呈液态。含有一定数量转化糖的糖制品，必须用防潮纸或玻璃纸包裹，对那些包装不太好或散装上市的糖制品，一定要控制好转化糖的含量，防止因吸潮而变质。

表 6-3　几种糖在 25℃中 7 天内的吸湿量（王颉和张子德，2009）　　　（单位：%）

糖的种类	空气相对湿度		
	62.7/%	81.8/%	98.8/%
果糖	2.61	18.58	30.74
葡萄糖	0.04	5.19	15.02
蔗糖	0.05	0.05	13.53
麦芽糖	9.77	8.80	11.11

5. 沸点　　糖液的沸点温度随糖液浓度的增加而升高，在 101.325kPa 的条件下，不同浓度果汁-糖混合液的沸点如表 6-4 所示。

蔗糖液的沸点受浓度、压力等因素影响，表 6-5 所示为蔗糖溶液在 0.1MPa 下的沸点与浓度关系。

表 6-4　果汁-糖混合液的沸点（王颉和张子德，2009）

可溶性固形物/%	沸点/℃	可溶性固形物/%	沸点/℃
50	102.2	64	104.6
52	102.5	66	105.1
54	102.78	68	105.6
56	103.0	70	106.5
58	103.3	72	107.2
60	103.7	74	108.2
62	104.1	76	109.4

表 6-5　在 0.1MPa 下蔗糖溶液的沸点（王颉和张子德，2009）

	含糖量								
	10%	20%	30%	40%	50%	60%	70%	80%	90%
沸点温度/℃	100.4	100.6	101.0	101.5	102.0	103.6	105.6	112.0	113.8

　　表 6-6 所示为不同海拔高度下蔗糖溶液的沸点，其规律是沸点随海拔高度提高而下降。糖液含糖量在 65% 时，其沸点在海平面为 104.8℃，海拔 610m 时为 102.6℃，海拔 915m 时为 101.7℃。因此，同一糖液浓度在不同海拔高度地区熬煮糖制品，沸点应有不同。在同一海拔高度下，浓度相同而种类不同的糖液，其沸点也不同。如 60% 的蔗糖液沸点为 103℃，60% 的转化糖液沸点为 105.7℃。

表 6-6　不同海拔高度下蔗糖溶液的沸点（王颉和张子德，2009）

可溶性固形物/%	沸点温度/℃			
	海平面	305m	610m	915m
50	102.2	101.2	100.1	99.1
60	103.7	102.7	101.6	100.6
64	104.6	103.6	102.5	101.4
65	104.8	103.8	102.6	101.7
66	105.1	104.1	102.7	101.8
70	106.4	105.4	104.3	101.3

　　在糖制过程中，根据沸点，可测知在加工中糖液浓度或可溶性固形物含量。从而可以在糖煮进行中通过控制沸点来控制糖液浓度及测定糖液浓度变化情况，以控制煮制时间，确定熬煮终点。如干态蜜饯出锅时糖液沸点达 104～105℃，其可溶性固形物为 62%～66%，含糖量约 60%。在糖制加工中，蔗糖部分转化，果蔬所含的可溶性固形物也较复杂，其溶液的沸点并不能完全代表制品含糖量。因此，需结合其他方法来确定煮制终点，或在生产前做必要的试验。

四、果胶的凝胶作用、分类及凝胶方式

　　在果蔬糖制过程中，果胶的凝胶作用具有重要地位，果糕、果冻，以及凝胶态的果酱、果泥都是利用果胶的凝胶作用来进行加工的。果胶物质沉积在细胞初生壁和中胶层中，主要起黏结作用，是果蔬中普遍存在的一种高分子物质（含甲氧基半乳糖醛酸的缩合物），以原果胶、可溶性果胶和果胶酸三种不同的形态存在于果蔬中。原果胶在酸和酶的作用下能分解为果胶，果胶进一步能水解变成果胶酸。

　　果胶具有胶凝特性，形成的胶凝有两种形态：一种是高甲氧基果胶（甲氧基含量在 7% 以上）形成的果胶-糖-酸型胶凝，又称为氢键结合型胶凝；另一种是低甲氧基果胶的羧基与 Ca^{2+}、Mg^{2+} 等离子的胶凝，又称为离子结合型胶凝。果品所含的果胶，以及用果汁或果肉浆加糖浓缩的果冻、果糕等属于前一种凝胶；蔬菜中主要含低甲氧基果胶，而与钙盐结合制成的果冻，属于离子结合型胶凝。

　　不同果蔬及其皮、渣等副产物均含有较多的果胶（表 6-7）。一般水果的果胶含量在 0.2%～6.4%。山楂的果胶含量很高，可达 6.4%，为高甲氧基果胶，凝胶能力很强，加工过程中常利

用这一特性来制作山楂糕。虽然有些蔬菜中果胶含量很高，但主要是低甲氧基果胶，凝胶能力很弱，不能形成胶冻。当与山楂混合后，可利用山楂果胶中高甲氧基的凝胶能力制成混合山楂糕，如胡萝卜山楂糕。

表 6-7　几种常见果实的果胶含量（刘章武，2007）

种类	果胶含量/%	种类	果胶含量/%
山楂	3.0～6.4	橘皮	20～25
柚皮	6.0	苹果芯	0.45
梨	0.5～1.2	苹果渣	1.5～2.5
桃	0.6～1.3	苹果皮	1.2～2.0
李	0.6～1.5	柠檬皮	4.0～5.0
杏	0.5～1.2		

（一）高甲氧基果胶的胶凝

高甲氧基果胶凝胶的性质和胶凝原理在于：高度水合的果胶胶束因脱水及电性中和而形成凝聚体。果胶胶束在一般溶液中带负电荷，当溶液 pH＜3.5 和脱水剂含量达 50%以上时，果胶即脱水，并因电性中和而凝聚。在果胶胶凝过程中，糖除了起脱水剂的作用外，还作为填充剂使凝胶体达到一定强度。酸则起到中和果胶分子中负电荷的作用，使果胶分子因氢键吸附而相连成网状结构，构成凝胶体的骨架。果胶胶凝过程主要与 pH、糖液浓度、果胶含量和温度等因素有关。

1. pH　　溶液的 pH 影响着果胶所带的电荷数，适当增加 H⁺浓度能降低果胶的负电荷，易使果胶分子借氢键结合而胶凝。当电性中和时，凝胶的硬度最大。凝胶时 pH 的最适范围是 2.0～3.5，高于或低于此范围都不能使果胶凝胶。pH3.6 时，果胶电性不能中和而相互排斥，就不能胶凝，此值即为果胶胶凝的临界值。

2. 糖液浓度　　果胶是亲水胶体，胶束带有水膜，食糖具有使高度水合的果胶脱水的作用，果胶脱水后才能发生氢键结合而凝胶。但只有当含糖量 50%时才具有脱水效果，糖浓度越大，脱水作用就越强，胶凝速率就越快。除食糖以外的其他脱水剂，如甘油和乙醇等，同样也有效，但并不应用于果冻制造。

3. 果胶含量　　果胶混合液中的果胶含量越高，果胶分子质量越大，多聚半乳糖醛酸的链越长，甲氧基含量越高，其胶凝能力就越强，制成的产品弹性越好。果胶含量要求在 0.5%～1.5%，一般取 1%左右。对于甲氧基含量较高的果胶或糖浓度较大时，则果胶含量可以相应减少。果蔬原料中若果胶含量不足，在糖制过程中应添加果胶粉，或者与其他含果胶量多的原料混合使用。

4. 温度　　当果胶、糖、酸和水的配比适当时，果胶混合液能在较高的温度下胶凝，温度越低，胶凝速率越快，50℃以下对胶凝强度影响不大；高于 50℃，则胶凝强度下降，主要因为高温破坏了氢键吸附。

综上所述，高甲氧基果胶形成良好凝胶的条件：在 50℃条件下，果胶含量达 1%左右，糖的浓度 50%或以上，pH 控制在 2～3.5，这些因素相互配合得当，是形成良好胶凝体的前提条件。

(二)低甲氧基果胶的胶凝

低甲氧基果胶凝胶的原理在于：果胶分子链上的羧基与多价金属离子相结合，由于低甲氧基果胶约有半数以上的羧基未被甲醇酯化，因此对金属离子比较敏感，少量的 Ca^{2+}(或 Mg^{2+})即能使之胶凝，此种胶凝同样具有网状结构。影响低甲氧基果胶胶凝的因素主要是金属离子浓度、pH 和温度。

1. 金属离子浓度　　生产上多以 $CaCl_2$ 为原料，因此 Ca^{2+} 用量根据果胶的羧基数量而定。一般酶法制得的低甲氧基果胶，钙离子用量为 $4\sim10mg/g$ 果胶。碱法制得的果胶，用量为 $15\sim30mg/g$；酸法制得的果胶用量为 $30\sim60mg/g$。

2. pH　　低甲氧基果胶的胶凝并不依赖于酸度，pH $2.5\sim6.5$ 都可胶凝，但 pH 对胶凝的强度仍有一定影响。pH3.5 和 pH5.0 时，胶凝的强度最大；pH4.0 时，胶凝强度最小。

3. 温度　　胶凝温度对胶凝强度影响较大，在 $0\sim58℃$ 范围内，温度越低，胶凝强度越大，58℃时胶凝强度接近零，0℃时强度最大，30℃为胶凝的临界点。因此，为获良好的凝胶状态，温度需低于30℃，一般不超过25℃为宜。

低甲氧基果胶的胶凝，与糖用量关系不大，即使在含糖 1%以下或不加糖的情况下仍然可以形成胶凝，生产中添加 30%左右的糖是为了改善风味。

五、糖制品低糖化原理

传统工艺生产的果脯、蜜饯类属高糖食品，果酱类属高糖高酸食品，一般含糖量为 65%～70%，过多食用糖制品会使人体发胖，诱发糖尿病、高血压等疾病，引发儿童肥胖现象，因此，在糖制品加工中出现了低糖化的趋势。

生产低糖果酱时，由于降低了糖的浓度，为使制品产生一定的凝胶强度，需要添加一定量的增稠剂。目前市售果冻产品大部分已不是用果汁制造，而是由亲水胶体(琼脂、卡拉胶或海藻酸钠)、酸、糖、色素、香精等配合制成。

一般低糖蜜饯产品含糖量在 45%左右或更低。若将糖度降得太低，蜜饯等制品会出现透明度不好、饱满度不足、易霉变、不利于贮藏等问题。

有关低糖蜜饯的研究报道多采用以下措施：采用真空渗糖工艺、选择蔗糖替代物、添加亲水胶体和电解质等方法。实际生产一般不采用真空渗糖工艺，因为此工艺不仅设备投资大，操作繁琐，而且实际效果也不如理论上那么好。至于添加亲水胶体也很少应用，因为胶体的分子质量大，很难渗入原料组织，即使采用真空渗糖也很难。此外，加入胶体增加了糖液黏度，影响渗糖速率，即使有胶体渗入原料组织，但经过烘干后，对保持蜜饯的饱满和透明度所起作用也不大。

从加工原理上讲，蜜饯低糖化是介于传统蜜饯与水果干制之间的加工技术，可在传统蜜饯生产的基础上，通过减少渗糖次数或缩短煮制时间，并结合以下措施解决低糖化可能产生的产品质量问题。

(1)用淀粉糖浆取代 40%～50%的蔗糖，这样既可降低产品的甜度，又可保持一定的形状。选择合适的糖原料对低糖蜜饯的饱满度起重要作用。

(2)添加 0.3%左右的柠檬酸，使产品 pH 降至 3.5 左右，这样可降低甜度，改进风味，并改善产品的保藏性。

（3）糖制过程采用热煮冷浸工艺，即取出糖液，经加热浓缩或加糖煮沸回加于原料中，可减少原料高温受热时间，较好地保持原料原有的风味。

（4）通过烘干脱水，控制产品 Aw 在 0.65～0.70，可有效控制微生物的活动，使低糖蜜饯具有高糖蜜饯的保藏性。

（5）采用抽真空包装或充氮包装延长保藏期。

（6）必要时按规定添加防腐剂，或采用杀菌处理、冷藏等辅助措施，均可解决低糖蜜饯的保藏问题。

第三节　蜜饯类加工工艺

一、原料要求

糖制品的质量主要取决于外观、风味、质地及营养成分。选择优质的原料是生产优质产品的关键之一。原料质量的优劣主要在于品种和成熟度两个方面。一般蜜饯类需要保持果实或果块的形态，因此，要求原料肉质紧密，耐煮性强。一般在绿熟-坚熟时采收，但不同产品对原料要求不同。

1. 青梅类制品　　制品要求鲜绿、脆嫩。原料宜选鲜绿质脆、果形完整、果大核小的品种，于绿熟时采收。大果适合加工雕花梅，中等以上果实宜加工糖渍梅，而小果用于青梅干、雨梅、话梅和陈皮梅等制品。

2. 蜜枣类制品　　宜选果大核小、质地较疏松的品种，并于果实由绿转白时采收，转红不宜加工，全绿则褐变严重。

3. 橘饼类制品　　金橘饼应选用质地柔韧、香味浓郁的品种；橘饼以宽皮橘类为主；带皮橘饼宜选苦味淡的中小型品种。

4. 杨梅类制品　　宜选果大核小、色红、肉饱满的品种。

5. 橄榄制品　　应选用肉质脆硬的品种，一般在肉质脆硬、果核坚硬时采收，过早、过迟采收的果实都会影响糖制品质量。

6. 瓜类制品　　以冬瓜制品为主。原料宜选果大肉厚瓤小的品种。

7. 其他蔬菜制品　　胡萝卜宜选橙红色品种，直径 3～3.5cm 为宜，过粗、过细均影响外观和品质。生姜应选肉质肥厚、结实少筋、块形较大的新鲜嫩姜。

二、影响糖分渗入果蔬组织的因素

在糖制加工中，果蔬组织渗糖过程实质上是果蔬组织与周围环境糖溶液之间的物质交换过程，是一个传质过程。浸渍溶液中的盐、糖等溶质渗透到食品组织内部溶液中，同时脱除其中的部分水分，在此过程中，食品组织的部分溶质(糖、酸、色素、矿物质及维生素等)也会流失到浸渍溶液中。上述溶质扩散和水分渗透的速率受到果蔬组织细胞内外各种物质的分压差、浸渍处理的温度、压力等各种工艺条件影响。根据渗糖过程的压力条件，一般分为常压渗糖和真空渗糖两种工艺。

传统的常压浸渍工艺，渗糖效率取决于渗透比，它由糖溶液的类型、浓度、温度和处理时间所决定。此外，果蔬原料的比表面积也是影响渗糖速率和效率的重要因素。果蔬组织的细胞壁和细胞膜是阻碍糖液渗透的因素，在实际生产过程中，通过原料的预处理、去皮、切分、划线、刺孔等措施来提高和加快渗糖的速率和效率。现在也有通过超声波、微波等处理来破坏细胞壁和细胞膜的结构，改善果蔬组织的通透性，从而加快渗糖速率。何仁等（2002）发现用渗透促进液进行预处理，可明显改善果蔬组织的通透性，有效地提高微波对果蔬组织的渗糖效率。李军生等（2002）发现，超声波可以显著提高果蔬组织的渗糖效率，同时明显降低糖煮对果蔬组织细胞结构的破坏。

真空浸渍，是将真空技术引入传统浸渍过程的一种新技术，真空浸渍使得浸渍过程得以较快完成。其利用了由压差引起的水动力学机制和变形松弛现象来提高浸渍效率。水动力学机制是指在真空、低温环境下，食品细胞内的液体易于汽化蒸发，从而在物料内部形成许多压力较低的泡孔，在细胞内外压差和毛细管效应的共同作用下，外部液体更易于渗入物料结构内部。另外，在真空条件下，物料整体会产生一定的膨胀，导致细胞的间距增大，称为变形松弛现象，也有利于浸渍溶液更快地渗入到固体间质中。影响真空浸渍效率的主要有真空度、浸渍时间、浸渍温度等因素。

三、干态蜜饯生产工艺

蜜饯类是果蔬原料经糖渍或糖煮后，产品保持着果实或果块原有形状的高糖食品，根据干湿状态又将其分为干态蜜饯和湿态蜜饯两类。其中，干态蜜饯又称果脯，是经糖制后晾干或干燥的无黏性制品，其外表皮无糖或涂披一层透明糖衣或结晶糖粉；而湿态蜜饯是经糖制后具有黏性表面，保存于高浓度糖液中的制品。

（一）干态蜜饯加工工艺流程

原料选择→去皮→切分→硬化处理→漂洗→预煮→加糖→煮制→烘干　{果脯
　　　　　　　　　　　　　　　　　　　　　　　　　　　　上糖衣→糖衣果脯

（二）原料处理

原料处理的目的是为了便于糖煮和提高产品质量，一般根据加工原料特性进行预处理。

1. 清理分级　　剔除腐烂、变质、生虫等不符合加工要求的原料，并按果实大小或成熟度进行分级。

2. 去皮、切分、划线、刺孔　　剔除不能食用的皮、种子、核，常用机械去皮或化学去皮等方法。大型果宜适当切分成块、片、丝或条。枣、李和杏等小果常在果面划线或刺孔。

3. 保脆和硬化　　蜜饯类产品既要求质地柔嫩、饱满透明，又要保持形态完整。然而许多原料均不耐煮制，容易在煮制过程中破碎，故在煮制前需经硬化、保脆处理，以增强其耐煮性。硬化方法为将原料放入石灰、氯化钙、明矾、亚硫酸氢钠稀溶液中，使其离子与原料中的果胶物质生成不溶性盐类，使组织坚硬耐煮。用 0.1%的氯化钙与 0.2%～0.3%的亚硫酸氢钠混合液浸泡原料 30～60min，可起到护色兼有保脆的双重作用。对不耐贮运、易腐的草莓、樱桃等，则用含有 0.75%～1.0% SO_2 的亚硫酸与 0.4%～0.6%的消石灰混合液浸泡，可达到防腐烂和硬化的目的。

4. 硫处理　　为了使制品色泽明亮、半透明，在糖制前需进行硫处理，既可抑制氧化变色，又能促进糖液的渗透。在原料整理后，浸入含 0.1%～0.2% SO_2 的亚硫酸液中数小时，或用按原料重量的 0.1%～0.2%的硫黄熏蒸处理，再经脱硫除去残留的硫。

5. 染色　某些果脯和作为配色用的制品(如青红丝、红云片等)，为了增进感官品质，常用染色剂进行着色处理。

目前所用的染色剂主要有天然色素和人工合成色素两类。天然色素如姜黄、胡萝卜素、叶绿素等，因着色效果差，成本高，使用不便，在生产上应用较少。我国规定可以使用的人工合成色素有苋菜红、胭脂红、柠檬黄(肼黄)、靛蓝(酸性靛蓝)、亮蓝及其铝色淀、二氧化钛等。染色时还可把色素调配成需要的颜色，如绿色可用柠檬黄与靛蓝按 6∶4(或 7∶3)比例调配。食用色素用量一般不超过万分之一，用量过多会因色泽太深而失真，还会使使用量超过国家标准。

染色可将原料浸于色素液中着色，也可将色素溶于稀糖液中，在糖煮的同时完成染色。同时可将明矾作为媒染剂提高染色效果。

6. 漂洗和预煮　预煮可以软化原料组织，使糖分易于渗入和脱苦、脱涩，此外还具有排除氧气和钝化酶活性、防止氧化变色、抑制微生物侵染、防止败坏等作用。

（三）糖制（糖渍）

加糖煮制是蜜饯类加工的主要工序，制约着制品质量的优劣及生产效率的高低。糖制的作用是使糖液中的糖分依靠扩散作用先进入到果蔬原料组织的细胞间隙，再通过渗透作用进入细胞内，最终达到要求的含糖量。

依据加工方法不同，糖制可分为蜜制(冷制)和煮制(热制)两种。

1. 蜜制　蜜制是指用糖液进行糖渍，使制品达到要求的糖度，适宜于组织柔嫩不耐煮制的原料，如糖青梅、糖杨梅、杏、蜜樱桃及多数凉果。其特点在于分次加糖，逐步提高糖的浓度，不需加热，能很好保存果实原有的色泽、风味，维生素 C 损失较小，并使产品保持完整原形和质地松脆；缺点是渗糖速率慢，生产周期长。

为了加速糖分渗入并保持一定的饱满形态，可采用下列蜜制方法。

1)分次加糖法　在蜜制过程中，将需要加入的食糖，分 3～4 次加入，分次提高蜜制的糖浓度。具体方法为：原料加糖糖渍，使糖度达到 40%，再加糖使糖度达到 50%，然后将糖度提高到 60%，如此反复，直到糖度达到要求。

2)一次加糖多次浓缩法　在蜜制过程中，分次将糖液倒出，加热浓缩，提高糖浓度后，再将糖液趁热回加到原料中继续糖渍，冷果与热糖液接触，由于存在温差和糖浓度差，加速了糖分的扩散渗透。

3)真空蜜制法　将果实与浓糖液置于真空锅内，抽空至一定真空度，降低果实内部的压力，当恢复常压后，果实内外形成的压力差能促使糖液渗入果实内部，缩短蜜制时间。

4)结合干燥法　在蜜制过程中结合日晒等干燥方法提高糖的浓度。蜜制中将果块取出，采用日晒或人工干燥方法使之失去 20%～30%的水分，再蜜制到终点。该法能减少糖的用量、降低成本、缩短蜜制时间。凉果的蜜制多用此法。

2. 煮制(又称糖煮)　加糖煮制适宜于组织紧密较耐煮的原料，此方法能使糖分迅速渗入原料组织，缩短加工时间，但色、香、味较差，维生素损失较多。依据压力不同又可分常压和真空煮制两种。常压煮制通常分为一次煮制、多次煮制和快速煮制。

1)常压煮制法

(1)一次煮制法。将预处理好的原料在加糖后经过一次煮制的糖制方法。此法虽快速省工，但持续加热时间长，原料易烂，色、香、味差，维生素损失较多，糖分渗入不均匀，致使原料失水过多而出现干缩现象，影响产品品质。实际生产中，质地紧密的苹果、桃、枣等原料较耐煮，并且预先都进行了切分、刺孔或预煮等前处理，因此常采用此方法煮制。由于采取了在煮制前先用部分食糖腌制、糖煮时分次加糖等措施，故可以使糖分渗透迅速均匀，不会发生干缩现象。

（2）多次煮制法。先用30%～40%的糖溶液煮到原料稍软时，放冷糖渍24h。其后，每次煮制均增加糖含量10%，煮沸2～3min，如此3～5次，直到糖含量达60%以上为止。此方法适用于细胞壁较厚、易发生干缩和易煮烂的柔软原料或含水量高的原料。每次加热时间短，加热和冷却交替进行，逐步提高糖浓度，产品质量较好。其缺点是加工周期过长，煮制过程不能连续化，费工、费时、需较多容器。为此，生产实践中又产生了快速煮制法。

（3）快速煮制法。将原料在糖液中交替加热糖煮和放冷糖渍，使果实内部水气压迅速消除，加速糖分渗透而达平衡。处理方法是将原料先放在煮沸的30%糖液中煮4～8min，随即取出原料浸入等浓度的15℃糖液中冷却，然后提高原糖液浓度的10%，如此重复操作4～5次，直到浓度达到要求，完成煮制过程。此法省时，可连续操作，所得产品质量高，但需准备足够的冷糖液。

2）真空煮制法　原料在真空和较低温度下煮沸，原料组织内部压力降低，糖分能迅速渗入达到平衡。此法温度低，渗糖快，与常压煮制相比，能较好保持制品的色香味及营养。真空煮制时的真空度约为85.33kPa，煮制温度为53～70℃，煮制时间为十几分钟，效果良好。

3）连续煮制法　此法是用浓度由低到高的几种糖液，对一组真空扩散器内的原料连续多次进行浸渍，逐步提高糖浓度。操作时，先将原料密闭在真空扩散器内，抽空排除原料组织中的空气，而后加入95℃热糖液，待糖分扩散渗透后，将糖液顺序转入另一扩散器内，再在原来的扩散器内加入较高浓度的热糖液，如此连续进行几次，即达到产品要求的糖浓度。此法煮制效果好，且能连续操作。

（四）烘晒与上糖衣

干态蜜饯在糖制后需脱水干燥，以利于保藏，干燥后水分含量不高于18%～20%。干燥的方法是烘晒，烘烤温度以50～65℃为宜，不易过高，以避免糖分焦化。

上糖衣就是将干燥后的蜜饯用过饱和糖液浸泡一下取出冷却，或将过饱和糖液浇在蜜饯的表面上，使糖液在制品表面上凝结成一层晶亮的糖衣薄膜。糖衣蜜饯不黏结、不返砂、不吸湿，保藏性好。

（五）整理、包装和贮藏

蜜饯干燥后应及时整理或整形，然后进行包装。干态蜜饯或半干态蜜饯的包装形式一般先用塑料食品袋包装，再进行装箱（纸箱或木箱），箱内衬牛皮纸或玻璃纸。颗粒包装、小包装和大包装，已成为新的发展趋势。每块蜜饯先用透明玻璃纸包好，再装入塑料食品袋或硬纸包装盒内，然后装箱。带汁的糖渍蜜饯则采用罐头包装形式，装罐、密封后90℃杀菌20～30min，冷却、包装。

贮存糖制品的库房要清洁、干燥、通风。库房地面采用隔湿材料铺垫。库房温度最好保持在12～15℃，避免温度低于10℃而引起蔗糖晶析。对不进行杀菌和不密封的蜜饯，宜将相对湿度控制在 70%以下。贮存期间如发现制品轻度吸湿现象，可将制品放入烘房复烘，冷却后重新包装。

四、湿态蜜饯生产工艺

与干态蜜饯不同，湿态蜜饯果蔬原料糖制后，按罐藏原理保存于高浓度糖液中，果形完整、饱满、质地细软，味美、呈半透明，一般会采用装罐、密封、杀菌等工艺操作。湿态蜜饯的加工工艺流程如下：

原料选择→预处理→加糖→煮制→装罐→密封→杀菌→冷却→包装→成品

湿态蜜饯的糖制过程与干态蜜饯加工工艺相同，参见干态蜜饯的生产过程。

五、凉果生产工艺

凉果又称为广式蜜饯，是先将果品盐腌，然后脱盐、晒干，再加配料蜜制晒干而成，含糖量小于 35%，略咸，有原果风味。凉果是广东的三大传统特色食品之一，起源于广州、潮州、汕头一带，主要以甘草调香，具有 1000 多年的生产历史。凉果类产品，表面半干燥或干燥，味多酸甜或酸咸甜适口，其代表性产品有陈皮梅、奶油话梅、甘草杨桃等。凉果的加工工艺流程如下：

原料选择→预处理→蜜制→加配料→干燥→包装→成品

与其他果脯和蜜饯生产工艺不同，在凉果加工过程中，为避免新鲜原料腐烂变质，加入食盐或少量明矾或石灰腌制而成的盐坯（果坯），常作为半成品保存方式来延长保存期限。由于原料经盐腌制后，所含成分会发生很大变化，因此，盐坯只能作为南方凉果制品的原料。盐坯腌渍包括腌渍、暴晒、回软和复晒四个过程。盐腌有干盐腌和盐水腌两种方法。干盐腌法适用于成熟度较高或果汁较多的原料，用盐量根据种类和贮存期长短而定（表6-8），一般为原料重的14%～18%；盐水腌法适于未熟果或果汁稀少或酸涩苦味浓的原料，盐水含盐量为10%左右。腌制过程所发生的轻度乳酸和酒精发酵，有利于糖分和果胶物质的水解，使原料组织易于渗透，也可促使苦涩味物质的分解。

表 6-8 果坯腌制示例(刘章武，2007)

果坯种类	100kg 果实用料量/kg			腌制时间/天	备注
	食盐	明矾	石灰		
梅	16～24	少量		7～15	
桃	18	0.125～0.25		15～20	
毛桃	15～16	0.125～0.25	0.25	15～20	
杨梅	8～14	0.1～0.3		5～10	
杏	16～18			20	
柑、橘、橙	8～12		1～1.25	30	水坯
金橘	24			30	分两次腌制
柠檬	22			60	
橄榄	20			1	盐水腌制
仁面	10			15	另加他种果品的腌制剩余液
李	16			20	

六、低糖蜜饯的生产

传统工艺生产的蜜饯总糖含量高达 65%～75%，不仅耗糖多，表面发黏，影响了蜜饯的品质和原果风味，而且大量糖的摄入也会引起糖尿病、肥胖症及心血管疾病，不符合现代消费者健康、绿色的需求。因此，蜜饯生产也向低糖化发展，低糖蜜饯具有低糖、营养、风味好等特点。国内外对低糖蜜饯的加工工艺、保藏、包装材料、包装形式等进行了比较系统的研究，认为含糖量和水分活度是影响产品保藏性能的两个主要因素，并提出了以下低糖化措施。

(1)使用淀粉糖浆和低聚糖替代部分蔗糖，降低含糖量。

(2)用琼脂、海藻酸钠、黄原胶、CMC-Na、淀粉、明胶、果胶等为填充剂，解决降糖后低糖果脯饱满度差的缺陷。

(3)采用真空渗糖、微波技术及其他降低水分活度物质的新技术。

如蜜饯低糖化原理所述，目前低糖蜜饯生产中要采用综合措施，同时结合抽真空包装或充氮包装等形式，必要时要添加防腐剂，或采用杀菌处理、冷藏等辅助措施，来提高和延长产品的保存期。

低糖蜜饯生产案例

案例1　低糖益智果脯的生产

益智为姜科山姜属植物益智的果实，性温和、味辛辣且香浓，风味独特，营养丰富，鲜食品质不佳，因此常制成果脯或凉果出售。洪雁等(2012)采用超声波渗糖工艺生产低糖益智果脯。

工艺流程：

原料挑选→清洗→盐腌制坯→脱盐→烫漂→护色→填充→渗糖→干燥→包装、检验→成品

渗糖促进液能明显改善果蔬组织的通透性，提高渗糖效率。具体糖制的工艺参数：初始糖液浓度60%，超声波功率100W，渗糖时间150min，所制得的益智果脯外形饱满、透明有光泽，糖液渗透均匀，有益智的独特风味，色泽一致，呈翠绿色。产品水分含量25%～30%，总糖40%～42%，总酸 0.40%～0.60%。

案例2　张丽芳等（2007）报道了低糖西瓜果脯的生产工艺

西瓜皮味甘性凉，新鲜的西瓜皮除了含有丰富的维生素和烟酸，还有多种有机酸及钙、磷、铁等矿物质，具有清热、解毒、利尿、降血压的作用，但西瓜皮水分含量高，容易腐烂，将其加工成果脯，可变废为宝，提高其利用价值。

工艺流程：

原料选择→去瓤→去表皮→切分→硬化处理→漂洗→硫处理→漂洗→糖煮→糖渍→烘干→蜜饯→上糖衣→成品

生产西瓜果脯的较优工艺条件为：①硬化条件：温度 30℃，0.3%亚硫酸钙处理 5h；②糖液组成：30%蔗糖，40%淀粉糖浆，塔格糖0.02%，柠檬酸0.2%；③糖制工艺：采用微波或真空渗糖法，果脯品质较佳；④烘烤条件：采用 60℃，烘制 16～20h。

七、蜜饯类产品质量标准

蜜饯类产品的质量按 GB/T 10782—2006 蜜饯通则中的相关规定执行。但本通则没有规

定具体产品的组织形态、风味、理化指标和保质期等数量上准则范围，是一种宏观指导性准则，企业可根据自身特点，按照本通则规定，制定具体的企业标准。以全国食品工业标准化技术委员会(SAC/TC)提出并归口的 GB/T 31318—2014 蜜饯山楂制品国家标准为例，技术标准如下。

1. 感官要求　　感官要求应符合表 6-9 的规定。

表 6-9　感官要求

项目	要求			
	山楂片类	山楂糕类	山楂脯类	果丹皮类
组织形态	组织细腻，形状完整，厚薄较均匀。夹心软片要有韧性，干片有疏松感	组织细腻，软硬适度，略有弹性，呈糕状	颗粒完整，不流糖，不返砂	组织细腻，略有韧性
色泽	具有该产品应有的色泽			
滋味及气味	具有原果风味，酸甜适口，无异味			
杂质	无正常视力可见外来杂质			

2. 理化指标　　理化指标应符合表 6-10 的规定。

表 6-10　理化指标

项目	要求				
	山楂片类		山楂糕类	山楂脯类	果丹皮类
	干片型	夹心型			
总糖(以葡萄糖计)/%	≤85	≤75	≤70	≤70	≤75
水分/%	≤15	≤20	≤50	≤35	≤30
灰分/%	≤1.5				

3. 卫生指标　　蜜饯食品卫生指标应符合 GB14884 的规定。

4. 食品添加剂　　食品添加剂的使用应符合 GB2760 的规定。

目前，由于食品安全监管体系的改革和食品标准的大规模修改及更新，许多蜜饯产品的质量标准已经失效，有效的几项标准分别为：GB/T 10782—2006 蜜饯通则；GB/T 31318—2014蜜饯山楂制品；出入境检验检疫行业标准 SN/T 0886—2000 进出口果脯检验规程；出入境检验检疫行业标准 SN/T 3030-2011 进出口蜜饯检验规程等。

八、蜜饯类加工中常见的质量问题及防止措施

在蜜饯的生产加工中，由于原料品种选择不当，或工艺及操作不当等原因引起产品质量经常出现很多异常问题。蜜饯类比较常见，显著影响其产品质量的问题有返砂、流糖、褐变、煮烂、皱缩和霉变、变酸、变质等。

1. 返砂　　返砂是蜜饯干燥或贮存时表面析出糖的重结晶，成品失去光泽、不柔软，易破损，甚至变为粗糙硬脆，并且返砂的蜜饯体内由于糖的外渗而降低含糖量，进而导致渗透压下降，容易受微生物污染引起变质，从而造成商品价值降低。返砂的主要原因是由于环境温度的变化引起糖分的溶解度变小，以重结晶形态析出过饱和部分糖，也就是由于蔗糖含量

过高而转化糖不足的结果。试验发现，一般成品含水量达 17%～19%，总糖量为 68%～72%，转化糖含量在 30%，约为总糖含量 50% 以下时，都将出现不同程度的返砂现象。并且，转化糖越少，返砂现象越严重。在糖制时，因为酸量不足、温度低、时间短都会减少转化糖，从而引起返砂。

为防止蜜饯的返砂，可采用下列措施。

(1)糖煮时，加入适量的柠檬酸，保持 pH3.0～3.5，使部分蔗糖在酸性条件下水解为转化糖。

(2)配制糖液时，加入总糖量的 30%～40% 淀粉糖浆或果葡糖浆以提高糖的溶解度；此外，加入少量的果胶、蛋清等物质，可以起到增大糖液黏度、抑制结晶的作用。

(3)控制制品贮藏库房 10℃ 以上，湿度 40%～70%，最好在恒温调湿库中贮藏，可有效防止制品返砂。

2. 流糖　　流糖是返砂的逆现象，是由于蜜饯制品中转化糖含量过高时，在高温和潮湿的环境中容易吸潮，导致部分液态糖流出，形成流糖现象。一般多发生于温、湿度较高的春夏季节。糖煮时间过长或 pH 过低，蔗糖的转化量过多引起总糖中转化糖含量超过 75%，糖吸湿性强，降低糖浆的胶凝性而易于流动，故产品流糖容易出现发黏、粘手。

为防止蜜饯的流糖，可采用下列措施。

(1)糖煮时控制加酸量，一般糖浆 pH3.0～3.5 为宜。此外，加入淀粉糖浆的量也要适度，不能过多。

(2)糖煮时间不宜过长，次数尽量少，以控制转化糖的生成量。

(3)选用气密性好的复合包装材料，以防止贮存时湿气渗透而引起流糖，并贮藏于湿度 <70% 的恒温干燥库房为好。

3. 褐变(变色)　　目前生产的各种蜜饯的颜色大体为金黄色至橙黄色，或是浅褐色。但由于生产过程中操作不当会引起制品变色(褐变)。引起褐变的原因有三种：一是酶促褐变，果蔬所含的单宁等酚类物质，在氧和氧化酶的存在下发生反应，生成褐色物质；二是非酶褐变，主要是糖液中的转化糖与果实中的氨基酸发生美拉德反应，产生黑褐色素，通常情况下，酸性越弱、温度越高，其反应速率越快；三是在糖煮或烘干时局部过热或受高温时间过长所产生的焦化反应，生成褐黄色物质；另外，果蔬中一些成分与金属离子作用生成有色物质。

防治蜜饯产品褐变可采用以下措施。

(1)果蔬预处理后，应及时通过硫化处理钝化氧化酶活性，以熏硫法(0.05% 的 SO_2)护色效果最好。

(2)热烫处理灭酶。但若热烫温度未达要求，酶的活性没有被破坏，甚至还能起促进褐变的作用。热烫虽是护色处理的有效、简便方法，但效果不如硫处理法好。

(3)通过降低 pH 来抑制酶活性。pH3.0～4.0 时能有效抑制酶的活性。

(4)在达到糖煮目的的前提下，应尽可能缩短糖煮时间。

(5)选用单宁成分含量低的原料，在加工中避免使用铁、铜等材质的容器、设备。

4. 煮烂　　煮烂是蜜饯生产中的常见问题。例如，煮制蜜枣时，划线刺孔太深、划纹相互交错、原料过熟等，煮制后易开裂破损。另外，热烫和糖煮时加热过于剧烈或糖煮次数过多、时间过长，也会使果体破裂。

防止蜜饯产品出现煮烂，可采用以下措施：

(1)选择成熟度适宜、耐煮的果实为原料；

(2)糖煮前要用适量氯化钙溶液等进行硬化处理；

(3)糖煮次数不宜过多，并适当控制煮制的时间。

5. 皱缩　　皱缩也是蜜饯生产中的常见问题，会使果脯失去柔软性、饱满度而影响到制品外观、手感、可食性。皱缩主要是"吃糖"不足所致，包装材料气密性差，贮藏湿度不适宜也是导致皱缩的原因。

为防止制品皱缩，可采用下列方法：

(1)在糖制过程中分次加糖，使糖浓度逐渐提高，延长浸渍时间；

(2)真空渗糖是最重要的措施之一；

(3)选择不透气的复合膜材质作为包装材料，封口要严密不漏气。

6. 霉变、变酸、变质　　变酸变质的蜜饯表面无光泽，酸味变重并伴有霉味，甚至腐烂变质。蜜饯出现这些缺陷的原因：一是生产操作环境卫生条件恶劣，包装前蜜饯已经被微生物严重污染；二是产品含糖量低，含水量高；三是贮藏环境温度高、湿度大、包装不良。

防止蜜饯霉变、变酸、变质，可采用下列措施：

(1)产品的糖度＞60%，含水量＜20%，对于低糖产品要适当使用防腐剂，以抑制微生物的活动；

(2)保证生产环境卫生清洁化、加工过程密闭化，并定期对设备、工具、环境进行消毒，另外干制方法尽量不采用日晒法；

(3)要选用气密性好的材质为包装材料，并用过氧化氢等对包装材料进行预消毒；

(4)贮藏时控制适宜的环境温、湿度。

第四节　果酱类加工工艺

一、原料要求

生产果酱类制品要求选用果胶和果酸含量高、成熟度适宜、芳香浓郁、品种优良的原料。但不同产品对原料的要求不同。例如，生产果酱宜选用充分成熟时期的柔软多汁且易于破碎的品种，如草莓以红色的鸡心、鸡冠、鸭嘴等品种为佳；果冻类制品要求原料果胶质含量丰富并于成熟度较生时采收，一般以山楂、南酸枣、柑橘及酸味浓郁的苹果等为原料。

二、果酱加工工艺

果酱类制品是以果品为原料，经过清洗、去皮、去核、加热软化、打浆或压榨取汁，加糖及其他配料，经过加热浓缩，再经装罐、密封、杀菌而成的一类半流体或固体食品。其工艺流程为：原料→预处理→软化打浆→加糖浓缩→装罐→排气密封→杀菌→冷却→成品。

(一)原料选择与处理

原料应先剔除霉烂变质、受伤严重等不合格果实，再按不同种类的产品要求及成熟度高低，分别进行清洗、去皮去核(或不去皮不去核)、切分、修整等处理。对于去皮、切块后容易变色的原料，应及时浸入食盐水或其他护色液中。

(二)软化打浆

1. 加热软化　　处理好的果实可加热软化，软化的主要目的：破坏酶的活性，防止变色和果胶水解；软化果肉组织，便于打浆和糖液渗透；促使果肉中的果胶溶出。软化前要进行预煮，预煮时加入原料重 10%～20%的水进行软化，或蒸汽软化。软化时升温要快，水沸投料，每批投料不宜过多，时间依原料种类及成熟度而异，一般 10～20min。

2. 打浆取汁　　生产泥状果酱的果实，软化后要趁热打浆。生产果冻的果实，软化后需榨汁、过滤等处理。柑橘类一般先用果肉榨汁，然后残渣再加热软化，最后将果胶抽取液与果汁混合使用。

(三)配料

果酱类配料依原料种类及成品质量标准而定。一般果肉(汁)占总配料量的 40%～50%，砂糖占总配料量的 45%～60%(允许使用占总糖量 20%的淀粉糖浆)，成品总酸量 0.5%～1.0%(不足可加柠檬酸)，成品果胶量 0.4%～0.9%(不足可加果胶或琼脂等)。

所用固体配料均先配制成浓溶液，过滤备用。砂糖配成 70%～75%的浓糖液，柠檬酸配成 50%的溶液。果胶粉先与 2～4 倍的砂糖充分拌匀，再按粉量的 10～15 倍加水，搅拌加热溶化为溶液，琼脂先用约 50℃温水浸泡软化，洗净杂质，再以琼脂重 20 倍的水，加热溶解后过滤备用。

投料顺序：果肉应先加热软化 10～20min，然后加入浓糖液(分批加入)，浓缩至接近终点时，依次加入果胶或琼脂溶液，最后加柠檬酸液，搅拌浓缩至终点。

成品量预算：根据浓缩前处理好的果肉(汁)及砂糖等配料的含量比例，可计算出浓缩后成品量。计算公式如下：

$$W=(K_1 \times A+B_1+B_2+B_3) / K_2$$

式中，W，成品量(kg)；A，果肉(汁)量(kg)；B_1，砂糖总量(kg)；B_2，柠檬酸量(kg)；B_3，果胶量(或其他胶体的量)(kg)；K_1，果肉(汁)固形物含量(%)；K_2，成品固形物含量(%)。

(四)浓缩

果酱的浓缩可分为常压和减压浓缩两种方法。

1. 常压浓缩　　主设备是盛物料带搅拌器的夹层锅。将物料置于夹层锅中，常压下用蒸汽加热浓缩。浓缩过程要分次加糖。开始蒸汽压较大，为 29.4～39.2kPa，后期物料可溶性固形物含量提高，为防止物料在高温下焦化，蒸气压应降至 19.6kPa 左右。由于果实中含有大量空气，浓缩时会有大量泡沫生成，可加入少量冷水或植物油等消除泡沫保证正常蒸发。要严格控制浓缩时间，以保持制品良好的色泽、风味和胶凝力，同时防止因浓缩时间太短，转化糖不足而在贮藏期发生晶析现象。

常压浓缩存在浓缩温度高，水分蒸发慢，制品的色泽、风味差，尤其芳香物质和维生素 C 损失严重等缺点。

2. 减压浓缩　　又称真空浓缩，是将物料置于真空浓缩装置中，在减压条件下进行蒸发浓缩。由于真空浓缩温度较低，制品的色泽、风味等品质都较常压浓缩好。

真空浓缩设备分为单效、双效两种。单效浓缩锅是一个配有真空装置并带搅拌器的夹层锅。工作时，先将蒸汽通入锅内赶走空气，再开动离心泵，使锅内形成一定的真空，当真空度达 53.3kPa 以上时，开启进料阀，靠锅内的真空吸力将物料吸入锅内，达到容量要求后，开启蒸汽阀门和搅拌器进行浓缩。加热蒸汽压力保持在 98.0～147.1kPa，锅内真空度保持在 86.7～96.1kPa，温度控制在 50～60℃。浓缩过程中若泡沫膨胀剧烈，可开启锅内的空气阀，使空气进入锅内抑制泡沫上升，待正常后再关闭。以防焦锅，浓缩过程应保持物料超过加热面。当浓缩接近终点时，关闭真空泵，破坏锅内真空，在搅拌下将果酱加热升温至 90～95℃，然后迅速关闭进气阀，立即出料。双效真空浓缩锅是由蒸汽喷射泵使整个设备装置造成真空，将物料吸入锅内，由循环泵强制循环，加热器进行加热，然后由蒸发室蒸发，浓缩泵出料。

通常用折光计测定物料的可溶性固形物，或凭经验来判定浓缩终点。

（五）包装

果酱类制品大多用玻璃瓶或防酸涂料马口铁罐为包装容器，由于含酸较高，应注意酸的腐蚀作用。不同果酱制品有不同的装罐操作工艺，密封采用专用封罐机。果丹皮等干态制品采用玻璃纸包装。果糕类制品内层用糯米纸、外层用塑料糖果纸包装。

果酱、果膏、果冻出锅后，应趁热装罐密封，密封时的酱体温度不低于 80～90℃，封罐后应立即杀菌冷却。为了包装成品质量，从出锅到分装应在 30min 内完成。

（六）杀菌、冷却

经加热浓缩后，果酱中的绝大多数微生物被杀死，且高糖、高酸对微生物也有很强的抑制作用，一般装罐密封后，产品比较安全，但为了确保质量，在封罐后可进行杀菌处理（5～10min/100℃）。玻璃罐（瓶）包装的宜采用分段冷却（85℃热水中，冷却 10min→60℃水中，冷却 10min→冷水中冷却至常温），采用马口铁罐包装，可在杀菌后迅速用冷水冷却至常温。果酱类制品也可采用容器先清洗杀菌，然后再热灌装或采用无菌包装技术。

三、果糕、果冻类加工工艺

原料的选择及处理→加热软化
$\Bigg\{$
压榨取汁（冻）
打浆过滤（糕）
$\Bigg\}$
→加糖浓缩→入盘→冷却→成品

1. 原料选择及处理　　同果酱类。

2. 加热软化　　加热软化时，根据果实种类不同加水或不加水，多汁的果蔬可不加水，而果肉致密的果实如山楂、苹果等，则需加水。依果蔬种类不同而异，软化时间在 20～60min 不等，以煮软后便于打浆过滤或压榨取汁为准。软化后的果肉浆液作为果糕的煮制原料，榨出的果汁作为果冻的煮制原料。

要测定浆液或果汁的 pH 和果胶含量，通常形成果糕（冻）适宜的 pH 为 3～3.3，果胶含量 0.5%～1.0%。如有不足，可加果胶粉和柠檬酸来调整。

3. 打浆过滤或压榨取汁　　经软化后的果实用打浆机打浆并过滤，或用压榨机榨取汁液。

4. 加糖浓缩　　果汁(或浆液)与糖的混合比例为 1 :(0.6～0.8)。果汁(或浆液)按照需要进行调整后，即可加热浓缩，注意充分搅拌，防止焦煳。

煮制浓缩过程，水分蒸发，浓度逐渐提高，沸点温度也随之上升。当可溶性固形物含量达到一定标准，冷却后才能形成符合标准的糕或冻。浓缩终点一般通过折光仪测定，当可溶性固形物达 66%～69%即可出锅，也可用温度计测定，当溶液的温度达 103～105℃，浓缩结束。

5. 入盘及冷却　　将浓缩至终点的黏稠浆液趁热倒入搪瓷盘或其他容器中冷却后即为成品。

四、果酱类产品质量标准

目前，果酱类产品执行的质量标准是国家标准 GB/T 22474—2008，本标准规定了果酱的相关术语和定义、产品分类、要求、检验方法和检验规则及标识标签要求等。

其具体技术标准如下。

1. 感官要求　　应符合表 6-11 的规定。

表 6-11　感官要求

项目	要求
色泽	具有该品种应有的色泽
滋味与口感	无异味，酸甜适中，口味纯正，具有该品种应有的风味
杂质	正常视力下无可见杂质，无霉变
组织状态	均匀，无明显分层和析水，无结晶

2. 理化指标　　应符合表 6-12 的要求。

表 6-12　果酱的理化指标

项目	果酱	果味酱
可溶性固形物(以 20℃折光计)	≥25	不作要求
总糖/(g/100g)	不作要求	≤65
总砷(以 As 计)/(mg/kg)	0.5	
铅(Pb)/(mg/kg)	1.0	
锡(Sn)/(mg/kg)	250，仅限马口铁	

3. 微生物指标

1)果酱罐头　　应符合 GB11671 商业无菌的规定。

2)原料类果酱

(1)酸乳类果酱：大肠菌群、霉菌、致病菌应符合 GB19302 的规定，菌落总数应符合 GB7099—2003 中"冷加工"的规定。

(2)冷冻饮品类用果酱：菌落总数、大肠菌群、致病菌应符合 GB 2759.1 的规定，霉菌应符合 GB7099—2003 中"冷加工"的规定。

(3)烘焙类果酱：菌落总数、大肠菌群、致病菌、霉菌应符合 GB7099—2003 中"冷加工"的规定。

(4)其他果酱：菌落总数、大肠菌群、致病菌、霉菌应符合 GB7099—2003 中"热加工"的规定。

3)佐餐类果酱　　菌落总数、大肠菌群、致病菌、霉菌应符合 GB7099—2003 中"热加工"的规定。

4. 食品添加剂　　食品添加剂应符合 GB2760 的规定；营养强化剂应符合 GB14880 的规定。

五、果酱类加工中常见的质量问题及防止措施

果酱产品加工中常见的质量问题主要有：糖的晶析、果酱的变色及霉变等。

1. 糖的晶析　　果酱生产中常见的质量问题是糖的晶析，当糖制品中液态部分的糖在某一温度下其浓度达到过饱和时，即可呈现重新结晶现象，其主要原因：一是含糖量过高，酱体中的糖过饱和所致，生产中应控制总糖的含量，一般以不超过 63%为宜；二是转化糖量不足，应保证转化糖的含量高于 30%，另外还可通过添加部分淀粉糖浆代替部分砂糖，其用量不得超过砂糖总量的 20%。

2. 果酱的变色　　导致果酱变色的原因及防止措施有如下几点。

(1)水果原料中的成分与金属离子作用反应生成有色物质。在生产过程中要防止果肉与铜、铁等金属器具直接接触；含花青素多的深色水果如草莓等不得使用铁制容器。

(2)在酶、氧的作用下，原料中的单宁、花青素等发生氧化变色。为防止这类变化，在生产过程中应将去皮、去核，或切分后的原料迅速浸于稀盐水、稀酸液等护色液中；尽快加热破坏过氧化物酶、多酚氧化酶等酶的活性；添加抗坏血酸等抗氧化剂。

(3)热处理时间控制不当，原料发生焦糖化反应、美拉德反应而变色。在生产过程中应严格控制加热浓缩时间，达到终点后必须立即出锅装罐、密封、杀菌和冷却，不得拖延积压。

3. 果酱的霉变　　导致果酱发霉变质的原因主要有：原料被霉菌污染，随后加工中又没能杀灭；装罐时酱体污染罐边或瓶口而没有及时采取措施；密封不严造成污染；加工操作和贮藏环境卫生条件差等。

要防止果酱发霉应做到以下几点。

(1)严格剔除霉烂的原料。贮藏原料的库房应用浓度为 $0.2g/m^2$ 过氧乙酸消毒，以减少霉菌的污染。

(2)原料必须彻底清洗，并进行必要的消毒处理。

(3)生产车间所用机械设备等要彻底清洗，并用 0.5%过氧乙酸及蒸汽彻底消毒，操作人员必须保证个人卫生，尤其是装罐工序的器具及操作人员更应严格管理。车间必须防止霉菌污染。

(4)罐装容器、罐盖等要严格清洗和消毒。

(5)确保密封温度在 80℃以上，严防果酱污染瓶口，并确保容器密封良好。

(6)选用适宜的杀菌、冷却方式，玻璃瓶装果酱最好采用蒸汽杀菌和淋水冷却，并严格控制杀菌条件。

第五节　加工实例

一、苹果脯加工

(一)工艺流程

原料选择→去皮→切分→去心→硫处理和硬化→糖煮→糖渍→烘干→整形和包装

(二)操作要点

1)原料选择　　选用果形圆整、果心小、肉质疏松和成熟度适宜的原料,如'倭锦'、'红玉'、'国光'及槟子、沙果等。

2)去皮、切分、去心　　用手工或机械去皮后,挖去损伤部分,将苹果对半纵切,再用挖核器挖掉果心。

3)硫处理和硬化　　将果块放入 0.1%的 $CaCl_2$ 和 0.2%～0.3%的 $NaHSO_3$ 混合液中浸泡 4～8h,进行硬化和硫处理。肉质较硬的品种只需进行硫处理。每 100kg 混合液可浸泡 120～130kg 原料。浸泡时上压重物,防止上浮。浸后捞出,用清水漂洗 2～3 次备用。

4)糖煮　　在夹层锅内配成 40%的糖液 25kg,加热煮沸,倒入果块 30kg,以旺火煮沸后,再添加上次浸渍后剩余的糖液 5kg,重新煮沸。如此反复进行三次,需要 30～40min。此时果肉软而不烂,并随糖液的沸腾而膨胀,表面出现细小裂纹。此后每隔 5min 加蔗糖一次。第一次、第二次分别加糖 5kg,第三次、第四次分别加糖 5.5kg,第五次加糖 6kg,第六次加糖 7kg,各煮制 20min。全部糖煮时间需 1～1.5h,待果块呈现透明时,即可出锅。

5)糖渍　　趁热起锅,将果块连同糖液倒入缸中浸渍 24～48h。

6)烘干　　将果块捞出,沥干糖液,摆放在烘盘上,送入烘房,在 60～66℃的温度下干燥至不粘手为度,大约需要烘烤 24h。

7)整形和包装　　烘干后用手捏成扁圆形,剔除黑点、斑疤等,装入食品袋、纸盒再行装箱。

(三)产品质量要求

(1)色泽:浅黄色至金黄色,具有透明感。

(2)组织与形态:呈碗状或块状,有弹性,不返砂,不流糖。

(3)风味:甜酸适度,具有原果风味。

(4)总糖含量:65%～70%。

(5)水分含量:18%～20%。

二、番茄酱加工

(一)工艺流程

原料选择→清洗→修整→热烫→打浆→加热浓缩→装罐→密封→杀菌→冷却→成品

（二）操作要点

1）原料选择　　选择充分成熟，色泽鲜艳，干物质含量高，皮薄、肉厚、籽少的果实为原料。

2）清洗　　用清水洗净果面的泥沙污物。

3）修整　　切除果蒂及绿色和腐烂部分。

4）热烫　　将修整后的番茄倒入沸水中热烫 2～3min，使果肉软化，以便于打浆。

5）打浆　　热烫后，将番茄放入打浆机内，将果肉打碎，除去果皮和种籽。打浆机以双道打浆机为好。第一道筛孔直径为 1.0～1.2mm，第二道筛孔直径为 0.8～0.9mm。打浆后，浆汁立即加热浓缩，以防果胶酶作用而分层。

6）加热浓缩　　将浆汁放入夹层锅内，加热浓缩，当可溶性固形物达 22%～24%（高者可达 28%～30%）时停止加热。浓缩过程中注意不断搅拌，以防焦煳。

7）装罐密封　　浓缩后酱体温度为 90～95℃，立即装罐密封。

8）杀菌及冷却　　在 100℃沸水中杀菌 20～30min，而后冷却罐温至 35～40℃为止。

（三）产品质量要求

番茄酱体呈红褐色，均匀一致，具有一定的黏稠度；味酸，无异味；可溶性固形物 22%～24%。

三、柑橘马茉兰

（一）工艺流程

原料选择、处理→取汁→果皮软化、脱苦→糖制→配料→浓缩→装罐、封口→杀菌→冷却→成品

（二）操作要点

1）原料选择、处理　　选用色泽鲜亮、无病虫疤、新鲜成熟的柠檬、橙或蕉柑为原料，清洗干净后纵切成半开或四开，剥皮并削去果皮上的白色组织部分，然后将果皮切成长 2.5～3.5mm、宽 0.5～1.5mm 的条状。

2）取汁　　果肉榨汁，经过滤澄清，果肉渣加适量水加热搅拌 30～60min，提取果胶液，经过滤澄清后与果汁混匀。

3）果皮软化、脱苦　　用 5%～7%的食盐水煮果皮，煮沸 20～30min 或用 0.1%的 Na_2CO_3 溶液煮沸 5～8min，流动水漂洗 4～5h，果皮即软化脱苦。

4）糖制　　果皮条以 50%的糖液加热煮沸，浸渍过夜，再经加热浓缩至可溶性固形物含量为 65%时出锅。

5）配料、浓缩　　果汁 50kg，糖渍好的果皮 16～20kg，砂糖 34kg，淀粉糖浆 33kg，果胶粉（以成品计）约 1%，柠檬酸（以成品计）0.4%～0.6%。采用常温或真空浓缩至可溶性固形物含量达 66.5%～67.5%停止浓缩，出锅。

6）装罐、封口　　趁热装罐，密封，罐中心温度为 85～90℃。

7）杀菌、冷却　　杀菌式 5～10min/85～90℃，分段冷却至 40℃左右。

（三）产品质量要求

色泽淡黄色或橙红色，有橘皮的特有风味、芳香；质地软滑，富有弹性；酸甜可口。

—— 思　考　题 ——

1. 简述食糖的基本性质及其保藏原理。
2. 简述果胶种类和特点及其在果蔬糖制中的作用。
3. 简述果酱类制品的加工工艺方法。
4. 简述蜜饯类制品的加工工艺方法。
5. 蜜饯类产品的主要质量问题有哪些？如何控制？
6. 果酱类产品的主要质量问题有哪些？如何控制？

第七章 蔬菜腌制

【内容提要】

本章主要介绍蔬菜腌制品的分类、保藏原理，蔬菜腌制过程中微生物发酵、理化变化及其对产品品质的影响，腌制品原料选择要点及腌制加工工艺。

蔬菜腌制是利用食盐及其他物质添加渗入蔬菜组织内，降低水分活度，提高结合水含量及渗透压或脱水等作用，有选择地控制有益微生物活动和发酵，抑制腐败菌的生长，从而防止蔬菜变质，保持其食用品质的一种保藏加工方法。其制品称为蔬菜腌制品，又称酱腌菜或腌菜。

蔬菜腌制是一种广为普及的腌制加工方法，具有工艺简单、成本低廉、风味多样、易于保存等特点。将蔬菜腌制加工，既可以调剂蔬菜淡旺季供应，确保蔬菜周年供应，还可以一定程度上丰富食品种类。蔬菜腌制在我国已有2500多年的历史，我国的蔬菜腌制品品种繁多，各具特色，有不少名特产品，如北京冬菜、酱菜，扬州酱菜，镇江酱菜，浙江绍兴梅干菜，萧山萝卜干，涪陵榨菜，云南大头菜，贵州独山盐酸菜等，深受消费者欢迎。

第一节　蔬菜腌制品的分类

蔬菜腌制品根据腌制原材料、腌制过程和成品状态的不同，可分为发酵性腌制品和非发酵性腌制品两大类。发酵性腌制品在腌制时食盐用量少，并伴有明显的乳酸发酵，如酸菜、泡菜等。非发酵性腌制品在腌制时食盐用量较多，腌制过程中乳酸发酵可被完全抑制或仅微弱地进行，期间还可加入其他调味料，如咸菜、酱菜等属于此类产品。在此基础上，还可根据产品和工艺的特点将每一大类划分成若干小类。

一、发酵性腌制品

发酵性腌制品腌制时食盐用量较少，腌制过程中会发生明显的乳酸发酵，利用发酵产物乳酸、食盐和香辛料等的综合作用，来保藏蔬菜并增进风味。根据腌渍方法和产品状态，可分为干态发酵腌制品和湿态发酵腌制品两类。

1. 干态发酵腌制品　腌制过程不加水，先将菜体经风干或人工脱去部分水分，然后进行盐腌，自然发酵后熟而成，如榨菜、酸白菜等。

2. 湿态发酵腌制品　用低浓度的食盐溶液浸泡蔬菜或用清水发酵而成的一类带酸味的蔬菜腌制品，如泡菜、酸黄瓜等。

二、非发酵腌制品

非发酵性腌制品腌制时食盐用量较多，产品发酵作用不明显，主要利用高浓度的食盐和香辛料等的综合作用来保藏蔬菜并增进风味。非发酵性腌制品可分为以下四小类。

1）盐渍菜类　　　用较高浓度的盐溶液腌渍而成，如咸菜。

2）酱渍菜类　　　通过制酱、盐腌、脱盐、酱渍过程而制成，如八宝菜。

3）糖醋菜类　　　将蔬菜浸渍在糖醋液内制成，如糖醋蒜。

4）酒糟菜类　　　将蔬菜浸渍在黄酒酒糟内制成，如糟菜。

蔬菜腌制品的分类除上述方法外，还有由中国微生物学会酱腌菜学组提出的"十类法"，此法将我国的酱腌菜分为十类，包括酱渍菜类、酱油渍菜类、湿态腌菜类、半干态腌菜类、干态腌菜类、糖醋渍菜类、虾油渍菜类、辣味菜类、酒糟渍菜类、菜脯类。

第二节　蔬菜腌制的原理

蔬菜腌制主要利用了食盐的保藏作用、微生物的发酵作用、蛋白质的分解作用，以及其他一系列的生物化学作用，抑制有害微生物活动，并增加产品色香味。

一、食盐的保藏作用

1. 食盐溶液的脱水作用　　食盐的主要成分是氯化钠，其水溶液具有很高的渗透压，如1%的食盐溶液可产生 618kPa 的渗透压，而大多数微生物的渗透压为 304~608kPa。蔬菜腌制时，食盐溶液的浓度一般为 4%~15%，可产生 2472~9270kPa 的渗透压，这远高于微生物细胞的渗透压。因此，腌制过程中，不但蔬菜组织会发生脱水现象，同时也会导致微生物细胞内的水分外渗，造成质壁分离，微生物的生理代谢活动因生理干燥而处于抑制状态，甚至杀死微生物，从而使腌制品得以保藏。

2. 食盐溶液降低微生物环境的水分活度　　食盐溶于水后，离解的 Na^+ 和 Cl^- 与极性的水分子由于静电引力作用而发生离子水合作用。这一作用使得溶液中的自由水分降低，水分活度下降。在饱和食盐溶液中，无论是细菌、酵母还是霉菌都不能生长，因为没有自由水可供微生物利用，故降低环境的水分活度是食盐能够防腐的又一个重要原因。

3. 食盐溶液的降氧作用　　盐腌会使蔬菜组织中的水分渗透出来，氧气在盐水中很难溶解，故蔬菜组织内部的溶解氧会排出。这一过程形成了缺氧环境，一些好氧性微生物的生长受到抑制，从而降低其破坏作用。

4. 食盐溶液对酶活力的影响　　微生物分泌出来的酶常在低浓度的盐液中就遭到破坏，这可能是由于 Na^+ 和 Cl^- 可分别与酶蛋白的肽键和氨基相结合，从而使酶失去催化活力。3%的食盐溶液就可使变形菌失去分解血清的能力。

5. 食盐溶液的生理毒害作用　　食盐溶液中的一些离子，如 Na^+、Mg^{2+}、K^+ 和 Cl^- 等，在高浓度时能对微生物发生生理毒害作用。Na^+ 能和细胞原生质中的阴离子结合产生毒害作用，且这种作用随溶液 pH 下降而增强。中性和酸性食盐溶液中，能有效抑制酵母菌活动的食盐溶液浓度分别为 20%和 14%。食盐溶液对微生物细胞的毒害作用也可能来自于 Cl^-，Cl^-能与微生物细胞原生质结合，进而促进细胞死亡。

二、微生物的发酵作用

蔬菜腌制过程中，蔬菜表面带入的微生物可引起发酵作用。其中，乳酸发酵、轻度的酒精发酵和微弱的醋酸发酵是发挥保藏功效的三种主要发酵作用。而且，此三种发酵作用除具有防腐能力外，还与腌制品的质量、风味形成密切相关，被称为正常的发酵作用。

1. 乳酸发酵 乳酸发酵是蔬菜腌制过程中最主要的发酵作用，普遍存在，但不同的蔬菜腌制品之间乳酸发酵的强弱不同。乳酸发酵是在乳酸菌的作用下将糖(单糖、双糖)分解生成乳酸、酒精、CO_2 等产物的过程。乳酸菌是一类兼性厌氧菌，种类很多。蔬菜腌制过程中，常见乳酸菌的最高产酸能力为 0.8%～25%，最适生长温度为 25～30℃。

蔬菜腌制过程中，主要的微生物有肠膜明串珠菌、植物乳杆菌、乳酸片球菌、短乳杆菌、发酵乳杆菌等。引起发酵作用的乳酸菌不同，生成的产物也不同。将单糖和双糖分解生成乳酸而不产生气体和其他产物的乳酸发酵，称为同型乳酸发酵，如上述的植物乳杆菌和发酵乳杆菌等的作用。实际上，除乳酸外，乳酸发酵还产生乙酸、琥珀酸、乙醇、二氧化碳和氢气等，这类乳酸发酵称为异型乳酸发酵。例如，肠膜明串珠菌等可将葡萄糖经过单磷酸化己糖途径进行分解生成乳酸、乙醇和二氧化碳。而大肠杆菌则利用单糖、双糖为发酵底物生成乳酸的同时，生产琥珀酸、醋酸和乙醇等。蔬菜腌制前期，微生物种类、腌制环境的空气较多，以异型乳酸发酵为主，但由于这类乳酸菌不耐酸，植物乳杆菌等快速产酸，发酵后期以同型乳酸发酵为主。

2. 酒精发酵 蔬菜腌制过程中还存在酒精发酵，发酵量为 0.5%～0.7%，对乳酸发酵无影响。酒精发酵是由于蔬菜上附着的酵母菌，如鲁氏酵母、圆酵母等，将糖分解，产生乙醇和二氧化碳，并释放出部分热量。同时，蔬菜原料在腌制初期被盐水淹没时所引起的无氧呼吸也可生成微量的乙醇。少量乙醇的产生，有助于提高腌制品的风味。其原因在于酸性条件下，乙醇与有机酸可发生酯化反应，产生酯香味，这些酯香味对产品的风味有很大贡献。

3. 醋酸发酵 醋酸发酵是醋酸菌氧化乙醇形成醋酸的发酵过程。醋酸菌为好气性菌，因此，醋酸发酵多在腌制品表面进行。此外，大肠杆菌、戊糖醋酸杆菌等的作用，也可产生少量醋酸。适量的醋酸可以改善腌制品的风味。因此，腌制品要求及时装坛严密封口，以避免在有氧情况下醋酸菌活动产生大量的醋酸。

三、蛋白质的分解及其他生化作用

供腌制的蔬菜含有蛋白质和氨基酸。在腌制和后熟期间，蔬菜中的蛋白质在微生物和蔬菜原料本身蛋白酶的共同作用下，逐渐分解为氨基酸。氨基酸本身具有一定的鲜味、甜味、苦味和酸味。如果氨基酸进一步与其他化合物作用，就可以形成更复杂的产物。因此，这一变化对蔬菜腌制和后熟十分重要，是腌制蔬菜产生特有色、香、味的主要来源。

四、鲜味的形成

氨基酸本身具有一定的鲜味，如榨菜原料的氨基酸含量约为 1.2g/100g 干物质，而成熟榨菜氨基酸含量为 1.8～1.9g/100g 干物质，提高了 60%以上。但蔬菜腌制品的鲜味来源主要是由谷氨酸、天冬氨酸等和食盐作用生成的相应的钠盐。腌制品的鲜味是多种呈味物质综合的结果。此外，蔬菜腌制的发酵产物如乳酸等，本身也能赋予产品一定的鲜味。

五、香气的形成

蔬菜腌制品香气的形成是一个复杂而缓慢的生物化学过程。具体来说，腌制品中的风味物质，有些是蔬菜原料和调味辅料本身所具有的，有些是在加工过程中经过一系列物理、化学和生物化学变化，以及微生物的发酵作用形成的。

1. 原料成分及加工过程中形成的香气　　腌制品的香气是多种挥发性香味物质共同作用的结果。其香气来源主要包括：原料及辅料中的呈香物质；在风味酶或热的作用下呈香物质的前体经水解或裂解产生的物质。

所谓风味酶，就是使香味前体发生分解产生挥发性香气物质的酶类。例如，芦笋产生的香气物质二甲基硫和丙烯酸就是香味前体二甲基-β-硫代丙酸在风味酶作用下产生的。许多十字花科蔬菜中含有辛辣味的芥子苷，芥子苷水解时生成葡萄糖和芥子油，芥子油的主要成分就是产生香气的烯丙基异硫氰酸。当大蒜组织细胞被破坏以后，蒜酶将蒜氨酸分解，产生具有强烈刺激气味的蒜素，蒜素进一步还原生成具有特殊香辣气味的二烯丙基二硫化物。葱头的辛辣味成分与蒜相似，其主要成分是二丙基二硫化物和甲基丙基二硫化物。生姜中香辛物质的主要成分是姜酚、姜酮、莰烯、姜菇和水芹烯。在甘蓝、萝卜、花椰菜等蔬菜中还含有一种类似胡椒辛辣成分的 S-甲基半胱氨酸亚砜。

需要注意的是，蔬菜中的辛辣物质在没有分解为香气物质时，对风味质量的影响是极为不利的。但在腌制过程中，蔬菜组织细胞大量脱水，这些物质也随之流出，从而降低了原来的辛辣味。由于这些辛辣成分大多是一些挥发性物质，在腌制中经常"倒缸"或"倒池"，将有利于这些异味成分的散失，改进制品的风味。

2. 发酵作用产生的香气　　蔬菜腌制过程中，微生物发酵作用可产生腌制品的风味物质。蔬菜腌制的主要发酵产物为乳酸、乙醇和醋酸等物质，这些发酵产物本身即可赋予腌制一定的风味。例如，乳酸可以使产品增添爽口的酸味，醋酸具有刺激性的酸味，酒精则带有酒的醇香。此外，发酵产物之间或发酵产物与原料或调味辅料之间还会通过化学作用，生成一系列呈香、呈味物质，其中最具代表性的是酯类化合物。具体来说，有些酯类，腌制过程中形成较多，是腌制品的主体香气物质；有些虽含量不多，甚至含量甚少，但具有特殊香气，使腌制品呈现出独特的风味。

3. 吸附作用产生的香气　　腌制品还可依靠扩散和吸附作用，从辅料中获得香气。但腌制品辅料的使用因原料和产品特点不同而各不相同，且每种辅料呈香、呈味的化学成分不同，因此，不同腌制品表现的风味特点各不相同，且腌制过程往往采用多种调味配料，这使得腌制品可吸附多种香气，构成复合的风味物质。

六、色泽的形成

蔬菜腌制过程中，色泽形成主要有以下三种途径。

1. 褐变引起的色泽变化　　一方面，蔬菜中含有多酚类物质、氧化酶类，在有氧存在的情况下，会发生酶促褐变，生成黑色素。蔬菜腌制品装坛后虽然装得十分紧实，缺少氧气，但可以依靠戊糖还原为丙二醛时所放出的氧，使腌制品逐渐变褐、变黑。另一方面，蔬菜中羰基化合物和氨基化合物等也会通过美拉德反应等非酶促褐变形成黑色物质，而且具有香气。一般说来，腌制品后熟时间越长，温度越高，则黑色素形成越多、越快。发生褐变的腌制品，浅者呈现淡黄色、金黄色，深者呈现褐色、棕红色。褐变引起的颜色变化与产品色泽品质的关系依制品的种类不同和加工技术而异。

抑制酶活性和采取隔氧措施是限制和消除盐渍制品酶促褐变的主要方法，而降低反应物的浓度和介质的 pH、避光和低温存放，则可抑制非酶褐变的进行。采用 SO_2 或亚硫酸盐作为酚酶的抑制剂和羰基化合物的加成物，以降低美拉德反应中反应物的浓度，也能防止酶促褐变和非酶褐变。

2. 叶绿素破坏引起的失绿　　叶绿素是使蔬菜呈现绿色的色素。在腌制过程中，由于乳酸等有机酸的作用，叶绿素会因脱镁而失去原有鲜绿的颜色。

3. 吸附作用引起的色泽变化　　蔬菜腌制过程中，使用的辅料常常带有颜色，如辣椒、酱或酱油等。蔬菜经盐腌后，细胞膜透性增加，蔬菜细胞会吸附其他腌制辅料的色素而发生颜色变化。因此，如要加速产品色泽的形成，就必须增加辅料中色素成分的浓度，增大原料与辅料的接触面积，适当提高温度，减小介质的黏度，采用颗粒微细的辅料并保证一定的生产周期，这些都可以加快扩散的速率，增大扩散量。当然，为了防止原料吸附色素不均匀造成的"花色"，就需要特别注意生产过程中的"打扒"或"翻动"，这往往是保证产品色泽里外一致的技术关键。

七、蔬菜腌制品的保脆与保绿

保持蔬菜腌制品的绿色和脆嫩的质地，是提高腌制品品质的关键技术之一。

1. 保绿　　为使腌制品保持其原有的绿色，可在腌制前先将原料沸水烫漂，以钝化叶绿素酶，防止叶绿素被酶催化而变成脱镁叶绿素，可暂时保持绿色。若在烫漂液中加入少量的碱性物质，如 Na_2CO_3 或 $NaHCO_3$，可使叶绿素变成叶绿素钠盐，也可使制品保持一定的绿色。在生产实践中，有时会将原料浸泡在井水中，待原料吐出泡沫后才取出进行腌制，也能保持绿色，并使制品具有较好的脆性。腌制黄瓜时先用 2%~3% 的澄清石灰水浸泡数小时，再腌制，可以起到很好的保绿效果。这是因为硬水或石灰水中的 Ca^{2+} 不仅能置换叶绿素中的 Mg^{2+}，使其变成叶绿素钙，而且还能中和蔬菜中的酸，使腌制时介质的 pH 由酸性交成中性或微碱性，所以绿色可以保持不变。

2. 保脆　　蔬菜的脆性主要与其鲜嫩细胞的膨压和果胶物质含量有关。蔬菜失水萎蔫后，细胞膨压降低，则脆性差，但用一定浓度的盐液进行腌制时，由于盐液与细胞液间的渗透平衡，能够恢复和保持腌菜细胞的膨压，因而不易造成脆性的显著下降。果胶物质水解是蔬菜软化的另一个主要原因。生产实践中，引起原料果胶水解的原因有两个方面：一是原料本身含有的果胶酶的水解作用，二是腌制过程中一些有害微生物分泌的果胶水解酶对果胶的水解作用。根据上述原因，对半干性咸菜如榨菜、大头菜等，晾晒和腌制用盐量必须恰当，保持产品一定的含水量，以利于保脆；供腌制的蔬菜应成熟度恰当，无机械损伤，加工过程中应注意抑制有害微生物活动。此外，可在腌制前将原料于澄清石灰水中浸泡，以促进蔬菜中的果胶酸形成果胶酸钙凝胶，起到一定保脆作用。用 $CaCl_2$ 为作为保脆剂，其用量以菜重的 0.05% 为宜。

八、影响腌制的因素

影响腌制的因素有食盐浓度、pH、温度、气体成分、原料的组织及化学成分等。

1. 食盐浓度　　食盐可提高腌制品的风味，抑制一些有害微生物的活动，从而提高蔬菜腌制品的保藏性。不同微生物对食盐浓度的耐受力不同。例如，霉菌和酵母菌对食盐的耐受力较细菌大得多，且酵母菌的抗盐性更强。但是，在实际生产过程中，需结合其他成分，包括乳酸、醋酸、乙醇，以及加入的一些调味料、香辛料等对有害微生物的抑制作用，确定蔬菜腌制时食盐的最终用量。试验证明，发酵环境中的 pH 为 7 时，抑制酵母菌活动的食盐浓度为 25%；而当 pH 为 2.5 时，则 14%的食盐溶液就可抑制酵母菌的活动。考虑到各类腌制品腌制过程不同的生化变化，以及过淡、过咸对产品风味及品质的影响，一般情况下，泡酸菜发酵过程的用盐量为 0～6%；糖醋菜的用盐量为 1%～3%；半干态盐渍菜类如榨菜、冬菜的用盐量可达 10%～14%。

2. pH　　微生物对 pH 有一定要求，且有一定差异。如有益于发酵作用的微生物，如乳酸菌、酵母菌比较耐酸；有害微生物除霉菌抗酸外，腐败细菌、丁酸菌、大肠杆菌在 pH4.5 以下时，均可被较大程度地抑制。因此，为了抑制有害微生物活动，造成发酵的有利条件，在生产上腌制初期可人为提高酸度。pH 对原料的蛋白酶和果胶酶活性也有影响。如酸性蛋白酶 pH 为 4.0～5.5 时活性最强，而 pH 为 4.3～5.5 时果胶酶活性最弱。故腌制品的 pH 在 4～5 时，有利于保持脆性和促进蛋白质水解，但 pH 在 4～5 时，人们的味觉会感到过酸，若以食盐调味，人们对酸的感觉会降低。

总之，食盐和 pH 在腌制中发挥重要的保藏作用，泡酸菜及糖醋菜为低盐高酸制品，咸菜类、酱菜类、盐渍菜为高盐低酸制品。在低盐高酸的条件下，以高酸弥补低盐的不足；而在高盐低酸条件下，以高盐来弥补低酸的不足，并促使蛋白质转化。

3. 温度　　由扩散渗透理论可知，温度越高，扩散渗透速率越快，腌制时间越短。但应选用适宜的腌制温度，因为温度越高，微生物生长繁殖越旺盛，容易造成腐败菌引起的腌制品品质败坏。蔬菜腌制过程中，温度还对蛋白质的水解有较大的促进作用。温度在 30～50℃ 时，促进了蛋白酶活性，因而大多数咸菜如榨菜、冬菜、芽菜等要经过夏季高温，才能显示出蛋白酶的活性，使其蛋白质分解。尤其是冬菜，要经过 1～3 个夏季曝晒，使其蛋白质充分转化，菜色变黑，才能形成优良的品质。

4. 原料的组织及化学成分　　原料体积大，质地致密坚韧，不利于渗透和脱水作用。为了加速渗透平衡，可采用切分、搓揉、重压、加温等方法来提高表皮细胞的渗透性。原料的水分含量也可对腌制品品质产生影响，尤其是咸菜类更应适当减少原料中的水分。实践证明，榨菜含水量为 70%～74%时，榨菜的鲜、香均能较好地表现。同一浓度的食盐溶液腌制时，原料的含水量不同，腌制品的耐保存情况也不同。如榨菜的盐含量为 12%时，含水在 75%下较耐保存；若含水在 80%以上，则风味平淡，易酸化且不耐保存；若含水在 70%以下，食盐的渗透作用下降，需增加揉搓加压工序，否则腌制过程中易形成棉花包状，成品脆度降低。原料中的糖对微生物的发酵是有利的，蔬菜原料中含糖量在 1%～3%，为了促进发酵作用可以适当加糖。例如，新泡菜的腌制一般要加入 2%～3%的糖；糖醋菜的糖，主要靠外加，它有保藏和调味的双重作用。原料的氮和果胶含量也可以影响制品的色香味及脆度。一般情况下，原料的含氮物、果胶含量高，有利于制品色香味的形成及脆度的保持。但随保藏时间延长，蛋白质分解彻底，咸菜类制品色香味较理想，脆度有所降低。蔬菜腌制添加的一些香辛料和调味品，在改进风味、防腐方面均有积极作用。

5. 气体成分　　蔬菜腌制品的主要发酵作用——乳酸发酵，是在嫌气条件进行的。这种嫌气条件有利于抑制好氧性腐败菌(酵母菌和霉菌等)的活动，还可防止原料中抗坏血酸的氧化。酒精发酵及蔬菜本身的呼吸作用会产生二氧化碳，利于腌制的嫌气环境。咸菜类的嫌气是靠压紧菜块、密封坛口来解决，而湿态发酵制品则是靠密封的容器，原料淹没在液面下，腌制蔬菜的卫生条件和腌制用水质量等也对腌制过程品质有影响。

第三节 蔬菜腌制原料

一、蔬菜腌制原料的选择

我国蔬菜资源十分丰富，蔬菜种类和品种繁多，但并不是所有蔬菜均适合制作腌制菜。制作腌制品以根菜类和茎菜类为主，尚有部分叶菜类和果菜类。由于取用部位不同，要求各异，差异很大，无法统一规格。但腌制用蔬菜必须新鲜健壮，无病虫害，肉质紧密而脆嫩，粗纤维少，在适当的发育程度时采收为宜。各种不同的蔬菜，其规格质量和采收成熟度均能直接影响蔬菜腌制品的工艺品质。

(一)根菜类

1. 萝卜　要求肉质厚皮薄，质地紧密，嫩脆味甜，辣味小，不糠心，干物质含量高，不带苦味，无粗纤维，幼嫩时采收，圆球形或卵圆形，外表和肉质均为白色，一般选用秋冬萝卜。萝卜头大小根据加工需要而定，适宜腌制的萝卜品种有河南洛阳'露头青'、湖北黄州萝卜、广州'火车头'、济南'算盘子'、南京'皇城小萝卜'、成都'白玉春'等。

2. 大头菜　又名芥菜、辣疙瘩。要求肉质根皮厚而硬，肉质致密坚实，水分少，肉白色，未抽薹，不糠心。适宜腌制的品种有成都大头菜、四川内江红缨子大头菜、浙江慈溪板叶大头菜、济南疙瘩菜、云南昆明油菜叶大头菜、湖北大花叶大头菜等。

3. 芜菁　要求是青白色，肉质细密，组织紧脆，表皮光滑，无须根和糠心，单个重量在125~250g。可分扁圆种和圆形种，前者如浙江温州的盘菜，直径约20cm，纵径5~7cm；后者如北京的光头蔓菁。

4. 胡萝卜　分红、黄两种，要求直径在3cm以上，长15cm左右，长圆锥形，不分叉，条形挺直，表面光滑，质地紧脆，髓部色泽橙黄而细小。

(二)茎菜类

1. 青菜头　俗称榨菜，属茎用芥菜，取用部位是膨大的茎。要求菜体粗短，瘤状突起明显，不开裂，不空心，纤维少。优良品种有'涪丰14号'、'永安小叶'、'涪杂1号'等。

2. 莴笋　供腌制莴笋要求皮薄肉嫩脆，横径4~5cm，表皮白绿色，肉质浅绿色，质地新鲜脆嫩，无伤疤，无烂斑，无空心，无软腐，以晚期收获的莴笋较好。晚期收获莴笋比早期收获的含水量少，干物质多，出品率高，成本低。供腌制的品种有北京紫叶莴笋、上海大圆叶莴笋等。

3. 大蒜　供腌制大蒜要求蒜皮洁白，鳞茎肥大，蒜头高4cm左右，横径4~5cm，每个蒜头有蒜瓣7~8个，结瓣完整，质地脆嫩新鲜，不干瘪，不发芽。

4. 薤头　又名藠，要求鳞茎肥大，短纺锤形，横径在2cm以上，色泽乳白而新鲜，表皮青绿色少或无。

5. 生姜　供腌制用的以嫩姜为主，要求姜体肥大，新鲜饱满，皮色浅黄，姜芽淡红，肉质脆嫩，粗纤维少，辣味淡，不皱缩，不腐烂。品种有浙江红瓜姜、福建红芽姜、广东大肉姜、四川峨眉姜和湖北宋风姜等。

（三）叶菜类

1. 白菜　供腌制的白菜要求颗头大，叶柄长而厚实，叶片较小，无烂叶黄叶，无病虫害。常采用长梗白菜。

2. 雪里蕻　供腌制的雪里蕻要求菜质新鲜，分枝多，色泽深绿，组织脆嫩，无病虫害，无黄叶老叶。

3. 紫苏　紫苏可食用部分为叶和嫩枝，紫苏叶是盐腌制菜的原料之一，酱油渍紫苏叶是朝鲜族传统蔬菜腌制品。

（四）瓜果菜类

1. 菜瓜　供腌制的菜瓜要求瓜长 20cm 左右，横径 3.5～4.5cm，瓜条整齐而直，无大肚，色泽深绿，肉层厚实，绿熟期时采收。

2. 黄瓜　有白皮和青皮两种，青皮种肉层较厚，要求横径 2～3cm，长 8～12cm，条形直而整齐，无鸡头、大肚及斑疤，果实饱满，籽少肉厚，粗细均匀，新鲜而脆嫩，乳熟期时采收。

3. 辣椒　根据采收成熟度的不同分为青椒与红椒。青椒在绿熟期时采收，红椒在完全着色时采收。要求横径 2～3cm，长 7～10cm，果顶尖稍弯曲，肉层厚，辣味重，新鲜而饱满，采摘时带有果柄。

4. 苦瓜　一般要求瓜充分成长，果皮瘤状突起膨大，果实顶端发亮。优良品种有滑线苦瓜、青皮苦瓜和白皮苦瓜等。

5. 豇豆　依其颜色分为青、白和红三种。选择新鲜、脆嫩、无病虫害及腐烂的豇豆。

二、蔬菜腌制的辅料

蔬菜腌制需要添加各种辅料，以增进产品的色、香、味，提高腌制的质量，同时延长保藏时间。所用辅料包括食盐、调味品、着色料、香辛料、防腐剂等。

（一）食盐

食盐是蔬菜腌制的主要辅料之一。腌制用食盐要求质纯而少杂质，含氯化钠应在 98% 以上，无可见杂物，颜色白，无苦涩味，无异味。以干盐处理时，盐必须干燥不结块，必要时需炒过再用，用量通常按菜重计算。

（二）调味品

蔬菜腌制使用的调味品有酱类、酱油类、食糖、食醋、味精等。

1. 豆酱　又称黄酱，是酱腌制菜生产的主要辅料。用蒸熟的黄豆拌和生面粉后制成豆曲，再将豆曲加盐水制成酱醅，经日晒而成。豆曲应具有红褐色或棕褐色，鲜艳有光泽，有酱香和酯香味，无其他不良气味。咸淡适口，味鲜而醇厚，无焦苦和酸味及其他异味。酱体黏稠适度，不稀拉，无霉花和杂质。

2. 面酱　　以小麦粉为主要原料，经制曲、发酵酿制而成，分甜面酱、稀甜面酱两种。甜面酱是烹调与佐餐的调料；稀甜面酱是制作酱菜的主要辅料，滋味鲜甜，是我国民间传统的调味料。

3. 酱油　　以黄豆、豆饼、面粉、麸皮为主要原料。按发酵类型可分天然酿造和保温发酵两种。用于酱菜腌制的一般为天然酿造酱油。要求红褐色或棕褐色，鲜而有光泽，不发乌，酱香味、醇香味浓，无苦、涩、酸、霉等异味。体态澄清，浓度适当，无沉淀、霉衣浮膜。

4. 味精　　是谷氨酸钠的商品名称。使用味精可增加产品的鲜味。味精在酸性介质中容易生成不溶性的谷氨酸，从而降低鲜味，故一般酸泡菜类中不用，主要用于酱菜中。

5. 食醋　　食醋是具有芳香的酸性调味料。著名的山西老陈醋、镇江香醋、保宁麸醋及其他用传统工艺酿制的食醋，都适于酱腌菜和糖醋腌菜的调味料。要求呈琥珀色或红棕色，具有食醋特有的香气，无不良气味，酸味柔和，稍有甜味，不涩无异味。体态澄清，浓度适当，无悬浮物和沉淀，无霉花浮膜和醋螨等杂质。

6. 甜味料　　用于蔬菜腌制的甜味料主要有蔗糖、蛋白糖、安赛蜜等。蔗糖以白砂糖质量佳，使用广泛。要求含糖量99%以上，色泽洁白，颗粒晶莹，杂质、还原糖及水分含量低。蛋白糖，即阿斯巴甜，由氨基酸制成，安全性高。其风味、甜味纯正、明快、清爽，无蔗糖的甜腻感、滞重感及在口腔及胃中引起的反酸反胃等现象。同时，其热量仅为蔗糖的1/300，甜度为蔗糖的180～200倍，是一种低热值甜味剂，且可不限量使用。安赛蜜，口味酷似蔗糖，甜度为蔗糖的200倍，具有口感好，无热量，在人体内不代谢、不吸收，对热和酸稳定性好等特点，因安全无副作用而被国际甜味剂市场青睐。

（三）着色料

蔬菜腌制品多数不用着色，但干制酱菜常使用着色料以增加色泽，同时改善酱菜的外观和风味。着色料主要有酱色、酱油、食醋、姜黄等。酱油、食醋及红糖等在增加制品风味的同时，也能改善制品的色泽。

1. 酱色　　酱色是传统的食品着色料，使用范围较为广泛，用量较多，一般以饴糖为原料，经加热煎熬制成。例如，大头芥腌制加工的紫香芥、兰花芥及蜜枣萝卜头等干制酱菜，就是以酱色为辅料，增加色泽来改进制品的外观。

2. 姜黄　　姜黄是一种中药材，其黄色色素的主要成分是姜黄素。将姜黄洗净晒干磨成粉末即得姜黄粉，是我国民间传统的食用天然色素。在蔬菜腌制品中主要用于黄色咸萝卜等制品，其使用量可根据正常生产需要使用。

（四）防腐剂

蔬菜腌制品在贮存时，为了延长贮存期限，有些制品常使用少量的防腐剂，以抑制细菌、酵母、霉菌等微生物的繁殖生长。但必须强调，在使用前要严格遵守《食品添加剂使用标准》，限量使用。

1. 苯甲酸钠　　苯甲酸钠为白色颗粒和结晶状粉末，易溶于水和乙醇。它在酸性环境中防腐作用强，对广范围的微生物有效，尤其是对霉菌和酵母菌作用较强，但对产酸菌作用较弱。在酱腌菜中最大使用量为0.5g/kg。

2. 山梨酸钾　　山梨酸钾是较好的防腐剂,为无色至白色的鳞片状或粉末状结晶,对霉菌、酵母菌及好气性细菌均有抑制作用,但对厌气性芽孢菌和嗜酸乳杆菌作用弱,最大使用量为 0.5g/kg。

3. 脱氢醋酸钠　　脱氢醋酸钠为白色或淡黄色,无臭,无味,易溶于水,难溶于乙醇等有机物,是一种安全性高、抗菌范围广、抗菌能力强的抗菌剂,抗菌效力受食品中酸碱度的影响小,且其抗菌能力优于苯甲酸钠、山梨酸钾、丙酸钙等,耐光、耐热性好。什锦酱菜中最大用量为 0.8g/kg。

(五)香辛料

用于腌制的香辛料种类很多,有些蔬菜如洋葱、大蒜、辣椒、生姜、芫荽、香芹等,本身就有香料的作用。专供香辛料应用的也都是植物组织的某一部分干燥而成。

1. 花椒　　味涩麻辣,香味浓烈,我国西南地区居民尤为喜爱。以皮色大红或淡红、肉色黄白、果实睁眼(椒果裂口)、麻味足、香味大、干燥、无硬梗、无枝叶、黑籽少、不腐霉者为佳。四川汉源花椒以色黑红、香气浓、麻味长而强烈著称。

2. 桂皮　　桂皮是桂树的树皮,我国广东、广西、云南普遍栽培。干桂皮应卷曲成圆筒或半圆筒形,外带红棕色或黑棕色,常附有灰色的栓皮,内是棕红色,以皮肉厚、香气纯正、无霉变、无白色斑点者为佳。桂皮是五香粉的主要成分。

3. 八角茴香　　八角茴香又称大料、大茴香等。本品系八角茴香的果实,有 6~8 个茴香瓣,状如五角星,我国广西、云南、广东主产,以广东的大茴香最为有名。茴香果实沿腹缝裂开,每瓣中含有一粒种子,种皮坚硬,呈红褐色,具有浓烈香气。以色红褐、朵大饱满、完整不破、身干味香、无杂质者为佳。

4. 小茴香　　有辛辣香气,也是我国用于食品中的传统调味香料,主要产于甘肃、内蒙古、山西等地。以粒大饱满、色黄绿、鲜亮、无梗、无杂质、无灰土者为佳。

5. 胡椒　　胡椒是胡椒树的果实。我国海南、云南、广西及南洋群岛出产,分黑胡椒与白胡椒两种。黑胡椒(又名青胡椒),是在果实未成熟时采摘,用沸水浸泡到皮色发黑,晒干后则变黑棕色,研成粉末称为黑胡椒粉。白胡椒是果实完全成熟后采摘,用盐水或石灰水浸渍后晒干,除去外果皮即成圆球形、淡黄灰色的白胡椒,研细后即成白胡椒粉。白胡椒粉辛辣味及芳香均较黑胡椒为弱,唯气味较佳,是常用的调味佳品。以颗粒饱满、均匀、干燥者为佳。

6. 五香粉　　具有多种香味。由桂皮、茴香、花椒等多种香料研粉制成,香味浓郁持久。五香粉须新鲜、无霉变、不含杂质,过 60 目筛,干燥贮藏。

第四节　蔬菜腌制品的质量标准

我国蔬菜腌制品种类繁多,目前没有通用的国家标准。下面以榨菜和泡菜为例介绍非发酵性蔬菜腌制品和发酵性蔬菜腌制品的质量标准。

一、非发酵性蔬菜腌制品质量标准(榨菜)

1. 感官指标
色泽:应具有该品种应有的色泽。

滋气味：应具有该品种应有的滋味、香气，无异味。

形态结构：形态大小基本一致，组织致密，质地脆嫩，无肉眼可见外来杂质。

2. 理化指标

水分：　　　　　　　≤90%

食盐（以 NaCl 计）：　≤15.0%

总酸（以乳酸计）：　　≤0.90%

食品添加剂：应符合 GB 2670 的规定，但不得添加防腐剂。

3. 微生物指标　　应符合 GB 2714 的规定。

二、发酵性蔬菜腌制品质量标准（泡菜）

1. 感官指标

色泽：应具有该品种应有的色泽。

香气：应具有该品种应有的香气。

滋味：应具有该品种应有的滋味，无异味。

形态结构：形态大小基本一致，汁液清亮，组织致密，质地脆嫩，无肉眼可见外来杂质。

2. 理化指标

食盐（以 NaCl 计）：≤10.0%

总酸（以乳酸计）：≤1.5%

食品添加剂：品种和使用量应符合 GB 2760 的要求。

3. 微生物指标

大肠菌群：≤30MPN/100g。

致病菌：不得检出。

第五节 加 工 实 例

一、榨菜加工工艺

加工榨菜所利用的原料系一种茎用芥菜，俗称为青菜头。茎用芥菜的膨大茎部组织细嫩，营养丰富，最适于腌制。

（一）四川榨菜

1. 工艺流程　　青菜头→剥皮穿串→晾晒→下架→头道盐腌制→二道盐腌制→修剪挑筋→整型分级→淘洗上囤→拌料装坛→后熟及清口→成品

2. 操作要点

（1）青菜头：青菜头宜选择组织细嫩、坚实、皮薄、粗纤维少、突起物圆钝、凹沟浅而小、整体呈圆形或椭圆形、体形不太大的菜头。菜头含水量宜低于 94%，可溶性固形物含量应在 5%以上。以产量较高、抗病性强、加工适性好、可溶性固形物含量较高的青菜头为最佳。

（2）剥皮穿串：将青菜头先用剥菜刀将基部的粗皮老筋剥去。之后，根据青菜头质量适当切分，按照 250～300g 的可不切分、300～500g 的切分为两块、500g 以上的切分为三块的原则，将青菜头切分为 150～250g 重的菜块。切分时，要求切块大小均匀，老嫩兼备，青白齐全，呈圆形或椭圆形，以确保晾晒后菜块干湿均匀，成品整齐美观。将剥皮、切分后菜块用竹丝或聚丙烯塑料丝沿切面平行的方向穿串，每串可穿菜块 4～5kg，长约 2m。

(3)晾晒：将穿好的菜块搭在菜架上，菜块的切面向外、青面向里使其晾干。在晾晒期，如自然风力能保持 2～3 级，大致经过 7～10 天时间即可达到适当的脱水程度。

(4)下架：脱水合格的菜块，手捏感觉菜块周身柔软、无硬心，表面皱缩而不干枯，无霉烂斑点、黑黄空花、发梗生芽、棉花包等异变，无泥沙污物，形态最好不要呈圆筒形或长条形。一般情况下，头期菜的下架率为 40%～42%，中期菜为 36%～38%，尾期菜为 34%～36%。下架率是每 100kg 青菜头原料经去皮穿串上架后所收的干菜块重量。

(5)头道盐腌制：将干菜块称重后装入腌制池，以一层菜一层盐的方法，至装满腌制池为止。通常，一层的厚度为 30～45cm，重 800～1000kg，用盐 32～40kg(按菜重的 4%)。每层都必须踩紧，以表面盐溶化、出现卤水为宜。腌制 3 天后，起池，上囤，并需将菜块中多余的盐水挤出。上囤 24h 后，即可得到半熟菜块。

(6)二道盐腌制：将头道腌制的半熟菜块称重后，入池进行二道腌制。方法与头道腌制相同，但每层菜量减少至 600～800kg，盐用量加为半熟菜块的 6%，即每层 35～48kg，每层用力压紧，顶层撒盖面盐，早晚踩池一次，7 天后菜块上囤，踩压紧实，24h 后即为毛熟菜块。

(7)修剪挑筋：用剪刀仔细剔净毛熟菜块上的飞皮、叶梗基部虚边，再用小刀削去老皮、黑斑烂点，抽去硬筋，以不损伤青皮、菜心和菜块形态为原则。

(8)整型分级：按菜块标准认真挑选，按大菜块、小菜块、碎菜块分别堆放。

(9)淘洗上囤：将分级后的菜块用清盐水淘洗，之后，上囤踩紧，24h 后流尽表面盐水，即为净熟菜块。

(10)拌料装坛：按净熟菜块质量调配调味料。食盐添加量按大、小、碎菜块分别为 6%、5%、4%，红辣椒粉末 1.1%，整形花椒 0.03%及混合香料末 0.12%。混合香料末的配料比例为八角 45%、白芷 3%、山奈 15%、桂皮 8%、干姜 15%、甘草 5%、砂头 4%、白胡椒 5%。之后，将均匀粘满调味料的菜块装坛，并压紧、不留空隙。最后，在坛口菜面上撒一层红盐(红盐的配制比例为：食盐 1kg，辣椒面 25kg)，在红盐面上又交错盖上 2～3 层干净玉米壳，再用干萝卜叶扎紧坛口，封严。

(11)后熟及清口：刚拌料装坛的菜块尚属生榨菜，需在阴凉干燥处后熟，以便形成榨菜特有的鲜味、香气和色泽。需注意的是，装坛后 1 个月，会出现 2～3 次坛口翻水现象。每次翻水后均需更换新的干菜叶，并重新扎紧坛口，这一操作称为"清口"。一般清口 2～3 次后，坛内保留盐水约 750g，即可封口。封口时需在坛口中心留一小孔，以防爆坛。

(二)浙江榨菜

1. 工艺流程　　　青菜头→剥菜→盐腌脱水→修剪挑筋→分级整型→淘洗上榨→拌料装坛→覆口封口→成品

2. 操作要求

(1)青菜头：原料采购、剥菜等与四川榨菜相同。

(2)盐腌脱水：包括两道盐腌。头道盐腌制：菜块按照一层菜一层盐的方法，摆放至腌制池口，层层踩紧。每层菜约 800kg，厚 15～17cm。每 100kg 青菜头的食盐用量为 3～3.5kg。撒盐仍为底轻上重，下面十几层每层留面盐 1kg，全部撒在顶层作面盐，面层铺上竹编隔板，加压重石，每立方米需加压 2～2.5t；36～48h 后，边淘洗边上囤，囤高可达 2m，以便靠自重排水，上囤 24h。二道盐腌制：方法与第一道盐腌制基本相同，只是用盐增加为每 100kg 菜用盐 8kg，但不装满池口，留 20～25cm，以防止盐水溢出，加入面盐后，铺上竹席，加压重物，腌制 20 天左右，菜坯含盐达 10% 以上便可起池。

(3) 修整挑筋：要求及方法与四川榨菜相同。修剪时从池中捞出，可边捞边淘洗。当天取出的菜坯，要当天修剪完，不能存放过夜，以免影响品质。

(4) 分级整型：①特级菜：每块菜重在 45g 以上，菜块均匀呈球形，肉质厚实，质地嫩脆，修剪光滑，无空心黄心，无黑斑烂点。②甲级菜：每块重在 35g 以上，菜块尚均匀，绝大多数呈圆球形，有菜瘤的长形菜不超过 20%，肉质嫩脆，修剪光滑，无硬壳和棒形菜。③乙级菜：每块重在 20g 以上，菜块不够均匀，有瘤长形菜不超过 60%，无硬壳，无老菜和棒形菜。④小块菜：每块重 10g 以上，质地尚嫩脆，无硬壳菜，无老菜。

(5) 淘洗上榨：将分级整形的菜块以澄清盐水淘洗，然后缓慢榨干明水。压榨脱水程度根据不同等级掌握，出口菜上榨时 100kg，榨至还有 60～62kg 时下榨，即出榨率为 60%～62%。甲级菜出榨率为 62%～64%，乙级菜 66%～68%，小块菜 74%～76%。

(6) 拌料装坛：拌料用量按干菜块 100kg 计。外销菜的辣椒粉不可混有辣椒籽，各级菜所用花椒均用整粒，不可碾成细粉。装坛程序及方法与四川榨菜相同，坛口加面盐 50g，坛面标明毛重、净重、等级、厂名、装坛日期等。基本比例参考如下。

①特级菜：食盐 4.1kg、辣椒粉 1.25kg、混合香料 0.095kg、甘草粉 0.065kg、花椒 0.08kg、苯甲酸钠 0.05kg。

②甲级菜：食盐 4.1kg、辣椒粉 1.15kg、混合香料 0.095kg、甘草粉 0.065kg、花椒 0.08kg、苯甲酸钠 0.05kg。

③乙级菜：食盐 3.6kg、辣椒粉 1.15kg、混合香料 0.095kg、甘草粉 0.065kg、花椒 0.08kg、苯甲酸钠 0.06kg。

④小块菜：食盐 2.75kg、辣椒粉 1kg、混合香料 0.095kg、甘草粉 0.065kg、花椒 0.08kg、苯甲酸钠 0.06kg。

(7) 覆口封口：装坛后 15～20 天内，进行覆口检查，取出塞口菜，如坛面菜块下落，应追加同级菜块，如坛面出现生花发霉，应将菜块取出，另换新菜，再加面盐，按涪陵榨菜方法封口。

(三) 方便榨菜

1. 工艺流程　　白块菜→开坛→切丝→脱盐→脱水→拌料调味→称重装袋→真空封口→杀菌、冷却→检验→装箱→入库

2. 操作要点

(1) 原料及开坛：方便榨菜的原料为成熟的、未加调味料的榨菜，即白块菜。白块菜可用瓦坛或大池保存。瓦坛保存，按前"拌料装坛后熟清口"方法进行；大池保存，需在经过二道盐腌制、修剪挑筋、淘洗、上囤的净熟菜块里加盐 6%，并拌匀后分层入腌制池踩紧，上撒一层盖面盐，用薄膜覆盖严密即可保存。瓦坛保存的应在调味包装间以外专门的开坛间

开坛，推车及瓦坛不允许进入调配间。开坛时注意菜块是否变质或霉烂，如有应加以剔除，同时注意清洁卫生，不可把污物带入菜内。在大池保存的，要加强管理，每开一池要尽快用完，每天取菜后，池口要封闭严密，防止生水和污物浸入池内。

（2）改形、脱盐：方便榨菜可做成片状、丝状、粒状。改形可用手工也可用切片、切丝机。切分后，若需要降低产品含盐量，可以在一定的料水比下浸泡一定时间，并注意不断搅拌，以脱除部分盐分。

（3）脱水、拌料：脱盐之后由于半成品中含水量较高，有必要脱除部分水分，以保证产品风味和脆度，并利于保藏。一般采用离心脱水。拌料亦可用手工或滚筒式搅拌机械进行。无论手工或机械操作，其盛器必须用搪瓷或不锈钢容器。味道可根据市场需要调配。基本比例参考如下。

①鲜味：味精 0.1%～0.25%，白糖 3.5%～4%，醋酸 0.1%。

②五香味：香料末 0.20%～0.25%，白糖 2%～3%，白酒 0.5%～1%。

③麻辣味：花椒末 0.02%～0.03%，辣椒末 1%～1.2%，香料末 0.2%～0.3%。

④甜香味：白糖 5%～6%，香料末 1%～0.15%，白酒 0.5%～1%。

（4）称重、装袋、抽气、封口：方便榨菜的内包装材料目前主要有两种：一种为铝箔复合薄膜，由聚酯/铝箔/聚乙烯三层薄膜组成；另一种为聚酯/聚乙烯或尼龙/高密度聚乙烯薄膜，厚度 50μm 以上。袋的大小以装量确定，装量可为 50g、75g、100g、200g 等。称好重后的榨菜丝或片装袋，压实。袋口不得粘上菜丝或菜汁，否则热合不牢。抽气真空度应达到 0.09MPa 以上，热合宽度应大于 8mm，并注意热合牢固，保证在后续加工和运输销售过程中不开裂。

（5）杀菌、冷却、吹干：杀菌采用杀菌池或杀菌锅进行。杀菌条件为 5～12min/100℃（100g 以内），8～15min/100℃（200g），迅速冷却后，取出吹干明水。

（6）检验、装箱：装箱前先检验，剔除真空度不够、封口不严或有破口的袋。装箱可装成单味或多味什锦，箱上说明品味名称、生产日期等。

二、泡菜加工工艺

（一）四川泡菜

1. 工艺流程

盐水配制
↓
原料→选别→修整→洗涤→入坛泡制与管理→发酵成熟→成品

2. 操作要点

（1）原料：所有组织致密、质地嫩脆、肉质肥厚而不易软化的新鲜蔬菜均可作泡菜原料，如藕、胡萝卜、红皮萝卜、青菜头、菊芋、子姜、大蒜、薤头、豇豆、辣椒、蒜薹、苦瓜、苦藠头、草石蚕、甘蓝、花椰菜等，要求选剔除病虫、腐烂蔬菜。可根据不同季节及采取适当保藏手段，周年生产加工。

（2）修整、洗涤：去除粗皮、老筋、飞叶、黑斑等不宜食用的部分，用清水淘洗干净，适当切分、整理，晾干明水，稍萎蔫。用 3%～4%食盐或 8%～10%食盐水腌制蔬菜，达到预腌出坯作用。

（3）泡菜盐水配制：配制盐水以使用含矿物质较多的硬水，如井水、矿泉水，效果最好，因其有利于保持菜的硬度和脆度。自来水硬度在 25°DH 以上，可用来配制泡菜水，且不必煮沸，否则会降低硬度。水还应澄清透明，无异味和臭味。软水、塘水和湖水均不适宜作泡菜水。盐以井盐为好，如四川自贡盐、五通盐。海盐因含镁味苦，需焙炒后方可使用。

(4) 配制比例：根据用水不同，食盐用量在 6%～8%，为了增进色香味，还可加入 2.5% 黄酒、0.5% 白酒、1% 醪糟汁、2.5% 的红糖或白糖、3%～5% 的红辣椒及 0.1% 香料。香料组成为 25% 小茴香、20% 花椒、15% 八角、5% 甘草、5% 草果、10% 桂皮、5% 丁香、5% 豆蔻等。香料混合后磨成粉，用白布包好，密封放入泡菜水中。

(5) 入坛泡制：将预处理后的原料依次装入洗净的坛内，装填至坛容量一半时放入香料包，之后继续装菜至坛口 15cm 处，装填应紧实。坛口处加装竹片以防止加入盐水后原料上浮。另外，盐水不可装得过满，以距离坛口 3～5cm 为宜。1～2 天后，原料因水分渗出而下沉，可补加原料继续发酵。

(6) 泡制过程中的管理：蔬菜原料入坛后，其乳酸发酵过程根据微生物的活动和乳酸积累的多少，可分为以下三个阶段。

①发酵初期：以异型乳酸发酵为主，原料入坛后原料中的水分渗出，盐水浓度降低，pH 较高，主要是耐盐不耐酸的微生物活动，如大肠杆菌和酵母菌。同时，原料无氧呼吸产生的 CO_2 累积形成了嫌气状态，这有利于乳杆菌、发酵乳杆菌产酸，pH 下降，积累 0.2%～0.4% 的乳酸。

②发酵中期：主要是正型乳酸发酵，由于乳酸积累，pH 降低，大肠杆菌、腐败菌、丁酸菌受到抑制，而乳酸菌活动加快，进行正型乳酸发酵，含酸量可达 0.7%～0.8%。

③发酵末期：正型乳酸发酵继续进行，乳酸积累逐渐超过 1.0%，当含量超过 1.2% 时，乳酸菌本身活动也受到抑制，发酵停止。

泡制过程中要注意坛沿水的清洁卫生。发酵中后期，坛内呈一定真空，坛沿水可能倒灌入坛内。如果坛沿水不清洁就会污染坛内的泡菜水，这可能会影响到坛内泡菜的品质。故坛盐水以 10% 的盐水为好，并注意经常更换，以防水干。但换水应以小股清水直接冲洗至旧坛沿水完全被冲洗出为止。发酵期中，揭盖 1～2 次，使坛内外压力保持平衡，避免坛沿水倒灌。

泡制过程中不可随意揭开坛盖，以免杂菌污染而导致盐水生花、长膜。若遇生花长膜，需先将菌膜捞出，再加入适量白酒，或加紫苏、老蒜梗、老苦瓜等，经过再次密封后，可自行消失。此外，还需严防将油脂带入坛内。

(二)朝鲜泡菜

1. 工艺流程　　白菜→腌制→水洗→沥干→配料→装缸→成熟→成品

2. 操作要点

(1) 白菜：腌制朝鲜泡菜要求选择有心的大白菜，剥掉外层老菜帮洗净，大的菜棵顺切成四份，小的顺切成两份。

(2) 腌制、水洗、沥干：将处理好的大白菜放进 3%～5% 的盐水中浸渍 3～4 天。用清水简单冲洗一遍，沥干明水。

(3) 配料：萝卜削皮洗净后切成细丝。按下列比例；腌制好的大白菜 100kg，萝卜 50kg，食盐、大蒜各 1.5kg，生姜 400g，干辣椒 250g，苹果、梨各 750g，味精少许。将姜、蒜、辣椒、苹果、梨剁碎与味精、盐一起搅成泥状。

(4)装缸：把沥干的白菜整齐地摆放在小口缸里，放一层盐一层菜，撒一层萝卜丝，浇一层配料，直至离缸口 20cm 处，上面盖上洗净晾干的白菜叶隔离空气，再压上石块，最后盖上缸盖，2 天后检查，如菜汤没浸没白菜，可加水浸没，10 天后即可食用。为使泡菜味更鲜美，可在配料中加一些鱼汤、牛肉汤或虾酱。

三、糖醋大蒜加工工艺

1. 工艺流程　　选料→剥衣→盐腌→晾晒→配料→腌制后熟→包装→成品

2. 操作要点

(1)选料：选用鳞茎整齐、肥大、色白、肉质鲜嫩的大蒜头用于加工。特级 20 只/kg，甲级 30 只/kg，等外级 30 只以上/kg。

(2)剥衣：用刀切去蒜头根部和茎部，剥去包在外面的粗老外衣 2～3 层，用清水洗净并沥干水分。

(3)盐腌：盐腌时食盐的用量为大蒜重量的 10%。先在缸内铺一层底盐，之后将沥干的蒜头按一层蒜一层盐的方法装至大半缸为止，并在面上撒盐一层。次日起每日早晚各换缸一次，即把蒜换入另外准备的空缸内，让蒜头上下倒换使其能均匀接触盐水。此外，还需从中间刨开蒜头，以便盐水进入蒜头内部。腌制约 15 天即可得到咸蒜头。

(4)晾晒：将咸蒜头从缸中捞出，沥干后平摊于竹筛席上晾晒，每天翻动一次，晾至原重量 1/3 时可转入腌制。

(5)配料：每 100kg 晒过的干咸蒜头用醋 70kg、红糖 32kg。配料时先将醋加热至 80℃，再倒入红糖使其溶解，为增加香味，还可加入少许山奈、八角等香料。

(6)腌制后熟：将晒干后的咸蒜头装入坛中，压紧。装至坛子 3/4 时，倒入配制好的糖醋液，加满为止。在坛颈处横卡几根竹片，以防止蒜头浮起，其上再托一块木板，之后以三合泥封口。经 3 个月后熟，便可开坛食用。

────思　考　题────────────────────────────────

1. 简述蔬菜腌制品的主要种类及特点。

2. 简述食盐的保藏原理。

3. 分析说明蔬菜腌制过程的微生物发酵作用对腌制品品质的影响。

4. 腌制蔬菜保绿和保脆的常用方法有哪些？

5. 试述蔬菜腌制品的色、香、味形成机制。

6. 以当地的一种主要蔬菜为例设计腌制品的加工工艺，并提出综合利用方案。

第八章 果酒与果醋的酿造

【内容提要】

本章主要介绍葡萄酒的发展历史、葡萄酒的主要成分和感官指标、葡萄酒的分类、葡萄酒的酿造原理和酿造工艺、葡萄酒的病害及其防治、果醋的酿造原理及酿造工艺。

果酒和果醋是以果实为主要原料制得的含醇或含醋酸饮料，色泽美观，营养丰富，具有保健功能，深受消费者的青睐。其中尤以葡萄酒最为突出，发展历史悠久，品种丰富。本章将以葡萄酒为例介绍果酒的发展历史、加工工艺及产品的质量控制。

第一节 葡萄酒概述

一、葡萄酒发展史

根据国际葡萄与葡萄酒组织(OIV，1978)规定，葡萄酒只能是经破碎或未经破碎的新鲜葡萄浆果或葡萄汁经完全或部分发酵后获得的产品，其酒度不低于 8.5%(V/V)。

据考古学家考证，人类在 10 000 年前的新石器时代就开始了葡萄酒酿造。但通常认为葡萄酒起源于公元前 6000 年的古波斯。最早栽培酿酒葡萄的地区是小亚细亚里海和黑海之间及其南岸地区。约在 7000 年前，南高加索、中亚细亚、叙利亚和伊拉克等地区就开始了葡萄的栽培。后来随着古代战争、移民传到其他地区，初至埃及，后到希腊。但是，真正可寻的资料还是从埃及古墓中发现的大量遗迹、遗物。公元前 2440 年，埃及象形文字详述了葡萄栽培和酿酒技术。公元前 600 年前，腓尼基(叙利亚沿岸的古国)人将酿酒葡萄品种带到希腊、罗马和法国东部。随着罗马帝国的扩张，葡萄栽培和葡萄酒酿造技术迅速传遍欧洲，并形成很大的规模。

15~16 世纪，葡萄栽培和葡萄酒酿造技术传入南非、澳大利亚、新西兰、日本、朝鲜和美洲等地。19 世纪中叶是美国葡萄和葡萄酒生产的大发展时期。现在，南、北美洲均有葡萄酒生产。阿根廷、墨西哥及美国的加利福尼亚州均为世界闻名的葡萄酒产区。

长期以来，我国将葡萄酒列入"洋酒"之列，但实际上，最原始的"酒"是野生浆果经过附在其表皮上的野生酵母自然发酵而成的果酒，称为"猿酒"，意思是这样的酒是由我们的祖先发现并"造"出来的。我国是世界人类和葡萄的起源中心之一，因此，葡萄酒应是"古而有之"了。

中国是葡萄科植物的起源地之一。中国农业的起源约在 7000 年以前；中国果酒(包括葡萄酒)的起源在 6000~7000 年以前。葡萄酒在我国有文字记载已有 2000 多年。葡萄，我国古代曾叫"蒲陶"、"蒲萄"、"蒲桃"、"葡桃"等，葡萄酒则相应地叫做"蒲陶酒"等。此外，在古汉语中，"葡萄"也可以指"葡萄酒"。

我国欧亚种葡萄栽培始于汉朝，张骞出使西域(公元前138～前119年)，从大宛(今塔什干地区)带回葡萄栽培，至今已有2000多年的历史，之后，葡萄通过"丝绸之路"南疆进玉门关，过河西走廊传入内地。

葡萄酒在汉、唐等朝代有所发展，但发展缓慢，甚至停滞倒退。1840年以后，西方传教士从欧洲带来一些酿酒品种，有一些零星种植和葡萄酒酿造。

1892年烟台葡萄酒酿酒公司成立，并引进120多个葡萄品种，开创了我国现代葡萄酒酿造工业。近年来，我国葡萄酒产业发展迅速，2014年我国葡萄酒产量达116.1万千升，居世界第六位。

二、葡萄酒的主要成分及感官指标

(一)葡萄酒的主要成分

1. 水　　水占葡萄酒总量的 80%～90%(V/V)，葡萄酒中的水分均来自葡萄果实，为生物活性水。在葡萄酒酿造过程中不可人为添加水分，任何人为添加水分均被视为造假。

2. 糖　　葡萄酒中的糖分主要以单糖、双糖、多糖及糖苷形式存在，来源于葡萄中未被转化的残糖，占葡萄酒总量的 0.1%～20%(V/V)，与葡萄酒的乙醇一起赋予葡萄酒的甜味。

3. 醇类　　醇为有机化合物，含有一个或多个羟基(—OH)，一元醇只有一个羟基，二元醇和三元醇分别含有 2 个和 3 个羟基。

乙醇是葡萄酒中主要醇类化合物，占葡萄酒醇类 99%以上，占葡萄酒体积含量 8%～15%(V/V)，它赋予葡萄酒入口的灼热感，以及带出香味的作用；此外，在味觉上也会给予甜味，降低葡萄酒中的苦味和酸味。

高级醇也称杂醇油，是含有 2 个碳原子以上的一元醇，是葡萄酒酒精发酵的正常副产物，含量极低，赋予葡萄酒各种香味。高级醇的产生与葡萄酒发酵温度、酵母、是否加糖、是否加压发酵有关。

甘油是葡萄酒中除水和乙醇以外含量最高的化合物，甘油味甜，像油一般浓厚，赋予葡萄酒甜味和圆润感。甘油来源于葡萄原料和葡萄酒酿造过程，葡萄品种、成熟度、健康程度都会影响葡萄酒中的甘油含量。发酵过程中的酵母菌株、发酵温度、SO_2、pH、初始糖浓度、通气条件、发酵周期长短均会影响葡萄酒中的甘油含量。红葡萄酒发酵温度高于白葡萄酒，其甘油含量较高。

4. 有机酸　　葡萄酒中有机酸主要包括酒石酸、苹果酸、乳酸、琥珀酸、乙酸等，占葡萄酒总量的 0.3%～1%(m/V)。酒石酸、苹果酸、乳酸、琥珀酸赋予葡萄酒的酸味，与葡萄酒中的甜味、苦味实现平衡，并对葡萄酒香气有一定的支撑作用。适当的含酸量会使葡萄酒滋味醇厚、协调、适口，反之则差。同时，葡萄酒中的有机酸对防止杂菌繁殖也有一定的作用。

酒石酸为葡萄的天然成分，会因酒精发酵和葡萄酒陈酿而减少，形成酒石酸结晶沉淀于酒泥中和贮酒罐壁，装瓶后也会因为低温而结晶于瓶底。

苹果酸也是葡萄的天然成分，在葡萄成熟过程中逐渐减少，在葡萄酒苹果酸-乳酸发酵过程中被转化为乳酸，也会因酒精发酵和葡萄酒陈酿而减少。

乳酸是葡萄酒中的苹果酸在乳酸菌的作用下转化的结果，降低苹果酸赋予葡萄酒的尖酸味道，使葡萄酒特别是干红葡萄酒变得柔和，且赋予葡萄酒乳香气味。

琥珀酸是葡萄酒酒精发酵的中间产物，含量较低。

乙酸为葡萄酒中的主要挥发酸，主要由醋酸菌污染葡萄酒，使葡萄酒中的乙醇转化为乙酸，部分乙酸是由酵母和乳酸菌活动所产生，乙酸赋予葡萄酒不悦的气味。

5. 酚类化合物　　酚类化合物是一类结构复杂的化合物，对红葡萄酒的特征和质量尤为重要，对白葡萄酒也有重要意义，但含量很低，影响葡萄酒的外观、滋味、口感、香气及稳定性。葡萄酒中的酚类化合物来源于葡萄果皮、种籽、果梗及橡木桶。

花青素是葡萄酒中的重要酚类物质，存在于红葡萄的表皮中，在酒精发酵过程中溶解在葡萄醪中，是年轻红葡萄酒的颜色来源，随着陈年时间的加长，花青素会和单宁结合而形成沉淀物，聚集于容器底部。

单宁是葡萄酒中另一重要酚类化合物，赋予葡萄酒涩味，随着葡萄酒的陈酿，单宁会变得柔和丝滑，部分单宁会慢慢聚集沉淀，红葡萄酒颜色变浅。果酒中如缺乏单宁，酒味平淡；含量过高，又会使酒体粗糙发涩。一般要求是，浅色酒中单宁含量 0.1~0.4g/L，深色酒中为 1~3g/L。

6. 挥发性物质　　葡萄酒中的挥发性物质主要是指影响葡萄酒香气的挥发性物质，如醇、醛、酮、酸、酚、酯、内酯、含硫/氮化合物、吡嗪、萜烯等主要风味物质，它们赋予葡萄酒不同风味和典型性，一般占葡萄酒的 $0.1\%~0.2\%(m/V)$。葡萄酒中的香气按来源分为一类香气、二类香气和三类香气。一类香气主要来源于葡萄本身；二类香气来自酒精发酵；三类香气则是陈酿过程中产生。

7. 二氧化硫　　二氧化硫是在葡萄酒酿造和陈酿过程中人为添加的，一部分二氧化硫在发酵中和陈酿中被挥发损失，一部分与葡萄酒中的一些物质结合形成结合态二氧化硫，非结合的二氧化硫称为流离二氧化硫。在生产中主要控制葡萄酒的总二氧化硫和游离二氧化硫。一般规定，酒液中的总二氧化硫含量不得超过 250ml/L，对游离二氧化硫含量国家没有规定标准，但生产中成品葡萄酒一般控制在 30~35ppm 较为安全。

8. 干浸出物　　干浸出物是指葡萄酒中的无糖浸出物，是一定的物理条件下的非挥发性物质的总和，包括游离酸及盐类、单宁、色素、果胶、低糖、矿物质等。国家标准 GB/T15037—94 中规定干红葡萄酒中干浸出物含量应当≥17.0g/L。

(二)果酒的感官指标

评价果酒质量，除通过测定果酒中的各种理化成分与国家标准进行对比之外，其感官质量尤为重要，对果酒的外观、香气、滋味、典型性和杂质进行准确观察、评鉴、描述，是果酒品鉴词的重要组成部分。表 8-1 和表 8-2 为葡萄酒和果酒的感官指标及要求。

表 8-1　葡萄酒的感官指标

项目	要求
外观	天然的色泽，如红葡萄酒是宝石红，白葡萄酒是浅黄色；本身应清亮透明无浑浊
香气	应有葡萄的天然果香，还应有浓厚的酯香，不应有外来的气味，更不能有异味
滋味	滋味与香气密切相关，香气优良的葡萄酒其滋味醇厚柔润。葡萄酒的滋味主要有酸、甜、涩、浓淡、后味等
典型性	典型性也称为风格。各种葡萄酒有各自不同的风格。同时因各地区、各厂家的葡萄栽培和酿造工艺的不同，同一品种的葡萄酒，其风格特点也可能各不相同。每种葡萄酒均应有自己的典型性，典型性越强，特点越突出
杂质	无肉眼可见的外来杂质

表8-2　果酒的感官指标

项目	要求
外观	应具有本品正常色泽，酒液清亮，无浑浊现象，允许有少量沉淀物
香气	具有纯正、优雅、怡悦、和谐的果香与酒香
滋味	酸甜适口，醇厚纯净无异味，酒体完整
典型性	具有产品类型应有的特征及风味
杂质	无肉眼可见的外来杂质

三、葡萄酒和果酒的分类

(一)葡萄酒的分类

1. 按酿造工艺特征分类　葡萄酒按其酿造工艺的主要特征分为发酵葡萄酒和蒸馏酒。

1)发酵葡萄酒　即葡萄原料经酒精发酵后获得的葡萄酒，其酒度通常较低，一般为 8.5%~14.5%（V/V）。

2)蒸馏酒(白兰地)　即在葡萄原料经酒精发酵后，采用蒸馏技术而获得的酒，也就是用发酵酒通过蒸馏将酒度提高后的酒，其酒度较高。

2. 按颜色分类　葡萄酒按其颜色分为红葡萄酒、桃红葡萄酒和白葡萄酒。

1)白葡萄酒　选用白葡萄或浅色果皮的酿酒葡萄为原料，经过皮汁分离，取其果汁进行发酵酿制而成的葡萄酒。这类酒的色泽应为近似无色、浅黄带绿色、浅黄色、禾秆黄色、金黄色。

2)红葡萄酒　选用皮红肉白或皮肉皆红的酿酒葡萄为原料，采用皮汁混合发酵，然后进行分离陈酿而成的葡萄酒。这类酒的色泽应呈自然深宝石红色、宝石红色、紫红色、深红色、棕红色，失去自然感的红色不符合红葡萄酒色泽要求。

3)桃红葡萄酒　此酒介于红、白葡萄酒之间，选用皮红肉白的酿酒葡萄，进行皮汁短时混合发酵，当色泽达到要求后分离皮渣，然后再继续发酵、陈酿而成的葡萄酒。这类酒的色泽应该是桃红色、玫瑰红、淡红色。

3. 按二氧化碳压力分类　葡萄酒按酒液二氧化碳压力分为平静葡萄酒、起泡葡萄酒、低起泡葡萄酒和高起泡葡萄酒。

1)平静葡萄酒　葡萄酒在20℃时含有二氧化碳的压力小于0.05MPa，称平静葡萄酒。

2)起泡葡萄酒　葡萄酒在20℃时含有二氧化碳压力大于或等于0.05MPa，称起泡葡萄酒。

3)低起泡葡萄酒　葡萄酒在20℃时含有二氧化碳的压力为0.05~0.25MPa，称低起泡葡萄酒(或葡萄汽酒)。

4)高起泡葡萄酒　葡萄酒在20℃时含有二氧化碳的压力大于或等于0.35MPa(对容量小于250ml的瓶子压力大于或等于0.3MPa)时，称高起泡葡萄酒。

4. 按含糖量分类　葡萄酒按酒液中含糖量分为干葡萄酒、半干葡萄酒、半甜葡萄酒和甜葡萄酒。

1)干葡萄酒　含糖(以葡萄糖计)小于或等于4g/L的葡萄酒；或者当总糖与总酸(以酒石酸计)的差值小于或等于2g/L时，含糖最高为9g/L的葡萄酒。由于颜色的不同，又分为干红葡萄酒、干白葡萄酒、干桃红葡萄酒。

2）半干葡萄酒　　含糖(以葡萄糖计)大于干酒，最高为 12g/L 的葡萄酒；或者总糖与总酸的差值，按干酒方法确定，含糖最高为 18g/L 的葡萄酒。由于颜色的不同，又分为半干红葡萄酒、半干白葡萄酒、半干桃红葡萄酒。

3）半甜葡萄酒　　含糖(以葡萄糖计)大于半干酒，最高为 45g/L 的葡萄酒。由于颜色的不同，又分为半甜红葡萄酒、半甜白葡萄酒、半甜桃红葡萄酒。

4）甜葡萄酒　　含糖(以葡萄糖计)大于 45g/L 的葡萄酒。由于颜色的不同，又分为甜红葡萄酒、甜白葡萄酒、甜桃红葡萄酒。

5. 按酿造方法分类　　葡萄酒按发酵方式不同分为天然葡萄酒和特种葡萄酒。

1）天然葡萄酒　　完全用葡萄为原料发酵而成，不添加糖分、酒精及香料的葡萄酒。

2）特种葡萄酒　　特种葡萄酒是指用新鲜葡萄或葡萄汁在采摘或酿造工艺中使用特种方法酿成的葡萄酒。

世界各国劳动人民在葡萄酒酿造过程中形成了许多独特工艺，也就成就了多种特种葡萄酒，主要有以下 10 种。

(1)利口葡萄酒：成品酒度在 15%～22%(V/V)。利口葡萄酒由于酿造方法不同，分为掺酒精利口葡萄酒和甜利口葡萄酒。掺酒精利口葡萄酒是由葡萄生成总酒度为 12%(V/V)以上的葡萄酒再加工制成的利口酒，可以加入葡萄白兰地、食用精馏酒精或葡萄酒精。其中由葡萄所含的原始糖发酵的酒度不低于 4%(V/V)；甜利口葡萄酒是由葡萄生成总酒度至少为 12%(V/V)以上的葡萄酒再加工制成的利口酒，可以加入白兰地、食用精馏酒精、浓缩葡萄汁、含焦糖葡萄汁或白砂糖。其中由葡萄所含的原始糖发酵的酒度不低于 4%(V/V)。

(2)高起泡葡萄酒：系用葡萄、葡萄汁或根据 OIV 许可的技术酿造的葡萄酒制成。根据酿造技术的不同，又分为二氧化碳气在瓶中产生的高起泡葡萄酒和二氧化碳气在密闭的酒罐中产生的高起泡葡萄酒。高起泡葡萄酒按含糖量分为以下 5 种。

①天然起泡葡萄酒：含糖小于或等于 12g/L 的高起泡葡萄酒。

②绝干起泡葡萄酒：含糖大于天然酒，最高到 17g/L 的高起泡葡萄酒。

③干起泡葡萄酒：含糖大于绝干酒，最高到 32g/L 的高起泡葡萄酒。

④半干起泡葡萄酒：含糖大于干酒，最高到 50g/L 的高起泡葡萄酒。

⑤甜起泡葡萄酒：含糖大于 50g/L 的高起泡葡萄酒。

(3)葡萄汽酒：按照 OIV 许可技术酿造的葡萄酒再加工的低起泡葡萄酒，具有同高泡葡萄酒类似的物理特性，但所含二氧化碳部分或全部由人工添加。

(4)冰葡萄酒：将葡萄推迟采收，当气温低于-7℃以下，使葡萄在树枝上保持一定时间，结冰，然后采收、压榨，用此葡萄汁酿成的酒。

(5)贵腐葡萄酒：在葡萄的成熟后期，葡萄果实感染了灰绿葡萄孢，使果实的成分发生了明显的变化，用这种葡萄酿成的酒。

(6)产膜葡萄酒：葡萄汁经过全部酒精发酵，在酒的自由表面产生一层典型的酵母膜后，加入葡萄白兰地、葡萄酒精或食用精馏酒精，所含酒度大于或等于 15%(V/V)的葡萄酒。

(7)加香葡萄酒：以葡萄原酒为酒基，经浸泡芳香植物或加入芳香植物的浸出液(或馏出液)而制成的葡萄酒。

(8)低醇葡萄酒：采用鲜葡萄或葡萄汁经全部或部分发酵，经特种工艺加工而成的饮料酒，所含酒度 1%～7%(V/V)。

(9)无醇葡萄酒：采用鲜葡萄或葡萄汁经过全部或部分发酵，经特种工艺脱醇加工而成的饮料酒，所含酒度不超过 1%(V/V)。

(10)山葡萄酒：采用鲜山葡萄或山葡萄汁经过全部或部分发酵而成的饮料酒。

(二)果酒的分类

果酒是以水果为原料，经破碎、发酵或浸泡等工艺精心调配酿制而成。

1. 按照所用原料分类　　按所用原料不同可分为葡萄酒、苹果酒、柿子酒、柑橘酒、梅子酒等。果酒类以葡萄酒的产量最高，分类也最多。

2. 按照酿造方法不同分类　　按酿造方法和产品特点不同，果酒分为 4 类。

1)发酵果酒　　用果汁或果浆经酒精发酵酿造而成，如葡萄酒、苹果酒。根据发酵程度不同，又分为全发酵果酒与半发酵果酒。半发酵果酒是指果汁或果浆中的糖分部分发酵所获得的果酒。全发酵果酒是指果汁或果浆中的糖分全部发酵，残糖含量 1%以下。

2)蒸馏果酒　　果品经酒精发酵后，再通过蒸馏所得到的酒，蒸馏果酒酒精含量多在 40%以上，如白兰地、水果白酒等。

3)配制果酒　　将果实或果皮、鲜花等用酒精或白酒浸泡取露，或用果汁加糖、香精、色素等食品添加剂调配而成。

4)起泡果酒　　酒中含有二氧化碳的果酒。小香槟、汽酒属于此类。

5)加料果酒　　以发酵果酒为基础，加入植物性增香物质或药材制成。

第二节　葡萄酒酿造原理

一、酒精发酵原理

酒精发酵是在无氧条件下，微生物(如酵母菌)分解葡萄糖等有机物，产生酒精、二氧化碳等不彻底氧化产物，同时释放出少量能量的过程。

酒精发酵是一个复杂的生物化学反应过程。在酵母体内不同酶的作用下，糖经过一系列化学反应，生成一系列中间产物，最终生成酒精和二氧化碳，并有多种副产物，包括甘油、乙醛、乙酸、琥珀酸、乳酸，还有多种高级醇和酯类。

酵母菌只能直接利用己糖(葡萄糖和果糖)，蔗糖需经转化酶分解成己糖后，才能被酵母菌同化。

酵母菌只能通过同化基质中的碳水化合物，获得生长繁殖所需要的能量。酵母菌同化碳水化合物有两种形式，即在有氧条件下的呼吸作用：

$$C_6H_{12}O_6 + 6O_2 \longrightarrow 6CO_2 + 6H_2O + 647cal$$

在无氧的条件下，酵母菌通过对糖的不完全分解，形成乙醇和二氧化碳，从而获得能量，这一过程即酒精发酵：

$$C_6H_{12}O_6 \longrightarrow 2CH_3CH_2OH + 2CO_2$$

从理论上讲，葡萄醪中每 17g/L 的糖可发酵生成 1%(V/V) 的酒精。但在发酵过程中，约有 8% 的糖不能转化为酒精，其中，5% 的糖转化为甘油、琥珀酸、乳酸副产物；2.5% 的糖被酵母同化，作为碳源用于生长繁殖；0.5% 的糖不能被酵母所利用，作为残糖保留在葡萄酒中。所以，在生产中，通常酿造干白葡萄酒时，一般按照葡萄醪中每 17g/L 的糖可发酵生成 1%(V/V) 的酒精进行计算；酿造干红葡萄酒时，一般按照葡萄醪中每 18g/L 的糖可发酵生成 1%(V/V) 的酒精进行计算。

二、苹果酸-乳酸发酵原理

苹果酸-乳酸发酵是葡萄酒酿造中乙醇发酵后的第二个生化过程，是苹果酸在乳酸菌的苹果酸-乳酸酶催化下转化为乳酸和二氧化碳的过程。

苹果酸-乳酸发酵是指乳酸细菌将葡萄酒中的苹果酸分解成乳酸和 CO_2 的过程。其生物化学反应过程，可用下式表示：

$$\begin{array}{c} \text{COOH} \\ | \\ \text{CH}_2 \\ | \\ \text{HC—OH} \\ | \\ \text{COOH} \end{array} \longrightarrow \begin{array}{c} \text{CH}_3 \\ | \\ \text{HC—OH} \\ | \\ \text{COOH} \end{array}$$

在葡萄果实发育过程中，葡萄浆果中的苹果酸由低到高，再逐步降解，但在成熟的葡萄果粒中，仍然残留一部分苹果酸。随着葡萄酒的酒精发酵，苹果酸转移到主发酵完成后的葡萄原酒中。

苹果酸是双羧基酸，口味比较尖酸。红葡萄酒经过苹果酸-乳酸发酵后，全部转化为乳酸，葡萄酒尖酸降低，果香醇香浓郁，口感柔和肥硕，才称得上名副其实的红葡萄酒。

三、酯 化 反 应

葡萄酒中的酯类是葡萄酒的重要组成成分，它们对葡萄酒的风味具有重要作用。葡萄酒中的酯类，主要在酒精发酵和陈酿过程中生成。

酵母在发酵过程中形成的酯类称为生化酯类，只存在于新鲜葡萄酒中；在陈酿过程中形成的酯类称为化学酯类，这类酯只存在于陈酿老熟的葡萄酒中。

1. 生化酯类的形成 当酵母细胞的脂肪酸合成或分解代谢受到干扰，产生了游离的 CoA，在脂酰 CoA 合成酶作用下，脂肪酸与游离 CoA 生成脂酰 CoA，其反应式如下：

$$\text{RCH}_2\text{CH}_2\overset{\displaystyle O}{\overset{\|}{C}}\text{—OH} + \text{CoA—SH} \xrightarrow[\text{ATP} \quad \text{AMP} \quad \text{PPi}]{\text{脂酰CoA合成酶}} \text{RCH}_2\text{CH}_2\overset{\displaystyle O}{\overset{\|}{C}}\text{~SCoA}$$

在脂氧合成酶的作用下，脂酰 CoA 与乙醇生成酯，为葡萄酒提供生化酯，其反应式如下：

$$\text{RCH}_2\text{CH}_2\overset{\displaystyle O}{\overset{\|}{C}}\text{~ SCoA} + \text{CH}_3\text{CH}_2\text{OH} \xrightarrow{\text{脂氧合酶}} \text{RCH}_2\text{CH}_2\overset{\displaystyle O}{\overset{\|}{C}}\text{— OCH}_2\text{CH}_3 + \text{HSCoA}$$

在酒精发酵过程中，在酯酶的催化作用下酰基 CoA 与乙醇合成脂肪酸乙酯，乙酰 CoA 和高级醇合成乙酸酯，它们的合成速率远远大于水解速率。

2. 化学酯类的合成　　当酒精发酵结束后，由于葡萄酒中含有各种有机酸、乙醇和高级醇，有机酸与乙醇在无催化情况下，进行酯化反应生成多种酯类，其酯化反应速率非常慢，反应速率与温度呈正比。

第三节　酿酒葡萄原料及其改良

由于各种环境条件及栽培技术的变化，有的葡萄浆果不能完全达到其成熟度，有的葡萄浆果受病虫害危害，有的葡萄浆果过度成熟，使酿酒原料的各种成分不符合要求。在这些情况下，可以通过多种方法提高原料的含糖量(及潜在酒度)、降低或者提高含酸量等，对原料进行改良。

一、酿酒葡萄原料

"七分原料，三分工艺"是评价酿酒葡萄原料质量对葡萄酒品质的重要性的真实写照，也是世界葡萄酒生产国和葡萄酒企业非常重视酿酒葡萄栽培技术研究与推广的重要依据。葡萄酒质量的好坏，主要取决于酿酒葡萄原料质量。

所谓葡萄原料的质量，主要是指酿酒葡萄的品种、葡萄的成熟度及葡萄的新鲜度，这三者都对酿造的葡萄酒具有决定性的影响。

不同的酿酒葡萄品种达到生理成熟以后，具有不同的香型、不同的糖酸比，适合酿造不同风格的葡萄酒。一般来说，酿造白葡萄酒的优良品种有'贵人香'、'霞多丽'、'雷司令'、'长相思'、'白诗南'、'赛美蓉'等；酿造红葡萄酒的优良品种有'赤霞珠'、'梅鹿辄'、'西拉'、'马瑟兰'、'马尔贝克'、'佳美娜'('蛇龙珠')、'佳美'等。

葡萄的成熟度是决定葡萄酒质量的关键因素之一。众所周知，用生青的葡萄是不能酿造出好的葡萄酒。葡萄在成熟过程中，浆果中发生着一系列生理变化，其含糖量、色素、芳香物质不断增加积累，总酸含量不断降低。达到生理成熟的葡萄，其浆果中各种成分的含量处于最佳的平衡状态。为此，生产中采用成熟系数来表示葡萄浆果的成熟程度。所谓成熟系数，是指葡萄浆果中含糖量与含酸量之比，可表示为

$$成熟系数(M)=含糖量(S, g/L)/含酸量(A, 酒石酸 g/L)$$

在葡萄成熟的过程中，随着浆果中含糖量的不断增加和总酸含量的不断减小，成熟系数也不断增加。达到生理成熟的葡萄，成熟系数在一个稳定水平上波动。葡萄的采收期，应确定在葡萄浆果达到生理成熟期或接近生理成熟期。酿造优质葡萄酒一般成熟系数值应大于20。

葡萄的新鲜度及卫生状况对葡萄酒的质量具有重要的影响。葡萄采收后，最好能在 8 h 内加工。加工的葡萄应该果粒完整，不能混杂生青霉烂的葡萄浆果。为此，许多国际著名葡萄酒企业在葡萄园采收时就开始分选葡萄浆果，甚至按照不同果实质量分两次进行采收，以达到最佳葡萄浆果成熟状态。葡萄园是酿造优质葡萄酒的"第一车间"，十分重要。

二、原料的改良

需要指出的是，原料的改良并不能完全抵消浆果本身的缺陷所带来的后果。因此，要获得优质葡萄酒，必须首先保证浆果达到最佳成熟度，达到其最佳品质状态，并在采收过程中保证浆果完好无损、无污染。原料改良只是对欠佳葡萄原料的适当补充。

(一)葡萄浆果不够成熟的原料改良

葡萄浆果不够成熟主要表现为葡萄浆果含糖量偏低，含酸量偏高，难以直接酿造出达到葡萄酒质量标准的酒度和酒体口感的平衡。改良方法主要有以下几种。

1. 提高含糖量 对于含糖量过低的葡萄原料，可通过人为添加蔗糖或浓缩葡萄汁来提高原料的含糖量，从而提高葡萄的酒度。

1)蔗糖的添加 在葡萄酒酿造过程中，必须选用纯度高于 99%的结晶蔗糖(甘蔗糖或甜菜糖)。

(1)蔗糖添加量。从理论上讲，葡萄醪中每 17g/L 蔗糖可生成酒度 1%(V/V)。在生产中，酿造白葡萄酒和桃红葡萄酒，由于不带皮发酵，蔗糖转化率较高，可以按照理论值添加。但对于酿造红葡萄酒，由于带皮发酵，蔗糖转化率较低，一般按照酒度每提高 1%(V/V)添加 18g/L 蔗糖的标准进行计算添加。

(2)添加方法和时间。先将需添加的蔗糖在部分葡萄汁中溶解，然后加入发酵罐中，添加蔗糖以后，必须倒罐一次，使所添加的糖均匀地分布在发酵汁中。添加蔗糖的时间最好在发酵刚刚开始时，并且一次添加完成。

2)浓缩葡萄汁的添加 将葡萄汁进行 SO_2 处理，以防止发酵。再将处理后的葡萄汁在部分真空条件下加热浓缩，使其体积降至原体积的 1/4～1/5。这样获得的浓缩葡萄汁中各种物质的含量都比原来增加 4～5 倍。虽然在制备过程中，部分酒石酸转化为酒石酸氢钾沉淀，但浓缩葡萄汁中的含酸量仍然较高。因此，为了防止葡萄酒中的酸度过高，可在进行浓缩以前，对葡萄汁进行降酸处理。

(1)添加量。在确定添加量时，必须先对浓缩葡萄汁的含糖量(潜在酒度)进行分析计算。

例如，已知浓缩葡萄汁的潜在酒度为 50%(V/V)，5000L 发酵用葡萄汁的潜在酒度为 10%(V/V)，葡萄酒要求酒度为 11.5%(V/V)，则可以用下面的方法算出浓缩葡萄汁的添加量：

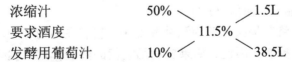

即要在 38.5L 的发酵用葡萄汁中加入 1.5L 浓缩汁，才能使葡萄酒达到 11.5%(V/V)的酒度。因此，在 5000L 发酵用葡萄汁中应该加入浓缩葡萄汁的量为

$$1.5×5000/38.5=194.8L$$

(2)添加方法和时间。浓缩葡萄汁的添加方法和时间与添加蔗糖相同。

2. 降低含酸量 在葡萄酒酿造过程中主要通过化学降酸和生物降酸两个途径实现葡萄酒含酸量的降低。但在原料改良中主要采用化学降酸，而在酒精发酵后，可通过苹果酸-

乳酸发酵进行生物降酸，以达到葡萄酒的生物稳定性和葡萄酒的口感柔和。

1) 化学降酸　　化学降酸就是用盐中和葡萄汁中过多的有机酸，从而降低葡萄汁或葡萄酒的酸度，提高 pH。OIV(2006)允许使用的降酸剂有酒石酸钾、碳酸钙和碳酸氢钾，其中以碳酸钙最有效，而且最便宜。

降酸剂的用量一般以它们与硫酸的反应进行计算。例如，1g 碳酸钙可中和 1g(98%)的硫酸：

$$CaCO_3+H_2SO_4 \longrightarrow CaSO_4+CO_2+H_2O$$

因此，要降低 1g/L 总酸(以 H_2SO_4 计)，需添加 1g/L 碳酸钙。如使用碳酸氢钾或酒石酸钾进行降酸，降低 1g/L 总酸(以 H_2SO_4 计)则分别需要添加 2g/L 碳酸氢钾或 2.5～3.0g/L 酒石酸钾。

葡萄汁酸度过高，主要是由于苹果酸含量过高。但化学降酸的作用主要是除去酒石酸氢盐，并且影响葡萄酒的质量和葡萄酒对病害的抗性。此外，由于化学降酸提高 pH，有利于苹果酸-乳酸发酵，可能会使葡萄酒中最后的含酸量过低。因此，必须慎重使用化学降酸。

如果葡萄汁的含酸量很高，并且不希望进行苹果酸-乳酸发酵，可用碳酸氢钾进行降酸，其用量最好不要超过 2g/L。

对于红葡萄酒，化学降酸最好在酒精发酵结束时进行，可结合分离转罐添加降酸盐。而对于白葡萄酒，应在对葡萄汁澄清后加入降酸剂，可先在部分葡萄汁中溶解降酸剂，待其溶解后，注入发酵罐，并进行一次封闭式倒罐，以使降酸盐分布均匀。

在添加降酸剂获得的葡萄酒中，酸度的降低主要是由于酒石酸含量降低，而且钾和钙的含量增加。

OIV(2006)规定，通过化学降酸生产的葡萄酒中，酒石酸的含量不能低于 1g/L。

2) 生物降酸　　生物降酸是利用微生物分解苹果酸，从而达到降酸的目的。可用于生物降酸的微生物有：能进行苹果酸-乳酸发酵的乳酸菌，能分解苹果酸的酵母菌，能将苹果酸分解为酒精和 CO_2 的裂殖酵母。

在适宜条件下，乳酸菌可通过苹果酸-乳酸发酵将苹果酸分解为乳酸和 CO_2。这一发酵通常在酒精发酵结束后进行，导致酸度降低、pH 升高，并使葡萄酒口味柔和。对于所有的干红葡萄酒，苹果酸-乳酸发酵是必需的发酵过程，而在大多数的干白葡萄酒和其他含有较高残糖的葡萄酒中，则应避免这一发酵。但在波尔多，霞多丽干白葡萄酒通常也使用苹果酸-乳酸发酵工艺，以提高霞多丽干白葡萄酒的口感风味。

一些裂殖酵母可将苹果酸分解为酒精和 CO_2，它们在葡萄汁中的数量非常少，而且受到其他酵母的强烈抑制。因此，如果要利用它们的降酸作用，就必须添加活性强的裂殖酵母。

(二)葡萄浆果含酸量过低的原料改良

按照 OIV(2006)规定，在葡萄酒酿造过程中可通过葡萄汁的混合、离子交换、化学方法和微生物方法等提高葡萄醪含酸量，但生产中使用最多的是化学增酸。

OIV(2006)规定，只能使用乳酸、L(–)或 DL-苹果酸和葡萄原料 L(+)酒石酸等化学增酸剂来提高葡萄汁和葡萄酒的含酸量，而且对葡萄汁和葡萄酒的增酸量，最多不能超过 2g/L 酒石酸。在生产实践中，一般通过小试，使葡萄醪的 pH 达到 3.2～3.4 为宜，有利于酒精发酵和苹果酸-乳酸发酵的控制。当然，对于已降酸的葡萄原料或葡萄酒，不允许增酸。

第四节 葡萄酒酿造工艺

在葡萄酒的酿造过程中，由于葡萄酒类型的不同，其工艺流程也有所差异。但各类型葡萄酒的酿造工艺中，仍存在着一些共同的环节，它们包括：原料的机械处理、原料的酶处理和二氧化硫处理、酵母的添加、酒精发酵和苹果酸-乳酸发酵的管理及控制。

一、原料的机械处理

(一)原料采收运输

原料采收是酿造优质葡萄酒的第一工序，将成熟一致、质量完好的酿酒葡萄原料采用人工或机械采收，并在 8h 内运输到酒厂处理加工，在采收与运输过程中，应尽量防止葡萄之间的摩擦、挤压，保证葡萄完好无损。

从质量上讲，葡萄被摩擦压破，会使葡萄酒汁氧化和杂菌感染，果粒破碎所释放出的一些脂肪酸，在空气中被氧化酶氧化成顺式 3-己烯醛等使葡萄酒带生青味的 C6 化合物。从成本上讲，对葡萄的摩擦、挤压，不仅会直接导致葡萄汁的流失，还会提高葡萄汁中悬浮物的含量，增加沉淀物和酒泥的体积，降低容器的使用率和出酒率。

(二)原料分选

原料分选主要是通过人工除去原料中枝、叶、僵果、生青果、霉烂果和其他的杂物，使葡萄完好无损，以尽量保证葡萄的潜在质量。在酒庄酒生产中，该工序也称为穗选。

(三)除梗破碎

在工厂葡萄酒生产中，除梗破碎是在除梗破碎机中一次完成。除梗是将葡萄浆果与果梗分开，并将后者除去。破碎是将葡萄浆果压破，以利于果汁的流出。在破碎过程中，应尽量避免撕碎果皮、压破种子和碾碎果梗，降低杂质(葡萄汁中的悬浮物)的含量。从目前发展趋势来看，只将原料进行轻微的破碎，有利于酿造柔和、果香浓郁的葡萄酒。

在酒庄酒生产中，有的酒庄在葡萄除梗后，采用人工或机械粒选，剔除霉烂、生青果、粉红果等不符合条件的原料，采用螺杆泵挤压运送至发酵罐中，起到轻微破碎的目的；也有部分酒庄将整粒葡萄浆果直接倒入发酵罐中，进行整粒发酵。

在酿造白葡萄酒时，应避免果汁与皮渣接触时间过长。

二、原料的酶处理和二氧化硫处理

(一)果胶酶处理

为了提高葡萄出汁率、果汁澄清度、色素含量和芳香物质的提取，在葡萄果粒破碎工序进行果胶酶处理。但也有对葡萄酒进行果胶酶处理，以提高葡萄酒的澄清度和口感。

（二）二氧化硫处理

SO_2 处理就是在发酵基质中或葡萄酒中加入 SO_2，以便发酵能顺利进行或有利于葡萄酒的贮藏。在生产中通常使用食品级亚硫酸或焦亚硫酸钾代替 SO_2 的使用。

1. 二氧化硫的作用

1) 选择作用　　SO_2 是一种杀菌剂，它能控制各种发酵微生物的活动（繁殖、呼吸、发酵）。如果 SO_2 的浓度足够高，则可杀死各种微生物。

不同微生物对 SO_2 的敏感程度不同：细菌最为敏感，其次是尖端酵母，而葡萄酵母抗 SO_2 的能力最强（25mg/L）。所以，可以通过控制 SO_2 的加入量来选择微生物。

2) 澄清作用　　添加适量的 SO_2，能抑制微生物的活动，推迟发酵开始，有利于葡萄汁悬浮物的沉淀，从而使葡萄汁很快澄清，这对酿造白葡萄酒、桃红葡萄酒及葡萄汁的杀菌有好处。

3) 抗氧化作用　　SO_2 能防止酒的氧化，特别是阻碍和破坏葡萄中的氧化酶（多酚氧化酶）。SO_2 不仅能阻止氧化浑浊、颜色退化和酶促氧化的严重性，还能降低新鲜度的损失和防止过早氧化褐变。

4) 增酸作用　　加入 SO_2 可以提高发酵基质的酸度。一方面，在基质中 SO_2 转化为酸，并且可杀死植物细胞，促进细胞中酸性可溶物质，特别是有机酸盐的溶解；另一方面，SO_2 可以抑制以有机酸为发酵基质的细菌的活动，特别是乳酸菌的活动，从而抑制了苹果酸-乳酸菌发酵，降低苹果酸的生物降解，起到提高葡萄酒酸度的作用。

5) 溶解作用　　在使用较高浓度的情况下，SO_2 可促进浸渍作用，提高色素和酚类物质的溶解量。但在正常使用浓度下，SO_2 的这一作用并不明显。

2. 二氧化硫的用量　　在葡萄酒发酵前，根据葡萄酒原料的卫生程度，按表 8-3 进行 SO_2 添加。发酵结束后，根据葡萄酒种类，按表 8-4 进行 SO_2 添加。通常在葡萄酒陈酿中，只要保持葡萄酒游离 SO_2 控制在 20~30mg/L，葡萄酒不会出现大的问题，在装瓶前，将游离 SO_2 调整到 30~50mg/L。

表 8-3　发酵前 SO_2 添加量

原料状况	红葡萄酒*/(mg/L)	白葡萄酒**/(mg/L)
无破损、霉变、成熟度适中，含酸量高	30~50	40~60
无破损、霉变、成熟度适中，含酸量低	50~80	60~80
破损、霉变	80~100	80~100

*按照生产出的葡萄酒计算；**按照葡萄汁的量计算。

表 8-4　葡萄酒陈酿灌装前 SO_2 添加量

葡萄酒种类	发酵后/(mg/L)	灌装前/(mg/L)
干红葡萄酒	50~60	5
干白葡萄酒、干桃红葡萄酒	80~100	5
半干至甜型葡萄酒	100~200	5

3. 二氧化硫的来源　　常用的 SO_2 添加剂有固体和液体两种形式。

1）固体　　最常使用偏重亚硫酸钾（$K_2S_2O_5$），其理论 SO_2 含量为 57%，但在实际应用中，其含量按 50% 计算，即 1kg $K_2S_2O_5$ 按生产 0.5kg SO_2 使用。

使用时，先将 $K_2S_2O_5$ 用水溶解，以获得 12% 的溶液，其 SO_2 含量为 6%。

2）液体　　气体 SO_2 在一定的加压（30MPa，常温）或冷冻（−15℃，常压）下，可以成为液体。液体 SO_2 一般贮存在高压钢桶中。其使用最为方便，有以下两种使用方式。

（1）直接使用。将需要的 SO_2 量直接加入发酵容器内，但这种方法容易使 SO_2 挥发、损耗，而且加入的 SO_2 较难与发酵基质混合均匀。

（2）间接使用。将 SO_2 溶解制成亚硫酸后再进行使用。SO_2 的水溶液最好为 6%。此外，也可以使用一定浓度的瓶装亚硫酸溶液。但在使用前，用比重法检验其 SO_2 的浓度。

4. 二氧化硫的添加时间　　对于酿造红葡萄酒的原料，应在葡萄除梗破碎后，泵入发酵罐时不断添加，装罐完成后进行倒罐，使 SO_2 与发酵基质均匀混合。

对于酿造白葡萄酒的原料，SO_2 处理应在取汁以后立即进行，以保护葡萄汁在发酵前不被氧化。切记，要避免与果胶酶同时添加！

在葡萄酒陈酿和灌装前，可根据葡萄酒游离 SO_2 含量进行随时添加，以确保葡萄酒质量安全。

三、酵母的添加

添加酵母就是将人工选择的商品酵母菌，经扩繁后添加到发酵基质中，使其在基质中进一步繁殖，引起酒精发酵（OIV，2006）。

1. 酵母的添加时间　　在葡萄醪中，含有种类繁多的野生酵母，因此，尽快添加商业酵母，可确保优良商业酵母尽快繁殖发酵，使其在酒精发酵中占主导地位，抑制野生酵母繁殖，使酒精发酵按计划顺利完成。

根据不同酿造工艺，酵母的添加时间也不尽相同。对于白葡萄酒和桃红葡萄酒，一般应在分离澄清葡萄汁时，立即添加酵母；对于红葡萄酒而言，则应在 SO_2 处理 24h 后添加酵母，以防止产生还原味。

2. 添加酵母的方法　　按照添加量为 200mg/L 标准，将活性干酵母在 15 倍（m/m）的温水（35～40℃）中分散均匀，活化 20～30min。待有大量气泡产生后，开始将葡萄醪少量分次添加到活化酵母溶液中，并不断搅拌，防止因一次葡萄醪加入量过大，导致活化后的酵母从 35℃ 突然降至 16℃，出现大量酵母死亡的现象发生。待活化酵母扩繁到葡萄醪总量的 20% 左右，将其添加到发酵罐中，并通过倒罐混合均匀。

四、浸　皮

浸皮是指将破皮后的葡萄皮和葡萄汁浸泡在一起，以便葡萄汁从果皮中萃取到所需要的颜色、单宁及风味物质。

对于红葡萄酒，果皮与酒液接触的时间长短通常会根据酿酒师想要达到的要求来决定，顶级的波尔多红酒在这个过程会持续 2～3 周。在这个过程中，红葡萄酒的发酵也是同时进行，因为比重的关系和二氧化碳的产生，葡萄皮会全部浮在葡萄汁上面，上面这层漂浮的葡萄皮我们称之为酒帽，酒帽的形成会造成萃取困难。在浸皮过程中始终要确保酒帽保持湿润，否则，酒帽变干，细菌就会在酒帽中繁殖生长，生产杂质和异味，影响酒质。因此，在酒精发酵过程中，应使葡萄汁与酒帽充分接触。

在生产中，有两种最常见的方法使葡萄汁和酒帽充分接触。一种是将酒帽用工具温和地压入酒液，这种方法叫做压帽或踩皮。另一种方法是用酒泵将发酵罐底部的葡萄汁抽灌顶淋在酒帽上，这种方法叫做淋皮。在工厂化葡萄酒酿造中多使用后者，而在酒庄酒酿造中，多采用二者结合的方式进行浸皮。

五、酒精发酵的管理和控制

（一）酒精发酵管理控制的意义与作用

酒精发酵是葡萄酒酿造的最重要阶段。葡萄酒所有潜在质量都存在于葡萄原料之中，它们会在葡萄酒酿造过程中逐渐表现出来；或者相反，会逐渐消失。

在葡萄酒发酵过程中，发酵基质中除葡萄汁外，还富含单宁、色素、芳香物质、含氮物质和矿物质的固体部分(果皮、种子、果梗等)，在酒精发酵的同时，葡萄皮和种子中的色素及单宁等物质逐步浸渍在酒液中，其溶解度最大为 80%。

在葡萄酒酒精发酵过程中会形成大量酒精，而且也会形成大量副产物(如挥发酸、高级酸、脂肪酸、酯类等)，它们是葡萄酒二类香气的主要构成物。这些副产物可以提高或降低葡萄酒感观质量，它们的含量主要取决于酒精发酵的条件。

在酒精发酵过程中，如果发酵速率过慢，一些细菌或"劣质酵母"的活动可形成感观质量不良或具有怪味的副产物，同时也提高了葡萄酒挥发酸的含量，而且葡萄醪还会出现氧化现象。如果发酵过快，则葡萄醪升温过快，产生二氧化碳强烈会带走大量香气物质，葡萄酒香气比较粗糙，降低葡萄酒质量。所以，葡萄酒酒精发酵一定要平稳，不能过快，也不能过慢。

（二）酒精发酵的管理和控制

1. 温度控制　　温度是影响葡萄酒发酵进程的重要因素，因为不同温度会影响葡萄酵母的活性、发酵速率、副产物的形成和红葡萄酒的浸渍作用。

酒精发酵是放热反应，一般每形成 1%(V/V)酒精，温度可以提高 1.3℃，所以一般葡萄酒发酵开始需要加热或不加热，但在后期一定要降温。

葡萄酒色素的深浅与发酵时间和温度有关，高温有利于这些物质的溶解。发酵初期，葡萄酒颜色迅速增加(6 天)，随后颜色逐步变浅降低(色素被果梗吸附)。

葡萄酒颜色的深浅及其稳定性决定于浸渍过程中的最高温度：温度越高，色素和单宁的溶解度越大，单宁和色素形成稳定色素也越容易。因此，在葡萄酒发酵前或在发酵结束时，对葡萄醪或葡萄酒进行热处理(50～70℃)，以加深葡萄酒的颜色及其稳定性。

1)酒精发酵的适宜温度　　不同葡萄酒的发酵温度有所不同。通常，白葡萄酒发酵温度较低，一般为 15～20℃，有利于保持葡萄酒的果香和清新度。红葡萄酒发酵温度一般较高，通常为 24～32℃，有利于最大限度地萃取葡萄皮中的色素。但如若发酵温度过高，则会使葡萄酒的酒香大量丧失，芳香度降低，且给葡萄酒带来苦涩味或草味。如果温度高于 32℃，酒精发酵则会提前终止，表 8-5 为不同葡萄酒发酵适宜温度参考值。

表8-5　不同葡萄酒发酵适宜温度　　　　　　　　　　　　(单位：℃)

葡萄酒种类	最低温度	最佳温度	最高温度
红葡萄酒	24	26～30	32
白葡萄酒	16	18～20	22
桃红葡萄酒	16	18～20	22
甜型葡萄酒(加强葡萄酒)	18	20～22	25

2)温度的测定　　在发酵过程中，最好在每天早晨、中午和傍晚各测一次温度，并做好记录，以便了解酒精发酵进程，及时进行升温或降温处理。

温度测定最好结合打循环同时进行，测定循环酒液的温度。

3)降温　　当发酵温度达到30℃时，就需要降温处理，否则温度会继续上升致使发酵终止。可采用在发酵罐冷热带中通入冷媒或水来降低酒温；也可以直接对发酵罐用冷水喷淋降温；还可以将酒液打入另一空罐中，再打回发酵罐中降温。

4)升温　　当葡萄醪温度较低不能促使酵母繁殖发酵时，可在发酵罐冷热带中通入热水升温；也可将少部分发酵基质加热(低于80℃)后再倒入发酵罐中，使发酵罐基质达到17～18℃；还可以通过提升发酵环境温度来提高葡萄醪的温度。

2. 葡萄醪密度控制　　在葡萄酒发酵过程中，葡萄醪的密度不断下降，在发酵结束时，葡萄酒的密度一般为0.990～0.996kg/L。如果酒精发酵提前终止，则葡萄酒的密度会保持在较高的水平，但此时可能还会有大量二氧化碳释放出来，不能用是否有二氧化碳释放来判定酒精发酵是否终止，测定葡萄酒密度是判定酒精发酵是否结束的唯一简单的方法。

通常，在发酵过程中，最好在每天早晨、中午和傍晚各测一次酒液密度，测定比重时，应利用同时测得的温度进行校正，并绘好发酵曲线，了解发酵动态。发酵曲线是以发酵时间为横坐标、发酵醪密度和温度为纵坐标绘制的温度和密度随时间的变化曲线图。通常，温度变化由低到高，再逐步降低的过程；密度曲线由高到低至结束的标准密度，如出现中途平稳不再降低，则说明发酵中止，需要重新添加酵母，控制发酵条件再次发酵至结束。

3. 倒罐　　倒罐就是将发酵罐底部的葡萄汁泵送至发酵罐上部的过程，是酒精发酵过程中的重要工序。

1)倒罐的主要作用　　倒罐使发酵基质混合均匀；也可起到压帽作用，防止皮渣干燥，促进液相和固相之间的物质交换；同时也使发酵基质通风，提供氧气，有利于酵母的活动，并可避免SO_2还原为H_2S。

2)倒罐方法　　根据倒罐的目的不同，倒罐可以是开放式的，可以是封闭式的，也可以是半开放式的。根据发酵的进展情况，进行不同方式倒罐。例如，如果发酵进行缓慢，可进行一次开放式倒罐，以加速酵母繁殖与发酵。

4. 酒精发酵结束的控制

1)在酒精发酵结束前进行发酵中止控制　　如生产甜型葡萄酒，可以加入足够量的SO_2中止发酵；如生产加强葡萄酒，可以加入中性酒精中止发酵。

2)在酒精发酵结束后进行控制　　如不需要苹果酸-乳酸发酵，酒精发酵结束后，在分离时，加入50～60mg/L SO_2，以免细菌活动。

如需要苹果酸-乳酸发酵，则避免二氧化硫的添加，温度控制在18～20℃，以利于乳酸菌活动，触发苹果酸-乳酸发酵。

六、出罐和压榨

对于红葡萄酒酿造，当酒精发酵结束后，需要进行出罐压榨，将酒液与皮渣分离。

1. 自流酒的分离　　酒精发酵结束，不经过压榨而获得的葡萄酒称为自流酒。如果要生产优质葡萄酒，要求葡萄醪密度降至 0.990～0.994kg/L，含糖量低于 4g/L，就可以出罐。密度越低，说明葡萄酒的酒度越高，发酵生产和萃取的有效物质越多，质量越高。如果要生产一般葡萄酒，则密度应降至 0.994～0.996kg/L，避免温度的不良反应；如浸渍时间过长，则葡萄酒的柔和性降低。

2. 皮渣的压榨　　在自流酒分离结束之后，待发酵罐中二氧化碳排完之后进行除渣压榨，压榨所获得的葡萄酒称为压榨酒。

皮渣压榨可采用螺旋压榨机或气囊压榨机进行。螺旋压榨机可通过调节排渣口的大小来调节压榨强度，压榨强度过小，皮渣来由大量压榨酒，会造成浪费；反之，会压破种皮，给酒液带来浓重的酸涩味和苦味。

3. 压榨酒的处理

(1)如自流酒结构不够理想，压榨酒质量较好，可直接与自流酒混合，也有利于苹果酸-乳酸发酵的触发。

(2)如自流酒结构不够理想，压榨酒质量一般，可对压榨酒进行下胶、过滤等处理，再与自流酒混合。

(3)如果自留酒结构较为理想，可将压榨酒蒸馏制作蒸馏酒。

七、苹果酸-乳酸发酵管理

1. 葡萄酒酒液成分调整

1)pH 的调整　　通过添加 500～1000mg/L 碳酸钙或 1000～1500mg/L 碳酸氢钾将葡萄酒的 pH 提高到 3.2～3.4，或通过添加酒石酸将 pH 降到 3.2～3.4。

2)温度控制　　将葡萄酒稳定在 18～20℃。如果温度高于 22℃，苹果酸-乳酸发酵会产生大量醋酸，提高葡萄酒中的挥发酸含量。

3)游离态二氧化硫　　乳酸菌对游离二氧化硫很敏感，一般要求葡萄酒中游离二氧化硫不超过 10ppm。

2. 乳酸菌的接种

1) 自然接种　　对于老的葡萄酒企业，葡萄酒发酵罐、厂房都存在乳酸菌，在酒精发酵过程中已有乳酸菌繁殖，但繁殖较慢，待第二年春季气温回升，乳酸菌大量繁殖，苹果酸-乳酸发酵触发。

2)人工添加　　按照 10g/t 的添加量，在使用前 10～12h 将商业乳酸菌从冰箱中取出，放在常温下回温。然后，使用 20 倍 20～25℃纯水活化 15min，直接倒入罐顶酒液中，按照工艺要求完成打循环工作，同时也起到通风作用，有利于乳酸菌繁殖和苹果酸-乳酸发酵的触发。

3. 满罐发酵　　苹果酸-乳酸发酵是细菌发酵，必须保证发酵罐始终保持满罐状态，防止醋酸菌感染生成大量醋酸而导致葡萄酒挥发酸超标。

4. 加温　　对于北方地区，在苹果酸-乳酸发酵时气温较低，如葡萄酒温度低于 18℃，苹果酸-乳酸发酵较慢，为了尽快完成该发酵，可通过冷热带通热水的方法加热至 18～20℃，加快苹果酸-乳酸发酵。

5. 苹果酸-乳酸发酵的监测　　层析分析是直接观察葡萄酒中苹果酸和乳酸变化的最为简单有效的方法。所以，利用层析分析可以监测葡萄酒发酵苹果酸-乳酸发酵。

6. 发酵结束管理　　在苹果酸-乳酸发酵结束后，应将葡萄酒尽快分离至干净、较冷的贮藏容器中，同时加入 50～60mg/L SO_2，使之获得生物稳定性。

八、贮存期管理

刚经过发酵获得的葡萄酒一般不能达到理想的饮用要求，必须经过一段时间的贮存陈酿，才能使酒质清澈，酒香浓郁。新酿造的葡萄酒一般需要 1～2 年贮存陈酿，个别葡萄酒需要 5～10 年，甚至更长。

(一)温度控制

温度是葡萄酒贮存最重要的因素之一，葡萄酒陈酿酯化反应与温度有关，葡萄酒的味道和香气也只能在适当的温度条件下才能较好地挥发出来。如果酒温过高，葡萄酒则会变得苦涩、尖酸；如果酒温过低，酯化反应较缓，葡萄酒中应有的风味和香气不能有效表现。表 8-6 为不同葡萄酒最佳贮存温度。

表8-6　葡萄酒的最佳贮存温度

葡萄酒品种类型	贮存温度/℃
半甜、甜型葡萄酒	14～16
干红葡萄酒	16～22
半干红葡萄酒	16～18
半干白葡萄酒	8～12
干白葡萄酒	8～10
半甜、甜白葡萄酒	10～12
白兰地	15 以下
起泡葡萄酒	5～9

(二)湿度控制

湿度主要对软木塞和橡木桶造成影响，湿度一般控制在 60%～70%，湿度太低，橡木桶和软木塞会变得干燥，影响密封效果，让更多的空气与酒接触，加速酒的氧化，导致酒变质；湿度过高，橡木桶和软木塞容易发霉。

(三)通风控制

葡萄酒很容易吸附环境中的异味，通常环境中的异味都会通过贮酒罐顶部的呼吸器、橡木桶的桶塞和瓶装葡萄酒的木塞进入到葡萄酒中，给葡萄酒带来不愉快的异味。因此，贮存葡萄酒的所有场所，如酒窖、贮酒车间必须能够通风换气，以防止环境发霉产生霉味，影响葡萄酒的品质。

(四)倒酒

葡萄酒在橡木桶或酒罐中贮藏过程中，需要进行倒酒处理。在倒酒过程中，由于通风的作用，可以使酒体溶解部分氧，从而加快新酒的成熟，也可使溶解的 CO_2 等气体挥发溢出，同时，清除罐底和桶底酒泥，有利于葡萄酒进一步澄清。

1. 倒酒方式

1）开放式倒酒　　首先将酒液放入贮酒槽中，使酒液适当接触氧气，并可释放酒体中的异味，然后将酒液再打入另一贮酒罐中。

2）密闭式倒酒　　就是将酒液直接打入另一贮酒罐中，以避免酒液与空气接触。

2. 倒酒的时间　　一般选择在冬季或春季进行倒罐，倒罐时要求天气晴朗，环境干燥卫生。

3. 倒酒次数　　倒酒次数可根据葡萄酒的质量情况而定，一般第一年可倒酒 2～3 次，第二年视澄清度而定，尽量避免多次倒酒，尤其是炎热季节应防止其氧化，在倒酒过程中应适当进行 SO_2 调整。

（五）添酒

添酒就是利用相同或相近质量的葡萄酒将不满贮酒容器添满，使葡萄酒罐或橡木桶始终处于添满状态的过程，以防止由于葡萄酒贮藏容器留有空隙，造成葡萄酒氧化和微生物感染。添酒的次数一般为每月 1～2 次，在特殊情况下，如新橡木桶酒或气温发生显著变化等因素，需每周一次。

（六）分酒

为了防止因气温回升而导致酒液体积膨胀溢出后感染杂菌，需要将部分酒液分离到其他贮酒罐的操作过程。一般应每月分酒一次。

（七）防止微生物浸染和氧化

葡萄酒富含很多营养成分，如果贮存过程中管理措施不当，极易氧化和浸染杂菌，使酒质量降低。

1. 日常卫生的管理　　为防止杂菌滋生，各种容器在使用前后必须用清水冲洗干净，用二氧化硫杀菌或硫黄熏蒸。

2. 封罐　　在倒酒之前，通过对将要装酒的空罐（桶）充入氮气或 CO_2 的方法将空罐（桶）中氧气排出，倒酒完毕后必须保持满罐（桶），实在无法满罐的情况下充入 CO_2 或氮气封罐，以起到隔氧作用，防止酒液氧化和微生物污染。

（八）定期检查

为保证葡萄酒储存期的质量稳定，应做到每月进行一次外观检查，每季度进行一次感官检查，并测定相关理化指标，特别是游离 SO_2 含量，以保证葡萄酒的贮存质量。

九、成 品 调 配

葡萄酒调配就是将不同品种、不同产地、不同工艺酿造的葡萄酒，按照一定比例混合，以达到最大限度的平衡度、复杂度，使葡萄酒的整体品质达到提高。

1. 调配时间　　葡萄酒调配可以在不同工艺阶段进行，主要有：发酵结束后、入桶前、出桶后、陈酿一段时间后和稳定处理后。为了更好地获得融合、平衡的葡萄酒，酒庄酒一般在发酵后入桶前进行第一次调配，出桶灌装前进行第二次调配。工厂酒一般在灌装前进行。

2. 调配次数　　葡萄酒调配可以一次完成，也可以几次完成，以获得统一标准的葡萄酒或获得特定风格的葡萄酒。年份酒和产地酒应保证其成分所占比例大于 80%，品种酒应保证其所占比例大于 75%。

3. 调配方法　　首先，对所调配的葡萄酒进行取样分析品鉴，以了解各调配原酒的理化成分、口感风味及是否存在不足和缺陷；然后按照不同比例进行调配混合，形成一个系列，经品鉴对比，选取最佳配比供生产使用。

十、稳 定 处 理

稳定性处理就是在葡萄酒装瓶前进行物理、化学处理，使葡萄酒获得非生物稳定性，预防葡萄酒装瓶后在贮藏、运输过程中发生物理、化学变化，生成沉淀物质，影响葡萄酒外观质量。

(一)下胶

1. 下胶目的　　在葡萄酒中加入亲水胶体，使之与葡萄酒中单宁、蛋白质、金属复合物、某些色素、果胶物质发生絮凝反应，并将这些絮凝物质除去，使葡萄酒澄清、稳定。

2. 下胶材料　　主要有皂土(膨润土)和蛋清粉(蛋白)。

3. 下胶试验　　根据所选下胶材料特点，结合以往经验，设置 3～5 梯度，称取梯度量的下胶材料，按照使用方法活化后加入到葡萄酒中。下胶实验可以在 750ml 白色瓶中进行，也可在 100ml 量筒中进行。

通过下胶实验，选择澄清效果好、絮凝物沉淀形成速度快、酒脚少、热稳定合格、葡萄酒口感佳的下胶材料和用量供生产使用。

(二)冷处理

1. 作用　　加速酒石酸盐结晶沉淀；除去色素胶体，避免色素沉淀；促进磷酸盐、单宁酸盐沉淀和蛋白质凝结，提高过滤质量，改善葡萄酒感官质量。

2. 处理方法　　通过速冻机或热交换器，将葡萄酒降温至略高于葡萄酒冰点温度，葡萄酒冰点=(酒度-1)÷2℃，降温后的葡萄酒在保温罐中保持 10～15 天，在低温状态下过滤，以防酒石酸盐重新溶解。通常将葡萄酒降温至-5℃即可。

十一、装　　瓶

世界葡萄酒 95%以上最终以瓶装的方式走向市场，只有一小部分葡萄酒以散装或利乐包装方式销售，但只有瓶装葡萄酒才能长期保存，更好地保持葡萄酒感官质量，有利于葡萄酒进一步陈酿熟化。

瓶装就是将符合国家质量标准，具有香气纯正优雅、口味纯正协调、澄清稳定的健康葡萄酒，按照工艺要求和国家质量标准进行灌装、打塞(或封盖)、封帽、贴标的过程。

酒庄酒一般要求灌装好的葡萄酒在地下酒窖瓶贮 6 个月以上才能销售，工厂酒则根据市场需求进行销售，没有这一要求。对于灌装好的葡萄酒，必须对每批葡萄酒进行质量检验，确保投放市场的每批葡萄酒均能达到国家相关标准质量。

由于葡萄酒中含有一定量酒精和游离 SO_2，并经过滤处理，葡萄酒中微生物含量较低，故一般葡萄酒不需要进行杀菌处理。

第五节　葡萄酒的质量标准

根据 GB 15037—2006,葡萄酒的质量标准包括感官指标、理化指标和微生物指标三部分。

一、感 官 指 标

1. 色泽

(1)白葡萄酒：近似无色、微黄带绿色、浅黄色、禾秆黄色、金黄色。

(2)红葡萄酒：紫红色、深红色、宝石红色、红微带棕色、棕红色。

(3)桃红葡萄酒：桃红色、浅玫瑰红色、浅红色。

2. 澄清程度　　澄清,有光泽,无明显悬浮物。

3. 起泡程度　　起泡葡萄酒注入杯中时,应有细微的串珠状气泡升起,并有一定的持续性。

4. 香气　　具有纯正、优雅、愉悦、和谐的果香与酒香,陈酿型的葡萄酒还应具有陈酿香或橡木香。

5. 滋味

(1)干、半干葡萄酒：具有纯正、优雅、爽怡的口味和悦人的果香味,酒体完整。

(2)半甜、甜葡萄酒：具有甘甜醇厚的口味和陈酿的酒香味,酸甜协调,酒体丰满。

(3)起泡葡萄酒：具有优美纯正、和谐悦人的口味和发酵起泡酒的特有香味,有杀口力。

二、理 化 指 标

1. 酒度　　20℃的体积分数≥7.0%。

2. 总糖(以葡萄糖计)

1)平静葡萄酒

(1)干葡萄酒：≤4.0g/L。

(2)半干葡萄酒：4.1~12.0g/L。

(3)半甜葡萄酒：12.1~45.0g/L。

(4)甜葡萄酒：≥45.1g/L。

2)高泡葡萄酒

(1)天然起泡葡萄酒：≤12.0g/L。

(2)绝干起泡葡萄酒：12.1~17.0g/L。

(3)干起泡葡萄酒：17.1~32.0g/L。

(4)半干起泡葡萄酒：32.1~50.0g/L。

(5)甜起泡葡萄酒：≥50.1g/L。

3. 干浸出物

(1)白葡萄酒：≥16g/L。

(2)桃红葡萄酒：≥17g/L。

(3)红葡萄酒：≥18g/L。

4. 挥发酸(以乙酸计)

挥发酸≤1.2g/L。

5. 柠檬酸

(1)干、半干、半甜葡萄酒：≤1.0g/L。

(2)甜葡萄酒：≤2.0g/L。

6. CO_2(20℃)

(1)低泡葡萄酒：<250ml/瓶 0.05～0.29MPa；≥250ml/瓶 0.05～0.34MPa。

(2)高泡葡萄酒：<250ml/瓶≥0.30MPa；≥250ml/瓶≥0.35MPa。

7. 铜铁含量

(1)铁≤8.0mg/L。

(2)铜≤1.0mg/L。

8. 甲醇

(1)白、桃红葡萄酒：≤250mg/L。

(2)红葡萄酒：≤400mg/L。

9. 防腐剂

(1)苯甲酸或苯甲酸钠(以苯甲酸计)：≤50mg/L。

(2)山梨酸或山梨酸钾(以山梨酸计)：≤200mg/L。

三、微生物指标

应符合 GB 2758—2012 的规定。

第六节　葡萄酒的病害与防治

葡萄酒的酿造离不开微生物的作用，但当发酵结束后，如果没有尽快将微生物与葡萄酒分离，酒中残留的微生物将成为影响葡萄酒品质的重要因素，必须采取有效措施将这些微生物抑制或除去，如不加以控制，最终将导致葡萄酒的微生物病变，从而使葡萄酒失去原有的风味，导致品质下降，甚至出现败坏。常见的葡萄酒病害主要有生膜、变酸、异味、变色和浑浊。

一、生　　膜

葡萄酒生膜病害主要是由微生物引起，而常见的能引起葡萄酒生膜的微生物主要有霉菌、酵母菌及醋酸菌等。

(一)霉菌病害

1. 发生条件

1)氧气　　霉菌为专一好氧微生物，只有在与空气接触的条件下才能繁殖生长。

2)温度　　不同种类的霉菌其最适温度是不一样的，大多数霉菌繁殖最适宜的温度为25～30℃，当气温达到15℃以上时，就会有霉菌生长。

3)空气湿度　　一般当空气湿度高于70%有利于霉菌的发生。

2. 发生部位

(1)葡萄酒罐口和液面，对葡萄酒质量影响较大。

(2)其他部位：阀门、接口、酒窖器皿及环境墙壁等。

3. 预防措施

(1)保证酒罐满罐贮存，并经常添桶，加盖严封，保持周围环境及桶内外清洁卫生。

(2)清洗酒罐内外壁、管道及阀门，保持酒罐内外壁、管道和阀门清洁卫生干燥。

(3)保持酒厂通风，降低环境湿度(酒窖除外)。

(4)对贮酒罐用75%酒精擦洗罐口内壁。

(二)酵母菌病害

葡萄酒酵母病害主要是由生花菌引起的病害，生花菌又称生膜酵母菌，比一般酵母菌稍扁、长，生芽繁殖，好气性。例如，醭酵母，俗称酒花菌，当葡萄酒感染此菌后，会在酒表面产生一层灰白色或暗黄色的膜，开始时呈光滑状且轻而薄，随后逐渐增厚，变硬、形成皱纹，最终将酒液面全部覆盖，一旦受震动即破裂成片状物而悬浮于酒液中，使酒液浑浊不清。

该酵母污染葡萄酒会引起乙醇和有机酸的氧化，使酒味变淡，并伴随产生令人不快的烂苹果味和过氧化味。

1. 发生条件

1)氧气　　酵母为兼性好氧微生物，发酵后的葡萄酒只有在与空气接触条件下，只有耐酒精的生膜酵母菌才能大量繁殖生长。

2)温度　　生膜酵母菌适宜生长繁殖温度为24～26℃。

3)葡萄酒酒度　　在低酒度葡萄酒中，生膜酵母最容易繁殖，但当酒度在 10%(V/V) 以上时，就受到抑制，酒精含量达到 12%(V/V) 就会抑制其繁殖，此类病害通常在酒度低于12%(V/V)的葡萄酒中发生。

2. 发生部位　　主要发生在葡萄酒液面或含氧量较高的表层葡萄酒。

3. 预防措施

(1)保证酒罐满罐贮存，并经常添桶，加盖严封，保持周围环境及桶内外清洁卫生。

(2)对于没装满的酒罐(桶)要及时充入惰性气体(CO_2 或 N_2)，使酒液与空气隔开。

(3)尽量酿制高于12%(V/V)的葡萄酒，若低于该酒度，可以定期在酒液表面喷洒食用酒精。

(4)若已发生病害，宜小心地将"酒花"祛除，如果小面积发生时，可以利用干净的瓢小心地祛除污染部分即可；如果发生严重时，则宜从顶部加入同类质量较好的酒，使"酒花"从罐顶溢出，同时，利用一定浓度的 SO_2 处理封罐，最后做好车间的消毒工作。

(三)醋酸菌病害

在有氧条件下，醋酸菌可将酒精氧化为醋酸和乙醛，然后形成乙酸乙酯，若任其继续发展，醋酸菌能将酒精全部氧化为醋酸，使葡萄酒变酸败坏，产生醋酸气味和刺舌感，是葡萄酒酿造与陈酿中的大敌。通常，醋酸菌开始繁殖时，会先在酒液表面生成一层淡灰色的薄膜，最初呈透明状，以后逐渐变暗，或形成玫瑰色的薄膜，并出现皱纹而高出液面。往后薄膜部分下沉，而形成一种黏性的稠密物质(俗称"醋蛾"或"醋母")，产生令人难以忍受的酸涩味和刺激感。

1. 发生条件

1)氧气　　醋酸菌为专性好氧微生物，发酵后的葡萄酒只有在有氧条件下才能繁殖。

2)温度　　醋酸菌可在 $10\sim43℃$ 的条件下生长发育,适宜生长繁殖温度为 $30\sim35℃$。

3)酒度　　醋酸菌可以在酒度低于 $15\%(V/V)$ 的环境下发展,酒度高于 $15\%(V/V)$ 其生长发育受到抑制。

4)pH　　醋酸菌可以在 pH2.5$\sim$8.0 生长发育,最适生长 pH 为 $5.0\sim6.5$。

5)游离 SO_2　　葡萄酒酿造过程中所添加的 SO_2,经发酵后所剩 SO_2 不足以抑制醋酸菌的生长。因此,只能通过添加 SO_2 的方法来抑制醋酸菌的活动,确保游离 SO_2 不低于 25ppm。

2. 发生部位　　主要发生在葡萄酒液面或含氧量较高的表层葡萄酒。

3. 预防措施

(1)保持良好的卫生条件,注意酒窖卫生,定时消毒杀菌;

(2)正确使用 SO_2,使葡萄酒贮存期间游离 SO_2 含量在 25ppm 以上;也可在酒液表面定时喷洒亚硫酸。

(3)保证酒罐满罐(桶)贮存,并经常添罐(桶),加盖严封,保持周围环境及罐(桶)内外清洁卫生。

(4)对于没装满的酒罐(桶)要及时充入惰性气体(CO_2 或 N_2),使酒液与空气隔开。

(5)对已感染上醋酸菌的酒,通常采取加热杀菌,将感染细菌的酒在 $72\sim80℃$ 保持 20min 即可。

二、变　　酸

葡萄酒的酸败主要是醋酸细菌引起的。其发生机理、发生条件及防治技术如上所述。

三、异　　味

(一)苦味

1. 来源　　葡萄酒中的苦味通常分为两种。一种是葡萄酒中所含的单宁所赋予葡萄酒的苦味,它与葡萄酒中香味和酸味相融合,成为红葡萄酒的独特风味,属于葡萄酒的正常风味。另一种是葡萄酒中的酒精被氧化生成乙醛,或葡萄酒被苦味菌病害感染生成丙烯醛和没食子酸乙酯造成的苦味,这是葡萄酒中的异味,应予以预防。

在亚硫酸、氧气的作用下,葡萄酒中的乙醇会被转化为乙醛,尤其在白葡萄酒酿造中易于发生,致使酒味变淡,气味刺激,酒略带苦味,如不及时处理,乙醛会进一步氧化生成醋酸,提高葡萄酒的挥发酸含量。在酒精发酵和苹乳发酵时,如果温度较低,就会出现这种现象。

苦味菌病害是由厌气性的苦味菌侵入葡萄酒而引起的。苦味菌多为杆菌,侵入葡萄酒会使酒变苦,它主要分解葡萄酒中的甘油为醋酸和丁酸。这种病害多发生在红葡萄酒中,且老酒中发生较多。苦味主要来源于甘油生成的丙烯醛,或是由于生成了没食子酸乙酯造成的。

2. 预防措施

1)乙醛苦味

(1)尽量避免葡萄酒与氧接触,避免葡萄酒中酒精氧化生成乙醛。

(2)由于乙醛沸点只有 20.8℃,只要在室温高于 21℃下进行倒桶一次,并加足 SO_2,满罐保存,即可消除乙醛所带来的苦味。

2)苦味菌病害预防

(1)在发酵和贮藏期加足 SO_2，起到抑制苦味菌生长、减少苦味物质产生的作用。

(2)若葡萄酒已染上苦味菌，首先将葡萄酒进行加热处理，再按下列各法进行处理：

①病害初期，可进行下胶处理 1～2 次；

②将新鲜酒脚按 3%～5%的比例加入到病酒中或将病酒与新鲜葡萄皮渣混合浸渍 1～2 天，将其充分搅拌、沉淀后，即可去除苦味；

③将一部分新鲜酒脚同酒石酸 1kg、溶化的砂糖 10kg 进行混合，一起放入 1000L 的病酒中，接着放入纯培养的酵母，使它在 20～25℃下发酵，发酵完毕，再在隔绝空气下过滤换桶。

（二）霉臭味

1. 来源　源于酒庄老橡木桶、发霉葡萄和酒窖的卫生状况造成的霉味。

2. 预防措施

(1)使用干净卫生的橡木桶。

(2)发酵前剔除霉烂葡萄果穗和果粒。

(3)加强发酵车间卫生，预防霉菌滋生。

(4)若葡萄酒中霉味过重，可采取添加蛋白质或明胶，进行下胶处理除去酒中霉味。

（三）辛辣味

1. 来源　对于酒龄不长的葡萄酒，辛辣味主要来源于长期未使用的橡木桶，或具有干酒脚的橡木桶贮藏葡萄酒引起。

2. 预防措施

(1)按照生产计划购置橡木桶，橡木桶到货后及时处理使用。

(2)加强旧橡木桶的清洗管理，用洗桶机清洗桶内垢物，并用温水浸泡 2 天左右，然后用 5%的热碱液(碳酸钠)进行冲洗，再用水冲洗后进行熏硫(30mg/L)。

(3)带有严重辛辣味的葡萄酒，可通过下胶处理去除酒中的辛辣异味。

（四）氧化味

1. 来源　葡萄酒氧化味主要是葡萄酒过度氧化所产生的乙醛和乙酸，乙醛闻起来像是过熟苹果、甜玉米的味道，乙酸闻起来是醋的味道。产生氧化味的原因是葡萄酒在高温有氧条件下发生氧化反应的结果。但对于某些葡萄酒而言，氧化味是一种风格和工艺。例如，菲诺雪莉酒(Fino Sherry)中明显的过度氧化的乙醛味，波特酒和奔富的格兰杰(Penfolds Grange)酒的高挥发酸(大部分是乙酸)风格，这样的氧化味不能算是一种缺陷。

2. 预防措施

(1)保证酒罐满罐贮存，并经常添桶，加盖严封，减少葡萄酒中的含氧量。

(2)对于没装满的酒罐(桶)要及时充入惰性气体(CO_2 或 N_2)，使酒液与空气隔开。

(3)加入抗氧化剂，如抗坏血酸、SO_2 等，SO_2 不仅可以防止酒体氧化，而且还可以与酒中乙醛结合，从而减少或去除过氧化味。

(4)聚乙烯聚吡咯烷酮(PVPP)的使用。对于氧化的白葡萄酒，可以添加 200～300mg/L 聚乙烯聚吡咯烷酮，它与葡萄酒中的多酚物质形成沉淀，从而可防止白葡萄酒颜色变深，使氧化白葡萄酒重新具有清爽感。

（五）还原性气味

1. 来源　　葡萄酒的还原味主要来源于葡萄酒中的 SO_2 被还原为硫化氢的臭鸡蛋味，SO_2 和硫化氢与葡萄酒中的其他物质结合还会形成硫醇、二硫化物等物质所带来的大蒜、洋葱、化石和橡胶等不愉快的味道。人们对还原味十分敏感，人们对硫化氢的感觉临界值仅为 $0.12 \sim 0.37mg/L$。

2. 预防措施

（1）在发酵过程中适当增加开放式循环工艺，增加葡萄酒中含氧量，以减少葡萄酒还原味的生成，并使氧化味散失。

（2）对陈酿的葡萄酒，可通过开放式转罐工艺，增加葡萄酒中含氧量，以减少葡萄酒还原味的生成，并使氧化味散失。

（3）硫酸铜的使用。通过小试，在葡萄酒中添加适量硫酸铜与硫化氢等物质反应去除其还原味。硫酸铜用量最多不超过 $20mg/L$，处理后的葡萄酒中铜的含量也不得超过 $1mg/L$。

四、变　色

（一）铁破败病（蓝、白色破败病）

1. 原因　　葡萄酒中二价铁与空气接触氧化成三价铁，三价铁与葡萄酒中的磷酸盐反应，生成磷酸铁白色沉淀，称为白色破败病。三价铁与葡萄酒中的单宁结合，生成黑色或蓝色的不溶性化合物，使葡萄酒变成蓝黑色，称为蓝色破败病。

金属铁在葡萄酒中的浑浊取决于诸多因素，如铁含量、酒中的酸含量、pH 大小、氧化-还原电位、磷酸盐的浓度及单宁的种类等。蓝色破败病常出现在红葡萄酒中，因为红葡萄酒中单宁含量较高。白色破败病在红葡萄酒中往往被蓝色破败病所掩盖，故常表现在白葡萄酒中。

2. 预防措施

（1）避免葡萄酒与铁质容器、管道、工具等直接接触。

（2）采用除铁措施（如氧化加胶、亚铁氰化钾法、植酸钙除铁法、麸皮除铁法、柠檬酸除铁法及维生素除铁法等）使铁含量降至 $<5mg/L$。

（3）添加柠檬酸：每 100L 酒中加入柠檬酸 36g，可有效地防止铁破败病。但对已发生病害的酒，在使用柠檬酸后，同时再加入一定量的明胶和硅藻土，经澄清、过滤，以除去沉淀和病害，柠檬酸、明胶和硅藻土的使用量应通过试验确定。

（4）避免与空气接触，防止酒的氧化。

（二）铜破败病

1. 原因　　铜破败病是一种还原性病害，是葡萄酒中的 Cu^{2+} 在还原条件下与含硫化合物结合形成不溶性红棕色的硫化铜沉淀而造成的。

该病主要发生在瓶内，当酒中铜浓度超过 $1mg/L$ 时，易发生铜破败病，特别是装瓶后暴露在阳光或贮藏温度较高条件下更易发生，其症状是葡萄酒装瓶后出现浑浊并逐渐出现红棕色沉淀。

2. 预防措施

(1)在葡萄栽培中避免大量铜制剂农药的使用，在葡萄成熟前 3 周停止使用含铜农药(如波尔多液)，减少酿酒葡萄原料铜含量。

(2)在葡萄酒酿造过程中尽量避免铜质容器或工具的使用。

(3)通过小试使用适量硫化钠除去酒中所含的铜。

(4)避免瓶装葡萄酒在阳光下直晒。

(三)氧化酶破败病(棕色破败病)

1. 原因　　氧化酶破败病(棕色破败病)是葡萄酒中多酚氧化酶活动的结果。霉变葡萄浆果中的酪氨酸酶和漆酶都可强烈氧化葡萄酒中的色素，并将它们转化为不溶性物质。在多酚氧化酶的作用下，多酚被氧化为醌，且这一反应一般都在葡萄酒成熟过程中进行，从而改变葡萄酒的颜色。如果反应过于强烈，生成物醌则聚合为黑素，黑素为不溶性棕色物质，从而导致棕色破败病。

发生此类病害的红葡萄酒颜色带棕色，甚至带巧克力或煮栗子水色，颜色变暗发乌，最后出现棕黄色沉淀。而白葡萄酒颜色变黄，最后呈棕黄色；也形成沉淀，但比红葡萄酒的沉淀少。

2. 预防措施

(1)选择成熟、无霉变的葡萄浆果为原料，严把原料质量关。

(2)采取热闪工艺酿造。在发酵前，对压榨后的葡萄醪采取 70～75℃条件下进行 1h 加热处理，以破坏多酚氧化酶。

(3)增加葡萄醪和葡萄酒的 SO_2 含量和降低葡萄醪和葡萄酒的 pH，以抑制氧化酶类的活性。

(4)对已发病的葡萄酒进行小样实验，加入少量单宁，并加热到 70～75℃进行杀菌、过滤处理。

(5)对已发病的葡萄酒进行膨润土处理，一方面可除去葡萄酒中氧化酶，另一方面可除去以胶体形式存在的色素。

五、浑　　浊

葡萄酒变浑浊或出现沉淀不仅会影响葡萄酒外观品质，而且对葡萄酒的质量和口感产生巨大的影响。影响葡萄酒浑浊的因素诸多，通常，引起新酒浑浊的主要因素是酵母和葡萄的碎片，可以通过静置、倒酒等方法去除。影响陈酒澄清的因素较复杂，主要包括陈酿过程中酒石酸盐沉淀、色素沉淀、金属破败病浑浊、微生物浑浊等，处理时通过预测浑浊出现的可能性并采取适当的预防措施。

(一)微生物浑浊

在葡萄酒生产中，微生物菌体及其分泌物(如黏酸)、代谢物(如酶)和自溶物(如酵母菌体蛋白)等成分可导致葡萄酒中微生物大量繁殖，引起葡萄酒微生物性浑浊沉淀。新酒中分布的酵母菌和醋酸菌等微生物也会引起葡萄酒浑浊，造成酒的澄清度下降、酒体浑浊失光，甚至发生葡萄酒生物病害的现象。按微生物的种类不同，葡萄酒微生物性浑浊沉淀又可以分为细菌性浑浊沉淀、酵母性浑浊沉淀和霉菌性浑浊沉淀。

1. 细菌性浑浊沉淀　　引起葡萄酒发生细菌性浑浊沉淀主要是醋酸菌和乳酸菌。

醋酸菌是好氧菌，为葡萄酒的大敌。葡萄酒中的醋酸菌在酒表面繁殖，分泌黏液状物质，并形成灰色或玫瑰色的菌膜。醋酸菌除了引起葡萄酒的浑浊沉淀之外，还会分解酒精产生醋酸和醋酸乙酯等酸败性成分，降低了葡萄酒的感官品质。

受乳酸菌侵害的葡萄酒常呈现丝状浑浊、凝结或粉状沉淀、黏糊状败坏，容器底部出现黑色浓黏沉淀，同时伴有鼠臭味或酸菜味出现。侵害葡萄酒的乳酸菌往往不是单独一种乳酸菌，而是几种菌的共生作用。

2. 酵母性浑浊沉淀　　小汉逊酵母（*Hansenulauta*）和粉状赤氏酵母（*Rhcaiafrinosa*）能在葡萄酒表面生长形成灰白色-暗黄色菌膜，消耗酒精和丙三醇产生令人不愉快的怪味（乙醛味）。从浑浊或沉淀的瓶装葡萄酒中已分离出的酵母菌还有薛氏酵母（*S.chevalieri*）、葡萄汁酵母（*S.uvaurm*）、马杨氏酵母（*S.byanaus*）和啤酒酵母等。

3. 霉菌性浑浊　　一般而言，霉菌不易在葡萄酒中生长繁殖，但在腐烂的葡萄中生长的灰霉菌会分泌大量的氧化酶，能使葡萄中的酚类物质氧化成不溶性化合物，常使葡萄酒表现为暗棕色浑浊，严重时产生过氧化味。

（二）非生物性浑浊沉淀

引起葡萄酒非生物浑浊沉淀的因素诸多，常见的引起浑浊的因素主要有以下几类。

1. 酒石酸盐类沉淀

1) 原因　　引起葡萄酒浑浊的酒石酸盐主要有酒石酸氢钾和酒石酸钙，酒石酸氢钾的溶解度与温度变化密切相关，当温度下降时，其溶解度会大幅度的下降，出现过饱和析出沉淀。但对于葡萄酒，特别是酒庄葡萄酒，酒石酸沉淀为正常现象，不影响葡萄酒的口感质量。

2) 预防措施　　在装瓶前进行低温处理，可有效降低葡萄酒中酒石酸盐的溶解度，可预防瓶中葡萄酒在低温条件下的酒石酸盐类沉淀析出。

2. 金属破败病浑浊　　葡萄酒金属破败病有铁破败病和铜破败病两种，它们不仅会引起葡萄酒变色，还会引起葡萄酒浑浊沉淀。其发病机制及防治技术措施前已述及，在此不再重述。

3. 蛋白质类浑浊

1) 原因　　蛋白质浑浊是造成白葡萄酒不稳定的主要因素。主要原因是由于葡萄原料、酿制过程及微生物菌体自溶产生的蛋白质类物质所引起，这些物质在短时间内以溶解的状态存在于酒液中，并逐渐与葡萄酒中的单宁等多酚类物质及金属离子结合形成不溶性物质，从而最终导致酒体的浑浊。

2) 预防措施

(1) 减少葡萄酒中蛋白质含量，可通过小试添加单宁来降低葡萄酒中的蛋白质含量，以提高葡萄酒的蛋白质稳定性。

(2) 减少葡萄酒中金属离子含量。

4. 单宁性浑浊

1) 原因　　葡萄酒中单宁及色素等多酚类物质，在光照、氧气和金属离子的催化下会自身缩合形成分子质量很大的不溶性"根皮鞣红"，而使葡萄酒出现暗棕色雾浊、浑浊或沉淀。此外，单宁与铁离子，尤其是三价铁离子能形成黑色(或蓝色)的单宁铁沉淀。

2)预防措施

(1)对于白葡萄酒酿造，采取一切措施，尽量降低葡萄酒中的单宁含量。

(2)降低葡萄酒的含氧量和铜、铁等金属含量。

(3)防止瓶装葡萄酒阳光直晒。

5. 色素沉淀　　红葡萄酒中含有丰富的色素物质，其主要成分是性质比较活泼的多酚类化合物，在葡萄酒中呈胶体状态存在，是葡萄酒的呈色物质，也是构成葡萄酒的重要功能成分。

色素的溶解度与温度密切相关，溶解状态的色素随温度降低而溶解度逐渐下降并析出沉淀，使葡萄酒变浑浊。在陈酿过程中，多酚类物质之间会不断以共价键发生聚合和缩合连接成更大分子，由可溶态变成了不溶态，在容器内壁上沉积，导致酒颜色改变或产生沉淀。

葡萄酒色素沉淀是葡萄酒陈酿的自然结果，不必进行人为控制。

6. 氧化性浑浊　　主要是由多酚氧化酶(包括漆酶和酪氨酸酶)引起的。它不仅会引起葡萄酒变色，还会引起葡萄酒浑浊沉淀。其发病机制及防治技术措施前述，在此不再重述。

7. 果胶浑浊沉淀

1)原因　　在酿制过程中，由于果胶水解不完全，葡萄酒中会含有一定量的果胶。一方面，大分子胶体性果胶分散在葡萄酒中会使葡萄酒呈现出浑浊的不透明外观；另一方面，果胶会与葡萄酒中的钙离子、铁离子形成絮状的果胶酸钙和果胶酸铁沉淀，此类沉淀常见于成熟度较差的原料。

2)预防措施

(1)选择成熟度较好的酿酒葡萄原料。

(2)在发酵过程中添加果胶酶，促使果胶水解。

(3)对果胶引起的葡萄酒浑浊，根据小试实验结果，对葡萄酒进行果胶酶处理。

(三)葡萄酒浑浊沉淀的鉴定

对葡萄酒的浑浊沉淀成分进行鉴定，其过程十分复杂，但通过排它法和某些特征反应试验可以较快分析和鉴定出浑浊沉淀的成分。常用的鉴别方法有感官鉴定法、显微镜鉴定法、微生物鉴定法和特征反应鉴定法。

1. 感官鉴定法　　对于一些感病的葡萄酒，单从浑浊沉淀的感官特征和外观现象可初步判断其浑浊沉淀的机制。例如，微生物性浑浊沉淀除经镜检有大量微生物生长外，还具有外观失去正常颜色、失光浑浊、出现杂异气味、滋味发生改变(酸度、酒度下降)和挥发性酸味增加等感官特征。在微生物性浑浊沉淀中，如酒体表面形成的是灰白色-暗黄色菌膜，可初步断定是酵母菌引起；如出现灰色-玫瑰色菌膜，可初步断定是醋酸菌引起；如出现丝状浑浊，且白葡萄酒出现淡蓝色或红葡萄酒颜色减退为黄棕色，并伴随有酸菜味出现，可初步断定是乳酸菌生长繁殖的结果。又如，葡萄酒的沉淀物若呈现明显的晶体，可初步断定为由铁盐、钙盐及钾盐引起；再如，铁破败的特征之一是出现黑色或蓝色浑浊或沉淀物，铜破败出现红棕色沉淀，蛋白质浑浊出现蓬松絮状的沉淀物，含果胶和微小油滴的葡萄酒对光线有散射作用(丁达尔现象)等。此类方法简单直接，快速易行，是最常用的鉴定方式。

2. 显微镜鉴定法　　显微鉴定法特别适合于微生物性浑浊沉淀、铁钾钙盐晶体性浑浊沉淀和外来物浑浊沉淀的鉴定。进行显微镜鉴定时，先要对浑浊沉淀的葡萄酒离心、收集沉淀并制作标本，然后置于不同放大倍数的相差显微镜中观察形态特征，对照进入视野中形态特征和微生物固有形态特征、钾铁钙盐晶体的显微特征及外来物的显微特征与感官鉴定的结果，经过分析可以完全判断出浑浊沉淀的机制和浑浊沉淀的类型。该方法繁琐，费时费事，但鉴定准确。

3. 微生物鉴定法　　对于葡萄酒的微生物性浑浊沉淀，可采用生物鉴定法确定引起的微生物类型。微生物鉴别法常与感官鉴定法和显微镜鉴定法联用。

4. 特征反应鉴定法　　特征反应试验主要用于鉴定蛋白质、果胶、单宁和金属盐引起的浑浊沉淀。例如，双缩脲试验用以鉴别蛋白质性浑浊沉淀；咔唑试验用以鉴定果胶浑浊；生物碱用以鉴定单宁浑浊；钼酸铵用以鉴定正磷酸盐（白色铁酸败）浑浊；灼烧试验用以鉴定金属离子浑浊；等等。

第七节　果　醋　酿　造

果醋是以水果或果品加工的下脚料为主要原料，利用现代生物技术经酒精发酵、醋酸发酵酿制而成的一种营养丰富，风味优良，保健作用突出的新一代酸性调味品或饮料。我国果醋历史悠久，几乎与果酒是同时代的产物，早在夏朝就有记载。

果醋含醋酸 5%～7%，与粮食醋相比，具有怡人的香味和丰富营养保健成分，成为新的果品深加工产品，备受消费者所喜爱。

一、果醋发酵理论

以果品为原料酿制果醋，发酵过程需经过两个阶段，即酒精发酵和醋酸发酵。若以果酒为原料，则只需进行醋酸发酵。

（一）酒精发酵

酒精发酵是酵母菌将葡萄糖转化为酒精和二氧化碳的过程。其发酵机制已在本章第二节叙述，在此不再重复。

（二）醋酸发酵

1. 醋酸菌　　醋酸菌（acetic acid bacteria，AAB）是指能以氧气为终端电子受体，氧化糖类、糖醇类和醇类生成相应的糖醇、酮和有机酸的革兰氏阴性细菌的总称。通常，醋酸细菌是指在有氧条件下，可将乙醇（酒精）氧化成醋酸细菌。

第一个醋酸菌属-醋酸杆菌属（*Acetobacter*，A），是由 Beijerinck 于 1898 年提出。随后，葡糖杆菌属（*Gluconobacter*，G.）和醋酸单胞菌属（*Acidomonas*，Ac.）分别在 1935 年和 1989 年由 ASAI 和 UHLIG 提出。从 1898 年第一个 AAB 属被发现至 1989 年的 91 年中，仅报道了 2个新醋酸菌属，不到 10 个种。而从 1989 年至今的 25 年中，AAB 的研究突飞猛进，截至 2014年初，已报道的醋酸菌共 16 属 84 种。随着对醋酸菌功能的深入，醋酸菌最初因具有生产醋酸的能力而得名，随后的研究发现，有些醋酸菌并不具有产醋酸能力。

　　醋酸菌多为小杆状，有的近椭圆形，单个或呈链状排列，革兰氏染色阴性，不产生芽孢。其中有的种类细胞具周生鞭毛，如纹膜醋酸菌和胶膜醋酸菌，它们都可形成长链，并在液面上生长形成较厚的菌膜。另一些种类的醋酸菌，仅具端生的鞭毛，如黑色醋酸杆菌等。

　　醋酸菌具有氧化酒精生成醋酸的能力。按照醋酸菌的生理生化特性，可将醋酸杆菌分为醋酸杆菌属和葡萄糖氧化杆菌属两大类。醋酸杆菌主要作用是将酒精氧化为醋酸，在缺少酒精的醋醅中，会继续把醋酸氧化成二氧化碳和水，也能微弱氧化葡萄糖为葡萄糖酸。葡萄糖氧化杆菌能在低温下生长，增殖最适温度 30℃以下，主要作用是将葡萄糖氧化为葡萄糖酸，也能微弱氧化酒精成醋酸，但不能继续把醋酸氧化为二氧化碳和水。酿醋用醋酸菌菌株，大多属于醋酸杆菌属，仅在传统酿醋醋醅中发现葡萄糖氧化杆菌属的菌体。

　　醋酸细菌分布广泛，在果园的土壤中、葡萄或其他浆果或酸败食物表面，以及未杀菌的醋、果酒、啤酒、黄酒中都有生长。醋酸细菌可用来制醋。

　　2. 醋酸菌的生物学特点

　　1)菌体细胞形态　　醋酸菌是两端浑圆的杆状菌，单个或呈链状排列，有鞭毛，无芽孢，属革兰氏阴性菌。在高温、高浓度盐溶液中或营养不足时，菌体会伸长，变成线形或棒形，管状膨大等。

　　2)对氧要求　　醋酸菌为好氧菌，必须供给充足的氧气才能正常生长繁殖。醋酸菌在液体静置培养时，会在液面形成菌膜，葡萄糖氧化杆菌不形成菌膜。在较高浓度酒精和醋酸的环境中，醋酸杆菌对缺氧非常敏感，中断供氧会造成菌体死亡。

　　3)对环境要求　　醋酸菌生长繁殖的适宜温度为 28～33℃，在 60℃的温度条件下经 10min 即死亡。醋酸菌生长的最适 pH 为 3.5～6.5，在醋酸含量达 1.5%～2.5%的环境中，生长繁殖就会停止，但有些菌株能耐受醋酸达 7%～9%。醋酸杆菌对酒精的耐受力颇高，酒精体积分数可达到 5%～12%；其对食盐的耐受力很差，食盐质量分数达 1%～1.5%时就停止活动。

　　4)营养要求　　醋酸菌最适宜的碳源是葡萄糖、果糖等六碳糖，其次是蔗糖和麦芽糖等。醋酸菌不能直接利用淀粉等多糖类。酒精也是很适宜的碳源，有些醋酸菌还能以甘油、甘露醇等多元醇为碳源。蛋白质水解产物、尿素、硫酸铵等都适宜作为醋酸菌的氮源。至于无机盐，则必须有磷、钾、镁三种元素。除少数酿醋工艺外，一般不再需要另外添加氮源、无机盐等营养物质。

　　5)酶系特征　　醋酸菌有活力相当强的醇脱氢酶、醛脱氢酶等氧化酶系活力，因此除能氧化酒精生成醋酸外，还有氧化其他醇类和糖类的能力，生成相应的酸、酮等物质，如丁酸、葡萄糖酸、葡萄糖酮酸、木糖酸、阿拉伯糖酸、丙酮酸、琥珀酸、乳酸等有机酸，以及氧化甘油生成二酮、氧化甘露醇生成果糖等。醋酸菌也有生成酯类的能力，接入产生芳香酯多的菌种发酵，可以使食醋的香味倍增。这些物质的存在对形成食醋的风味有着重要作用。

　　3. 醋酸发酵生化反应

　　(1)当氧气、糖源都充足时，醋酸菌将葡萄汁中的糖分解成醋酸，为糖变醋，生化反应式为

$$C_6H_{12}O_6 + 2O_2 \longrightarrow 2CH_3COOH + 2CO_2 + 2H_2O$$

　　(2)当缺少糖源时，醋酸菌将乙醇变为乙醛，再将乙醛变为醋酸，为酒变醋。生化反应式为

$$2C_2H_5OH + O_2 \longrightarrow 2CH_3CHO + 2H_2O$$

$$2CH_3CHO + O_2 \longrightarrow 2CH_3COOH$$

4. 醋酸发酵的必要条件

1)氧气　　醋酸菌对氧气特别敏感，在整个发酵过程中，必须有充足的 O_2 供应，否则，就会引起醋酸菌死亡，发酵终止。

2)发酵温度　　醋酸菌最适生长温度为 30~35℃，控制好发酵温度，使发酵时间缩短，减少杂菌污染机会。

3)制醋所利用的醋酸菌的来源　　醋酸菌的菌种可以到当地生产食醋的工厂或菌种保藏中心购买；也可以从食醋中分离醋酸菌。

二、果醋发酵工艺

果醋发酵工艺按其发酵状态可分为全固态发酵法、全液态发酵法和前液后固发酵法。

(一)全固态发酵法

固态发酵法制醋是我国食醋的传统生产方法。其特点是采用低温糖化和酒精发酵，应用多种有益微生物协同发酵，配以多种辅料填充，以浸提法提取食醋。成品香气浓郁，口味醇厚，色深质浓，但生产周期长，劳动强度大，出品率低。

1. 工艺流程　　果品原料→切除腐烂部分→清洗→破碎→加少量稻壳、酵母菌→固态酒精发酵→加麸皮、稻壳、醋酸菌→固态醋酸发酵→淋醋→杀菌→陈酿(脂化、增香、增加固形物和色泽、使醋酸提高到 5%以上)→成品。

2. 技术要点

(1)选择成熟度好的新鲜果实用清水洗净，破碎后称重，按原料重量的 3%加入麸皮和 5%的醋曲，搅拌均匀后堆成 1.0~1.5m 高的圆堆或长方形堆，插入温度计，上面用塑料薄膜覆盖。每天倒料 1~2 次，检查品温 3 次，将温度控在 35℃左右。10 天原料发出醋香，生面味消失，品温下降，发酵停止。

(2)完成发酵的原料称为醋坯。将醋坯和等量的水倒入下面有孔的缸中(缸底的孔先用纱布塞住)泡 4h 后即可淋醋，这次淋出的醋称为头醋。头醋淋完以后，再加入凉水，淋醋一般将二醋倒入新加入的醋坯中，供淋头醋用。固体发酵法酿制的果醋经过 1~2 个月的陈酿即可装瓶。装瓶密封后需置于 70℃左右的热水中杀菌 10~15min。

(二)全液态发酵法

液体发酵法制醋具有机械化程度高、减轻劳动强度、不用填充料、操作卫生条件好、原料利用率高(可达 65%~70%)、生产周期短、产品的质量稳定等优点；缺点是醋的风味较差。目前生产上多采用此法。

1. 工艺流程　　果品原料→切除腐烂部分→清洗→破碎→榨汁(除去果渣)→粗果汁→接种酵母→液态酒精发酵→加醋酸菌→液态醋酸发酵→过滤→杀菌→陈酿→成品

2. 技术要点　　选择成熟度好的新鲜果实用清水洗净。先用破碎机将洗净的果实破碎，再用螺旋榨汁机压榨取汁，在果汁中加入 3%~5%的酵母液进行酒精发酵。发酵过程中每天搅拌 2~4 次，维持发酵温度在 26~30℃，经过 5~7 天发酵完成。注意，发酵温度不能低于16℃，温度过低，发酵缓慢，发酵周期太长，但发酵温度也不能高于 32℃，温度过高，酵母活性下降，发酵中止。

待酒精发酵终止，将酒精发酵液的酒度调整为 7%～8%，盛于木制或搪瓷容器中，接种醋酸菌 5%左右。用纱布遮盖容器口，防止苍蝇、醋鳗等侵入。发酵液高度为容器高度的 1/2，液面浮以格子板，以防止菌膜下沉。

在醋酸发酵期间控制温度 30～35℃，每天搅拌 1～2 次，10 天左右醋化即完成。取出大部分果醋，消毒后即可食用。留下醋坯及少量醋液，再补充果酒继续醋化。

（三）前液后固发酵法

前液后固发酵法是采用液态酒精发酵和固态醋酸发酵相结合的发酵工艺，具有提高原料利用率；提高了淀粉质利用率、糖化率、酒精发酵率；醋酸发酵池近底处设假底的池壁上开设通风洞，让空气自然进入，利用固态醋醅的疏松度使醋酸菌得到足够的氧，全部醋醅都能均匀发酵；利用假底下积存的温度较低的醋汁，定时回流喷淋在醋醅上，以降低醋醅温度调节发酵温度，保证发酵在适当的温度下进行。

1. 工艺流程　　果品原料→切除腐烂部分→清洗→破碎、榨汁(除去果渣)→粗果汁→接种酵母→液态酒精发酵→加麸皮、稻壳、醋酸菌→固态醋酸发酵→淋醋→杀菌→陈酿→成品

2. 技术要点

1)原料处理　　选择成熟度好的新鲜水果，用清水洗净，采用破碎机破碎致汁，破碎时籽粒不能被压破，避免汁液不能与铜、铁接触，果汁收集到不锈钢发酵罐或瓷缸中。

2)酒精发酵　　将活性干酵母在 15 倍(m/m)的温水(35～40℃)中分散均匀，活化 20～30min。带有大量气泡产生后，开始将葡萄醪少量分次添加到活化酵母溶液中，并不断搅拌，防止因一次葡萄醪加入量过大，导致活化后的酵母从 35℃突然降至 16℃，出现大量酵母死亡的现象发生。待活化酵母扩繁到葡萄醪总量的 20%左右，将其添加到发酵罐中，并通过倒罐混合均匀，开始酒精发酵。酒精发酵过程中控温在 26～30℃，经过 7～10 天后发酵结束，此时皮渣下沉，醪汁含糖≤4g/L。

3)醋酸发酵　　将醋酸菌接种于盛有 100ml 由 1%的酵母膏、4%的无水乙醇、0.1%冰醋酸组成的液体培养基的 500ml 的三角瓶中，在 30～34℃条件下培养 36h，然后按照扩繁 10 倍的量加入果酒中继续培养扩繁，扩繁后再按 10 倍的量加入果酒继续扩繁，最后加入 10 倍的果酒进行醋酸发酵。发酵罐应设有假底，其上先要铺酒醪体积 5%的稻壳和 1%的麸皮，当酒醪加入后皮渣与留在酒醪上的稻壳和麸皮混合在一起，酒液通过假底流入盛醋桶，然后通过饮料泵由喷淋管浇下，每隔 5h 喷淋 0.5h，5～7 天后检查酸度不再升高，停止喷淋，醋酸发酵结束。

三、果醋质量标准

1. 感官要求　　具有该产品应有的色泽、香气和滋味，无异味，无沉淀，无外来杂质。

2. 理化指标

(1)可溶性固形物(20℃折光计法)≥3.0%。

(2)总酸(以醋酸计)≥0.3g/100ml。

(3)不发酵酸(以苹果酸、酒石酸和柠檬酸计)≥0.1g/100ml(三种不挥发酸应检出两种或两种以上)。

3. 微生物指标　　应符合 GB 19297 的规定。

第八节 加 工 实 例

一、干红葡萄酒酿造工艺

干红葡萄酒是指以红色酿酒葡萄为原料，经酒精发酵后，原料（葡萄汁）中的糖分完全转化成酒精，残糖量小于或等于 4.0g/L 的红葡萄酒。

（一）工艺流程

干红葡萄酒是所有葡萄酒中酿造工艺最为简单的一种葡萄酒，也是世界葡萄酒生产和销售量最大的葡萄酒，其工艺流程如图 8-1 所示。

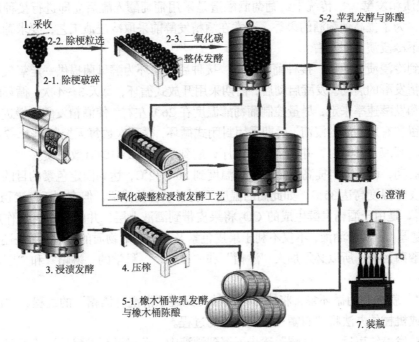

图 8-1 干红葡萄酒酿造工艺流程图

（二）操作工艺要点

1. 原料采收 葡萄园是葡萄酒生产的"第一车间"，葡萄采收质量控制是严把葡萄酒质量关的重要工序。我国葡萄采收主要采用手工采收，在采收时要求采收符合原料质量要求的葡萄果穗，必须剔除霉烂果、生青果和二次果。对于成熟度不太一致的葡萄园可分批采收。如果能在葡萄园按要求采收，就可以省去发酵厂原料分选工序，将该工序提前在葡萄园内完成。

葡萄酒新世界，如美国、澳大利亚、阿根廷、新西兰，为了降低生产成本、提高劳动效率，选择在葡萄最佳成熟期进行机械采收。但对于如'黑比诺'这样果皮较薄的名贵品种和生产高档干红葡萄酒的酒庄，均采用手工采摘。

2. 除梗、破碎 经分选的葡萄原料利用除梗破碎机一次完成，对于当前市场需求较大的柔和性干红葡萄酒，生产工艺需尽量除去果梗，避免果梗中的劣质单宁进入葡萄醪中，影响葡萄酒质量。但对于生产耐贮型干红葡萄酒，则可适当保留部分果梗，以提高葡萄酒中的单宁含量。应当注意，这样的工艺一般用于生产陈酿期超过 10 年以上的葡萄酒，否则葡萄酒的口感不甚柔和，不符合市场需求。

破碎时，需要适当调整破碎强度，减少对葡萄果粒的挤压强度，以葡萄果粒刚刚被压破为宜，切忌压破葡萄种籽，给葡萄酒带来不愉快的苦味。

经破碎的葡萄浆果通常使用螺杆泵运输到发酵罐中，此时，按工艺需求在螺杆泵入口间隔定量加入果胶酶和亚硫酸或偏重亚硫酸钾溶液，切不可同时加入，否则高浓度的 SO_2 会破坏果胶酶的活性。一般优质葡萄原料 SO_2 添加量为 50～60mg/L，果胶酶的添加量为 20～50mg/L。

如葡萄浆果酸度不足，也可在此时按量添加，添加量不宜超过 1.5g/L，最好控制在 1.0g/L 以内。

3. 浸渍和发酵　　传统干红葡萄酒酿造是采用葡萄醪入罐后立即进行接种启动酒精发酵。目前，为了提高葡萄酒的果香，通常在酒精发酵前采取冷浸渍工艺，要求葡萄醪在低于 10℃条件下冷浸渍一周左右。

当达到冷浸渍目的后，接种葡萄酵母，接种后打循环为酵母菌提供一定氧气，促使酵母繁殖和酒精发酵的启动。发酵启动后，前期采用开放式循环，每天 3～4 次，循环时间根据葡萄醪温度和发酵速率来定，尽量控制葡萄醪温度在 26℃左右，使酒精发酵缓慢进行，有利于果香的保留和有效物质的浸渍。后期采用封闭式循环，循环次数每天控制到 1～2 次，循环的目的是使用酒液"淋帽"，并结合压帽工序，起到浸渍果皮中的有效物质。

发酵后期，可以适当提高葡萄酒发酵温度到 30～32℃，达到固定色素的目的。部分法国酒庄后期发酵温度高达 35℃，如此高的温度不利于果香的保留，但有利于色素稳定。

"酒帽"是由于酒精发酵生成的 CO_2 将果皮带到酒液上层，并由于 CO_2 的作用，使"酒帽"越积越厚，上浮于酒液，不仅不利于果皮色素及其他有效物质的提取，而且还会造成"酒帽"被醋酸菌污染，所以必须加大"淋帽"和"压帽"，科学的"淋帽"和"压帽"是获得理想结构的重要工序。

"淋帽"就是利用循环泵，将罐底酒液抽提到罐顶淋洗"酒帽"的过程。"压帽"就是采用人工或机械的办法将"酒帽"压入酒液的过程。

待酒精发酵结束后，"酒帽"逐步下沉到酒液中，此时进行发酵后浸渍工序，浸渍时间根据葡萄酒结构和葡萄酒风味来确定，忌讳出现皮渣味。

浸渍和发酵工序对干红葡萄酒质量控制非常关键，各操作工艺的选择和强度必须结合葡萄醪的温度、比重及风味，每天必须进行三次观测葡萄醪的温度和比重，并对葡萄酒进行品鉴，做到杯不离手。

4. 二氧化碳整粒发酵　　二氧化碳整粒发酵就是将分选好的葡萄浆果完整地倒入发酵罐中，冲入 CO_2，使葡萄果粒处于低温缺氧状态，葡萄果肉细胞进行无氧呼吸，在酵母菌的双重作用下，产生少量乙醇，并将苹果酸在不形成乳酸的条件下分解，形成芳香物质和部分色素逐步浸渍的工艺。

该工艺过程要求：①在充满二氧化碳的密封容器中完成；②要求葡萄浆果尽量完好，没有破损和杂菌感染；③在低温下浸渍(20℃)。其特点是：①形成 1.5%～2.5%的酒精；②在不形成乳酸的条件下分解 15%～35%的苹果酸，提高 pH；③果皮中的色素、矿物质、单宁及酵母菌的酵素向葡萄果粒内转移，形成特殊的芳香物质。

随着酒精发酵的不断进行，葡萄果粒相互挤压，大量果汁外泄，促使酵母大量繁殖进入葡萄果粒内部，酵母发酵所产生的香味物质能有效地保存在葡萄果皮之内，降低了香味物质随 CO_2 的挥发，最大限度地保留果香。

发酵后期，可通过压帽或压榨的方式，压破果皮，并结合酒液循环"淋帽"，可提高果皮有效物质的提取，所酿葡萄酒不仅具有良好的风味，而且结构良好，是生产优质葡萄酒的重要工艺之一。

同时，可在发酵中途，采取压榨的方式分离酒液，酒液单独发酵，所酿葡萄酒香味浓郁，口感柔和，是生产新鲜葡萄酒的重要工艺之一。

5. 压榨　　压榨就是在酒精发酵结束时，葡萄酒已达到最佳浸渍效果后，将皮渣与葡萄酒进行分离的过程。未经压榨所获得的葡萄酒称为"自流酒"。通过压榨皮渣所获得的葡萄酒称为"压榨酒"。

通常，如葡萄原料较好，自流酒结构已达到预期目标，则将压榨酒单独存放；如葡萄原料欠佳，自流酒结构不能达到预期目标，则将部分或全部压榨酒与自流酒混合，以提高葡萄酒的整体结构。

6. 苹果酸-乳酸发酵　　在干红葡萄酒酿造中，为了获得良好的生物稳定性和口感圆润的葡萄酒，需对葡萄酒进行苹果酸-乳酸发酵处理。

苹果酸-乳发酵一般在酒精发酵结束或近结束时进行。这时可以添加乳酸菌种，触发苹果酸乳酸发酵，有利于葡萄酒质量控制。但也可以保持适合条件，利用葡萄酒及环境的乳酸菌自然诱发。该过程发酵时间一般可持续到第二年春季，时间较长，不利于葡萄酒质量的掌控。苹果酸乳酸发酵条件及控制见本章第四节"苹果酸乳酸发酵管理"部分。

7. 陈酿　　通常，刚结束发酵所获得的干红葡萄酒口味酸涩、生硬，不宜饮用，只有经过陈酿的干红葡萄酒口感才逐渐变得柔顺，达到预期最佳饮用质量。若继续陈酿，葡萄酒质量则会下降，进入衰老期。所以，干红葡萄酒一般都在达到最佳饮用质量之前完成灌装、销售及最终消费。

通常，经过苹果酸乳酸发酵后的干红葡萄酒，即当年的 11～12 月份，进行一次分离倒桶，除去酒脚，并按照 50～60mg/L 添加 SO_2，一方面能杀死乳酸细菌，抑制酵母菌的活动，有利于原酒的沉淀和澄清；另一方面，SO_2 能防止原酒的氧化，使原酒在陈酿期安全稳定。第二次倒桶在次年的 3～4 月份，经过一个冬天的自然冷冻，原酒中要分离出不少的酒石酸盐沉淀，把结晶沉淀的酒石酸盐分离掉，有利于提高酒的稳定性。第三次倒桶在次年的 11 月份。在以后的贮藏管理中，每年的 11 月份倒桶一次即可。

葡萄酒陈酿可在不锈钢贮酒罐或橡木桶中进行，在陈酿期间始终保持满罐和满桶状态，并定期进行倒罐除去酒脚。陈酿时间可根据葡萄酒质量、橡木桶质量及市场来定。

橡木桶陈酿是生产优质红葡萄酒的重要技术措施，橡木的芳香成分和单宁物质浸溶到葡萄酒中，构成葡萄酒陈酿的橡木香和醇厚丰满的口味，并使葡萄酒在微氧状态下缓慢成熟，获得优质干红葡萄酒。

近年来，随着橡木板、橡木链、橡木粉等产品在葡萄酒陈酿过程中的使用，不仅降低生产成本，而且能极大地改善和提高产品质量，代替橡木桶的作用，取得很好的效果。其使用量需根据葡萄酒和橡木材料的特点来确定。

8. 澄清　　干红葡萄酒陈酿过程本身就是自然澄清的过程，许多酒庄酒都是利用冬季自然低温进行澄清，不对葡萄酒进行过多的下胶、冷冻、过滤处理，以保持葡萄酒的原有特色，使有效成分得以最大地保留，所酿葡萄酒具有口感圆润醇厚、香味浓郁、营养丰富、保健作用强的特点。

为了给消费者良好的葡萄酒外观和理化稳定性，通过对葡萄酒进行下胶、冷冻、过滤等澄清处理，虽获得了良好的外观，但许多有效成分被去除，对葡萄酒的口感、风味及营养保健作用有一定影响，应尽量减轻人为处理。

9. 装瓶　　装瓶是葡萄酒生产的最后一道工序，也是确保葡萄酒能完全、稳定地提供给消费者的重要环节。干红葡萄酒装瓶前，首先需要对原酒进行理化分析、微生物检验和感官品尝，只有各项指标都合格，才能进入装瓶过程。

为了延长瓶装干红葡萄酒的稳定期，防止棕色破败病，可在在原酒中添加 30~50mg/L 的维生素 C，所配原酒必须当天装完。

灌装所用玻璃瓶和瓶塞必须符合国家相关标准，酒瓶必须使用清洗过的新瓶，不可使用回收酒瓶装酒。

葡萄酒的灌装，对小型的葡萄酒厂，可采用手工灌装。中型或大型的葡萄酒厂，都采用灌装机灌装。

二、干白葡萄酒酿造工艺

干白葡萄酒是选用白色葡萄或皮红肉白的葡萄为原料，经酒精发酵后，原料(葡萄汁)中的糖分完全转化成酒精，残糖量小于或等于 4.0g/L 的白葡萄酒。

(一)工艺流程

干白葡萄酒酿造工艺与干红葡萄酒酿造工艺不同，其工艺流程如图 8-2 所示。

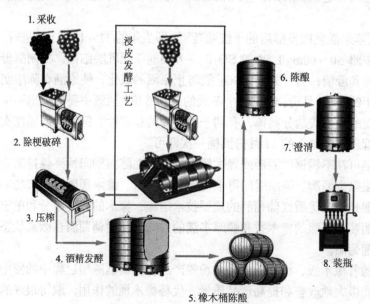

图 8-2　干白葡萄酒酿造工艺图

（二）操作要点

1. 采收　　由于白葡萄品种对温度十分敏感，高温可破坏白葡萄的雅致香气，增加葡萄被氧化和微生物感染的危险，所以白葡萄采摘多选在温度较低的凌晨。为了防止白葡萄因机械采收造成果粒破碎、果汁外流氧化，白葡萄均采用人工采收。

2. 除梗破碎　　采收后的白葡萄必须尽快进行榨汁，由于葡萄梗中含有大量的酚类物质，如果不除梗进行破碎压榨，会使葡萄酒过于苦涩。为了保持白葡萄酒的清新，压榨前采用除梗破碎机进行除梗破碎，生产干白葡萄酒一般要求压破果皮为准，避免过分挤压给葡萄汁带来苦涩味道，也不利于压榨出汁。在压榨的同时，根据原料的卫生程度，添加 $80\sim120mg/L$ SO_2，防止果实氧化和酵母繁殖，有利于果汁澄清。同时，添加 $20\sim50mg/L$ 果胶酶，提高葡萄果实的出汁率。

但一些酒厂，为了提高葡萄果实的出汁率，在不影响质量的前提下，保留一定量的果梗，可起到滤网的作用。

3. 榨汁前低温浸皮　　为了有效萃取葡萄果皮和果肉中的香气和有效成分，增进葡萄品种原有的新鲜果香，使葡萄酒的口感更加浓郁圆润，将破碎的葡萄连同葡萄汁一起在低于 $10℃$ 的贮罐中进行冷浸渍，贮罐间隙中充满 CO_2 后密闭，防止氧化和杂菌污染。浸渍时间为 $24\sim48h$ 不等，然后进入压榨工序。

4. 压榨　　经破碎的葡萄醪应立即进行压榨，将葡萄汁与皮渣分离，果汁分离是白葡萄酒的重要工艺，其分离方法有气囊式压榨机、螺旋式连续压榨机，压榨时应绝对避免压破种子，避免种子中的酚类物质挤压溶入葡萄汁中，果汁分离时应注意分离速率要快，缩短葡萄汁与空气接触时间，并用二氧化硫进行处理以减少葡萄汁的氧化。

5. 葡萄汁的澄清　　在葡萄汁进行酒精发酵前，应对压榨所获得的葡萄汁在低于 $10℃$，尽可能接近 $0℃$ 条件下进行澄清处理，在低温澄清的同时可加入 $1.5g/L$ 的皂土以帮助澄清。虽然添加皂土会影响葡萄酒的风味物质、香味物质和酒的结构感，但使所酿干白葡萄酒果香纯净。另外，生产中也可使用离心机进行葡萄汁澄清，效率较高。经离心或澄清的葡萄汁在发酵后葡萄酒中的酒脚味较小。葡萄汁的澄清应在密闭的容器中进行，容器的顶隙应填充 CO_2，以防止果汁氧化，保持果香。

当然，在澄清处理中，应避免过度澄清，否则，会使所酿干白葡萄酒缺少结构感和典型性。过量澄清一般只用于成熟度不够的葡萄原料。

6. 葡萄汁成分调整　　根据所酿葡萄酒质量要求和葡萄汁充分测定，对葡萄酒进行成分调整，通常将果汁 pH 调整到 $3.0\sim3.6$，有利于酒精发酵和干白葡萄酒的果香保留。

7. 酒精发酵　　干白葡萄酒发酵与干红葡萄酒发酵不同，要求发酵温度较低，应该保持在 $15\sim18℃$。低温发酵可以降低葡萄酒中的乙醛、醋酸、酯类物质等副产物的含量，保留葡萄酒中易挥发的芳香物质，使干白葡萄酒比干红葡萄酒具有更浓郁的果香。

干白葡萄酒酒精发酵需要选用产香性良好的干白葡萄酒酵母，干白葡萄酒酵母对低温较为适应，但对高温较为敏感，一般用控温系统对发酵罐进行自动控温。同时，可通过调节发酵罐顶隙压力（CO_2）进行发酵速率调控。

待发酵结束，尽快分离，一般干白葡萄酒不进行苹果酸乳酸发酵，只有霞多丽干白葡萄酒进行苹果酸乳酸发酵。

8. 陈酿　　通常，经过酒精发酵的干白葡萄酒不进行苹果酸乳酸发酵，发酵结束后，立即分离除去酒脚，并按照 80～100mg/L 添加 SO_2，一方面能杀死乳酸细菌，抑制酵母菌的活动，有利于原酒的沉淀和澄清；另一方面，SO_2 能防止原酒的氧化，使原酒在陈酿期间安全稳定。当然，也有部分酒庄为了获得浓郁的酵母香味，采取带酒泥陈酿，特别是霞多丽干白葡萄酒，在橡木桶陈酿过程中需要带有酒泥，并进行搅拌，促使酒泥酵母香融入葡萄酒中，也使酒变得更圆润。由于桶壁会渗入微量的空气，所以经过桶中培养的白酒颜色较为金黄，香味更趋成熟。一般，干白葡萄酒在橡木桶陈酿时间为 3～6 个月，橡木桶越新，贮藏的时间越短。

干白葡萄酒采用不锈钢罐陈酿时，尽量采取满罐陈酿，不能满罐的，采用 N_2 代替 CO_2 进行填充，使用 CO_2 填充会使葡萄酒有一种新鲜、刺舌的味道，影响口感。

9. 澄清　　由于干白葡萄酒多采用白色玻璃瓶灌装，对干白葡萄酒的澄清度远高于干红葡萄酒，装瓶前，必须进行澄清处理，除去葡萄酒中死酵母和葡萄碎屑及不稳定成分，通常采用换桶、过滤、离心分离、下胶和过滤等方法。

三、液体发酵柿子醋生产工艺

柿子（persimmon）为柿树科柿属植物，味甘、性寒，能清热生津、润肺，内含蛋白质、糖类、脂肪、果胶及多种维生素和矿物质，具有较高的营养价值和药用价值。据《本草纲目》记载和现代医学研究表明，柿果具有清热、止渴、生津润肺、化痰、健脾、涩肠、止血和镇咳的作用，能治疗咳痰带血、痔血、便血、胃溃疡出血、功能性子宫出血等多种疾病，尤其对老年人滞呆、神经衰弱、肿瘤等有明显疗效，对降低血压也有一定的作用。

柿树是我国主要的栽培果树之一，其分布地域辽阔，遍及 20 多个省（自治区、直辖市），年产鲜柿数亿千克。因鲜柿太涩，不能直接食用，且本身不易贮存和长途运输，故通常只能以脱涩鲜柿或柿饼销售。采用液体发酵法酿造柿子醋，可酿制出柿香愉悦、酸味纯正的柿子醋，扩展柿子开发途径，满足人民生活需要。

（一）工艺流程

柿子→清洗→破碎→加热软化、加酶榨汁→ 脱涩澄清→过滤→调整成分→（酵母菌）酒精发酵→（醋酸菌）醋酸发酵→过滤→装瓶→杀菌→冷却→成品

（二）操作要点

1. 原料要求　　选用充分成熟鲜柿（或残次落果）为原料，剔除腐烂及有病虫害的柿果，去除萼片。将选择好的柿果放在清水中用手或洗果机洗涤，洗净后沥干水分。

2. 打浆　　用水果破碎机将柿果破碎，破碎度以 2～6mm 为宜，然后打浆，破碎打浆时喷雾添加 1%的维生素 C，防止果肉与空气接触发生氧化褐变。

3. 加热软化、加酶榨汁　　将柿浆按其质量 1/2 加水，搅匀，迅速加热至沸，保持 15～20min 进行软化，然后立即冷却至 50℃，添加 0.2%果胶酶，在 45～50℃条件下酶解 2h 后进行离心分离制汁。

4. 脱涩澄清　　将明胶用软水洗净后，用蒸馏水或软水浸泡 12h，使之膨胀，去除浸泡水，再次清洗。把洗净的明胶置入 10～12 倍的蒸馏水（或软水）中加热至 50℃溶解，并不断

搅拌，防止局部受热焦化。待明胶完全溶化后，停止加热。按柿汁量 0.05%～0.1%缓缓将明胶加入到柿汁中，并强烈搅拌，使之快速混匀。

5. 过滤、保存　　将脱涩澄清后的柿汁过滤后，按照 60～80mg/L 添加 SO₂，抑制杂菌繁殖，保存果汁。

6. 调整成分　　通常，要生产含醋酸 5%～7%的柿醋，需要柿子汁含糖量达到 12%～14%。为了实现这一目标，通常采用添加白砂糖的方法，将柿子汁的糖分调整到 12%～14%。同时，为了利于酵母菌繁殖生长，用柠檬酸将柿汁的酸度(以醋酸计)调整到 0.2%。

7. 酒精发酵　　将活化好的酵母接入柿汁，按照果酒发酵工艺进行酒精发酵，控制发酵温度在 20～25℃，当酒精含量在 5%～6%、含糖量在 1%时中止发酵。一般需要 5～7 天结束发酵。

8. 醋酸发酵　　待酒精发酵结束后，采用液态深层发酵工艺，即在成熟的酒醪中加入适合柿子醋发酵的扩大培养醋酸菌种，在合适的通风量、pH3.5、发酵温度 30～35℃时通过醋酸菌的作用把酒精氧化成醋酸。待发酵到酸度不再上升时终止发酵。

9. 过滤　　待醋酸发酵结束后，采用 250 目的筛网果粒醋液，除去醋液中的果肉等碎屑。

10. 加盐　　在过滤液中加入适量食盐，不但可以抑制醋酸菌的活动，防止其对醋酸的进一步分解，还可以调和柿醋的风味，一般加入量为 1%～2%。

11. 调香、调色　　根据需要在醋液中加入适量的蔗糖、香精、色素，调香增色，满足消费者需求。

12. 装瓶、杀菌　　在过滤调配好的醋液中添加 0.08%～0.1%的苯甲酸钠，装入洁净的瓶中，在 70～75℃下杀菌 15min，冷却至室温即为成品柿醋。

四、苹果醋生产工艺

（一）工艺流程

苹果→清洗→破碎→榨汁→过滤→调整成分→_{酵母菌}酒精发酵→_{醋酸菌}醋酸发酵→过滤→装瓶→杀菌→冷却→成品

（二）操作要点

1. 原料要求　　选用充分成熟的新鲜苹果，剔除腐烂及有病虫害的果实。将选择好的苹果放在清水中用手或洗果机洗涤，洗净后沥干水分。

2. 打浆　　用水果破碎机将苹果破碎，破碎度以 2～6mm 为宜，然后打浆，破碎打浆时喷雾添加 1%的维生素 C，防止果肉与空气接触发生氧化褐变。

3. 加酶榨汁　　破碎的苹果浆中添加 0.2%果胶酶，在 45～50℃条件下进行酶解 1h 后，用螺旋榨汁机榨汁。

4. 过滤、保存　　将榨汁后的苹果汁过滤，并按照 60～80mg/L 添加 SO₂，抑制杂菌繁殖，保存果汁。

5. 调整成分　　用白砂糖将苹果汁的含糖量达到 12%～14%，用柠檬酸将苹果汁的酸度(以醋酸计)调整到 pH4.0。

6. 酒精发酵　　将活化好的酵母接入苹果汁，按照果酒发酵工艺进行酒精发酵，控制发酵温度在 20～25℃，当酒精含量在 7.5%、含糖量在 0.5～0.8%时中止发酵。一般需要 5～7 天结束发酵。

7. 醋酸发酵　　待酒精发酵结束后，采用液态深层发酵工艺，即在成熟的酒醪中加入 10%活化的醋酸菌，在 30℃通风发酵 7～8 天，以醋酸含量不再上升为准。控制发酵液中总酸≥4g/100ml，残糖＜0.3%，酒精含量＜0.15%。

8. 过滤　　待醋酸发酵结束后，采用 250 目的筛网果粒醋液，除去醋液中的果肉等碎屑。

9. 加盐　　在过滤液中加入适量食盐，不但可以抑制醋酸菌的活动，防止其对醋酸的进一步分解，还可以调和苹果醋的风味，一般加入量为 1%～2%。

10. 调配　　根据需要在醋液中加入适量的水、蔗糖等进行调配。

11. 装瓶、杀菌　　在过滤调配好的醋液中添加 0.08%～0.1%的苯甲酸钠，装入洁净的瓶中，在 70～75℃下杀菌 15min，冷却至室温即为成品苹果醋。

——思 考 题——

1. 酿酒葡萄品质对葡萄酒质量有何影响？

2. SO_2 在葡萄酿造中的作用是什么？如何使用？

3. 如何防止葡萄汁和葡萄酒氧化？

4. 简述酒精发酵机制及调控技术措施。

5. 苹果酸-乳酸发酵及其对葡萄酒质量有何影响？

6. 橡木桶在葡萄酒陈酿中有何作用？

7. 过滤对葡萄酒口感品质有何影响？

8. 简述果醋发酵机制及调控技术措施。

第九章 果品蔬菜速冻保藏

【内容提要】

本章主要介绍水的冻结原理、果蔬速冻的理论基础、速冻适用的水果蔬菜原料特性、速冻果蔬生产工艺、常用速冻方法和设备、速冻生产中容易出现的质量问题及其控制。

果蔬速冻技术是以果蔬中水分快速结晶为基础，迅速降低果蔬温度的加工技术。速冻技术要求在 30min 内通过果蔬最大冰晶生成带($-1\sim-5℃$)，使果蔬中心温度达到$-18℃$，并在该温度以下贮藏。果蔬在这样的冻结条件下，细胞间隙的游离水和细胞内的结合水、游离水能同时冻结成无数的冰晶体(冰晶粒子在 100μm 以下)，冰晶细小就不会损坏细胞组织。当果蔬解冻时，冰晶体融化的水分能迅速被细胞再吸收。

速冻作为新型果蔬加工技术，在中国传统食品如水饺、馄饨等加工产业化过程中树立了一个成功典范。而速冻技术用于果蔬保藏，就是将经过处理的果蔬原料，采用快速冷冻的方法，使之组织液结冰，然后在$-18\sim-20℃$的低温下保存。速冻保藏是当前果蔬加工保藏技术中能最大限度保存果蔬原有风味和营养的方法。

第一节 果品蔬菜速冻保藏原理

一、冷冻过程及冰点温度

水的冻结包括降温和结晶两个过程。一个大气压下，纯水的冰点温度为 0℃。但实际上，纯水降到 0℃并不开始结冰，而是首先被冷却为过冷状态，也就是温度虽然已下降到冰点以下，但尚未发生液体到固体相变的状态。

过冷状态的发生，是由于液体降至冰点而开始形成"结晶"时，原来液体分子间所含能量得以释放，这种放热的物理效应，表现为液态与固态共存，而且固体比例不断加大，同时温度不随时间下降，过了该液体的冰点阶段，也就是说液体的"结晶"过程完成，温度才又随时间下降。纯水冻结曲线中，温度不随时间下降的一段水平线段所对应的温度，即为该液体的冰点温度(图 9-1)。

同样，在水果蔬菜组织液中，虽然水分子与其他分子混合在一起，其组织液"冰点"与纯水"冰点"不相同，但在果蔬降温冷冻过程中，也会出现过冷现象，这种过冷现象的出现，随着冷冻条件和产品性质的不同有较大差异，一般果蔬制品的冰点温度通常在$-3.8\sim0℃$之间，所以其冻结曲线与纯水的冻结曲线有较大差异(图 9-2)。

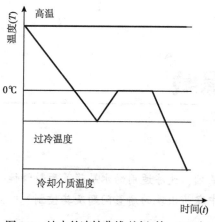

图9-1　纯水的冻结曲线(刘宝林，2010)

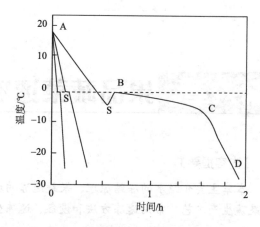

图9-2　不同冻结速率下同一种果蔬的冻结曲线
(袁仲，2015)

二、冷冻时晶体形成的特点

各种水果蔬菜的组织液冻结时，大部分水分是在靠近纯水冰点温度区域内形成冰晶的(表 9-1)。组织液中水分的结冰速率随温度下降有不同的变化，通常将水分结冰速率变化最大的温度区域称为最大冰晶生成区(−5～−1℃)。而速冻就是使温度下降快速通过最大冰晶生成区，这样就可以避免生成的大冰晶对果蔬细胞产生破坏。如果细胞壁破裂，速冻果蔬在烹饪前解冻时，组织液流出，造成产品风味和营养上的损失。要考察果蔬组织液在形成冰晶时的特点，有两个关键的温度区。

表 9-1　几种果蔬的冰点温度(袁仲，2015)

种类	冰点温度/℃		种类	冰点温度/℃
	最高	最低		
苹果	−1.40	−2.78	番茄	−0.9
梨	−1.50	−3.16	圆葱	−1.1
杏	−2.12	−3.25	豌豆	−1.1
桃	−1.31	−1.93	花椰菜	−1.1
李	−1.55	−1.83	马铃薯	−1.7
酸樱桃	−3.38	−3.75	甘薯	−1.9
葡萄	−3.29	−4.64	青椒	−1.5
草莓	−0.85	−1.08	黄瓜	−1.5
甜橙	−1.17	−1.56	芦笋	−2.2

1. 冻结点　　冻结点是指一定压力下液态物质由液态转向固态的温度点。前文已提及纯水的过冷现象，对于纯水，温度降到 0℃以下开始出现冰晶的温度，而其相平衡冻结温度为0℃，两者之间的差值被称为过冷度。

冻结点和过冷点之间的水是处于亚稳态(过冷态)，极易形成结晶。冰结晶的形成包括冰晶的成核和冰晶的成长过程。对于水溶液而言，溶液中溶质和水(溶剂)的相互作用使得溶液的饱和蒸气压较纯水的低，也使溶液的冻结点低于纯水的冻结点。果品蔬菜组织液中的水是溶有一定溶质的溶液，小分子糖类、蛋白质等都是使得果蔬冻结点下降的原因。

2. 低共熔点　　低共熔点是指含有一定溶质的溶液在初始冻结点开始冻结，随着冻结过程的进行，水分不断地转化为冰结晶，冻结点也随之降低，这样直至所有的水分都冻结，此时溶液中的溶质、溶剂达到共同固化，这一状态点被称为低共熔点。

因此，在果蔬冻结过程中，冷冻速率的快慢，会影响组织液各个部分到达冻结点的均一程度。果蔬组织是由无数细胞所构成的。组织间的水分存在于细胞内和细胞间隙，有的呈结合状态，有的呈游离状态。在冻结过程中，当温度降低到果蔬的冻结点时，那些和亲水胶体结合较弱或存在于低浓度溶液中的部分水分，会首先形成冰晶体。这样，冰晶体附近的溶液浓度增加，与细胞内的汁液形成渗透压差；同时由于水结冰体积膨胀，对细胞产生挤压作用；另外，还由于细胞内汁液的蒸汽压大于冰晶体的蒸汽压，使细胞内的水分不断向细胞外转移，并聚积在细胞间隙内的冰晶体周围。

这种细胞内水分转出的速率，与细胞内水分结晶的速率，形成竞争过程。细胞内的水分与细胞间隙之间的水分由于其所含盐类等物质的浓度不同，冻结点是有差异的。如果快速冻结，细胞内、外几乎同时达到形成冰晶的温度条件，细胞内冰晶形成速率大于水分向细胞外转移的速率，整个果蔬原料中冰晶的分布接近冻前组织液中水分子分布的状态，冰晶呈针状结晶体，数量多，分布均匀。如果缓慢冻结，细胞内的水分转出速率大于冰晶形成速率，细胞内的水分就会透过细胞膜向细胞外的冰结晶移动，使大部分水冻结于细胞间隙内，形成大冰晶，而且其体积和数量在果蔬组织分布极不均匀(图 9-3)。

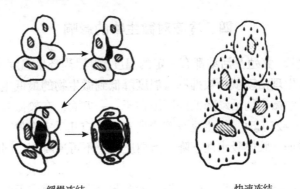

　　　　　缓慢冻结　　　　　　　　　　　　快速冻结
图 9-3　不同冻结速率下果蔬原料中的冰晶情况(Hui，2006)

三、冷冻对果品蔬菜的影响

根据目前行业内对于速冻技术达成的共识，速冻相对于缓慢冻结，应当具备以下几个特点：①处理对象在冻结时所使用的冷却介质温度应在-30℃以下；②冻结过程中形成的冰结晶非常细小而且均匀，冰晶大小不超过 100μm；③冻结过程中通过最大冰结晶生成带的时间不超过 30min；④冻结结束时的处理对象的中心温度应在-18℃以下。因此，缓慢冻结与速冻对于果品蔬菜原料的影响也不尽相同。

1. 对果蔬组织结构的影响　　冷冻可以导致果蔬细胞膜通透性增加，细胞膨压降低，细胞内外离子和分子的交换量增大，造成一定的细胞损伤。如前所述，缓冻条件下晶核主要是在细胞间隙中形成，并胁迫细胞内水分不断移出，随着胞间冰晶体不断增大，细胞原生质体中无机盐浓度不断上升，最后造成细胞失水以至于质壁分离；同时原生质浓缩到一定程度，其中的无机盐可达到沉淀蛋白质的浓度，从而使蛋白质发生变性，造成细胞死亡，组织解体，宏观上果蔬质地软化，解冻后流汁严重。

而在速冻条件下，由于细胞内外的水分几乎同步形成晶核，在果蔬组织各个部分也是同步形成结晶，水分子几乎是在液体状态的位置就被束缚，不产生迁徙，形成的冰晶晶体小，且数量多，分布均匀，对果蔬的细胞膜和细胞壁不会造成挤压破坏，所以组织结构破坏轻微，解冻后细胞膨压可恢复新鲜时水平。

2. 对果蔬化学成分的影响　　在低温条件下，果蔬组织内的一些低温微生物仍然能产酶，并促进相应的生化反应进行，因此在冷冻前后，果蔬化学成分会发生变化。在冻结和冻藏期间常发生的化学变化有：不良气味的产生，色素的降解，酶促褐变，抗生素的自发氧化等。

果蔬冻结再解冻，会产生不良气味原因在于果蔬组织中积累的羰基化合物和乙醇等物质产生的挥发性异味，或是含脂类较高的果蔬由于缓慢氧化过程而产生脂类分解的小分子异味物质。一般在速冻条件下，以及 $-18℃$ 以下的贮藏温度果蔬气味变化程度较之缓慢冻结要低。

色泽的变化包括两个方面：一方面是果蔬叶绿素脱镁，果蔬由绿色变为灰绿色；另一方面是在酶影响下，果蔬组织中的酚类物质发生氧化而产生褐变。

另外，经冻藏和解冻后的果蔬，其组织发生不同程度的软化，原因之一是由于果胶酶使果胶物质水解，原果胶变成可溶性果胶，从而导致组织结构分解，质地软化。除此之外，冻结时果蔬细胞内水分外渗，解冻后不能全部被原生质吸收复原，也是果蔬组织软化的一个原因。

四、冷冻对微生物的影响

任何微生物的生长、繁殖及活动都有一定的温度范围，当环境温度低于这个温度范围时，微生物的生长及各种生理活动就会被抑制，温度降低到微生物的最低生长温度时，微生物就会停止生长。低温导致微生物活动降低的原因在于：一方面，在较低温度下微生物酶活性下降，当温度降至 $-20\sim-25℃$ 时，微生物细胞内所有酶反应几乎完全停止；另一方面，微生物细胞内原生质黏度增加，胶体吸水性下降，蛋白质发生不可逆凝固，同时冰晶体的形成还会使细胞遭受到机械性破坏。

冷冻不一定会杀灭果蔬中的病原微生物。大多数病毒、细菌孢子和一些细菌营养细胞都能在冷冻条件下存活。冷冻的目标是防止细菌增殖。一般果蔬腐败菌繁殖的适宜温度为 $20\sim40℃$，但根据微生物对温度的耐受性，可分为低温菌、中温菌及高温菌，有少数细菌、酵母菌和霉菌在 $-10\sim2℃$ 以下仍能繁殖。有些嗜冷菌的最低生长温度低于 $0℃$，如荧光假单胞菌的最低生长温度为 $-8.9℃$。环境温度降至微生物的最低生长温度时，就会引起微生物死亡。不过在低温下，微生物死亡速率比在高温下缓慢得多。

基于上述过程，果蔬冻结时采用缓冻会导致部分微生物死亡，而速冻则相反。缓冻时果蔬温度长时间处于 $-12℃$ 附近，形成的大冰晶体对微生物细胞也有较大影响；而在速冻条件下，果蔬在最大结晶区温度范围内停留时间非常短，温度迅速下降到 $-18℃$ 下，对微生物影响相对较小。冷冻果蔬贮藏时一些产毒致病菌的孢子可以长时间休眠，如伤寒杆菌、霍乱杆菌及其他致病菌类。例如，伤寒杆菌在冰淇淋中可以存活两年以上，也有酵母菌和细菌在冷冻果蔬中生存数年之久的报道。再如，肉毒杆菌和其毒素在冻藏中至少可以保持一年。

因此，要特别强调的是，与高温处理对微生物的致死作用相比，冷冻处理更多强调对微生物活动的抑制，因此解冻后的速冻果蔬，应当迅速进入烹饪或熟化加工环节。

第二节　果品蔬菜速冻原料

一、原料的特性

在速冻技术未发展时期，水果和蔬菜的贮藏通常采用冷却加冻藏处理。但是，在冷却冻藏条件下，果蔬贮藏期一般都很短，难以全年供应，也不适合长距离运输。因此速冻果蔬，常选用自然生长和成熟的原料，并在主收获期大量采收时进行加工。

果蔬类速冻产品加工，除了水果、蔬菜完整的单体以外，还包括按照客户要求切割成不同规格的片状、块状、条状、丝状等水果、蔬菜半成品。植物组织因为细胞壁的存在，冻结时冰晶形成的差异对细胞完整性更显重要，对于处理后产品的质地、解冻时失水及其他食用品质影响较大。因此，对于果蔬速冻，从原料选择到适用工艺条件都有较严格的要求。

一般适合速冻的果蔬应具备突出风味及色泽、耐贮性好、质地坚实、成熟度适当等特性。在实际生产中，应选择具有良好加工适应性的果蔬种类进行速冻加工。

适宜速冻加工的水果种类很多，而且多以独立单体加工，主要品种有草莓、黑莓、树莓、蓝莓、越橘、菠萝、蜜橘、黄桃、荔枝、芒果、猕猴桃、龙眼、苹果、梨、无花果、杨梅等。

适宜于速冻加工的蔬菜种类也很多，只是目前因为市场和成本原因，形成规模生产的品种相对于水果较少。速冻果蔬主要取其可食部分，主要品种有青刀豆、豇豆、豌豆、嫩蚕豆、茄子、番茄、青椒、辣椒、黄瓜、西葫芦、南瓜等；还有部分叶菜类取其整叶和鲜嫩叶柄，如菠菜、芹菜、韭菜、蒜薹、小白菜、油菜、香菜等；还有块茎类的加工产品，如马铃薯、芦笋、莴笋、芋头、冬笋；根菜类的有胡萝卜、山药等；特别近几年对于食用菌类的速冻加工也开始提速，如香菇、牛肝菌、猴头菇等。

整体上，不管是水果还是蔬菜，适宜于速冻加工的品种，往往具有质地较脆硬、含水量适中、含淀粉和蛋白质较多、组织致密程度适中、色素物质敏感性较低等特点。同时，原料冷冻适应性强、加工时成熟新鲜、色味俱佳。

上述各类果蔬，加工前的新鲜度越高，其冻结加工后的品质也越好。对于果蔬类，采摘时期是否适宜、是否经过病虫害，以及采摘方式等都会影响加工品质。另外，采摘后要尽快进入速冻加工环节，对于大多数果蔬，采摘到速冻间隔越短，速冻果蔬质量越好。例如，青刀豆，收获 24h 后再冻结加工会出现严重的脱水、变色等现象。

二、原料的贮藏

由于果蔬原料的成熟期短，产量集中，短时不能加工完的就需进行贮藏，以待继续加工。而有些特定原料，如巴梨、莱阳梨、香蕉、柿子，要经过后熟过程才适于加工食用，这些原料也有进行贮藏的必要。但整体上，用于速冻生产的果蔬原料，应尽可能缩短其贮藏周期。

原料运到加工厂后，因后序要进行预冷等处理，宜采用大包装聚乙烯袋，或是纸箱包装，堆码不应太高，底层箱篓不受挤压，放于清洁、阴凉、干燥、通风良好、不受日晒雨淋的场所，并严格控制各种原料的最佳品质期，如早熟梨一般为 2 天；苹果、晚熟梨最多为 7 天；柑橘为 5 天；而青豌豆、甜玉米、芦笋及蘑菇必须要在 6h 内进行加工。

从果园或大田收获的水果和蔬菜，采收后仍然进行呼吸作用和新陈代谢，如果不进行合理的贮藏处理，不仅消耗营养物质，也会使其加工适应性降低。为最大限度地保证果蔬原料的新鲜程度和原有品质，就必须在果蔬原料采收后的最短时间内，用人工方法帮助其释放田间热，使得呼吸作用和蒸发作用降低到能够维持正常新陈代谢的最低水平。

对于速冻果蔬加工，采收后对原料进行及时的预冷处理，是加工前短暂贮藏必不可少的一步措施。果蔬预冷是指将原料从初温(20℃以上)迅速降温至果蔬组织细胞能进入休眠的温度(0~5℃)。果蔬预冷采用的介质有空气、水和冷媒等。利用空气预冷，即在冷风库中，用风机强制空气循环，对果蔬进行降温，这种处理必须结合特殊的包装材料，以防止果蔬过度失水；而利用水进行预冷处理时，可将果蔬浸没在冷水中或用冷水进行喷淋，都可达到冷却的目的，使用这种方法要注意喷淋水的力度不应对原料表面造成物理性损伤；真空冷媒预冷，是在有制冷夹套的真空设备内，一边进行制冷降温，一边进行抽真空作业，这时水的沸点随着压力的降低而降低，到达一定真空度时果蔬表面水分开始蒸发，水分蒸发所需热量由原料提供，果蔬因而失热而降温冷却。

第三节　果品蔬菜速冻工艺

一、原料选择

用于速冻加工的水果，一般尽可能保留整果成分；而蔬菜加工，要去除较多不可食部分。原料选择要挑选无伤、去除有病虫害、畸形，以及不成熟或成熟过度的原料。有些蔬菜还要去掉老叶、黄叶，切去根须，修整外观等，使蔬菜品质一致。常见的速冻加工原料有其特有的选料标准。例如，青刀豆，应保证鲜嫩、色绿，条形均匀细长、无斑、无虫、无其他污染。无侧筋的品种应剪去两端尖，带侧筋的品种要除去侧筋并剪去两端尖；而新鲜豌豆，需要人工剥荚，去荚后的豆粒要进行分级，按粒径分成多种规格。再如，用新鲜的甜青椒(柿子椒)加工速冻产品，甜青椒要个大肉厚，胎座小、色泽光亮，无斑；速冻黄瓜要求鲜嫩、肉多籽少，秋黄瓜最佳，最好当日采摘当日加工，贮藏不超过 24h；菠菜则要求原料鲜嫩、浓绿色、无黄叶、无病虫，收割与冻结加工间隔越短越好。对于整棵体积较大的原料，要适当切分，如菜花，就应当选择花冠紧实的原料，便于后续的切分和整形处理。

二、清　洗

刚采收的果蔬，常常带有大量泥沙、杂质等。清洗目的在于洗去果蔬表面附着的灰尘、泥沙和大量的微生物，以及部分残留的化学农药，从而保证制品的质量。洗涤时常在洗涤水中加入盐酸(0.5%)、高锰酸钾(0.1%)、漂白粉(600mg/kg)等化学试剂，既可减少或除去农药残留，还可除去虫卵，降低耐热芽孢数量。从清洗方式来看，果蔬的清洗主要有手工清洗和机械清洗两大类。手工清洗简单易行，设备投资少，适用于任何种类的果蔬，但劳动强度大，非连续化作业，效率低。但对于一些易损伤的果品如杨梅、草莓、樱桃等，必须采用手工清洗。对于质地比较硬的李、黄桃、甘薯、胡萝卜等原料，可以采用滚筒式清洗机；而速冻后用于贮藏，再解冻后用于浆或酱类生产的水果，也可以采用这种方法；番茄、柑橘等可采用喷淋式清洗机；甘薯、芋头等较硬物料可用压气式冲浪清洗机等。

三、去皮与切分

大部分果蔬外皮较粗糙、坚硬，虽有一定的营养成分，但口感不良，对加工制品有一定的不良影响。例如，桃、梅、李、杏、苹果等外皮含有纤维素、果胶及角质；甘薯、马铃薯的外皮含有单宁物质及纤维素、半纤维素等。因而，除非要保留整果外形的如草莓、枇杷等，一般要求去皮。

速冻果蔬去皮可采用手工去皮，可以保证去皮干净、损失率少，并兼有修整的作用，还可与去心、去核、切分等同时进行。对于外形尺寸差异较大、成熟度不均一的原料，手工去皮能突出其优点。但手工去皮费工、费时，生产效率低，只适用于附加值高的原料，如一些珍稀食用菌类。

果蔬加工中采用的机械去皮方法主要有：旋皮机，是在特定的机械刀架下将果蔬皮旋去，适合于苹果、梨、柿、菠萝等大型果品，对于速冻原料，要求旋口锋利，切面有一定弹性，不损伤深层组织；另外，如果是需要去除较厚皮质部分的速冻果蔬，也可以用擦皮机，其内表面的金刚砂可以在转筒滚动时，借摩擦力的作用擦去表皮，适用于马铃薯、甘薯、胡萝卜、芋头等原料，去皮后冷冻前要对已经擦伤表面进行喷淋处理。

而对于速冻果蔬的切片处理，要满足"薄、平、均"的要求，规模化生产中常采用专用切分机械，如用于桃对半切分的劈桃机，利用圆盘锯将桃锯成两半；多功能切片机，更换组合刀具架后，可根据要求制作条、块、片等多种形状；速冻蘑菇生产中，常用蘑菇定向切片刀；还有菠萝旋切机、青刀豆切端机等。

四、烫漂与冷却

速冻前果蔬的烫漂，对最终产品的品质影响很大。速冻加工与热处理不同，无论是对微生物还是果蔬本身的酶类活动，它都是抑制为主，而不能使其完全失活。

因此速冻前，果蔬原料的烫漂，具有多重的作用。首先，果蔬原料受热后氧化酶类等可被钝化，从而停止其本身的生化活动，防止品质败坏，一般认为抗热性较强的氧化还原酶可在 $71 \sim 73.5\,^{\circ}\mathrm{C}$ 失活；另外，通过烫漂，可以稳定或改进果蔬色泽，由于空气的排除，减少后序氧化过程，对于含叶绿素的果蔬，色泽更加鲜绿；除此以外，热烫可以除去部分辛辣味和其他不良风味，对于苦涩味、辛辣味或其他异味重的果蔬原料，经过烫漂处理可适度减轻；最后，热烫可以降低果蔬中的污染物和微生物。经烫漂可杀灭微生物，减少原料污染，这一点对于速冻制品尤为重要。

但是，烫漂同时要损失一部分营养成分，烫漂时，果蔬都要损失一部分可溶性固形物；而维生素 C 及其他水溶性维生素同样也会损失。

烫漂可采用热水烫漂，也可以采用蒸汽烫漂。采用热水，一般在大于 $90\,^{\circ}\mathrm{C}$ 的温度下热烫 $2 \sim 5\mathrm{min}$。果蔬烫漂工业生产时有连续化预煮设备，目前主要的预煮设备有链带式连续预煮机和螺旋式连续预煮机等。热水烫漂优点是物料受热均匀，升温速度快，方法简便；缺点是可溶性固形物损失多，一般会损失 $10\% \sim 30\%$。另外一种方式就是采用蒸气烫漂，蒸气法是将原料装入蒸锅或蒸气箱中，用蒸气喷射数分钟后立即关闭蒸气并取出冷却。该方法可避免营养物质大量损失，但必须有较好设备，否则加热不均，烫漂质量差。

热烫后应立即冷却，以减少余热效应对原料品质和营养的破坏。先采用常温水预冷，然后采用 0～5℃的冰水进行第二次冷却，使物料温度达到 5～10℃。也可以结合风冷沥干，用低温冷空气吹扫，并不断翻动原料，使其迅速降温。

五、沥　干

经过前面工序处理的物料，表面带有大量明水。在加工过程中，容易形成表面冻伤。另外，结块较大的冰晶，也影响运输和贮藏。

工业生产中使用的沥水机，主要有输送网带沥水机、振动筛沥水机、圆盘式离心沥水机等，要根据物料特性，选择适宜的沥水设备。例如，叶菜类加工，由于叶片间存留很多水，靠离心或者网带沥水很不充分，这时就要使用一定振动幅度的振动式沥水机，保证物料各层的明水都能够除去。

六、快速冻结

果蔬组织细胞中含较多纤维素，在失水或承压情况下，可产生质壁分离现象，而对细胞造成破坏，因此果蔬原料对压力的承受能力较动物性组织差。慢速冻结形成的大冰晶，对果蔬细胞壁造成胁迫挤压，解冻时细胞内营养物质外溢，导致果蔬品质劣变；快速冻结形成的均匀而细小的冰晶体均匀分布于细胞内外，使细胞的内外压力平衡，解冻时水分大部分被细胞组织重新吸收。

沥水后的果蔬由输送机送到振动布料机，对原料均匀布料。需要注意的是，不同果蔬原料进行速冻时的摆料厚度差异较大，整体摆放厚度不能太厚，前期要经过试验，确定最佳摆料厚度，标准就是至少在 30min 内，整盘物料能完成冻结，并且中心温度达到要求。

果蔬装盘或包装后进行快速冻结，是速冻加工的重要环节，是保证产品质量的关键。在快速冻结过程中，一般冷媒要保证冻结环境温度为-35～-30℃，风速保持在 5～8m/s，冻结至果蔬中心温度下降到-18℃，冻结即可结束，最长用时不超过 30min。这有利于保持食品快速冻结状态下形成的组织结构。冻结后，必须取样测定样品中心温度，如果品温高于-18℃，那么贮藏中组织内部未冻结的水分会逐渐生成大冰晶，并借助热力传导，将已经形成的小冰晶再次融化，从而影响速冻果蔬的质量。

七、包　装

良好的包装可以有效控制速冻果蔬在贮藏过程中因表面冰晶体升华引起的干耗，即水分由产品的表面蒸发而形成干燥状态；同时也可以防止果蔬在贮藏过程中接触空气而氧化变色；另外，还能隔绝空气污染、保持产品的卫生。

速冻果蔬完成冻结后，后续工作都需要在低温环境下处理。因此其包装也必须保证在-5℃以下进行，如果环境温度回温到-4～1℃以上时，速冻果蔬会发生重结晶现象，将会大大地降低速冻果蔬的品质。通常采用小包装，每袋 0.5～1kg，然后再用瓦楞纸箱包装。

一般在包装外部，要尽可能详细地说明速冻果蔬的贮藏条件和危害控制。不同于其他果蔬加工品，速冻果蔬在速冻包装上印有出厂日期并无多大实际意义，贮藏是保证速冻果蔬的重要环节，其品质在很大程度上取决于贮藏期间经历的温度变化。

第四节　速冻方法与设备

冻结器作为速冻果蔬加工的关键设备，根据使用的冷冻介质及与果蔬接触的状况，可分为空气冻结法、间接接触冻结法和直接接触冻结法等。

空气冻结法又可以分为静止空气冻结、气流冻结和流化床冻结三种方式。静止空气冻结方法就是将果蔬原料放入低温(−35～−20℃)的冻结室中，利用空气自然对流冷却来促使果蔬冻结，果蔬可分层摆放在速冻专用的推车上或者传送链上，以增加冷空气与果蔬原料的接触面积，可以连续或者间歇进行作业。这种方法冻结速率虽然较慢，但设备简单，成本低，在一些规模较小的企业仍被使用。静止冻结因冻结速率相对缓慢，因此速冻原料往往要求切分得很薄，这对于有些原料来说，难以实现，比如很多叶菜类。同时这种方法对于生产管理控制来说，往往会使冻结后的果蔬品质降低，因此利用空气冻结的另一个种办法就是气流冻结法，采用气流冻结装置来提高冻结速率，主要是利用了低温空气在鼓风机的推动下，形成一定速度的气流对冻结对象进行连续的去热处理，在气流冻结装置中，气流方向可以与冻结对象的运送方向同向，或者逆向或者从与物料垂直方向进行。近十几年来，利用冷空气进行速冻生产的设备，还有一种流化床冻结法。流化床速冻又称悬浮式冻结，是利用强制循环的高速冷风将被冻结对象吹离承载面，形成悬浮状态(即所谓流化态)，从而快速冻结。这种方法使得被冻结物料不仅处于气流环绕中，而且在气流吹送下，物料自身不断发生翻转，这样整体物料散热更均匀、更迅速。

间接接触冻结法是利用被制冷剂冷却过的金属空心平板，与被冻结对象密切接触而达到降温冻结的目的。间接接触冻结装置中，低温金属构件可以是金属平板，也可以是回转式履带或者是镂空钢带。回转式钢制履带，由于冻结对象的上、下两面同时受到降温作用，故冻结速率较快。

直接接触冻结法是将要冻结处理的果蔬，与低温制冷介质直接接触，可以是与制冷剂间接接触后低至一定温度的液态介质，如盐水、糖液、甘油等；也可以是蒸发时本身能产生制冷效应的超低温制冷剂，如液氮、特种氟利昂、液态二氧化碳及干冰等。

生产中常采用的制冷介质有液氮，能达到−196℃的温度；另外可以采用液化后的二氧化碳，温度能达到−78.5℃。这些制冷介质与处理对象接触方法主要有浸渍法和喷淋法两种，生产中也可以将两种方法结合使用。浸渍法就是将原料直接浸没到液体制冷剂中，这种方法冷冻速率快、效果好，但浪费制冷介质。而喷淋法是用不锈钢网状传递带来传送原料，上部有制冷液喷雾器，以及搅拌用小风机，这种方法制冷均匀，生产率较高，速冻产品的品质也更优良。

不管哪种方式，都要有对应的设备来实现，各种速冻设备都包括以下几部分重要构件，包括制冷机组、冷却冻结室或者冻结履带，整理包装构件。制冷机组对冷媒(制冷剂)，如氨或氟利昂等进行压缩，然后经冷凝、膨胀、节流，形成能吸收热量的冷源，冷却冻结室或履带是对果蔬物料进行快速降温而使其达到冻结温度，整理包装构件对冻后的产品进行分离和低温包装。

一、隧道鼓风冷冻机

使用低温空气作为冷冻介质。常见的设备是鼓风冷冻隧道(图9-4)，其冻结过程主要有以下两种形式。

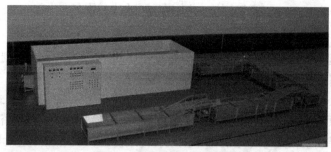

图 9-4　直线式鼓风冷冻隧道

一种是被冷冻的果蔬装在小车上推进隧道，关闭通道后向隧道内鼓入低温空气进行冷却、冻结，果蔬中心品温达到要求后，再推出隧道，主要用于产量小于 200kg/h 的企业。所用的低温气流的流速多为 6m/s 左右，温度为–35～–45℃，其相应制冷系统蒸发温度为–42～–52℃。果蔬在隧道中需要停留的时间，要控制在 30min，所以切片厚度和铺盘要严格控制。

第二种是被冷却的果蔬用传送带输入隧道，果蔬在传送带上连续进出。果蔬可以是包装好的，也可以是散装的。传送带上设有许多小孔，冷空气经由小孔吹向果蔬。这为连续生产提供条件。由于采用机械化传送和连续冻结，不仅减轻了操作人员的劳动强度，提高了生产效率，而且由于冻结速率、冻品各部位降温速率均匀，因而冻体冰结晶细小，色泽好，商品质量高。但该装置为冷风循环式，风机的动力消耗高。

二、流化冻结法

流化式冻结装置，因为使果蔬物料在冷气流中产生翻滚，因此具有冷冻速率快、冰晶生产均一和易于实现机械化连续生产等优点。流化冻结的最大特点是以流态方法减少果蔬物料在冷冻操作时出现的物料与物料间、物料与承载面之间产生的粘结，而且可以提高单位时间里物料冻结时的传热面积。用流态化的方法冻结果蔬，由于果蔬物料被高速冷气流所包围，提高了传热介质的换热强度，传热的有效面积比正常的冻结状态提高 3.5～12 倍，强化了果蔬的冻结，缩短了冻结时间。

因此，近年流化速冻设备(图 9-5)被广泛地应用于颗粒状、片状、球状、块状等形状的果蔬物料的冻结，特别适用于果蔬类单体果蔬的冻结。

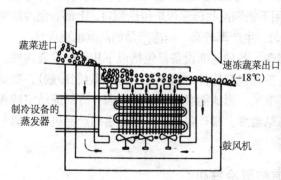

蔬菜进口

速冻蔬菜出口
(–18℃)

制冷设备的
蒸发器

鼓风机

图 9-5　流化速冻设备

三、间接接触冻结法

间接接触式冻结装置的特点是被冻的果蔬与冻结装置中蒸发器(或冷却器)的壁面接触，主要以传导的方式进行热交换；设备紧凑，消耗的金属材料少，占地面积小，安装方便，投产快。但这类设备一般都耗冷量大，这一缺点使其广泛应用受到限制。间接接触面采用低温金属板作为处理介质，金属板内部可以是制冷剂，在加工时直接蒸发，也可以是经过降温后的载冷试剂。其主要特点是被冻果蔬夹在两块金属板之间，用液压装置使金属板和果蔬紧贴，由于果蔬和金属板直接接触，热阻小，所以冻结速率快，主要用于冻结块状或切片规则的果蔬(图 9-6)。

四、直接接触冻结法

这种方法主要是将制冷介质，如液氮或液态二氧化碳直接喷射到果蔬表面进行冻结。由于两者的沸点都很低，分别是-78℃和-196℃，当这样的液体喷淋到果蔬的表面时，能迅速吸收大量的热量。同前面所介绍的冻结装置相比，这类冻结装置的冻结温度更低，所以也常称为深冷冻结装置。其共同特点是没有制冷循环系统，在低温液体和果蔬接触的过程中实现冻结。这种方法的传热速率很高，初期投资也很低，可以达到快速冷冻的目的，但是由于制冷剂的消耗，运行费用较高(图 9-7)。

图 9-6　平板间接接触式速冻设备

图 9-7　液氮喷淋速冻设备

五、果蔬冷冻的新技术

近年来，果蔬冷冻相关理论研究整体比较缓慢，但是对于新技术在果蔬冷冻加工中的应用，也出现了许多新的尝试。

1. 活细胞冷冻技术(CAS)　　活细胞冷冻技术(cell alive system，CAS)冷冻系统是 2005 年日本 ABI 公司开发的在磁场作用下对材料进行冷冻的装置，整个冻结系统是由动磁场和静磁场组合后，从壁面释放出微小的能量，使食物中的水分子呈细小且均一化的状态，然后将物料从过冷状态立即降温到-23℃以下而被冻结。CAS 系统是一种与以往的冻结系统完全不同的新型冻结技术，果蔬在 CAS 中冻结后细胞不会死亡，解冻后新鲜程度可最大限度地恢复到冻结前的状态。由于该技术最大限度地抑制了冰晶膨胀，因此解冻后的果蔬能保持其色、香、味，且无汁液流失现象。

2. 高压冷冻技术　　果蔬高压冷冻技术是通过改变压力来控制果蔬中水的相变过程。在高压条件下，将果蔬冷却到一定温度，然后迅速将压力释放，就会在果蔬内部形成细小而均匀的冰晶体。并且，冰晶体积不会再膨胀，因此可减少果蔬的损伤、提高果蔬的质量。高压冷冻采用的压力可以达到 $2.1×10^8Pa$，此压力下，通常冷冻过程中细胞中的水由液体转变为固体会有明显体积增大，而上述的高压可以明显地抑制这一膨胀过程。

另外，这种高压下，过冷态的水不断结冰时产生的热量也比常压下要小很多，实际上也就减少了单位时间内所需冷却的热量。

3. 磁共振冷冻技术　　磁共振冷冻技术是在物料冻结过程中抑制冰晶生成的新方法。其基本原理是：组织液未冻结的果蔬原料，在连续电磁波振荡的环境中，果蔬温度能降到比正常初始冰点温度低的范围而不结冰。此时如果将磁场撤离，整个果蔬将会发生瞬间冻结。利用这种方法，果蔬能够迅速通过水结晶的临界区，而生成细小冰晶体，并能减少水分迁移产生的热量传递。

4. 微波辐射冷冻技术　　微波辐射冷冻是在冷冻过程中进行微波辐射，能够有效抑制大冰晶成核。微波辐射冷冻过程中，采用保护剂乙二醇溶液，微波作用使水分子不断发生翻转。水分子是极性分子，因此在冰晶形成时的有序排列过程受到干扰，乙二醇分子的线型对称性又对邻近水分子产生阻隔，形成一个一个微小的限制区，这些都对冰晶数量产生了很大影响，打乱了冰晶成核膨胀现象。

5. 超声波冷冻技术　　超声波果蔬冷冻技术是将超声技术和果蔬冷冻相互结合，超声可以强化冷冻传热过程，促进果蔬冷冻过程的冰结晶，因此能够改善冷冻果蔬品质。由超声波的空穴效应产生的大量气泡不仅可以限制大冰核的生成，还可以破碎尚未过渡到"玻璃态"的大冰晶体。

6. 渗透脱水冷冻技术　　渗透脱水冷冻是指对果蔬先进行脱水以达到理想的水分含量后，再进行冷冻加工。与传统冷冻方法相比，预先控制脱水的果蔬，其组织中水分子数量已经下降，在冻结时膨压减小，冰晶整体生成少。同时，组织间隙变大，对冰晶的容存提供更大空间，并且冷冻中降低冷冻负荷。生产中在控制处理温度的前提下，将水果或蔬菜浸入高渗透压的溶液，利用细胞膜的半渗透性使物料中的水分转移到溶液中，从而除去部分水分的一种技术，然后再继续冷冻(-18℃)。

7. 被膜包裹冻结法　　被膜包裹冻结法也叫冰壳冻结法，包括被膜形成、缓慢冷却、快速冷却、冷却保存4个步骤。被膜形成过程是根据果蔬品种和数量，向冷冻室内喷射-80～-100℃的液氮或二氧化碳，将冷室温度降至-45℃，使果蔬表面生成数毫米厚的冰膜，时间约 5min；在缓慢冷却过程，当冷冻室温度降至-45℃时，停止液氮喷射，利用冷冻机开始循环空气冷却温度(-35℃)，当果蔬中心温度为0℃停止；快速冷却阶段，当果蔬中心温度降至0℃时，再次喷射液氮 7～10min，使果蔬温度快速通过最大冰晶生成区，时间约为 10min；然后再停止液氮喷射，改以冷冻机将果蔬降至-18℃以下。被膜包裹冻结法的特点是果蔬冻结时，形成的被膜可以抑制果蔬的膨胀变形，防止果蔬龟裂。限制冷却速率，形成的冰晶细微，不会生成大冰晶，抑制细胞破坏，产品可自然解冻后食用，且产品组织口感佳，无老化现象。

第五节　速冻果品蔬菜的冻藏

速冻后的果蔬制品从完成包装开始，要进行冻藏，并在整个流通过程中配有冻藏链。所谓冻藏链是指易腐果蔬在生产、贮藏、运输、直到销售中，各个环节中始终处于规定的低温环境下，以保证果蔬质量，减少果蔬损耗的一种保藏措施。冻藏链一般由冷冻加工、冷冻贮藏、冻藏运输、冷冻销售4个环节组成。在果蔬冻藏链中，温度是冻藏链中最重要的控制因素。冻藏链中的各个环节都起着非常重要的作用，是不容忽视的。在整个冻藏链中，各个环节要求的温度一般是固定的，而保藏时间是相对灵活的，但要在果蔬最佳质量期内销售给消费者。

1958年，美国人阿斯德等提出了关于冷冻果蔬品质保证的"3T"（Time-Temperature-Tolerance）理论，即时间、温度、耐藏性的容许限度。"3T"理论是指冷冻果蔬在生产、贮藏及流通各个环节中经历的时间、温度对其品质的容许限度有着决定性的影响。这一理论成为果蔬冻藏链建立的理论依据，用以衡量在冻藏链中果蔬的品质变化，并可依据不同环节及条件下冻藏果蔬品质的下降情况，确定果蔬在整个冻藏链中的贮藏极限。

一、速冻果蔬的冻藏

果蔬的冻结温度及在贮运中的冻藏温度均应设在-18℃以下，这是对果蔬的质地变化、酶活性和非酶促反应、微生物学特性等因素综合考量的结果。对于速冻果蔬而言，冻藏温度越低，越有利于保持冻藏品质。但如果涉及设备成本、能源消耗、运转管理及运输过程中的温度控制等诸多因素，过低的冻藏温度既没必要也不现实。

从微生物控制学角度分析，病原菌在3℃以下就不再生长繁殖，一般果蔬腐败菌在-9.5℃以下也无法生长活动，多数酶类的活力在-18℃这样的温度下已经相当低了，但实际在-73℃的温度下仍有可能有部分酶保持着相当的活力，所以酶引起的成分变化，要靠预处理时的烫漂来预防。

果蔬经速冻后，只要在适宜的条件下贮藏，就可以有较长时间的贮藏期。但速冻果蔬在贮藏期间，由于各种因素的影响，还会发生一些变化，可能影响到果蔬品质，主要包括以下几个方面。

1. 冰晶的成长和重结晶　　果蔬冻结后，冰晶体的大小不会完全均匀。在相同温度下，原有细小冰结晶的蒸汽压，要远低于液态水的蒸汽压，同时也小于大型冰晶的蒸汽压。因此在蒸汽压差的推动下，在冻藏期间细小的冰晶会逐渐合并，成长为大的冰结晶。当温度发生波动时，含溶质较多的冰晶体首先融化，水分通过细胞膜扩散到细胞间隙的高温冰晶体上，在降温时再次结晶，使冰晶体颗粒增大。冰结晶的成长和重结晶会使细胞受到严重的机械损伤并促进蛋白质的变性。

2. 干耗与冻结烧　　冻藏果蔬与冻藏室空气之间存在一个温度差，促使水分从果蔬材料中不断地升华到空气中。循环的空气在流经空气冷却器时受到冷却，露点下降会使吸收的水蒸气在蒸发管表面凝结成霜。周而复始的升华到凝结过程使果蔬不断干燥，并由此造成质量损失，即产生干耗。

随着贮藏期的延长，冻结果蔬发生干耗时，果蔬表面的水分不断升华，最终形成干壳，内部的水分不能向表面补充，造成果蔬表面呈多孔状，从而增加了果蔬与空气中氧的接触面积，使果蔬脂肪、色素迅速氧化，造成果蔬变色、变味及持水能力下降等情况。速冻果蔬在冻藏过程中因严重干耗而引起的脂肪氧化、表面褐变等现象，通常被称为冻结烧。

3. 化学成分改变　　速冻果蔬在冻藏期间也会出现不同程度的成分变化，如维生素的降解、色素的分解、类脂物的氧化等，这些变化在-18℃下进行是缓慢的，温度越低，变化越慢。速冻果蔬的色泽发生变化的原因主要有酶促褐变、非酶褐变、色素的分解，以及因制冷剂影响造成的变色，如氨泄漏时，红色胡萝卜会变成蓝色，洋葱、卷心菜、莲子的白色会变成黄色。

因此，对于完成加工的速冻果蔬，其冻藏期间的管理也是整个冷链上很关键的一环。为使速冻果蔬在较长贮藏时间内品质变化不超过允许的极限，必须对其冻藏过程进行科学的管理，建立健全的卫生制度等。首先要做好冻藏库使用前的准备工作。冻藏库应具备可供速冻果蔬随时进出的条件，并具备经常清理、消毒和保持干燥的条件；冻藏库外室、过道、走廊等场所，都要保持卫生清洁；冻藏库要有通风设施，能随时除去库内异味。另外，对于入库产品的要求，应规定进入冻藏库的果蔬必须清洁、无污染，要经严格检验合格后才能进入库房，冻藏库温度为-18℃，则冻结后的果蔬入库前其中心温度也必须达到-18℃。

一旦入库，要求按冻藏所需的温度、湿度保持库房内相应参数稳定。库内只允许在短时间内有小的温度波动，在正常情况下，温度波动不得超过1℃，在大批速冻果蔬入库出库时，一昼夜升温不得超过4℃，冻藏库的门要密封，没有必要一般不得随意开启；对入库冻藏果蔬要执行先入先出的制度，并定期或不定期地检查果蔬的质量。如果速冻果蔬将要超过贮藏期，或者发现有变质现象时，要及时进行处理。

在库内存放的速冻果蔬，要保持期贮藏的卫生条件达标。速冻果蔬应堆放在清洁的栈板上，禁止直接放在地面。大量果蔬以塑料袋或纸箱进行小包装分割。货堆要覆盖篷布，以免尘埃、结霜污染果蔬。栈堆之间应保留一定的间隙，便于空气流动。栈堆在码放时，不能直接靠在墙壁或制冷排管上。

速冻果蔬的库房，在使用中还要定期去除异味。异味主要是由于果蔬局部发生变质所致。各种果蔬都具有各自独特的气味，若将果蔬贮藏在具有特殊气味的库房里，特殊气味就会互相影响，而改变了果蔬原有的风味。因此，必须对库房的异味进行定期的消除。清除异味除了加强在空库时通风换气外，还要在每次使用库房前利用臭氧进行异味的消除。使用臭氧的过程中一定要注意用量，过量会产生库里残留，并对果蔬色泽等产生影响。

二、速冻果蔬的流通

速冻果蔬的流通是其整个冷链的重要环节之一，需采用专用的冷冻运输设备。冷冻运输设备是指在保持一定低温的条件下运输冷冻对象所用的设备。冻藏运输工具包括铁路冻藏火车、冻藏汽车、冻藏船仓及冻藏集装箱等。目前，许多国内速冻食品生产企业都具有企业专属的低温运输工具。

不管何种低温运输工具，都应达到速冻果蔬对冷藏条件的要求：首先具有连续制冷能力，能及时排除外界侵入的热量，使食品保持规定的温度；有装货设备、通风循环设备，以保证货物合理装载，保证运输设备内温度均匀；同时，要有有隔热处理的壳体，减少外界热量影响；还要能根据运输食品的种类，调节运输设备内的温度。

目前，能达到上述要求的冻藏运输设备，也有多种形式。对于大批量、长距离转运的速冻果蔬，可以利用专门的冷藏火车专列。有干冰制冷的冷藏运输车，干冰置于车厢顶部，对空气进行循环冷却；也有机械制冷的设备，利用燃油发电机来驱动制冷压缩机；运输设备厢体采用聚苯乙烯泡沫塑料和聚氨酯泡沫塑料作为隔热层，厢内利用通风机强制空气流经蒸发器，冷却后的空气沿顶板与厢顶形成流动，并从顶板上开设的缝隙沿着车厢侧壁从上向下流动，冷空气经过厢内栈堆后温度升高，由回风道被吸回重新冷却。

随着我国高速公路和高等级公路的快速发展，公路冷藏运输占比越来越高。冷藏汽车的特点是车体隔热，气密性好，车内有冷却装置，温热季节能在车内保持比外界气温低的温度。在寒冷季节，冷藏车还可以不进行制冷而只需保温来运送。冷藏汽车可分为机械制冷冷藏汽车、液氮制冷冷藏车、干冰制冷冷藏汽车及蓄冷板制冷冷藏汽车等几种。

三、速冻果蔬的解冻

速冻食品在食用之前要进行解冻。食品的解冻是指冻结食品温度回升，部分或全部冰晶融化的过程。冻结食品在消费或加工前必须解冻，解冻状态可分为部分解冻和完全解冻。由于速冻产品差异、解冻条件不同，因此解冻过程对产品的影响也是多样的。

解冻是冻结的逆过程，在解冻过程中进入产品的热量使食品内的冰重新融化成水，并部分被组织吸收，水分吸收得越多，产品复原得越充分，解冻后质量就越好。解冻时产品的冰晶融化层由表层逐渐向内推进。可将解冻过程分为三个阶段：第一阶段从冻藏温度至-5℃；第二阶段从$-5\sim1$℃，称为有效温度解冻带，即相对于冻结过程中的最大冰结晶生成带；第三阶段从-1℃至所需的解冻终温。解冻时，越靠近食品的表面，解冻速率越快，解冻时间越短；因水的热导率小于冰的热导率，因此，解冻速率随解冻的进行而降低，越靠近食品深层，所需的解冻时间越长。因此，当食品深层温度达到食品冰点时，表面可能已长时间受解冻介质的作用，产品质量下降。

食品在解冻过程中的质量变化主要是汁液流失，即速冻食品在冻结或冷藏过程中，由于冰晶的作用，组织细胞受到的机械损伤，解冻时产生细胞质的流失现象。解冻时汁液流失的影响因素主要有冻结速率、冷藏温度、生鲜食品的pH、解冻速率等；另外还与食品的切分程度、冻结方式等有关。汁液的流失，不仅影响到速冻果蔬解冻后的质地和外观，也会造成大量营养损失，因此解冻时汁液流失的产生率是评定冷冻食品质量的指标之一。

食品因冻结而使细胞结构受到损害，解冻时温度上升，细胞内压增加，汁液流失加剧，微生物和酶的活力上升，氧化速率加快，水分蒸发加剧，使食品重量减轻；冻结使蛋白质和淀粉失去持水能力，解冻后一部分水分不能被细胞回吸，造成食品的汁液流失，流失液中溶解有蛋白质、盐类、维生素等，使食品的风味和营养价值降低，重量也减轻。所以，速冻果蔬加工中，不仅冻结过程要科学控制，其解冻过程同样也要采取合理的方法。

速冻食品的解冻方法，按供热方式可分为外部加热法和内部加热法两种。外部加热法是利用外部介质的温度高于冻结食品的温度，进行由表面向内部传递热量以达到解冻的目的，常用的有空气循环解冻、水解冻、水蒸气凝结解冻等。内部加热法是利用电流和微波的特性，在冻结食品解冻时主要是对结冰对象内部的水分子和冰晶直接作用，进行加热解冻，常用的有低频电流加热解冻、高频电流加热解冻、微波解冻法等。在生产中也可采用多种方式组合加热解冻。

1. 空气循环解冻　　空气循环解冻又称自然解冻。可以采用静止空气解冻，要求空气温度15℃以下缓慢解冻。此法对食品质量和卫生保证都很好，食品的温度比较均匀，汁液流失也较少，因为食品内的组织细胞有充足的时间来吸收冰融化后的水分。其缺点是解冻时间长，食品由于水分蒸发而失重较大，同时暴露在开放空气中，受微生物影响也较大。为了减少微生物的污染，可在解冻间装紫外灯杀菌；也可以采用流动空气解冻，采用风机连续送风使空气循环，相比于缓慢解冻，这种方法又称快速解冻法。该方法能大大缩短解冻时间，食品的失重量也减少。但解冻过程中会因食品表面的汁液融化快，细胞组织来不及吸收而造成汁液流失较多，同时食品的表面有干燥的倾向，故解冻时，应调节温度和湿度，最好带有包装解冻；另外，还可以采用热空气解冻，一般在温度 25℃以上、相对湿度为 98%的条件下进行，解冻较快。这是由于热空气向食品表面冷凝，利用相变热来加速解冻。但由于空气温度高，会使食品表面先融化，内部后融化，对食品质量影响较大；还有一种方法采用加压空气解冻，在容器中通入压力为 0.196 左右的压缩空气，由于压力升高，冰点也升高，故在同样解冻介质温度下，冰晶融化速率快，解冻时间短，解冻后质量也好。如果在加压容器内能使空气在 1.5m/s 左右的条件下流动，改善食品表面的传热状态，则更能大大缩短解冻时间。

对于工业化生产，比如一些果酱或是快餐连锁机构，常采用解冻隧道进行批量化解冻。该方法解冻过程分为三个阶段：第一阶段，空气温度为 4℃，空气循环量为 200 次/h，相对湿度为 96%，时间少于 20h；第二阶段，空气温度为 10℃，空气循环量为 200 次/h，相对湿度为 96%，时间少于 16h；第三阶段，空气温度为 20℃，空气循环量为 100 次/h，相对湿度为 60%，时间约为 4h。总时间约 36h，解冻后，放在温度不高于 3℃库中存放。采用这种方法解冻后的产品质量好、失重少。

2. 水解冻　　由于水比空气传热性能要好，对冻结食品解冻快，且食品表面有水分浸润，还可少量增重。所以，可以利用水来进行速冻果蔬的解冻。但食品的某些可溶性物质在解冻过程中将部分失去，且易受微生物污染。所以，常针对独立小包装的对象进行解冻，效果更想想。常用的水解冻方法有静水解冻、流水浸渍解冻和喷淋解冻。静水解冻适用于对带皮或有包装的冻结食品解冻，将包装对象浸没在解冻池中，通过冷却水的补充来控制池温，随解冻进行，要倒换包装对象，表层已解冻物料要及时取出；流水浸渍解冻，适用于小型冻结食品，使水温持续保持在 12℃左右，整体解冻时间需 90min 左右；第三种水作为介质解冻的方法是喷淋解冻，即将冻结食品放在传送带上，用 20℃左右的温热水向冻结食品喷淋，使其解冻。水可以循环使用，但需要过滤器和净水器处理以保持卫生。生产中也常把喷淋和浸渍结合在一起进行解冻处理。

3. 水蒸气凝结解冻　　水蒸气凝结解冻又称真空凝结解冻，是利用蒸汽压力与水沸点的对应关系，使水在低温下沸腾而形成水蒸气。低温蒸汽遇到更低温度的冻品产生凝结并释放出凝结热，热量被冻结食品吸收，从而使冻品温度升高。真空凝结解冻一般在圆筒状金属容器内进行。容器两端是冻结食品的进、出口，冻结食品通过固定承载平台送入容器，圆筒容器顶上部是水封式真空泵，底部盛装纯水。当容器压力逐渐减小，水在较低温度下即沸腾，变成水蒸气，一般真空度控制在使解冻温度在 10～20℃范围，让水蒸发，这时每千克水蒸气在冻结食品表面凝结时放出约 2000kJ 左右的热量。真空解冻比空气解冻大大提高了解冻效率，而且在真空状态下大多数好氧微生物活动被抑制，在有效地控制了食品营养成分变化和食品汁液流失量等前提下，也提高了食品的微生物安全性。另外，由于传热介质是低温的饱和水蒸气，因此食品也不会出现过热现象和干耗。

相对于传统的解冻方法，近代解冻技术更强调快速和无损，因此又发展出很多新型解冻技术。

4. 低频电流加热解冻　　这种方法是利用食品自身的电阻，使得电流通过冻结食品时产生的电阻热而使食品被解冻。此方法也称电阻解冻法。常采用的电流为频率为 50~60Hz 的低频交流电。低频电流加热解冻比空气和水解冻的速率都要快得多，而且耗电少，运转费低。但这种解冻方法也有其缺点，主要是只有密贴电极的部分才能通电流，因此，只能解冻表面平整的块状食品，而叶菜或者不规则形状的物料因为有空腔，所以内部解冻会很不均匀，而且紧贴电极部分容易产生过热现象。

5. 高频电流加热解冻　　相对于低频电流，高频交流电因为场极性变化更快，使得带电离子在电场中迅速分化，高频解冻电流频率多选在 1~50MHz，一般选用 13MHz、17MHz、40MHz。在解冻时，冻结食品放在加有高频电流的极板之间，食品的介质分子在高频电场中受极化后，跟随高频电场的变化而发生相应的变化。分子之间互相旋转、振动、碰撞，产生摩擦热。频率越高，分子之间转动越大，产生的摩擦热也越多，食品的解冻也越快。由于物料表面和内部同时有分子剧烈运动进行，故解冻较快且均匀。

6. 微波解冻　　微波是一种电磁波，与电流解冻相比，微波主要是借助辐射形式引起食品内部极性分子运动，解冻常利用波长在 0.1~2.54cm 的电磁波间歇照射食品，使食品中的介电物质，特别是水分子，发生强烈翻转和振动，微波可以在 0.01s 时间内使分子极性端产生上百次的翻转，从而在摩擦和碰撞中产生大量热量而进行解冻，全部解冻时间只需 10~30min。微波解冻迅速，而且由于作用主要集中在极性分子上，对大分子非极性无作用，这就可以保持食品各营养成分完好无损，维生素损失较少，能更好地保持食品的色、香、味；由于其穿透力，对于带有纸箱包装的食品也能解冻，既方便又卫生。同时，微波解冻占地面积小，有利于实现自动化。

在工业化生产中，也多采用组合式解冻法方法，比如电加热和空气循环组合解冻，或者电加热和水循环组合解冻，可先用水把冻结食品表面稍融化，然后进行电流解冻，因为水的良导体作用，这样电流容易通过冻结食品内部，可缩短解冻时间，节约用电。还有报道采用微波和液氮组合解冻的方法，微波解冻中局部产生的过热现象，可用喷淋液氮来局部消除。未来也将会有更多的组合技术来提高速冻果蔬的解冻效率和产品质量。

四、影响速冻果蔬质量的因素

速冻作为生鲜类食品加工的手段，可以说从原料开始到最后的食用消费，每个环节都决定其质量品质。这个过程中，影响速冻蔬菜果品的因素也是多种多样。

1. 原料

1) 原料种类和品种　　一般应选择色泽鲜艳、气味浓郁、质地脆硬、成熟度均一、抗病虫害、高产、适合机械采收的果蔬品种。例如，豌豆要选择鲜嫩味甜的，芦笋选择有绿色顶端鳞片的，白菜选择球茎结实且没有绒毛的，甘蓝选择球紧实、大小一致的品种。

2) 原料成熟度　　速冻蔬菜原料要求产量达最大限度，风味最好且组织幼嫩状态下采收加工最为适宜。

3) 原料新鲜度　　速冻蔬菜果品原料从采收、运输到加工，尽可能缩短时间；要求做到当天采收，短时入库，及时加工，最好当天采收当天加工，当天无法加工完的，确保做好原料的预冷贮存。

2. 加工工艺

(1) 原料的拣选、分级、清洗、去皮、切分、护色等工序都会影响速冻质量。

(2)烫漂与冷却。烫漂对于已切分后的原料，要做到"适度且彻底"，它是速冻果品蔬菜加工中一个重要的操作单元。原料通过烫漂要达到既可以钝化酶活性阻止酶促褐变，完成软化和改进组织结构等作用，同时又不能因为热处理，破坏组织细胞结构，导致细胞液流失。如果原料未经热烫直接冷冻，解冻后往往会出现变色、失味等品质劣变现象，甚至丧失其食用价值；而热烫过度，则使原料失去原有质地，在冻结过程中品相严重变形，同时也可能引起热力作用下的失色。烫漂后的水果蔬菜应立即投入洁净的冷却水中冷却，以减少余热效应对原料品质和营养的破坏，避免酶类再度活化，也可避免微生物重新污染和大量增殖。另外，如将较高温度下的原料直接速冻，会增加制冷负荷，耗费能源。冷却速率越快越好，避免长时间浸于水中而造成蔬菜中可溶性成分流失。

(3)沥水。原料经过护色、热烫等处理，表面常黏附一定量的明水，这部分水分若不除去，冻结时产品就不能形成一个个独立的分散体，原料与原料之间粘连，而且很容易形成大的冰晶体，既不利于快速冻结，又不利于冻后包装。沥水时间不宜太长，振动筛式的沥水时间要更短，防止原料损伤，一般以冻结后产品表面带霜但很少结块或轻微振动即能散开为宜。

(4)速冻。速冻工艺是决定速冻水果蔬菜质量的核心，而速冻速率快慢又是决定速冻质量的重中之重。尤其在初始品温较高时，如果冻结速率缓慢，蔬菜组织细胞间隙不可避免地生成过大的冰晶体，细胞内水分外渗，解冻时组织溃软，细胞质内部又浓缩严重，无法恢复到原有的色泽和质地状态。另外，水果蔬菜温度如果不能迅速降低到抑制微生物生长活动的程度，微生物的增长及其生化反应会因为高湿环境，反而得到保护，再解冻时迅速萌发。因此，各类速冻果蔬的冷冻介质温度，一般要求在–30～–35℃范围，以保证冻结过程以最长不超过30min的标准通过最大冰晶生成区，并使冻品中心温度快速达到–15～–18℃。要达成上述目标，保证速度快、冻结质量好，通常需要采取提高冷却介质与蔬菜初温之间的温差，改善换热条件，减小原料切分体积，以及增加蔬菜的比表面积等措施。根据冻结对象的品种、块形大小、堆料厚度、进入速冻设备时的品温、冻结温度等因素，在工艺参数上进行合理安排。

3. 包装和贮藏　　速冻蔬菜之所以能较长时间贮藏而不变质，包装起了关键作用。包装可以有效地控制速冻蔬菜在贮藏过程中发生的冰晶升华，可防止冻品在贮藏过程中接触空气而氧化变色，还可阻止外界微生物侵入，保持产品卫生。不同特性的速冻果蔬，选择不同的包装形式，对于大部分原料，为了加快冻结速率、提高冻结效率，一般采用冻后包装，而像叶菜类如菠菜等容易损伤的原料，常采用冻前包装。速冻果蔬要求在–18℃以下的恒定低温下贮藏，在整个冷链过程升降幅度尽量不超过5℃，否则因为贮藏温度的波动会导致大冰晶的再生成。另外，贮藏环境的相对湿度也应控制在95%以上。

第六节　速冻果品蔬菜的质量标准

速冻果蔬的质量标准包括感官指标、理化指标和微生物指标。

一、感官指标

(1)色泽：具有该品种应有的色泽。
(2)风味：具有该品种应有的滋味和气味，无异味。

(3)组织形态：形态完整，食之无粗纤维感。

(4)杂质：不允许存在。

二、理 化 指 标

要求冻结良好，产品中心温度–15℃以下。

三、微生物指标

微生物应符合商业无菌要求，出口产品应符合出口食品卫生要求。

第七节　加 工 实 例

一、速冻甜玉米粒加工技术

(一)工艺流程

原料采收→验收→去苞叶、花丝→检验→修整→清洗→脱粒→清洗→烫漂→冷却→挑选→冰水预冷→沥干→速冻→筛选→包装→冷藏→检验

(二)操作要点

1. 原料采收　　甜玉米的最佳采收期为乳熟期，即授粉后 20~22 天，一般以玉米雌穗吐出花丝 1 寸(3.3cm)左右时开始计算授粉时间。采收时玉米粒的含水量应在 70%~73%，这时甜玉米的口感、风味最佳。采收后的玉米不能在田间长时间停留和暴晒，运输和搬运时不要过分挤压，以免玉米粒破损。

2. 原料验收　　采收时甜玉米的包叶应为青绿色。籽粒饱满，颜色为黄色或淡黄色，色泽均匀，无杂色粒，籽粒大小及籽粒排列均匀整齐，秃尖、缺粒、虫蛀现象不严重。

3. 去苞叶、花丝　　甜玉米进厂后应放在阴凉处并立即剥皮加工。从玉米采收到加工的时间不能超过 6h，如果 6h 内不能加工完，必须放进 0℃左右的保鲜库内短时间贮存。人工剥去玉米苞叶，去除玉米须。去除苞叶的玉米穗要轻拿轻放，装入专用的筐内。

4. 修整、挑选、分级　　先将过老、过嫩、过度虫蛀、籽粒极度不整齐的甜玉米穗剔除。把有少许虫蛀、杂色粒的甜玉米穗用刀挖去虫蛀粒和杂色粒，然后按玉米的直径分级，可根据不同玉米品种制定 2~3 个等级，等级间的直径差定在 5mm 左右。

5. 清洗、脱粒　　因为速冻玉米粒在食用前不再经过解冻和清洗，所以要用流动水清洗干净。脱粒在专用的玉米脱粒机上进行，脱粒机刀深距离按等级来调整，避免玉米籽粒切得过深或过浅。若切得过深，可能切下玉米芯，影响产品的外观和口感；切得过浅，切下的籽粒少，得率低，浪费原料。

6. 烫漂　　烫漂是甜玉米加工过程中最关键的工序，在烫漂的温度和时间上必须严格控制。烫漂可以使用沸水或蒸汽，温度为 93~100℃，根据水温控制烫漂的时间，一般为 3~8min。烫漂的方法是先将清水煮沸，再放入甜玉米粒，水与玉米粒的比例为 4∶1。

7. 冷却　　经烫漂的玉米粒应立即冷却，否则残余的热量会严重影响品质，如颜色变暗，

干耗增大，速冻时间加长而浪费能源，也为微生物的繁殖提供了条件。所以冷却必须及时彻底，以确保产品的色泽和质量。

为了节约用水，可以采用分段冷却的方法。首先使用喷淋的方法，将90℃左右的玉米粒的温度降到25~30℃；然后在0~5℃的冰水中浸泡冷却，使玉米粒中心的温度降到5℃以下。

8. 挑选　　挑拣出穗轴屑、花丝、变色粒和其他外来杂质。为了保证产品质量、提高生产率、减轻包装前筛选的压力，冷却后在传送带上进行人工挑选，剔除过熟、未烫透和碎玉米粒。

9. 沥干　　沥干可以除去玉米粒表面的水分，防止冻结时表面水分过多而形成冰块以及玉米粒之间粘连，影响外观和净重，也可以减少电能的消耗。沥干可以在震动筛上进行，但最好用冷风吹干，一是沥干彻底，二是可以进一步冷却。

10. 速冻　　速冻是确保产品质量的决定性因素。冻结速率越快产品质量越好；反之，冻结时间越长质量越差。速冻玉米粒使用流化床式速冻隧道。玉米粒平铺在传送网带上，传送带下的多台风机以 6~8m/s 的速度将冷风由下向上吹，使玉米粒呈悬浮状，玉米粒中心的温度达到−18℃即可。速冻完的玉米粒应互不粘连，表面无霜。如果机器的蒸发温度为−34~−40℃，冷空气温度−26~−30℃，玉米粒的厚度为 30~38mm，冻结 3~5min 即可达到要求。

11. 筛选　　将冻结的玉米粒进一步挑选，剔除有缺陷粒和碎粒，必要时可过筛筛选。

12. 包装　　速冻玉米粒应在−6℃的条件下进行包装。一般用聚乙烯塑料袋包装，根据需要包装成 250g/袋或 500g/袋。包装后封口，同时在封口上打上生产日期，装箱后立即送往冷藏库冷藏。

13. 冷藏　　冷藏库的温度应在−18℃以下，相对湿度 95%~98%。冷藏库内的温度波动范围不能超过±2℃，否则温度波动过大会出现重结晶和冰升华，使玉米组织内部的冰晶增大而破坏细胞组织，影响产品质量。码放时垛与垛之间要留有足够的空隙，以利空气流通。

二、速冻菠菜加工技术

(一)工艺流程

原料选择→处理→洗净→热烫→冷却及沥水→精选→排盘→冻结→挂冰衣→包装→贮藏

(二)操作要点

1. 原料选择　　用于速冻的菠菜必须是采收后不久的新鲜产品，应选择成熟度适当、不抽薹、无腐烂的植株。

2. 原料处理　　剔除枯黄老叶、病叶、虫叶及破损叶片，从根茎以下 0.5cm 处切去根部，并根据植株的大小分成不同等级，以便使冻结产品质量一致。

3. 清洗　　将菠菜投入流水中充分冲洗，去除杂质。

4. 热烫　　将菠菜根、梢对齐，排装在竹筐中，置于 100℃沸水中烫 40~50s。热烫时，应先将叶柄部浸入沸水中，然后将叶片部浸入，以防叶片变软。有人研究指出，菠菜在 76.6℃的水温中热烫，可以更好地保持其鲜绿色。热烫时，在水中加入少量 NaOH 进行护绿。

5. 冷却及沥水　　热烫后，迅速将原料用 3~5℃的冷水浸漂、喷淋，或用冷风机冷凉到

5℃以下，以减少热效应对菠菜品质和营养的破坏。如果不及时冷却或冷却的温度不够低，会使叶绿素受到破坏，失去鲜绿光泽，在贮藏过程中逐渐由绿色变为黄褐色。所以在冷却过程中应经常检测冷却池中的水温，随时加冰降低水温。

冷却以后的原料在冻结以前，还需要采用震荡机或离心机等设备，沥去原料表面的水分，以免在冻结过程中原料间互相粘连或粘连在冻结设备上。

6. 精选　　将冷却后的原料分批倒在不锈钢板上或搪瓷盘中，逐个检查，剔除不合格的原料及杂质。

7. 排盘　　为使原料快速冻结，通常采用盘装。将沥干水分的原料平放在长方形小冰铁盘中，每盘装 0.5kg，共放两层，各层的根部分别排在盘的两侧。排盘时，先取一半菜根部朝向一侧，整齐地平铺在小冰铁盘里，超出盘的叶部折回；然后将另一半菜的根部朝向盘的另一侧，按照同样方法再排一层，便成为整齐的长方形。

8. 冻结　　将排盘好的菠菜立即送入冷冻机中，在–30～–40℃的低温下冻结。要求在 30min 内，原料的中心温度达到–15～–18℃。

9. 挂冰衣　　速冻菠菜从冰铁盘中脱离(称脱盘)以后，置于竹篮中，再将竹筐浸入温度为 2～5℃的冷水中，经 2～3s 提出竹筐，则冻菜的表面水分很快形成一层透明的薄冰。这样可以防止冻品氧化变色，减少重量损失，延长贮藏期。挂冰衣应在不高于 5℃的冷藏室中进行。

10. 包装　　包装的工序包括称重、装袋、封口和装箱，均须在 5℃以下的冷藏室中进行。按照出口规格的要求，每个塑料袋装 0.5kg，用瓦楞纸箱装箱，每箱装 10kg。装箱完毕后，粘封口胶带纸，标上品名、重量及生产日期，运至冷藏库里冷藏。

11. 冷藏　　冷藏库内的温度应保持在–18～–21℃，温度的波动幅度不能超过 ±1℃；空气相对湿度保持在 95%～100%，波幅不超过 5%。冻品中心温度要在–15℃以下。一般安全贮藏期为 12～18 个月。

──思　考　题────────────────────────────

1. 什么是水分子结晶时的"最大冰晶形成区域"？
2. 纯水的冻结过程可分成哪几个阶段？
3. 速冻和缓冻的差别主要体现在哪里？对果蔬的影响又有何区别？
4. 果蔬原料在冻结前进行烫漂的目的是什么？
5. 速冻果蔬对原料有哪些要求？
6. 影响速冻果蔬质量的因素有哪些？如何提高速冻果蔬的质量？

第十章 果品蔬菜加工新技术及综合利用

【内容提要】

本章主要介绍果蔬加工的新技术，果蔬色素、精油、果胶及果蔬活性功能成分的提取方法，苹果和葡萄的综合利用技术。

随着现代物理技术、化学技术和生物技术在果蔬加工领域的不断应用，促进了果蔬加工技术的快速发展，使果蔬加工技术更加科学合理。同时，新技术的应用，进一步提高了果蔬资源的综合利用率和果蔬资源的附加值。如从果蔬加工的副产品果皮、果渣、种子及下脚料当中提取色素、果胶、油脂和活性功能成分等，不仅提高了果蔬资源的附加值，还有效减少了环境污染，变废为宝。

第一节 鲜切果品蔬菜加工

一、鲜切果品蔬菜加工的技术基础

鲜切果蔬即最少加工（minimally processed，MP）果蔬，又称为切割果蔬、轻度加工果蔬、半加工果蔬。国际鲜切产业协会将其定义为：新鲜水果或蔬菜经修整或去皮、切分成 100% 可利用的产品，这些产品采用袋装或预包装，从而为消费者提供高营养、方便和良好风味的新鲜产品。鲜切果蔬起源于 20 世纪 50 年代的美国，60 年代开始商业化生产，80 年代以后在欧洲各国、日本、加拿大等国家也迅速发展。20 世纪末，鲜切果蔬在中国作为新兴产业开始兴起。鲜切果蔬需要经过分级、整理、挑选、清洗、修整、去皮、切分、包装等一系列步骤，是集果蔬加工、保鲜技术于一体的一项技术要求含量较高的工程。

1. 低温保鲜　鲜切果蔬品质的保持，最重要的是低温保存。低温可抑制果实呼吸作用与酶活性、降低各种生理生化反应、延缓衰老和抑制褐变、抑制微生物的活动，从而保持食品的新鲜度。温度对于果蔬的质量变化影响较大，环境温度低，水果生命活动缓慢、营养素消耗少、保鲜效果好。因此，鲜切水果品质保持与低温贮藏密切相关。需要注意的是，不同果蔬对低温的耐受程度是不同的，当温度低于某一程度时会发生冷害，导致果蔬代谢失调、褐变加剧、产生异味等现象，缩短果蔬的保鲜期。因此，对于每一种果蔬需要进行冷藏试验，寻找其最佳的保鲜温度，延长其货架寿命。

部分微生物在低温环境中仍继续生长，低温保藏的食品仍有可能发生腐败变质，为保证鲜切水果的安全性，仍需结合其他防腐处理技术如酸化处理、添加防腐剂等来满足保鲜要求。

2. 气调保鲜　　气调保鲜是通过调节和控制环境中或包装内气体组成比例，主要是降低 O_2 浓度、增加 CO_2 浓度，降低生鲜果蔬组织的呼吸强度、抑制酶活性、抑制微生物生长繁殖和乙烯的产生、减缓果蔬内的化学变化速率，从而达到减少营养物质消耗、延长鲜切果蔬货架寿命的作用。

气调保鲜可通过适当包装获得适宜的气调环境，也可以人为地改变贮藏环境的 O_2 和 CO_2 的浓度。不同的果蔬对最高 CO_2 浓度和最低 O_2 浓度的忍耐度存在差异，如果 O_2 浓度过低或 CO_2 浓度过高，会引起低 O_2 伤害和高 CO_2 伤害，产生异味、褐变和腐烂。此外，果蔬组织切割后还会产生乙烯，而乙烯的积累又会导致组织软化等劣变，因此，还需要添加乙烯吸收剂。气调包装保鲜技术在保持食品原有风味和营养价值等方面具有独特的优势。

3. 减压保鲜　　减压保鲜法是在冷藏和气调贮藏的基础上发展起来的一种气调保鲜方法。将鲜切果蔬放入冷却的密闭容器抽真空，一方面稀释 O_2 的浓度，抑制乙烯的生成；另一方面把鲜切果蔬释放出的乙烯从环境中排出。

压力大小由果蔬品种及贮藏温度决定。达到一定低压时，新鲜空气通过压力调节器、加湿器等设备转变为潮湿、低压、低氧的空气，可有效去除果蔬经过呼吸作用和生理代谢产生的有害气体，使果蔬处于休眠状态能够显著的降低呼吸速率、抑制酶活性，延长鲜切果蔬的货架寿命。由于果蔬组织切割后会产生乙烯，乙烯的积累会导致组织软化等劣变，因此，还需要添加乙烯吸收剂。

4. 食品添加剂处理　　鲜切果蔬外观的主要变化之一是酶促褐变，在有氧气的条件下，多酚氧化酶催化酚类底物产生褐变。根据褐变条件，可以采取抑制酶的活性、隔绝氧气或消耗氧气来遏制鲜切果蔬的褐变。研究表明，通过添加维生素 C 消耗果蔬的氧，或者利用热烫、添加柠檬酸、生物防腐剂、EDTA 等技术抑制酶的活性，能有效抑制鲜切果蔬的褐变。

5. 冷杀菌技术　　冷杀菌技术主要包括臭氧、紫外线、辐照、超声波、高压、脉冲电场、振荡磁场等。臭氧分解产生的新生态氧能迅速渗透到真菌、细菌组织内，引起菌体蛋白变性、酶系统破坏、正常的生理代谢过程失调，导致菌体休克死亡，同时臭氧还能使乙烯氧化分解，延缓果蔬的后熟和衰老。紫外线可抑制食品表面微生物的 DNA 复制，导致微生物突变或死亡。超声波的空穴效应在液体中产生瞬间高温、高压造成一些细菌死亡，病毒失活。高压杀菌的机制是通过高压作用来破坏微生物的组织结构，促使细胞 DNA 变性，同时抑制酶活。辐照是利用电磁波射线或加速电子照射抑制、杀死微生物的一种技术。应用这些技术，能够有效地抑制微生物的生长繁殖和酶的活性，从而保持鲜切果蔬的感观、风味及营养成分，延长鲜切果蔬的货架寿命。

6. 涂膜保鲜　　鲜切果蔬涂膜之后一方面可减少鲜切水果的水分损失、抑制果蔬组织呼吸和氧气的摄入、延缓乙烯产生、降低生理生化反应速率；另一方面，保鲜膜可以负载抗氧化剂、抑菌剂等添加剂，抑制微生物的生长繁殖，保持鲜切果蔬的质量、风味和稳定性。常用的涂膜物质有 4 种类型：脂类、树脂、多糖、蛋白质。树脂涂层广泛用于水果，有良好的阻水性，但不易附着在亲水性的切割表面，而且容易造成厌氧环境；多聚糖有良好的阻气性，能附着在切割表面，常用的多糖有卡拉胶、壳聚糖、海藻酸钠、黄原胶、改性淀粉等；蛋白质成膜性好，能附着在亲水性的切割表面，但不能阻止水分的扩散。根据涂膜物质的特点，可以进行复合配制，以达到一定的保鲜效果。

7. 生物方法　　　生物技术保鲜方法包括生物防治和利用基因工程技术进行保鲜，其中生物防治主要是利用生物体自身组成成分或一些有益微生物的代谢产物来抑制水果中的有害微生物生长，具有一定的保鲜效果，而且具有无味、无毒、安全、无二次污染等优点。

二、鲜切果品蔬菜加工工艺

鲜切果蔬的生产工艺流程一般为：选择原料→采收→预处理→分级修整→清洗、切分→漂洗→护色→脱水→包装贮藏→销售

1. 原料选择　　　果蔬原料是保证鲜切果蔬质量的基础。目前国内外用于鲜切水果研究与生产的水果品种主要有苹果、梨、桃、菠萝、香蕉、草莓、甜瓜、西瓜、柿子等。果蔬原料一般选择新鲜、饱满、成熟度适中、无异味、规格均匀、无腐烂、无病虫害、无斑疤的个体。只有优质的品种，才能生产出优质的鲜切果蔬产品。

2. 采收　　　用于鲜切果蔬的原料一般采用手工采收，采收后应立即加工。如采收后不能及时加工的果蔬，一般需在低温条件下冷藏备用。

3. 原料的预处理　　　一般是去除田间带来的泥土等异物杂质及果蔬不适宜加工及食用的部分。人工去除原料附着的泥土、杂质等异物，机器检测并除去金属杂质。

4. 分级修整　　　按大小或成熟度分级，同时剔除不符合要求的原料。用于生产鲜切果蔬的原料经挑选后需要进行适当的整修，如去皮、去根、去核、除去不能食用部分等。

5. 清洗、切分　　　新鲜果蔬原料按要求冲洗消毒后进行切分。切分的规格和形状也是影响鲜切水果品质的重要因素之一，切分越小、切分面积越大，越不利于贮存，这些操作过程对鲜切果蔬货架期寿命具有极其重要的影响。切分时尽量减少切割次数，使用刀身薄、刃锋利的不锈钢切刀。不同切割厚度对鲜切水果生理影响亦有差异，如切片厚度为 1cm 的香蕉呼吸强度和乙烯生成量比其他厚度都低。

6. 漂洗　　　果蔬切割后的再次漂洗处理是鲜切果蔬加工中关键的环节，经切分的果蔬表面已造成一定程度的破坏，汁液渗出，易引起腐败、变色，导致产品质量下降。漂洗可以除细胞汁液，减少微生物污染，并有利于受伤组织释放底物与酶，减缓果实组织的生理衰败，防止品质退化，以保持其食用品质及延长其保质期。不同果蔬可选用不同的漂洗液。

7. 护色　　　鲜切水果在切分后漂洗环节时，通常采取专门的护色措施来防止果蔬的褐变与软化。目前常使用柠檬酸、(异)抗坏血酸及其盐、植酸、半胱氨酸、草酸、4-己基间苯二酚等高效、无毒的防腐剂控制鲜切水果的褐变。

8. 脱水　　　包装袋中含有过量的水分，会导致微生物的迅速繁殖、引起腐败。因此，切分的果蔬经过漂洗、护色后，必须经过脱水以达到减少微生物生长繁殖的目的。

9. 包装贮藏　　　经脱水后的鲜切果蔬，即可进行包装。常见的包装方式有：普通包装、气调包装、真空包装、活性包装。真空包装则先预冷后包装，其他类型包装在包装后尽快送冷藏。鲜切果蔬的包装应既能够降低水分的蒸腾，又要满足鲜切果蔬感官和理化指标的要求，包装材料常用聚丙烯(PP)和聚乙烯(PE)。冷藏是鲜切果蔬最传统、最基本、最有效的保鲜方式之一，根据不同果蔬选择适宜的贮藏温度即可。除了热带和部分亚热带果蔬，绝大部分应在-2~4℃条件下贮藏，贮藏时不要低于果蔬的冷害温度，避免冷害症状的出现，影响鲜切果蔬食用。

10. 销售　　　温度是影响鲜切果蔬质量的主要因子，鲜切果蔬在生产、贮运及销售过程

中最好在冷链中进行。销售环节尽量减少中转次数，尽量保持低温，以便延长鲜切果蔬的货架期。

三、鲜切果品蔬菜加工实例

1. 鲜切莴笋工艺流程

工艺流程：原料→清洗→去皮→切片→护色、消毒→沥干→包装→成品

(1)清洗：将原料用自来水清洗后，盛于洁净筐内备用。

(2)去皮：手工去皮后，置于洁净筐内备用。

(3)切片：将已去皮的半成品用设备切成片状，备用。

(4)护色、消毒：将莴笋片浸泡于复合护色液内，浸泡一定时间。

(5)沥干：将莴笋片从护色消毒液中取出后，沥干水分。

(6)包装：沥干后的产品经分选后，用PE袋抽真空包装封口。

2. 鲜切菠萝片加工工艺

工艺流程：原料→清洗→去皮→切分→护色→清洗→沥干→包装→杀菌→贮藏

(1)原料：选择七成熟、无腐烂的新鲜菠萝。

(2)清洗：氯水浸泡30min，清水冲洗干净。

(3)去皮：采用不锈钢刀，手工去皮，置于洁净的容器内备用。

(4)切分：将去皮的菠萝切成厚度为2～3cm左右的扇形切片(1/4圆片)。

(5)护色：将切分过后的菠萝片迅速投入处理液浸泡20min。

(6)沥干：菠萝片浸泡后，取出沥干水分。

(7)包装：称量，PE袋包装。

(8)杀菌：紫外照射20min，杀菌。

(9)贮藏：置于5℃低温条件下保存。

四、鲜切果品蔬菜的质量控制

鲜切果蔬经过切分，容易发生酶促褐变、变味、营养成分流失、质地变软及微生物污染等质量问题，因此控制鲜切果蔬的质量问题需要重点从以下几个方面着手。

1. 原料质量安全的控制 首先控制田间的危险性因素影响到原料，最有效的措施是采用田间危险性分析和关键点控制方案，控制原料土地近几年的使用情况、肥料、杀虫剂，以及采收容器的使用、灌溉的水质、采收的方式及采收工人的个人卫生状况等一些关键因素。建立原料种植基地、生产加工和销售完整的产业链，控制原料种植过程中的灌溉用水、肥料、农药等因素，保障原料的品质和安全性。

2. 加工过程中的质量控制 鲜切蔬菜产品的加工过程属于轻度加工，因此对产品加工过程中的人员、设备、工艺、器具、环境等的卫生要求非常高。

切分的大小是影响鲜切果蔬品质的重要因素之一，切分体积越小、切分面积越大，保存性越差。在鲜切果蔬的去皮、切分工艺过程中，尽可能地减少对组织细胞的破坏程度，减少微生物生长和酶促褐变的可能性；清洗是延长鲜切果蔬贮存时间的重要工序之一，在鲜切果蔬洗涤与沥干工艺中，洗涤水中加入诸如柠檬酸、抗坏血酸、次氯酸钠等添加剂，抑制微生物生长和酶促褐变的发生，同时能有效延长货架期。洗涤后的果蔬必须做除水处理，降低腐

败的发生。为了保证鲜切果蔬的安全，企业已将 HACCP（危害分析关键控制点）、GMP（良好操作规范）、SSOP（卫生标准操作规程）和食品安全管理体系运用到鲜切果蔬产品的加工过程中。农业部在 2007 年和 2011 年分别颁布了行业标准《鲜切蔬菜加工技术规范》（NY/T 1529—2007）和《鲜切蔬菜》（NY/T 1987—2007），规定了鲜切蔬菜的定义和术语、人员要求、车间要求、设备设施及器具要求和维护、卫生要求、加工条件控制、检验规则、包装、运输和贮存、文件与档案管理、追溯与召回等方面的技术要求。

3. 流通过程中的质量控制　　鲜切果蔬加工之后，在运输、销售、保藏等流通过程中，若暴露于空气中，会发生失水萎蔫、切断面褐变、腐烂变质等现象，降低鲜切果蔬的品质。鲜切果蔬可以通过合理的技术方法防止或延缓这类不良变化。目前常用的保鲜方法有低温保藏、气调包装、加压包装，或者通过涂膜、物理杀菌及添加防腐保鲜剂等方法进行保鲜，以达到延长鲜切果蔬的货架期的作用。

第二节　超微果品蔬菜粉加工

一、超微粉的定义

超微粉一般是指粒径在 10μm 以下，并具有微粉学特征的粉体物质。超微粉是利用各种粉碎方法及设备，通过一定的加工工艺流程，使得产品加工成为超微细粉末。这类产品的重要特征是颗粒粒度微小，因此有超细粉、超细微粉之称。

超微粉的定义国内外尚未有统一的表述。有人将粒径小于 100μm 的粉体称为超微粉体；有人将粒径小于 30μm 或 10μm 的粉体称为超微粉体；也有人将粒径小于 1μm 的粉体称为超微粉。国外学者通常将粒径小于 3μm 的粉体称为超微粉体。

超微粉体通常又分为微米级、亚微米级及纳米级粉体。粒径大于 1μm 的粉体称为微米材料，粒径为 0.1~1μm 的粉体称为亚微米材料，粒径为 0.001~0.1μm 的粉体称为纳米材料。

对于食物而言，粉碎物的粒度并非越细越好。食物的粒度越细，在人体中存留的时间就越短，而且相应食物的舌感也消失了。由于不同的行业、不同的产品对成品粒度的要求不同，因此，在加工时应根据物料特性及其用途来确定。

二、超微粉的特点与应用

1. 超微粉的特点　　超微粉具有以下特点：①粉粒度范围在 10μm 以下，粉粒粒径小、分布均匀、比表面积大，表面吸附力和亲和力高，粉粒的分散性、溶解性良好；②超微粉加工过程时间短，无过热现象，产品的内在质量得到充分改善，对热敏性、芳香性的成分有保护的作用，能有效保留粉粒中的生物活性成分；③能有效提高多纤维物料、弹性物料及黏性物料中有效成分的溶出速率，提高物料的吸收利用效率；④能够提高原料的利用率，节约资源。

2. 超微粉在食品工业中的应用　　超微粉碎技术在食品工业中的应用，使得食品的结构、形式及人体生物利用度均发生了巨大变化。首先，超微粉能够提高食品的口感，利于营养物质的吸收；其次，原来不能充分吸收或利用的原料被重新利用，加工成各种功能性食品，开发新食品材料，增加了食品新品种，提高了资源利用率。果蔬制超微粉状态可以大大提高果蔬内营养成分的吸收率，提高果蔬资源利用率。

目前，超微粉在以下几类食品中应用广泛。①在果蔬类食品加工过程中的应用。果蔬粉可以用在糕点、罐头、饮料等制品中及作为各种食品的添加剂，亦可直接作为饮料等产品饮用。以各种果蔬为原料开发的一系列适合于儿童、妇女、老年人群的保健食品，可以用于纠正偏食、补钙、补铁、补碘、强身。②在调味品的加工过程中的应用。辛香调料类经过超微粉碎后，滋味和香味都更加浓郁、突出。③在面类品加工过程中的应用。将面粉、米粉等经超微粉碎加工后，其口感和人体吸收利用率得到显著提高。④在功能性食品的加工中应用。功能性食品原料的细化，为人类提供了大量新型纯天然高吸收的功能性食品。⑤在畜、禽鲜骨加工过程中的应用。各种畜、禽鲜骨经超微粉碎后，其蛋白质、灰分含量明显高，脂肪含量则很低，不仅保存了鲜骨中全部的营养，而且产品粒度小，有利于吸收，是一种天然的补钙产品。⑥在茶叶加工过程中的应用。茶叶制成超微茶粉之后，不仅使用方便，茶叶含有多种营养和功能保健成分，更易被人体吸收。

三、超微粉碎的方法与设备

超微粉体的制备方法多样，根据物质性质的差异而采用不同的制备方法。一般工业中，超微粉碎的方法有机械法、物理法和化学法。在食品工业中，生产食品超微粉的主要方法是机械法。

机械粉碎法是利用机械力作用于物料，使物料破碎达到所要求的粉末状态的一种传统方法。物料粉碎的基本作用方式有压碎、剪碎、冲击粉碎和磨碎。一般的机械粉碎设备都是几种作用力的组合。果蔬物料含有水分、纤维、糖等多种成分，在粉碎过程中比较复杂，采用机械式粉碎法时，应注意粉碎的程度，在加工过程避免污染及原料营养成分的损失等问题。

现在较常用的超微粉碎设备有以下几种。

1. 高速机械冲击式微粉碎机　　利用高速回转子上的锤、叶片、棒体等对物料进行撞击，并使其在转子与定子间、物料颗粒与颗粒间产生高频度的相互强力冲击、剪切作用而粉碎的设备。按转子的设置可分为立式和卧式两种。该机入料粒度 3～5mm，产品粒度为 10～40μm。

2. 气流粉碎机　　利用空气或其他气体以高速气流（300～500m/s）或过热蒸汽（300～400℃）喷射入机内，产生高强度的涡流及能量交换，使机内的物料颗粒之间在高速气流作用下发生撞击、冲击、研磨而粉碎。由于一些颗粒经多次冲击、剪切等作用才发生粉碎，气流磨内设置一定的分级装置，使粒度达到要求的细粒才能排出机外。产品细度可达 1～5μm，具有粒度分布窄、颗粒表面光滑、颗粒形状规整、纯度高、活性大、分散性好的特点。由于粉碎过程中压缩气体绝热膨胀而产生焦耳-汤姆逊效应，故该设备不适合于低熔点、热敏性物料的超细微粉碎，操作时，原料须先预粉碎，进料颗粒大小应适宜，加料速率应均匀，以免堵塞喷嘴。目前工业上应用的有扁平式气流磨、循环管式气流磨、靶式气流磨、对喷式气流磨、流化床对喷式气流磨等。

3. 辊压式磨机　　物料从一对相向旋转辊子上方给入，被挤压辊连续带入辊间，在受到50～500MPa 高压作用后被粉碎，产品细度可达 40～50μm。

4. 振动磨机　　振动磨机是以球或棒为介质的超微粉碎设备，用弹簧支撑槽形或管形筒体磨机体，筒体中部有主轴，轴的两端有偏心锤，主轴的轴承装在筒体上。主轴快速转动时，偏心锤的离心力使筒体产生一个近似于椭圆轨迹的快速振动。振动磨的效率比普通磨高 10～20 倍，介质在磨机内振动可使小于 2mm 的物料粉碎至数微米。振动磨的振幅为 2～6mm，频率为 1020～4500r/min。该设备具有高效、节能、节省空间、产品粒度均匀等优点。

5. 搅拌球磨机　　搅拌球磨机是超微粉碎机中最有前途而且能量利用率最高的一种超微粉碎设备。它主要由搅拌器、筒体、传动装置及机架组成。工作时搅拌器以一定速率运转带动研磨介质运动，物料在研磨介质中利用摩擦和少量的冲击研磨粉碎，使得在加工粒径小于 20μm 的物料时效率大大提高。

6. 胶体磨　　胶体磨又称胶磨机、分散磨，由一个快速旋转盘和固定盘组成，两盘之间有 0.02～1mm 的间隙。盘的形状可以是平的、带槽的、锥形的等。旋转盘的转速为 3000～15 000r/min，盘的圆周速率可达 40m/s，粒度小于 0.2mm 的物料以料浆形式进入圆盘之间，在固定体与旋转体之间产生很大的速度梯度，使物料受到强大剪切力而分散为单体颗粒，或是使轻度粘连的颗粒集合体分散于液相中，将液体分散为粒度约 1μm 的液滴。胶体磨能使成品的粒度达到 2～50μm。胶体磨可分为变速胶体磨、滚子胶体磨、砂轮胶体磨、多级胶体磨等。

7. 超声波粉碎机　　超声波粉碎机由超声波发生器和换能器两大部分组成。超声波粉碎机是利用超声波在液体中的分散效应，使液体产生空化的作用，由于超声波传播时产生疏密区，而负压可在介质中产生许多空腔，这些空腔随振动的高频压力变化而膨胀、爆炸，真空腔爆炸时产生的瞬间压力可达几千甚至几万个大气压，因此，真空腔爆炸时能将物料震碎。另外，超声波在液体中传播时能产生剧烈的扰动作用，使颗粒产生很大的速度，从而相互碰撞或与容器碰撞而击碎液体中的固体颗粒或生物组织。超声波粉碎机粉碎后的颗粒粒度在 4μm 以下，而且粒度分布均匀。

第三节　果品蔬菜脆片加工

果蔬脆片是指以水果、蔬菜为主要原料，经或不经切片(条、块)，采用真空油炸脱水或非油炸脱水工艺，添加或不添加其他辅料制成的口感酥脆的水果、蔬菜干制品。根据果蔬脆片是否添加调味料可以将果蔬脆片分为原味果蔬脆片和调味果蔬脆片。

果蔬脆片起源于 20 世纪 80 年代初期的中国台湾地区，90 年代初，引进大陆地区。果蔬脆片生产技术起源于真空干燥技术，由于工艺过程中真空的存在，使得果蔬脱水在相对较低的温度下进行，从而保证了食品的营养成分不受高温破坏。果蔬脆片以松脆的口感、天然的成分、宜人的口味、丰富的营养，引起人们消费的热情。

果蔬脆片真空加工技术主要有真空油炸、真空微波干燥、气流膨化和微波-压差膨化、真空冷冻干燥等。

一、果品蔬菜脆片加工原理

真空油炸是将油炸和脱水作用有机地结合在一起的技术方法。真空油炸利用在低压(0.07MPa 左右)条件下，以油为加热媒介，食品中的水分汽化而出，在短时间内迅速脱水，使组织干燥并形成疏松多孔的结构，从而实现在较低温度(100℃左右)下对食品的油炸、脱水过程。油炸时多使用棕榈油，这种油的抗氧化性能强，有利于防止褐变，也不易出现哈喇味等质变现象。

真空油炸过程中，真空是与低温是密切相关的，因此可以有效地避免食品高温处理所带来的一系列问题(如炸油的聚合劣变、食品本身的褐变反应、美拉德反应和营养成分的损失等)，从而较好地保持食品原有的营养成分。

二、果蔬脆片加工设备

果蔬脆片的生产设备包括前处理设备、真空低温油炸系统、后处理设备等。前处理设备有分选机、清洗机、提升机、切分机、沥水机、热烫或蒸煮设备、速冻设备等。后处理设备有撒料(调味)机、真空充氮包装设备等。真空低温油炸系统由真空系统、冷凝系统、真空低温油炸脱油系统、油循环系统等组成，是果蔬脆片生产的关键设备。

果蔬脆片如马铃薯、玉米等也可采用挤压成型工艺生产，使用熟化粉碎的原料，通过一个特殊设计的模具挤压花样各异的形状，其他处理则与直接切片成型的果蔬脆片相同。挤压成型果蔬脆片需增加拌料机、粉碎机、螺旋挤压成型机、烘干机等设备。

三、果蔬脆片加工工艺

1. 工艺流程　　原料→挑选→清洗→整理→切片→护色→浸渍→冷却→沥水→预冷冻→冷冻→真空油炸→脱油→调味→包装→检验→成品

2. 操作要点

1)原料选择　　果蔬脆片要求原料须有较完整的细胞结构，组织较致密、新鲜，无病害、虫蛀、机械伤及霉烂变质。按成熟度及等级分开，便于加工和产品质量的稳定。适合加工果蔬脆片的原料十分广泛，水果类如大枣、哈密瓜、香蕉、菠萝、芒果、杨桃等；蔬菜类如胡萝卜、马铃薯、山药、南瓜、芋头等。

2)清洗　　洗涤的主要目的是去除果蔬表面的尘土、泥沙及部分微生物、残留的农药等。受农药污染严重的原料应先用0.5%～1.0%的盐酸浸泡5min后，再用清水冲洗干净。

3)整理、切片　　对于有些果蔬需要先去皮、去核，有的果蔬可以直接切片，切的形状可以是片状、条状或块状，一般厚度在2～4mm。

4)护色　　可以采用热烫方式进行灭酶护色，防止原料酶促褐变；也可以放入含有柠檬酸、抗坏血酸等护色液的溶液中浸泡护色。

5)浸渍、冷却、沥水　　浸渍在果蔬脆片生产中又称为前调味，浸渍液根据物料风味调配，让调味物(如蔗糖、葡萄糖、柠檬酸等)渗入原料内部，达到改善风味的目的，同时能够影响最终油炸产品的色泽。此工序也可以采用真空浸渍，缩短浸渍时间，提高效率。

浸渍后要除去多余的水分，常常采用抽真空预冷或者振荡来除去多余的水分。此加工程序中不宜采用离心除水，避免将物料内部的糖溶液除去。

6)预冷冻、冷冻　　油炸前进行冷冻有利于增加产品的酥脆性，一般原料冻结速率越快，油炸脱水效果越好，脆片的感官质量也更理想。

7)真空油炸　　油脂首先预热至100～120℃，启动真空系统，当真空度达到要求时，将冷冻的原料放入开始油炸。操作过程要迅速，防止物料在油炸前融化。油炸时间依原料的品种、质地、油炸温度、真空度而定，当果片上的泡沫全部消失时，说明油炸工序可以结束，通常整个油炸过程在15～20min。

8)脱油、调味　　油炸后的物料表面沾有不少油脂，如不脱除易发生氧化变质，需要分离。脱油可以采用常压脱油或真空脱油法。常压脱油：油炸后将物料取出，在常压下将物料置于离心机内脱油。使用该方法脱油时会将部分油脂带进物料内部，增加脱油的难度。因此常压脱油时，含油率将高达 5%～20%。真空脱油：物料在油炸后直接在真空状态下离心脱油，脱油时间尽量缩短，否则会导致脆片破碎增多。真空脱油法脱油时间短、效率高、质量好，但该方法对设备要求更高。

调味：在油炸果蔬脆片脱油后，在表面趁热喷不同风味的调味料，使产品具有不同风味，以适合众多消费者的口味。调味可在油炸前进行，也可以在油炸后进行。油炸后进行调味，能够简化前处理工艺，同时能够避免调味料经过油炸时被冲淡及调味料引起的油质变浓变劣。

9) 包装 为保证产品的酥脆性，调味后的油炸脆片立即包装。根据销售要求进行小包装及运输大包装。小包装大都采用铝塑复合袋，封口平整严密，抽真空充氮包装，并添加防潮剂及吸氧剂；大包装通常用双层 PE 袋作内包装，瓦楞牛皮纸板箱作外包装。

四、果蔬脆片加工实例

1. 香蕉脆片加工工艺 原料挑选→去皮→切片→清洗→护色→清洗→热烫→冷却→浸渍→沥水→速冻→冷冻→真空油炸→脱油→调味→包装→检验→成品

2. 操作要点

1) 原料挑选 选择无腐烂变质、无变软、无机械损伤及病虫害的原料。

2) 去皮、切片 采用人工去皮，将去皮后的香蕉果肉，切成 2～3cm 厚的薄片。

3) 清洗、护色 用清水洗去果肉表面的杂质，将果肉用清水冲洗后，放入护色液中浸泡 10min。

4) 热烫、冷却 经护色处理后的果肉，置于 95℃热水中，预煮 3～5min，使物料中心温度达到 60℃，达到灭酶效果。热烫后及时冷却，保证色泽美观。

5) 浸渍、沥水 将果肉放入浸渍液中，浸渍液由一定比例的麦芽糖和柠檬酸的水溶液组成，浸渍 10～20min。浸渍后将果肉表面的浮水沥干。

6) 速冻、冷冻 将沥水后的果片即刻放入速冻机进行速冻，将速冻后的果片放入冷冻库存放，温度为−18℃。

7) 真空油炸 将冷冻果肉放入真空油炸机油炸。真空度控制在 0.07～0.098MPa，油温控制在 120℃，油炸时间依果肉品种、质地、油炸温度、真空度而定。当果片上的泡沫全部消失时，说明油炸工序可以结束。

8) 脱油、调味 采用真空离心脱油，真空度为 0.07～0.098MPa，温度为 95～100℃，离心时间应尽量短些，否则会导致脆片破碎增多。调味用 0.1%柠檬酸、12%～15%糖液喷在脆片上以增加风味。

9) 包装 为保证产品的酥脆性，调味后的油炸脆片立即包装。包装材料宜采用铝塑复合袋，封口平整严密。

第四节 新含气调理果蔬产品

一、新含气调理加工的概念

新含气调理是针对目前使用的真空包装、高温高压杀菌等常规加工方法存在的不足所开发出来的一种适合于加工各类新鲜方便食品或半成品食品的新技术。新含气调理技术是将食品原料经过清洗、去皮和去涩等初加工后，结合调味烹饪进行合理的减菌化处理，处理后的食品原料与调味汁一同充填到高阻隔性(防氧化)的包装容器中。先驱除空气，再注入不活泼气体(通常为氮气)，然后密封。最后，将包装后的物料送入新含气烹饪锅中进行多阶段加热的温和式调理杀菌。该技术是在不使用任何防腐剂的情况下，通过采用原材料的减菌化处理、充氮包装和多阶段升温的温和式杀菌方式，比较完美地保存食品原有的色泽、风味、口感、形态和营养成分。新含气调理食品可在常温下贮运和销售，货架期6～12个月。这不仅解决了高温高压、真空包装食品的品质劣化问题，而且也克服了冷藏、冷冻食品的货架期短、流通领域成本高等缺点。

二、新含气调理果蔬产品的特点

杀菌是保存食品的首要环节。在新含气调理食品的加工工艺流程中，对食品原材料进行预处理时，结合调味烹饪，同时进行减菌化处理。减菌化处理与多阶段升温的温和式杀菌相互配合，在较低的杀菌F值(一般为4以下)条件下杀菌，即可达到商业上的无菌要求，从而很好地保存食品的色、香、味。

隔氧是保存食品的重要条件。新含气调理食品使用高阻隔性的透明包装材料。经调理杀菌处理之后，杀菌后在37℃的条件下保温48h，每克食品内的细菌数不超过10个。新含气调理食品因已达到商业上的无菌状态，单纯从杀菌的角度考虑，可在常温下保存一年。但是，货架期还受包装材料的透氧率、包装时气体置换率和食品含水量变化的限制。如果包装材料在120℃的条件下加热20min后，24h透氧率不高于2～3ml/m^2，使用的氮气纯度为99.9%以上、气体置换率达到95%以上时，保质期可在常温下达到6个月。

口感不同是新含气调理食品与高温高压食品的重要差异之一。由新含气调理法加工的蔬菜类食品，如莲藕、萝卜，具有清脆口感，而高温高压法处理的蔬菜质地过软，脆感消失；由新含气调理法加工的肉类食品，如牛肉片，肉品仍然保留着原有的弹性和黏性，而高温高压法杀菌的牛肉组织过软过绵、咀嚼性差。

三、新含气调理果蔬产品的加工工艺

新含气调理加工的工艺流程可分为初加工、预处理、包装和调理杀菌4个步骤。

1. 初加工　　初加工包括水果、蔬菜原材料的筛选、清洗、去根、去皮、去叶及切块工序等。

2. 预处理　　在预处理过程中，结合各类食品加工的具体要求，可采用蒸、煮、炸、烤、煎、炒等不同的烹饪、调味方法，同时进行减菌化处理，从而降低和缩短最后杀菌的温度和时间，使食品承受的热损伤限制在最小限度，保持食品的质感。一般而言，蔬菜、肉类和水产品等每1g原料中有10^5～10^{6}个细菌，经减菌化处理之后，可降至10～10^{2}个。减菌化处理是新含气调理食品加工工艺中最具有特色的技术要点之一。

3. 气体置换包装　　将预处理后的食品原料及调味汁装入高阻隔性的包装袋或盒中，进行气体(氮气)置换包装，然后密封。包装材料很多，其中PET/氧化铝/Nylo/CPP透明复合膜的耐热性和阻隔性俱佳，经120℃、20min杀菌后，24h透氧率低于3ml/m^2。氮气是由食品包装专用制氮机，通过膜分离方式或吸附方式从空气中分离，纯度可达99.9%以上。

　　气体置换的方式有三种：其一是先抽真空，再注入氮气，置换率一般可达99%以上；其二是通过向容器内注入氮气，同时将空气排出，置换率一般为95%～98%；其三是直接在氮气的环境中包装，置换率一般为97%～98.5%。由于在包装后袋内仍残留有少量空气，杀菌之后，包装袋中的气体置换率会下降2%～3%，为了使食品不发生氧化，氮气的置换率基本应维持在95%以上。氮气的充气量应限制在规定的最小值，以防止食品在包装袋内滑动。

　　4. 调理杀菌　　调理杀菌一般是在调理杀菌锅内进行。调理杀菌锅采用波浪状热水喷淋、均一性加热、多阶段升温、二阶段急速冷却的温和式杀菌方式。调理杀菌锅由杀菌槽、热水贮罐、冷却水贮罐、冷却塔、热交换器、多个水泵和连接管道及控制阀组成，并由高性能的电脑控制系统(IOD)控制。

　　在杀菌锅两侧设置的众多喷嘴向被杀菌物喷射波浪状热水，形成十分均一的杀菌温度。由于热水不断向被杀菌物表面喷洒，热扩散快，热传递均匀。同样，冷却时也采用相同的喷淋冷却方式，袋中的食品在3～5min内即可冷却到室温。一般来说，整个杀菌过程(包括冷却)可在45min内完成。

　　多阶段升温的杀菌工艺是为了缩短食品表面与食品中心之间的温度差。第一阶段为预热期；第二阶段为调理入味期；第三阶段为杀菌期，采用双峰系统法。每一阶段杀菌温度的高低和时间的长短，均取决于食品的种类和调理的要求。新含气调理杀菌与高温高压杀菌相比，高温域相当窄，从而改善了高温高压(蒸气)杀菌锅因一次性升温及高温高压时间过长而对食品造成的热损伤，以及出现蒸馏异味和煳味的弊端。这对改善产品的色、香、味，减少营养成分的损失有很大的意义。一旦杀菌结束，冷却系统迅速启动，5～10min之内，被杀菌物的温度降至40℃以下，从而尽快解脱高温状态。

　　调理杀菌锅采用模拟温度控制系统，根据不同食品对杀菌条件的要求不同，随时设定升温和冷却程序，而且IOD控制系统间隔3s进行F值的计算，使每种食品均可在最佳的状态下调理、杀菌；对于易变形的包装容器，通过自动校正压力，能有效防止容器变形或破裂。

四、新含气调理果蔬加工实例

　　板栗是营养价值较高的食药兼用之坚果，用新含气调理食品加工保鲜技术进行加工，有效地保持了板栗原有的形状及色、香、味。

　　1. 工艺流程　　板栗→分级筛选→机械脱壳→修整、护色→预煮→漂洗→减菌化除水→装袋→气调封口→检验→含气调理杀菌→冷却→成品

　　2. 工艺要点

　　1)原料选择　　选择无虫眼、无霉变、颗粒饱满的成熟新鲜板栗。

　　2)机械脱壳　　用振动筛进行大小分级后，采用全自动板栗脱壳机进行脱壳。

　　3)护色　　将脱壳后的板栗立即投入含0.5%NaCl、0.3%柠檬酸、0.15% $NaHSO_3$ 的复合溶液中进行护色处理，并及时去除板栗上残留的壳皮及霉烂病虫部分。

　　4)预煮　　为防止板栗在后序加工发生褐变，影响产品的质量，护色之后须立即预煮灭酶。将修整过后的板栗和预煮液(0.3%柠檬酸+0.2%明矾+0.05% $CaCl_2$+0.15% EDTA-Na_2)以1∶1的比例投入预煮液中，采用缓慢升温、分级预煮的方法，从50～95℃，40min为限，直

到板栗熟透为止。

　　5）漂洗　　用40～50℃温水对煮熟后的板栗进行充分漂洗干净后，逐级冷却至室温。

　　6）减菌化除水　　用脱水机对板栗进行真空降压处理，去除板栗组织中一部分水分，减少原料所携带的细菌数。

　　7）气调包装　　按每袋净重250g进行准确称装。采用国产真空充气包装机将袋内抽真空后，再充入N_2，使得气体置换率达到99%以上，进行热熔封口。封口时间以2～5s为宜，封密要封牢、不漏气。

　　8）含气调理杀菌　　用自动程控含气调理杀菌锅进行处理。采用多阶段升温，第一阶段进行烹饪调理，控制温度60～100℃，维持30min；第二阶段进行杀菌，控制条件115～125℃、8s。整个杀菌过程控制在反压状态下，反压压力≥0.15MPa，并在反压状态下急速分段冷却至常温。

第五节　精油提取

　　精油又称香精油、挥发油、芳香油，是通过各种方法从植物的根、茎、叶、花、果皮等提取的一种具有挥发性、芳香气味、与水不溶的油状烃类物质，主要有萜烯烃类、芳香烃类、醇类、醛类、酮类、醚类、酯类和酚类等。精油香气馥郁、优雅，可作为调制高档香精的重要原料。精油具有抗菌、抗炎、去痛、降压、抗氧化、提高免疫力、保健、调节内分泌、修复组织等生物活性，在食品、化妆品、饲料添加剂、防止虫害等方面有广泛的应用价值。

一、果品蔬菜中精油提取的方法

　　（一）蒸馏法

　　1. 水蒸气蒸馏法　　一般精油与水互不相溶，且沸点较低，可随水蒸气挥发，在冷却时与水蒸气同时冷凝下来。但精油与水的比重不同，大多比水轻而较易分离，因此，可利用这些特点用蒸馏法提取。水蒸气蒸馏法适用于提取易挥发、水中溶解度不大的成分。该法具有设备简单、容易操作、成本经济等优点。

　　在用果蔬提取精油时，采用水蒸气蒸馏法，水的扩散作用改变了细胞的渗透性，加快了精油的蒸馏，但是蒸馏的同时，水解作用和热力作用会导致精油的少量水解及品质变化。所以，在精油提取时，应根据不同的果蔬原料选用不同的蒸馏方法。目前常用的水蒸气蒸馏法有以下几种。

　　（1）间歇式水蒸气蒸馏法。由于所使用的原料、设备等的不同，通常又分为：①水中蒸馏法，将粉碎的原料放入水中，用直火或封闭的蒸汽管道加热，使得精油随水蒸气蒸馏出来；②直接蒸馏法，蒸锅内无水，只放原料，将水蒸气从另一蒸汽锅通过多孔气管喷入蒸馏锅的下部，再经过原料把精油蒸出；③水汽蒸馏法，将原料放在蒸馏锅内设置的一个多孔隔板上，锅内放入水，水的高度在隔板以下。加热时，锅内产生的水蒸气通过多孔隔板和原料，精油就可随水蒸气被蒸馏出来。

　　（2）连续式水蒸气蒸馏法。原料切碎后，由加料运输机将原料送入加料斗，经加料螺旋输送入蒸馏塔内，通入蒸汽进行蒸馏，馏出物经冷凝器进入油水分离器，料渣从卸料螺旋输送器运出，这样就实现了连续蒸馏。此法机械化程度高，蒸馏效率高，水消耗少，精油品质较好，生产成本低，适合于现代化大生产。

2. 减压蒸馏法　　减压蒸馏是在减压状态下进行蒸馏提取，即将真空泵与蒸馏装置连接使用，在蒸馏开始前先使真空泵的压力降低，由于外界压强越大，物质的沸点越高；外界压强越小，物质的沸点就越低，通过减压使被提取物可以在其正常沸点值之下，达到分馏的目的。该方法避免了某些成分因蒸馏温度过高发生氧化、聚合或分解等反应的问题。该方法蒸馏温度较低，适合于易挥发、不稳定的精油提取。

3. 分子蒸馏　　分子蒸馏是一种新型的液-液分离操作的高效、连续蒸馏过程。其原理是在高真空条件下，根据不同物质分子的运动平均自由程度不同，将各类物质分离的方法。分子蒸馏方法分离效率高、蒸馏时间短、清洁环保，能够最大限度地保护热敏性物质，降低高沸点物料的分离成本，适宜于高沸点、热敏性、易氧化物质的分离提纯。但是该方法所需设备昂贵，成本高。

(二)溶剂萃取法

利用精油能溶于一些挥发性有机溶剂的特性，从果蔬中浸提精油。这种方法可通过溶剂的选择，有选择性地提取精油成分。常用的有机溶剂有：石油醚、乙醚、乙醇、苯、氯仿、二氯乙烷和丙酮等。该方法提取率较高，但耗时长、有溶剂残留。这种方法应用较广泛，有利于工业化生产中应用。

(三)同时蒸馏萃取法

同时蒸馏萃取法是将水蒸气蒸馏和馏出液的溶剂萃取两步合二为一的挥发性成分提取法。这种方法实质就是蒸馏与萃取合并的同时进行蒸馏和加热溶剂，使得两种蒸汽混在一起完成萃取精油的工作。同时蒸馏萃取法兼具蒸馏法与萃取法两者的特点，操作简便、提取时间短、所需溶剂少、提取效率高。该法适用于难溶或不溶于水的挥发性或半挥发性成分的萃取，目前广泛应用于植物精油成分的提取和检测。

(四)压榨法

压榨法又称挤压法，通过机器产生压力使细胞内的精油磨破或冲破油囊，再加入适量的水洗出精油，经过离心、过滤，可获得纯的芳香油。压榨法制油的主要影响因素有生产过程中机器产生的压力、精油的黏度等。压榨法萃取精油的过程中没有加热，精油能保持原有的鲜果蔬香味，质量要比水蒸气蒸馏的高。所得精油味道近似天然，易被人们所接受，仅在一些名贵的芳香油(玫瑰油、茉莉花油等)上采用。此方法工艺简单，成本较低，油的品质好，适合大规模生产；但是产油效率较低，动力消耗大。

(五)顶空法

顶空是指内容物与容器顶部之间的空隙。由于果蔬汁中含有大量的挥发性物质，所以顶空中含有大量挥发物的蒸气。顶空法提取正是基于这样一个现象而产生，目前还仅停留在分析精油成分的基础上。

(六)超临界流体萃取法

超临界流体萃取的主要工作原理是将超临界流体(如 CO_2、N_2等)控制在超过临界温度和临界压力的条件下,从目标物中萃取果蔬中的芳香物质,当恢复到常温和常压时,溶解在超临界流体中的成分即与超临界流体分开,以实现精油的提取与分离。目前常用的方法有超临界 CO_2萃取。

超临界流体萃取的其主要优点是:萃取能力强、得率高、生产周期短,低温处理防止对精油中热敏性成分的破坏;完全在封闭的容器中进行,无氧气的介入,避免了精油的氧化变质;所使用的萃取介质 CO_2不会与精油中的成分发生反应,并且无毒,通过调节萃取压力和温度,有选择性地有效提取精油中的特定成分。但是这种方法需在高压下操作,对设备要求较高、一次性投资费用较高、对工艺操作人员及技术要求均较高。

(七)微波辅助萃取法

微波辅助萃取法就是利用微波加热的特性来对物料中目标成分进行选择性萃取的方法。通过调节微波的参数,微波直接与目标成分作用,可有效加热目标成分,使目标成分与基体快速分离,并达到较高的产率。一般在微波萃取时,要适当加入溶剂,溶剂的极性对萃取效率有很大的影响,不同的基体选用不同的溶剂。这种方法萃取速度快、操作方便、高效、减少浪费、节省能源,但该方法对容器材料的要求很严格。

(八)超声波辅助萃取法

超声波辅助萃取是应用超声波强化提取植物的有效成分,是一种物理破碎过程,主要利用超声波辐射产生的强烈空化和扰动效应、机械振动、击碎和搅拌等多种作用,加速目标成分扩散、释放、进入溶剂,从而提高了提取效率,缩短了提取时间,同时避免了高温对目标成分的影响。此外,超声波辅助萃取法提取装置简单,易于操作,样品和试剂用量少、安全性好、环保、成本较低、杂质少。但该法对容器壁厚度要求高,现阶段多用于实验室研究,工业化专用型超声波设备少。

(九)亚临界水提法

亚临界水是指在一定的压力下,将水加热到 100℃以上、临界温度 374℃以下的高温,水仍然保持液体状态。亚临界水提法是利用亚临界水浸泡原料物质,使得溶质溶解在萃取剂内,经过减压蒸馏将萃取剂由液态转为气态而得到萃取物质。通过调节萃取时温度、压力、水的流速和夹带剂等因素可以缩短提取时间,提高萃取效率。亚临界水提取精油具有时间短、效率高、环保、产品质量高等优点,且提取装置自动化程度高,操作简便,应用前景十分广泛;但是成本高,设备昂贵。

(十)生物酶制剂辅助提取法

酶法辅助提取精油是一种新型的提取方法,是根据果蔬细胞壁的构成,利用酶反应具有高度专一性的特点选择相应的酶,将细胞壁的组成成分(纤维素、半纤维素和果胶质)水解或降解,破坏细胞壁结构,使细胞内的成分溶解、混悬或胶溶于溶剂中,从而达到提取目的。

酶可以在温和条件下分解植物组织，较大幅度地提高收率。酶辅助提取法具有提取时间短、有效成分破坏少的优点，是一种很有应用前途的果蔬精油提取方法。

二、果品蔬菜精油提取实例

（一）柚皮精油的萃取

1. 工艺流程　　柚皮→粉碎→过筛→萃取→过滤→蒸馏→柚皮精油

2. 操作要点

（1）原料预处理：选用新鲜或加工以后余下的皮渣，清洗干净，晾干或烘干，备用。

（2）粉碎、过筛：用粉碎机将干燥的柚皮进行粉碎，粉碎后的物料粒度越细，越有利于溶剂的浸提，粉碎后过筛。

（3）萃取：选用有机溶剂进行浸提，如已烷、石油醚、异丙醇等，以已烷作为提取溶剂提取的效果为最好，萃取温度为 50～55℃，时间 0.5～1h。

（4）过滤：萃取完毕后，进行过滤，去渣留液。

（5）蒸馏：将滤液进入蒸馏釜进行蒸馏，回收溶剂并蒸馏出精油，再经干燥后即为成品。

（二）洋葱精油的萃取

1. 工艺流程　　洋葱→去皮→切块→亚临界水萃取→破乳→萃取分离→洋葱精油

2. 操作要点

（1）洋葱：尽量选用含有精油高的洋葱，清洗。

（2）切块：去掉洋葱的外皮，切成块状。

（3）亚临界水萃取：静态条件下提取 30min，压力 5MPa、100～150℃的连续程序升温，萃取 2 次。

（4）破乳：加入 NaCl 破乳。

（5）萃取分离：以石油醚、正己烷、二氯甲烷、乙酸乙酯和乙醚为萃取溶剂，萃取分离，分别取出残留液和萃取物，此萃取物即为洋葱精油。

第六节　色素提取

食用色素是为食品着色而用的一种食品添加剂，能够改善食品感官性状，增进食欲。色素按其来源可分为天然色素和人工合成色素。人工合成色素虽然具有成本低、稳定性高的特点，但是具有不同程度的毒性，长期和过量使用会危害人体健康。因此，合成色素食品添加剂逐步在世界各国受到了严格的限制。我国的食品卫生管理法规特别规定，对人工合成色素应尽量不用或少用，婴儿代乳食品中禁止使用。天然色素主要是从动、植物组织和微生物培养物中提取的色素，安全性高，对人体的危害相对较小，而同时又有营养和保健功效，备受推崇，需求量呈不断增加的态势，因此对天然色素的开发和应用是全球持续研究的热点。果品蔬菜种类繁多、色彩纷呈，是色素的巨大资源库，从果蔬中提取的天然食用色素，安全性能高，有的果蔬色素还兼具营养价值和保健作用。

一、果品蔬菜色素提取和纯化

(一)果蔬色素提取工艺

果蔬中存在的色素主要有：水溶性色素，如花色苷；醇溶性色素，如黄酮类色素；脂溶性色素。为了保持果蔬色素的固有优点和产品的安全性、稳定性，较少使用化学方法。色素的提取方法主要有浸提法、浓缩法及超临界流体萃取法等。

浸提法工艺设备简单，产品的得率和纯度是该方法的关键所在，其生产工艺流程为：

原料处理→清洗→浸提→过滤→浓缩→干燥→成品

浓缩法主要应用于天然果蔬汁的直接压榨、浓缩提取色素，其生产工艺流程为：

原料处理→清洗→沥干→压榨→浓缩→干燥→成品

超临界流体萃取法是现代高新技术用于果蔬色素提取的先进方法，其工艺流程为：

原料处理→清洗→沥干→萃取器萃取→分离→干燥→成品

(二)操作要点

1. 原料处理　　原料的色素含量与品种、生长阶段、生态条件、栽培技术及采收、贮存条件等直接影响天然色素的生产质量。提取不同的色素，对原料要进行不同的处理，为提高提取效率，有些原料还需进行粉碎等特殊的前处理。采收到的原料，需及时晒干或烘干，适当粉碎后提取色素。

2. 萃取　　根据色素的性质，选择相应的提取方法和萃取溶剂。选择理想的萃取溶剂应遵循以下原则：对待萃取色素的溶解度大、不影响色素的性质和质量、提取效率高、价格低廉、环保。萃取方法应尽量选择提高效率、节省溶剂的萃取方法；萃取温度要适宜，既能溶解色素，又需要防止非色素类物质的溶解增多。萃取时应随时搅拌。对于超临界流体萃取法，一般所选的溶剂为 CO_2，在萃取时应控制好萃取压力和温度。

3. 过滤　　在提取的色素之中，常常含有水溶性的多糖、果胶、淀粉和蛋白质等杂质。这些杂质的存在会引起色素溶液出现浑浊、沉淀等，影响色素溶液的透明度、色素产品的质量、稳定性，因此必须除去。过滤常用的方法有离心过滤、抽滤及超滤。此外，还可以通过调节 pH 等物理化学方法除去其中的蛋白质、果胶类物质。

4. 浓缩　　色素使用有机溶剂提取过滤后，为减少溶剂损耗、降低产品成本，通常采用减压浓缩回收溶剂，继续浓缩成浸膏状；使用水为浸提溶剂，过滤后首先采用高效薄膜蒸发设备进行初步浓缩，然后再真空减压浓缩。真空浓缩温度控制在 60℃左右，同时隔绝氧气，有利于产品的质量稳定。切忌用火直接加热浓缩。

5. 干燥　　为了使产品便于贮藏、包装、运输等，尽可能地把产品制成粉剂，也有制成液态型，国内产品多数是液态。干燥工艺有塔式喷雾干燥、离心喷雾干燥、真空减压干燥和冷冻干燥等。对于难以制成粉剂的色素，在保证产品质量的前提下，可以保持液态。

6. 包装　　目前色素的粉剂产品多用薄膜包装，液态产品多用不同规格的聚乙烯塑料瓶包装。贮存条件一般选择低温、干燥、避光及通风良好的地方保存。

(三)果蔬色素的精制纯化

从果蔬中提取的色素，成分比较复杂，往往含有果胶、淀粉、多糖、脂肪、有机酸、矿物质、蛋白质、金属离子等非色素物质，这类非色素杂质有的含有特殊的臭味、异味，直接影响着产品的稳定性、染色性，有的还限制了色素的使用范围，所以必须对粗制品进行精制纯化。精制纯化色素的方法主要有大孔树脂吸附、凝胶层析、膜技术分离法、高速逆流色谱技术。

1. 酶法纯化　　利用一些酶如纤维素酶、蛋白酶、果胶酶、脂肪酶等分解色素粗制品中的纤维素、蛋白质、果胶、脂肪等杂质，从而达到纯化色素的目的。

2. 树脂纯化法　　树脂纯化法是利用树脂的选择吸附作用，对提取的色素粗制品进行分离纯化的一种新方法，即通过树脂对色素的吸附作用，将色素粗制品的杂质分离出来，然后再将吸附在树脂上的色素洗脱下来就可得到杂质含量少、稳定性能高的色素产品。

3. 膜分离法　　膜分离法是用天然或人工合成的高分子膜，以外界能量或化学位差为推动力，对混合物进行分离分级提纯和浓缩的方法，统称为膜分离法。色素提取中常用的膜分离技术有微滤、超滤、纳滤、反渗透、电渗析、渗析等方法。膜分离法给色素粗制品的纯化提供了一个简便又快速的纯化方法。孔径在 0.5nm 以下的膜可阻留无机离子和有机低分子物质；孔径在 1～10nm，可阻留各种不溶性分子，如多糖、蛋白质、果胶等。让色素粗制品通过一特定孔径的膜，就可阻止这些杂质成分的通过，从而达到纯化的目的。膜分离法对色素分离效果好，操作简便、安全、节能，产品纯度高、稳定性好。

4. 凝胶层析分离法　　凝胶层析是一种按分子质量大小分离物质的层析方法。凝胶具有多孔、高交联的网状结构。当色素粗制品流经层析柱洗脱时，大分子物质不能进入凝胶内部，只能在凝胶颗粒间隙随洗脱剂向下移动，因此能较快地流出层析柱；而小分子物质直径小，能自由出入凝胶网孔中，因此需较长时间流出层析柱。这样由于不同大小的分子所经过路径和在层析柱中所停留的时间不同而得到分离。在实际生产中，凝胶层析并不单独运用于天然色素的提纯，而是在大孔树脂分离获得天然色素后，再进一步进行纯化。

5. 硅胶层析法　　硅胶层析法的分离原理是利用被分离的物质在硅胶上的吸附能力不同而分离，通常极性较强的物质容易被硅胶吸附，而极性较弱的物质不容易被硅胶吸附。该法操作简单、设备条件不高、分离效果好，在天然植物色素的分离纯化方面的应用十分广泛。

6. 高速逆流色谱法　　高速逆流色谱法是一种无固体载体的连续液体色谱技术。该方法利用单向流体动力学平衡原理，使两个互不相容的溶剂相在高速旋转的螺旋管中单向分布，其中一相作固定相，由恒流泵输送载有色素粗制品的流动相穿过固定相，利用样品在两相中分配系数的不同实现分离纯化。

7. 分子蒸馏法　　分子蒸馏技术属于一种特殊的高真空蒸馏技术，它是伴随着真空技术和真空蒸馏技术发展起来的一种液-液分离技术。该技术具有蒸馏压力低、受热时间短、操作温度低、分离程度及产品回收率高等优点。

二、果品蔬菜色素提取实例

（一）橘皮黄色素的提取

1. 工艺流程　　橘皮→清洗→干燥→粉碎→浸提→过滤→离心→减压浓缩→干燥→色素产品

2. 操作要点

(1)选用含有黄色素较多的橘子分离出果皮，或用加工后的橘子皮渣，干燥待用。

(2)浸提时用 50%乙醇，按原料与提取剂 1∶10 比例加入，在 pH 3、60℃温度下，浸提

1h 左右，得到色素提取液，速冷。

(3)粗滤后进行离心，以便去除部分蛋白质和杂质。

(4)在 45℃左右进行减压浓缩，并回收溶剂。

(5)浓缩后进行喷雾干燥或减压干燥，即可得到橘皮黄色素粉剂。

(二)紫甘蓝色素的提取

1. 工艺流程　　　原料→清洗→粉碎→浸提→过滤→离心→减压浓缩→干燥→色素产品

2. 操作要点

(1)选用新鲜紫甘蓝，洗涤后切碎，在沸水中热烫 10min。

(2)以 25%的乙醇作为提取溶剂，pH2 条件下，55℃超声辅助萃取 45min，或者微波辅助萃取 3min，提取 2 次，将 2 次获得的提取液混合后进行过滤。

(3)将过滤后的提取液在 45℃左右进行减压浓缩，并回收溶剂。

(4)浓缩后的产品可在 35~40℃下进行干燥，得到粉状类紫甘蓝色素制品。

第七节　果　胶　提　取

果胶是一种酸性多糖大分子，在许多果品中都含有果胶物质，其中以柑橘类、苹果、山楂等含量较丰富，其他如杏、李、梨、桃、番石榴等也较多。果胶以原果胶、果胶和果胶酸的三种形态广泛存在于植物的果实、根、茎、叶中，是植物胞壁的重要成分。果胶物质在果实内可由原果胶酶及果胶酶的作用实现三种形态之间的转变。在未成熟的果实中，以原果胶的形态存在为主；随着果实的成熟，原果胶逐渐被分解成为果胶和纤维素；在过熟的果实中果胶又进一步被酶分解为果胶酸及甲醇；最后，果胶酸在果胶酸酶的作用下分解为还原糖。

果胶主要是由半乳糖醛酸、鼠李糖、阿拉伯糖及半乳糖等中性糖以 α-1,4 糖苷键连接形成的聚合物，其相对分子质量在 1 万~4 万，通常以部分甲酯化状态存在。根据果胶的甲酯化程度可以分为高甲氧基果胶(酯化度>50%)和低甲氧基果胶(酯化度<50%)。一般而言，果品中含有高甲氧基果胶，大部分蔬菜中含有低甲氧基果胶。

果胶具有胶凝、乳化、增稠、稳定等功能，可以应用于果汁饮料、果酱、乳制品的生产之中；果胶具有增强胃肠蠕动、促进营养吸收的功能，在食品、纺织、印染、烟草、冶金等领域广泛应用。果胶对防治高血压、糖尿病等疾病具有良好的疗效，还具有抗菌、止血、消肿、解毒、抗辐射、防癌和抗癌的作用，此外，果胶还是重金属的解毒剂和防御剂等，因此果胶在医药领域也应用广泛。

目前，许多国家从多种农产品废料如柚子、柑橘皮渣、向日葵盘、苹果皮渣及甜菜渣中提取果胶。

一、果胶的提取工艺

(一)工艺流程

原料→洗涤→提取→分离→脱色→浓缩→沉淀→洗涤→干燥→粉碎→成品

（二）操作要点

1. 原料　　选用新鲜、果胶含量高的原料，比如用压榨法提取过香精油的果皮，在罐头与果汁加工中清除出来的果皮、瓤囊衣和残渣，果园里的落果和残、次果等，都是良好的原料。

2. 洗涤　　在提取果胶前，通过洗涤除去原料中的粉尘、糖类、色素、苦味物质、酸类杂质及其他杂质，以提高果胶的纯度，通常是将原料破碎成 0.3～0.5mm 的小块，先加热钝化果胶酶，然后用温水洗涤几次，压干备用。为避免造成原料的可溶性果胶流失，可以用乙醇进行浸洗。

3. 提取　　提取是果胶制备的关键工序之一，目前国内常用的提取方法有以下几种。

1）酸提取法　　传统的酸提法是将预处理好的原料用无机酸调节 pH，维持温度在 90～95℃条件下 50～60min，并不断搅拌，然后离心过滤除杂，得到果胶提取液。酸提取法是工业化的普遍方法，但该法过滤速率慢、生产效率低，而且会导致果胶分子的解聚，造成严重的环境污染。

2）离子交换树脂法　　将粉碎、洗涤、压干后的原料，加入 30～60 倍原料重的水，按原料重的 10%～50% 加入离子交换树脂，调节 pH。溶液中的阳离子能与果胶结合，降低了果胶的水溶性。离子交换树脂能够吸附溶液中的阳离子和相对分子质量少于 500 的物质，进而能够提高果胶的提取率纯化产品。此法提取的果胶质量稳定、效率高，但成本高。

3）微生物法　　将原料加入 2 倍原料重的水，再加入微生物，利用微生物能够分解纤维素和半纤维素的特点，破坏细胞的结构进而使果胶溶解出来；利用微生物产生的果胶酶，将原果胶分解出来。该法提取的果胶分子质量大、凝胶强、质量高，此法还具有提取果胶完全、耗能少、环境污染低、可连续发酵等优点。

4）酶法　　细胞壁在酶的作用下水解，果胶顺势溶解在溶液中，过滤后即得果胶提取液。该法的优点与微生物发酵法基本相同；缺点是酶的价格相对较高，且酶活性对外界条件变化较敏感，对条件控制要求较高、生产周期长、酶用量大、酶来源不纯会导致果胶解聚等。

5）碱法　　主要是利用强碱将原果胶水解成水溶性果胶并提取出来。该法提取温度一般在 25～70℃，提取时间短，可以得到富含阿拉伯糖的果胶，得率可达 45%。该法优点在于快速节能，但是提取过程中，会同时发生果胶分子解聚，造成果胶分子质量、黏度和胶凝能力下降。此外，碱提取法对产品的单一性较差，β-消去反应在提取过程中不能完全消除，会对环境造成污染，需进一步研究改进。

6）微波法　　微波法原理是微波能够导致细胞壁破裂、使果胶酶失活，并且能够提高果胶在溶液中的扩散速率。将原料加酸进行微波加热萃取果胶，然后向萃取液中加入氢氧化钙，果胶酸钙沉淀，然后用草酸处理沉淀物进行脱钙，离心分离后用乙醇沉析，干燥即得果胶。微波辅助提取法主要是在酸提法基础上采用微波辅助进行提取的方法，该法具有选择性较强、作用时间短、试剂用量少、不破坏果胶的链结构等特点。

7）超声波法　　超声波提取法在实际应用中主要作为一种辅助手段，其原理是超声波在溶液中传播时产生空化效应使固体表面受到巨大的瞬间冲击力，从而使细胞破裂并加快果胶在溶液中的扩散速率。

8）盐提取法　　果胶提取中，酸性条件易造成果胶与金属离子间的结合，导致生成的盐类不易被分离，而盐提取法可有效避免这一现象。目前，常用盐提取法有铝沉淀法、铁沉淀法、钙沉淀法等。盐提取法具有提取成本低、乙醇消耗小、技术简单、产品质量高等特点；

但该法果胶提取率低、产品灰分较高。

4. 分离、脱色　　果胶提取液中果胶含量一般为 0.5%～1%，先进行过滤除去其中的杂质，然后进行脱色。脱色可以采用添加活性炭或者过氧化氢进行脱色，改善果胶的商品外观。活性炭脱色法是利用活性炭丰富的孔隙结构和较大的比表面积对色素的吸附作用来实现脱色，但是该方法存在脱色后活性炭难以除去、活性炭对果胶的吸附作用引起果胶产率下降等问题；过氧化氢脱色是利用过氧化氢的强氧化作用对果胶提取液进行脱色，但是，过氧化氢脱色会在果胶生产过程中又引入了新的杂质，过氧化氢的强氧化性会使得果胶分子被氧化，导致果胶质量下降，此外，残留的过氧化氢更会威胁到人体健康。

5. 浓缩　　上述溶液果胶含量在 1%左右，直接干燥或沉淀则量太大，需要进行浓缩。一般采用真空浓缩，真空浓缩温度在 45～50℃左右浓缩后应迅速冷却至室温，以免果胶分解。若有喷雾干燥装置，可不冷却立即进行喷雾干燥取得果胶粉；没有喷雾干燥装置，冷却后进行沉淀。国外有用超滤法浓缩果胶的报道，效果很好，生产用地面积小、生产费用低，是一项有潜力取代真空浓缩的技术方法。

6. 沉淀　　上述提取液经过过滤或离心分离或浓缩后，得到的粗果胶液还需进一步分离纯化，常用的方法有醇沉淀法和盐沉淀法。

(1)醇沉淀法：利用果胶不溶于有机溶剂的特点，在果胶提取液中加入大量的乙醇，使得混合液中乙醇浓度达到 45%～50%，使果胶沉淀析出。也可以用异丙醇等溶剂代替乙醇。本法得到的果胶色泽好、灰分少、纯度高，但该方法醇的用量大、溶剂不易回收、能耗大、生产成本较高。

(2)盐析法：利用盐溶液中的盐离子带有与果胶中游离羧基相反的电荷，两种相反电荷的电中和作用产生沉淀。采用盐析法沉淀果胶时不必进行浓缩处理。一般使用铝、铁、铜、钙等金属的盐，以铝盐沉淀果胶的方法为最多。先将果胶提取液用氨水调整 pH4～5，然后加入饱和明矾溶液，再重新用氨水调整 pH4～5，即见果胶沉淀析出。沉淀完全后即滤出果胶，用清水洗涤除去其中的明矾。盐析法的优点是生产成本低、产率高，但是生产工艺较醇析法复杂、脱盐的难度大、易导致残留大量的金属离子，生产出的果胶灰分高、色泽深。

7. 干燥、粉碎　　压榨除去水分的果胶，进行干燥，常用的干燥方法有低温干燥、真空干燥、冷冻干燥、喷雾干燥。常压干燥即低于 60℃干燥，该法干燥所需设备简单，但干燥后的产品溶解性差、色泽较深；真空干燥和冷冻干燥后所得果胶所得果胶色泽较浅、溶解性好、果胶性质改变小，但生产成本较高；喷雾干燥法对前处理要求严格，果胶浓度要高且除杂彻底。干燥后用球磨机将之粉碎，过筛(40～120 目)即为果胶粗制品。

二、低甲氧基果胶的提取

果胶全部结构中甲氧基含量高于 7%的果胶，称为高甲氧基果胶。果胶中的甲氧基含量越高，其凝冻能力越强。甲氧基含量低于 7%的果胶称为低甲氧基的果胶，其凝冻能力差，需要在低甲氧基果胶溶液中加入二价金属离子，如钙离子或镁离子，才能形成凝胶。

低甲氧基果胶的制取，主要是利用酸、碱和酶等作用以促进甲氧基的水解，脱去一部分原来含有的甲氧基。目前果胶的脱酯主要有酸法、碱法和酶法。

酸水解法脱脂是在高甲氧基果胶溶液中，添加无机酸将果胶溶液的 pH 调为 0.3 左右，然后在 50℃的温度下，进行大约 10h 的水解脱酯，再用乙醇将果胶沉淀，过滤洗涤，用稀碱液中和过量的酸，用乙醇沉淀、过滤洗净，压干烘干。酸水解法操作简单，但是对 pH 和温度范围要求比较高。

碱水解法是用 NaOH 溶液将高甲氧基果胶溶液的 pH 调为 10，在温度低于 35℃下，进行约 1h 的水解脱酯，用盐酸调整 pH5，然后用乙醇沉淀果胶，过滤并用酸性乙醇浸洗，用清水反复洗涤除去盐类，压干烘干，得到性能良好的低甲氧基果胶。此法工艺简便，但是，对 pH 和温度的要求比较严格，同时由于该方法专一性不强，在提取过程中难以消除 β-消去反应，产生一些污染环境的物质。

酶法脱酯是利用果胶甲酯酶对聚半乳糖醛酸甲酯有高度专一性，作用于多聚半乳糖醛酸的半乳糖醛酸残基的 C-6 羧基基团，脱除甲氧基。使用的果胶甲酯酶可以是来源于植物本身的内源酶，也可以是从植物或微生物发酵液中提取的外源酶。酶法脱酯与酸法相比较，可大大简化工艺流程和设备，并能提高生产效率；与碱法相比较，其工艺易于控制，能更好地保持产品的胶凝度。

三、果胶提取实例

(一)柚皮中提取低甲氧基果胶

1. 工艺流程　　原料→预处理→酶法脱酯→提取→过滤→浓缩→沉淀→过滤→干燥→粉碎→低甲氧基果胶成品

2. 操作要点

(1)原料预处理：柚子皮粉碎，冲洗 2~3 次，直至洗出液无色为止。

(2)酶法脱酯：果皮原料中加入果皮量 5 倍的水混匀，加入 Na_2CO_3 激活果皮中固有的果胶甲酯酶活性，在 pH 7.5、45℃的条件下脱进行酶法脱酯 50min。

(3)提取：脱酯后的皮渣加入盐酸，在 85℃、pH3.5 条件下进行 60min 水解、提取。

(4)过滤、浓缩、沉淀：过滤得到果胶提取液，于旋转蒸发仪中抽真空浓缩至原体积的 1/2，加入乙醇，乙醇浓度达到 68%，放置 1h，使果胶沉淀析出。

(5)过滤、干燥、粉碎：将沉淀抽滤后，于冷冻干燥机中干燥至含水量降至 10%，粉碎，过筛，即得果胶成品。

(二)从甜菜粕内提取果胶

1. 工艺流程　　甜菜干粕→预处理→提取→浓缩→沉淀→洗涤→干燥→粉碎→成品

2. 操作要点

(1)原料预处理：以榨过糖的甜菜粕为原料，清洗、粉碎。

(2)提取：预处理过的甜菜粕中加入 0.75%~1.25%六偏磷酸钠溶液，88℃条件下提取 2.4h。

(3)缩缩、沉淀：将提取液减压浓缩至体积的 1/3，加入乙醇溶液，使乙醇浓度达到 65% 左右，静置，待沉淀析出后，离心分离。

(4)洗涤、干燥、粉碎：用 70%乙醇洗涤，真空干燥，粉碎过筛，获得果胶产品。

第八节　果蔬活性功能成分的提取

食品具有三项功能：一是营养功能，即用来提供人体所需的基本营养素；二是感官功能，以满足人们视觉、味觉嗜好的需求；三是在前两项的基础上，具有对人体生理调节功能。现在所谓的功能食品就是这三项功能的完美体现与科学结合。

果蔬种类繁多，在人类膳食中是极其重要的一大类食物，它们有刺激食欲、促进消化等作用，并且供给人类所必需的多种营养素、维生素、矿物质、纤维素。

果蔬活性功能成分是指果蔬中的具有调节人机体功能的有效成分。构成果蔬的物质除水分、糖类、蛋白质类、脂肪类等必要物质外，还包括其次生代谢产物（如萜类、黄酮、生物碱、甾体、木质素、矿物质等）。这些物质对人类及各种生物具有生理调节作用，因此称为果蔬活性功能成分。果蔬中常见的活性功能成分有黄酮类、皂苷类、多糖类、生物碱类、风味物质、多酚等。

一、活性功能成分提取工艺

1. 溶剂提取法　　根据相似相容原理，活性功能成分易溶于与其结构相似、极性相似的溶剂之中，如活性功能成分极性大则易溶于亲水性溶剂中，极性小或非极性则难溶或不溶于亲水性溶剂中，易溶于亲脂性溶剂中。提取过程中，以细胞内外的浓度差为动力，直到细胞内外活性功能成分浓度相等达到动态平衡。溶剂提取工艺一般如下：

原料→干燥→粉碎→提取→过滤→合并滤液→浓缩→产品

提取可以采用浸提、渗漉提取、煎煮、回流提取及连续提取。

在溶剂提取的基础之上，又发展了新的提取方法，如超声辅助提取、微波辅助提取、超临界流体萃取，其工艺如下。

(1)超声波/微波辅助提取工艺：原料→干燥→粉碎→过筛→溶剂浸提→超声波/微波提取→过滤→浓缩→干燥→粗产品

(2)酶辅助提取法提取工艺：原料→干燥→粉碎→适量酶液酶解→乙醇水溶液浸提→调pH→恒温水浴→离心取上清液→浓缩→产品

提取过程中，影响提取效率的因素有粉碎度、提取温度、提取时间。被提取物的粉碎度要适中，粉碎度太粗，表面积小，不利于溶剂扩散、渗透、溶解等提取过程；粉碎度太细，相互吸附作用增强，反而影响扩散速率。提取温度高，有利于溶剂扩散、渗透和溶解，因此提取效率增高；但温度过高，部分活性功能成分被破坏，而且杂质提取也增加。提取时间过短，活性功能成分提取不完全；过长，则浪费时间。

2. 水蒸气蒸馏法　　水蒸气蒸馏法可适用于具有挥发性的，能随水蒸气蒸馏而不被破坏，与水不发生反应，且难溶或不溶于水的成分的提取。水蒸气蒸馏所依据的原理，是基于两种互不相镕的液体共存时各级分的蒸汽压和它们在纯粹状态时的蒸汽压相等，一种液体的存在并不影响另一种液体的蒸汽压，而且混合体系的总蒸汽压等于两纯组分蒸汽压之和。此类成分的沸点多在100℃以上，而且在100℃左右时有一定的蒸汽压，水蒸气蒸馏法可以使被蒸馏组分沸点降低。水蒸气蒸馏法提取活性功能成分的工艺如下：

原料→粉碎→过筛→称量→装料→蒸馏→精油

该法主要适合于一些不便于利用常压蒸馏方法进行提取的高沸点有机化合物、沸点之前易分解之物，如某些小分子酚性物质、挥发油类等。

3. 超临界流体萃取法　　超临界流体具有和液体相近的密度，其黏度与气体相近，扩散系数为液体的上百倍，因此对许多物质有较好的渗透性和较强的溶解能力。将超临界流体萃取技术应用于果蔬活性功能成分的提取、分离，可有效富集活性功能成分，提高得率。其萃取工艺一般如下：

原料→干燥→粉碎→置于萃取釜→超临界流体萃取→过滤→浓缩→干燥→粗产品

影响超临界流体萃取的因素有萃取温度、萃取压力、流体流量、颗粒大小、原料的水分含量、夹带剂的种类等。一般而言，萃取压力增加，超临界流体密度增加，被萃取物溶解度随之增加，萃取率也随之加大；但高压会导致杂质的萃取增加。温度的升高，超临界流体密度降低，萃取物溶解度下降，萃取能力降低。另外，溶质蒸汽压增加，而且超临界流体扩散系数随温度升高而增加，萃取时传质效果增强，有利于萃取效率提高。

二、活性功能成分提取实例

（一）樱桃核中类黄酮的提取

1. 工艺流程　　樱桃核→晒干→去外壳→粉碎→过筛→脱脂→真空干燥→乙醇浸提→离心→浓缩→类黄酮提取物→上清液→调至 pH2→大孔树脂→上样→水洗→丙酮洗脱→收集洗脱液→减压浓缩→纯化总黄酮

2. 操作要点

(1) 将樱桃核晒干、去壳、粉碎后，用石油醚、乙醚进行脱脂处理。

(2) 樱桃核中类黄酮提取条件为：50%～80%乙醇为提取液，樱桃核与乙醇提取液比例在 1：15～1：50(m/V)，40～80℃提取 0.5～3h。

(3) 提取液减压浓缩，得类黄酮提取物。

(4) 采用大孔树脂对类黄酮进行分离纯化，将类黄酮提取液调节为 pH2，以流速 2BV/h 流速通过大孔树脂，首先水洗除去杂质，然后丙酮洗脱，收集洗脱液，减压浓缩获得纯化的类黄酮。

（二）苦瓜中皂苷的提取

1. 工艺流程　　苦瓜→洗净→切片→杀青→烘干→粉碎→过筛→超声辅助提取→过滤→减压浓缩→正丁醇萃取 2 次→合并提取液→减压浓缩→干燥→苦瓜皂苷

2. 操作要点

(1) 原料预处理：苦瓜洗净、经切片、105℃杀青 10min、60℃烘干后粉碎，过 40 目筛，备用。

(2) 提取：以 16 倍的 70%乙醇为提取溶剂，在超声频率 40kHz、超声功率 400W 时，60℃条件下提取 20～30min。

(3) 过滤、浓缩：超声提取结束后，抽滤或过滤，收集滤液，减压浓缩蒸去乙醇。

(4) 正丁醇提取：用水饱和的正丁醇萃取 2 次，收集合并正丁醇溶液，减压浓缩，干燥，获得苦瓜皂苷粗品。

(三)红枣中多糖的提取

1. 工艺流程　　红枣→清洗→干燥→粉碎→脱脂→干燥→浸提→减压浓缩→醇沉淀→离心→脱蛋白→脱色→浓缩→醇沉淀→洗涤→减压干燥→粗多糖

2. 操作要点

(1)原料预处理：将红枣去核后，低温条件下烘干至恒重，经粉碎后过 40 目筛，获得红枣干粉。采用 95% 乙醇浸提或加热回流脱脂，脱脂后的枣粉低温干燥。

(2)浸提：可以采用热水浸提、超声辅助提取、微波辅助提取及酶辅助提取。以热水浸提为例，加入原料质量 15～35 倍的水，在 60℃～95℃ 条件下提取 30～120min，提取 2～3 次，过滤或离心，合并滤液。

(3)浓缩、沉淀：减压浓缩滤液，加入 4 倍 95% 乙醇，低温静置，离心收集沉淀。

(4)脱蛋白、脱色：Sevage 法脱蛋白，过氧化氢或活性炭脱色。上清液浓缩，乙醇二次沉淀。静置，离心，依次用丙酮、乙醚洗涤，沉淀真空干燥，获得红枣多糖。

(四)胡萝卜中类胡萝卜素的提取

1. 工艺流程　　胡萝卜→清洗→切片→干燥→粉碎→提取→离心→减压浓缩→干燥→类胡萝卜素

2. 操作要点

(1)原料预处理：新鲜胡萝卜清洗磨皮修整后，切片、70～80℃干燥、粉碎，过 60 目筛。

(2)提取：常用的提取方法有有机溶剂提取、超声辅助提取、微波辅助提取。提取溶剂可以选择无水乙醇、丙酮、正己烷、乙酸乙酯、石油醚等有机溶剂单独使用或者几种有机溶剂混合使用，单独使用以丙酮提取率较高。有机溶剂浸提以原料质量 15～30 倍的有机溶剂，在 50～60℃条件下提取 2h，提取两次效果为佳。

提取过程中要注意，光线、高温、碱性条件、强氧化剂，以及金属离子 Cu^{2+}、Fe^{2+}、Fe^{3+} 能破坏类胡萝卜素稳定，提取过程中应尽量避免影响类胡萝卜素稳定性的因素出现。

(3)提取结束后离心分离，取上清液减压浓缩，然后进行真空干燥，即可获得类胡萝卜素粗品。

第九节　果蔬皮渣的综合利用

一、苹果皮渣的综合利用

苹果是一种具有较高营养价值的水果，富含苹果多酚、三萜和植物甾醇、糖分、维生素和微量元素等多种营养成分。自 1992 年起，我国的苹果年产量已居世界首位，而我国苹果加工业相对滞后。目前，苹果加工的主要产品有浓缩果汁、罐头、果脯、果酱、果酒、果冻、果醋等。但在苹果加工中还会产生大量的苹果皮渣，这些皮渣可以用于制取果胶、膳食纤维、香精、色素、柠檬酸、苹果籽油，用于生产酒精、食用菌、单细胞蛋白、饲料、活性炭及制造天然气的能源等。

（一）提取果胶

1. 工艺流程　　苹果皮渣→清洗→干燥→粉碎→水解→过滤→浓缩→沉淀→干燥→粉碎→标准化处理→成品

2. 操作要点

（1）原料清洗、干燥、粉碎：苹果皮渣经清水洗两遍，以去除大部分游离单糖、色素及灰尘，65℃条件下干燥，避免功能性因子的失活。干燥后粉碎至 60 目左右备用。

（2）水解：可以采用酸水解或者酶水解。

酸水解：粉碎后的苹果皮渣粉末加入 8 倍左右皮渣粉末重的水，用盐酸调节至 pH2～2.5，在 65℃下，水解 2h 左右。

酶水解：加入半纤维素酶或纤维素酶，30℃左右搅拌提取 20h。

（3）过滤、浓缩、沉淀：水解后进行过滤，滤液在 55℃下减压浓缩，然后沉淀。沉淀方法可以采用醇沉析、盐沉析。本文以沉淀为例，加入 3 倍的乙醇沉淀，离心或过滤分离，除去乙醇收集沉淀。

（4）干燥、粉碎：收集的果胶沉淀，在 70℃以下进行真空干燥 8～12h，然后粉碎至 80 目左右。

（5）标准化处理：可添加 18%～35%的蔗糖进行标准化处理，以达到商品果胶的要求。

（二）提取膳食纤维

1. 水溶性膳食纤维提取工艺流程　　原料→预处理→水洗→酸水解→过滤→浓缩→醇沉→洗涤→干燥→粉碎→水溶性膳食纤维

水解条件：温度 80℃，pH1.5，水解 2.5h，水比苹果皮渣为 12：1。干燥后粉碎过 80 目筛。所得产品为浅黄色。

2. 水不溶性膳食纤维提取工艺流程

（1）酶法：苹果皮渣→漂洗→恒温酶解（α-淀粉酶）→灭酶→恒温酶解（木瓜蛋白酶）→灭酶→过滤→醇洗滤渣→干燥→粉碎→包装成品

（2）化学法：苹果皮渣→漂洗→碱液浸泡→过滤→洗涤至中性→浸泡→洗至中性→过滤→干燥→粉碎→包装成品

酶法提取水不溶性膳食纤维过程中，α-淀粉酶添加量为 0.4%，在 70℃下酶解 40min；木瓜蛋白酶添加量为 0.2%，在 45℃下酶解 40min。水不溶性膳食纤维得率在 39%左右。

化学法提取水不溶性膳食纤维碱液浸泡条件：用 NaOH 调 pH 为 12，浸泡 1h；酸浸泡条件用盐酸将 pH 为 2，浸泡 2h。

相对于化学法，酶法制得的水不溶性膳食纤维的持水力和膨胀力指标都更好。此外，相对于碱法来说，酶法提取条件温和，不需要高温、高压，节约能源，操作方便，可省去部分工艺和设备，利于环保，但酶成本较高。

（三）提取多糖

1. 提取工艺　　苹果皮渣→清洗→干燥→粉碎→脱脂→提取→分离→浓缩→醇沉→离心→洗涤→干燥→粗多糖产品

2. 操作要点

(1)原料清洗、干燥、粉碎：苹果皮渣经清水洗 2~3 遍，目的在于除去大部分游离单糖、色素及灰尘，然后进行干燥、粉碎。

(2)脱脂：使用有机溶剂如无水乙醇、乙醚、石油醚等，浸泡提取苹果皮渣中的脂溶性成分，利于提高最终产品的纯度。

(3)提取：多糖提取有多种方法，如热水浸提、酶法辅助提取、超声波辅助提取、微波辅助提取等，本文以热水浸提为例进行介绍，热水浸提条件为：以 30~100 倍原料的热水，在 80~100℃条件下提取 1~6h。

(4)分离：可以采用离心或过滤方式进行分离，滤渣可以进行二次提取。

(5)浓缩、醇沉：滤液在 50~55℃下减压浓缩，然后加入 3~4 倍的 95%乙醇沉淀，离心收集沉淀，沉淀物用无水乙醇、丙酮、乙醚洗涤，然后除去有机溶剂。

(6)干燥：在 70℃以下进行真空干燥，即可获得苹果皮渣粗多糖制品。

（四）提取多酚

苹果多酚主要成分有单环酚酸(对羟基苯甲酸和对羟基肉桂酸衍生物)、黄烷-3-醇类和原花青素类化合物(缩和型单宁类)、黄酮醇类化合物、二氢查尔酮和花色苷等多类化合物，其中缩合型单宁类约占总酚化合物总量的 50%。成熟苹果的多酚类主要为绿原酸、儿茶素和原花青素等。苹果多酚在预防人类的慢性疾病，如癌症、心血管疾病、糖尿病等方面起着重要的作用。目前苹果多酚的提取方法有乙醇浸提法、超高压辅助提取法、超声辅助提取法、微波辅助提取法等。

1. 乙醇浸提

(1)工艺流程：苹果皮渣→清洗→烘干→粉碎→醇提→过滤→减压浓缩→真空干燥→粉碎→成品

(2)操作要点：将苹果皮渣清洗、干燥后，粉碎过 40 目筛，按原料 20 倍比例加入 80%乙醇，45℃浸提 35min，过滤，减压浓缩回收溶剂，粉碎，即为成品。

2. 超高压辅助提取

(1)工艺流程：苹果皮渣→耐高压避光袋→超高压提取→过滤→减压浓缩→真空干燥→粉碎→成品

(2)操作要点：将干燥苹果渣粉碎后过 40 目筛，60%乙醇以 28 倍原料的量加入耐高压避光袋中，以 160 MPa 超高压提取 9min，将提取液置于离心机中、离心，真空抽滤，真空干燥，粉碎，即为成品。

3. 微波辅助提取

(1)工艺流程：苹果皮渣→清洗→烘干→粉碎→微波辅助提取→过滤→减压浓缩→真空干燥→粉碎→成品

(2)操作要点：将苹果皮渣用清水冲洗干净，真空低温干燥，粉碎过 40 目筛，以 1:20 料液比加入 60%的乙醇，微波辅助提取，微波功率 650W、提取 63s。将提取液置于离心机中、离心，然后真空抽滤，真空干燥，粉碎，即为成品。

（五）生物饲料

苹果皮渣经过合理的生物发酵，可以大大提高苹果皮渣营养价值，如粗蛋白的含量，此外，还提高了生态因子，是一种兼具蛋白饲料与微生态制剂双重特性的优良绿色生物饲料。

1. 工艺流程　　苹果皮渣及辅料→接入菌种及营养盐→固态发酵→干燥→粉碎→成品

2. 操作要点　　选择酵母菌、粪链球菌和纤维素酶菌三种适合果皮渣生长的菌株作为复合菌种，采用固体法复合培养进行苹果皮渣的发酵。

给苹果皮渣中添加 3%左右的尿素作为氮源，同时调节 pH 为 4.5～5.0，接种 2%左右的复合菌种，保持苹果渣的水分含量为 55%左右，在 40℃条件下培养 36～40h，即为生物饲料。

二、葡萄皮渣的综合利用

随着葡萄加工业的迅速发展，在葡萄制汁、酿酒的过程中，产生大量的葡萄皮渣，主要是葡萄皮、种子和果梗等。葡萄皮渣作为废渣直接排放，不仅造成环境污染，也是资源的极大浪费，充分利用这些副产物，提取色素、果胶、酒石酸、多酚、白藜芦醇及葡萄籽油，既可减少环境污染、解决废渣处理问题，又可以创造经济效益和社会效益。

（一）利用葡萄皮渣生产酒石酸

1. 工艺流程　　葡萄皮渣→浸提→发酵、蒸出酒精→后处理→转化→酸解→脱色→浓缩→结晶→酒石酸

2. 操作要点

1）浸提　　葡萄皮渣加入 2～3 倍重量的水，用无机酸将 pH 调至 4～5，加热至 80～85℃，浸提 4～5h，最大限度地浸提出皮渣中含有的酒石酸盐、糖和色素等成分，离心分离出的残渣可作为饲料，滤液备用。

2）发酵、蒸出酒精　　为充分利用上述所得滤液中的糖分，照常规的酿酒方法进行酒精发酵。发酵结束后蒸馏出粗酒精。向余下的发酵胶料中加入 1.5～2.0 倍质量的温水（55～60℃）搅拌稀释，离心过滤，上清液备用。

3）后处理　　离心过后的残渣进行压滤处理，将离心所得的滤液与压滤所得的滤液合并。滤渣经干燥后，可作为制取葡萄籽油的原料。

4）转化　　将所得滤液升温至 90～92℃，在搅拌的同时下，缓缓地加入经 100 目筛筛析的碳酸钙或石灰粉末，中和至料液的 pH 至 7.0。注意在这一操作过程中，避免 Ca^{2+} 过量。收集沉淀，沉淀为酒石酸钙。上清液转移至另一容器中，搅拌的同时加入氯化钙。补加氯化钙的工艺目的是为了将溶液中的酒石酸钾全部转化为酒石酸钙沉淀析出。氯化钙加完后应继续充分搅拌 15min 以上，放置 4h 后收集沉淀，沉淀即为酒石酸钙。合并两次获得的酒石酸钙。

5）酸解　　酒石酸钙在充分搅拌下，加入 1～2 倍的冷水，搅拌洗涤 10min，放置 0.5h 弃上清液。如此重复洗涤三次后，沉淀迅速在 80℃下烘干。取烘干的酒石酸钙加入加入 4 倍量的清水进行搅拌，再加入一定量的硫酸，使其转化为酒石酸。静置 4h 后离心分离，除去硫酸钙沉淀。硫酸钙用少量热水充分洗涤以回收其中所含的酒石酸成分，以提高产率。

6）脱色、浓缩、结晶　　将上述离心所获得上清液经脱色、浓缩（同时去除析出的硫酸

钙沉淀)、冷却析晶、重结晶等工序处理,最后将所得的纯白色结晶性粉末,在低于 65℃下真空干燥,即得酒石酸成品。

(二)提取色素

葡萄色素属于天然花色苷类色素,安全无毒且含有一定的营养成分,可作为食品、化妆品等的着色剂,而且葡萄色素具有抗氧化和清除自由基的作用,有一定的药用与保健价值。色素的提取方法有乙醇浸提法、酶辅助提取法、微波辅助提取法、超声波辅助提取法及超临界流体萃取法。本文以乙醇浸提法为例进行介绍。

1. 工艺流程　　葡萄皮渣→洗净→晾干→粉碎→溶剂浸提→减压浓缩→干燥→粉碎→产品

2. 操作要点　　浸提溶剂选择 50%～80%乙醇溶液,使用 HCl 或者柠檬酸调节 pH 为 1～5,浸提溶剂以 10～30 倍原料的质量,在 50～80℃条件下提取 50～80min,可获得紫红色的花色苷。

(三)提取果胶

1. 工艺流程　　葡萄皮渣→干燥→粉碎→过筛→灭酶→漂洗→盐酸提取→过滤→浓缩→沉析→干燥→粉碎→果胶

2. 操作要点

(1)样品预处理:预处理步骤包括干燥、粉碎、过筛、灭酶、漂洗。将干燥后的葡萄皮渣粉碎过 50 目筛,然后加水在 75℃灭酶 15min,漂洗 3 遍,除去色素、水溶性糖及灰尘,沥干。

(2)提取果胶:预处理后的皮渣,加入一定体积 0.05mol/L 硫酸溶液,在一定温度下,搅拌,保持一定时间。

(3)过滤:滤液在 4000r/min 离心 15min,弃沉淀,收集上清液。

(4)浓缩、沉淀、干燥:采用真空浓缩,加入 0.5%的活性炭,脱色除杂,搅拌同时以 1∶1 的比例向冷却的浓缩液中加入 95%乙醇进行沉析,待完全沉析后离心,收集沉淀干燥、粉碎,得果胶。

(四)提取白藜芦醇

白藜芦醇化学名称为 3,4′,5-三羟基-1,2-苯乙烯,它存在于葡萄、虎杖、花生、桑葚等 12 科 31 属的 72 种植物中。白藜芦醇为无色针状结晶,难溶于水,易溶于乙醚、甲醇、乙醇、乙酸乙酯、丙酮。白藜芦醇有抗肿瘤、抗炎、抗菌、抗氧化、抗自由基、保护肝脏、保护心血管和抗心肌缺血等功能。

目前,白藜芦醇的提取方法有有机溶剂浸提法、CO_2 超临界萃取法、超声波辅助提取法、酶法提取等。

1. CO_2 超临界萃取法工艺流程　　葡萄皮渣→干燥→粉碎→过筛→超临界 CO_2 萃取→分离→干燥→成品

2. 操作要点　　葡萄皮渣清洗之后,干燥、粉碎过 60 目筛,将原料放入萃取器中,以 7.5%的乙醇为夹带剂,在 38℃、13MPa 条件下萃取 17min。常压下分离 CO_2 得到白色萃取物,将萃取进行喷雾或减压干燥，即可得到白藜芦醇粉剂。

(五)提取葡萄籽油

葡萄籽含油量为15%～17%，属于不饱和脂肪酸的半干性油脂，其中不饱和脂肪酸占90%以上，包括棕榈酸、硬脂酸、油酸、亚油酸、微量亚麻酸、花生酸等。其主要功能性成分亚油酸，是一种人体必须脂肪酸，含量70%以上。亚油酸对于儿童大脑和神经发育、维持成年人的血脂平衡、降低胆固醇、防止血栓形成、预防动脉硬化、高血压、冠心病等都发挥着重要的作用。此外，亚油酸还具有提高免疫、抗炎症、抗肿瘤等作用。葡萄籽油含有的原花青素，具有抗氧化、抗老化、提供酸碱平衡、清除自由基的作用，可预防多种疾病发生，特别是对心脑血管疾病有很好的预防效果。

目前关于葡萄籽油的提取方法主要有冷榨法、热榨法、超声波辅助提取法、超临界CO_2萃取法、有机溶剂提取法、水酶法。冷榨制油是指将未蒸炒的油料直接进行机械压榨获得油脂，入榨温度为常温或略高于常温并且压榨过程料温较低的榨油方法。冷榨工艺可以避免制油过程中温度过高或溶剂残留对油脂营养成分的破坏，保存葡萄籽油及冷榨饼中生物活性功能成分。

1. 冷榨法工艺流程

　　　　　　　　　　　饼粕　　　　　胶体及蜡质
　　　　　　　　　　　　↑　　　　　　　↑
葡萄皮渣→干燥→筛选→葡萄籽→冷榨→毛油→过滤→毛清油

2. 操作要点

(1)原料预处理：该过程包括葡萄皮渣的干燥、筛选。葡萄皮渣收集后要及时晒干，防止原料霉变。葡萄皮渣晒干后多数葡萄籽能与皮分离，然后过筛除杂获得葡萄籽。干燥后的葡萄籽应放在低温通风干燥处贮藏，贮藏期间要防止葡萄籽受潮霉变，或温度过高而生虫。葡萄籽晾晒完成后应及时压榨制油，防止葡萄籽油过氧化值过高。

(2)冷榨：将筛选出的葡萄籽用油布包裹后，放入液压冷榨机料筒内，当机器温度达到60℃、压力达到60MPa水平时开始作业，葡萄籽在料筒内被反复压榨2h，油脂被压榨出，由料筒缝隙渗漏收集于容器内，得到葡萄籽毛油。

(3)过滤：压榨完成后料筒活塞上升顶出饼粕，将葡萄籽毛油通过过滤装置，除去油脂中的胶体及蜡质成分。在此过程中应避免葡萄籽油长时间暴露于空气中使其氧化。

(六)提取齐墩果酸

齐墩果酸是五环三萜类化合物，以游离或结合成苷的形式存在。齐墩果酸具有消炎、增强免疫、抑制血小板聚集、护肝、降血脂、降血糖、抗突变、抗癌等作用。齐墩果酸结构复杂，很难人工合成，多从天然产物中提取制得。目前提取方法有乙醇回流法、微波辅助提取法、超声波辅助提取法、超临界萃取法、双水相体系萃取法等。

1. 超临界萃取法工艺流程　　葡萄皮渣→干燥→粉碎→过筛→超临界CO_2萃取→分离→干燥→成品

2. 操作要点　　葡萄皮渣清洗之后，低温干燥、粉碎过60目筛，将原料放入萃取器中，在萃取压力21MPa、萃取温度为37℃、CO_2流量为5L/min条件下萃取。常压下分离CO_2得到萃取物，将萃取进行喷雾或减压干燥，即可得到齐墩果酸。

─**思 考 题**─

1. 简述鲜切果蔬的概念和方法。鲜切果蔬延长货架寿命的技术措施有哪些?

2. 简述超微粉碎加工技术及果蔬起微粉的特点。

3. 简述果蔬脆片的概念、加工原理和加工工艺。

4. 简述新含气调理加工的概念、产品特点和加工工艺。

5. 简述果蔬精油提取的方法及其特点。

6. 简述果蔬提取的方法及其工艺。

7. 简述果胶及低甲氧基果胶的提取工艺。

8. 查相关资料,介绍常见的果蔬活性功能成分。

9. 简述苹果综合利用的途径及工艺。

10. 简述葡萄综合利用的途径及工艺。

参 考 文 献

安瑜. 2013. 果蔬干燥新技术及存在问题. 食品工程, 2: 9-11.

白小鸣, 王华, 曾小峰, 等. 2014. 果汁浓缩技术概述. 食品与发酵工业, 40(7): 131-135.

蔡晶, 方勇, 付瑾, 等. 2009. 国内外鲜切蔬菜的质量安全防控体系比较研究. 食品科学, 30(23): 544-547.

柴佳, 王华, 杨继红, 等. 2013. 冷榨法提取葡萄籽油的响应面优化. 西北农业学报, 22(2): 141-147.

陈爱华, 焦必宁. 2007. 常见果汁掺假检测技术的研究进展. 中国食品添加剂, 5: 153-156.

陈锦屏. 1994. 果品蔬菜加工学. 西安: 陕西科学技术出版社.

陈军. 2015. 食品杀菌技术概述. 轻工业科技, 5: 1-2, 4.

陈能玉, 张澄龙, 陶存兵, 等. 2009. PET 瓶饮料无菌灌装生产线的杀菌处理和无菌保持. 饮料工业, 12(5): 34-38.

陈启聪, 黄惠华, 王娟, 等. 2010. 香蕉粉喷雾干燥工艺优化. 农业工程学报, 26(8): 331-337.

陈颖, 吴亚君. 2013. 话说我国果汁业中的果汁掺假问题. 中国果业, 30(6): 39-41.

迟淼. 2009. 果蔬汁加工中冷杀菌技术的研究和应用现状. 食品工业科技, 30(7): 367-371.

丛富滋. 2010. PET 瓶无菌冷灌装技术发展研究. 农业科技与装备, 187(1): 52-55.

樊振江, 李少华. 2013. 食品加工技术. 北京: 中国科学技术出版社: 111-113.

方修贵, 李嗣彪, 林娟, 等. 2009. 复合酶解法脱除柑橘囊衣工艺研究. 食品工业科技, 203-204.

方修贵, 郑益清, 蔡爱勤, 等. 2000. 粒粒橙饮料生产工艺. 食品工业科技, 21(2): 37-38.

冯爱国, 李国霞, 李春艳. 2012. 食品干燥技术的研究进展. 农业机械, 18: 90-93.

付程梅. 2004. 柑橘果实品质和类黄酮的含量特征及橙汁掺假检测的研究. 重庆: 西南大学博士学位论文.

高健, 马路山, 胡建军, 等. 2014. 果胶提取技术研究进展. 食品工业科技, (6): 368-372.

高雪, 蔡伟玉, 吴礼文, 等. 2011. 酶法脱酯从柚皮中制取低甲氧基果胶的工艺研究. 北方园艺, (09): 191-193.

高振, 张昆, 黄和, 等. 2009. 利用根霉菌生产富马酸. 化学进展, 21(1): 251-258.

高振鹏, 岳田利, 袁亚宏. 2008. 无色高果糖浓缩苹果汁生产工艺试验. 农业机械学报, 39(2): 81-84.

高振鹏, 岳田利, 袁亚宏, 等. 2009. 苹果汁中展青霉素的超声波降解. 农业机械学报, 40(9): 138-142.

郭娟, 丘泰球, 杨日福, 等. 2009. 洋葱精油的亚临界水提取. 华南理工大学学报(自然科学版), 37(4): 143-148.

郭树国. 2012. 人参真空冷冻干燥工艺参数试验研究. 沈阳: 沈阳农业大学博士学位论文.

郭顺堂, 谢焱. 2005. 食品加工业. 北京: 化学工业出版社: 328-329.

韩建勋, 陈颖, 黄文胜. 2008. 苹果汁鉴伪技术研究进展. 食品科技, 8: 205-208.

何靖, 刘祥梅, 方红斌. 2008. 低糖雪莲果果脯的研制. 食品工业科技, 29(12): 179-181.

何仁, 候革非, 阎柳娟. 2002. 微波提高果蔬组织渗糖效率的研究. 广西工学院学报, 13(3): 38-40.

洪雁, 李远志, 卢昌阜, 等. 2012. 低糖益智果脯渗糖工艺影响因素研究. 农产品加工(学刊), 11: 93-95.

胡文忠. 2008. 鲜切果蔬科学与技术. 北京: 化学工业出版社.

胡小松, 廖小军, 陈芳, 等. 2005. 中国果蔬加工产业现状与发展态势. 食品与机械, 21(3): 4-9.

华景清. 2009. 园艺产品贮藏与加工. 苏州: 苏州大学出版社.

冀智勇, 吴荣书, 刘智梅. 2006. 番茄汁饮料加工技术研究. 现代食品科技, 22(1): 51-54.

赖崇德, 涂晓赟, 张智平, 等. 2007. 柑橘类果汁苦味物质去除方法的研究进展. 江西科学, 25(6): 720-725.

兰社益. 2001. 番茄原汁饮料生产新技术. 食品研究与开发, 22(5): 37-38.

李代明. 2011. 食品包装学. 北京: 中国计量出版社.

李华, 刘延琳. 2002. 酵母菌在红葡萄酒酒精发酵串罐中稳定性研究. 微生物学通报, 29(1): 49-52.

李华, 王华, 杨和财. 2002. 新型酵母和细菌抑制剂的研究. 中外葡萄与葡萄酒, 4: 50-51.

李华, 王华, 袁春龙, 等. 2005. 葡萄酒化学. 北京: 科学出版社.

李华. 1990. 葡萄酒酿造与质量控制. 杨凌: 天则出版社.

李华. 2000. 现代葡萄酒工艺学. 2版. 西安: 陕西人民出版社.

李基洪, 陈奇, 杨代明, 等. 2001. 果脯蜜饯生产工艺与配方. 北京: 中国轻工业出版社.

李继兰, 卞倩倩, 葛玉泉. 2013. 鲜切果蔬加工保鲜技术及工艺研究. 中国果菜, (12): 41-43.

李军生, 何仁, 候革非, 等. 2002. 超声波对果蔬渗糖及组织细胞的影响. 食品与发酵工业, 28(8): 32-36.

李里特. 2011. 食品原料学. 北京: 中国农业出版社.

李力. 2013. 酿酒葡萄皮渣果胶提取的最佳工艺研究. 食品工业, 31(11): 84-86.

李瑜. 2007. 新型果脯蜜饯配方与工艺. 北京: 化学工业出版社.

李玉锋, 马涛. 2007. 食品杀菌新技术. 农产品加工, 1: 89-93.

李支霞, 方世辉. 2004. 超微粉在食品应用中的研究进展. 茶叶通报, 26(4): 175-177.

刘宝林. 2010. 食品冷冻冷藏学. 北京: 中国农业出版社.

刘华敏, 解新安, 丁年平. 2009. 喷雾干燥技术及在果蔬粉加工中的应用进展. 食品工业科技, 30(2): 304-311.

刘家宝, 李素梅, 柳东, 等. 2005. 食品加工技术工艺和配方大全. 中册. 北京: 科学技术文献出版社: 42-43.

刘淼, 王俊. 2007. 山核桃仁碱液浸泡法去皮工艺的研究. 农业工程学报, 23(10): 256-261.

刘学铭, 肖更生, 陈卫东. 2006. 当前我国果脯蜜饯行业存在的问题与对策. 现代食品科技, 22(2): 199-201.

刘野, 赵晓燕, 胡小松, 等. 2011. 超高压对鲜榨西瓜汁杀菌效果和风味的影响. 农业工程学报, 27(7): 370-376.

刘章武. 2007. 果蔬资源开发与利用. 北京: 化学工业出版社.

罗云波, 蔡同一. 2001. 园艺产品贮藏加工学·加工篇. 北京: 中国农业大学出版社.

罗云波, 蒲彪. 2011. 园艺产品贮藏加工学(加工篇). 北京: 中国农业大学出版社.

马超. 2013. 果蔬干制技术概况及展望. 中国果蔬, 12: 38-40.

马文杰, 郭玉蓉, 魏决. 2009. 苹果泥加工与护色工艺的研究. 食品工业科技, 30(5): 226-228.

孟宪军, 乔旭光, 孟宪军, 等. 2012. 果蔬加工工艺学. 北京: 中国轻工业出版社.

缪少霞, 励建荣, 蒋跃明. 2006. 果汁稳定性及其澄清技术的研究进展, 127(11): 173-176.

齐海涛. 2013. 浅谈罐头食品杀菌技术研究进展. 科技创新与应用, 22: 300.

渠爱莲. 2003. 蔬菜加工新技术. 延边: 延边人民出版社: 13.

单杨. 2012. 柑橘全果制汁及果粒饮料的产业化开发. 中国食品学报, 12(10):1-9.

石振兴, 胡永金, 朱仁俊. 2009. 腌制蔬菜的品质及亚硝酸盐问题研究进展. 中国调味品, 24(5): 25-29.

隋继学, 张一鸣, 孙向阳. 2012. 速冻食品生产技术. 北京: 科学技术出版社.

孙兰萍. 2003. 柑橘类果汁苦味物质的脱除研究. 食品工业科技, 24(1): 97-100.

孙平, 周清贞, 高洁, 等. 2010. 马铃薯全粉加工过程中的护色. 食品研究与开发, 31(10): 43-46.

王颉, 张子德. 2009. 果品蔬菜贮藏加工原理与技术. 北京: 化学工业出版社.

王天陆. 2009. 香蕉脆片生产技术研究. 粮油食品科技, 7(1): 65-67.

王伟. 2007. 真空冷冻干燥草莓粉工艺研究. 保定: 河北农业大学硕士学位论文.

王愈, 马世敏. 2011. 微波渗糖加工低糖橙皮果皮的工艺研究. 中国食品学报, 11(1): 91-97.

王云阳, 岳田利, 张丽, 等. 2002. 食品杀菌新技术. 西北农林科技大学学报(自然科学版), 30: 99-102.

邬应龙, 胡阳, 黄高凌, 等. 2008. 几种柑橘类果汁中主要苦味物质在加工过程中含量变化的研究. 中国食品学报, 8(5): 104-108.

吴竹青, 黄群, 傅伟昌, 等. 2009. 低糖雪莲果果脯的生产工艺. 食品科学, 30(18): 440-443.

谢红涛, 余瑞婷, 赵瑞娟, 等. 2010. 果蔬汁加工技术进展. 农产品加工学刊, 196(1): 76-80.

辛嘉英. 2013. 食品生物化学. 北京: 科学出版社: 101-105.

徐娟娣, 刘东红. 2012. 腌制蔬菜风味物质组成及其形成机理研究. 食品工业科技, 33(11): 414-417.

严佩峰. 2008. 果蔬加工技术. 北京: 化学工业出版社: 52.

叶兴乾. 2009. 果品蔬菜加工工艺学. 3 版. 北京: 中国农业出版社.

尹明安. 2009. 果品蔬菜加工工艺学. 北京: 化学工业出版社.

庸金艳, 付瑞云. 2009. 速冻调理食品生产加工关键过程卫生与控制. 北京: 中国计量出版社.

于新. 2011. 果蔬加工技术. 北京: 中国纺织出版社.

袁仲. 2015. 速冻食品加工技术. 北京: 中国轻工业出版社.

曾洁, 赵秀红. 2011. 豆类食品加工. 北京: 化学工业出版社.

张国栋. 2012. 杨梅粉真空冷冻干燥工艺及质量稳定性研究. 福州:福建农林大学硕士学位论文.

张国治. 2008. 速冻及冻干食品加工技术. 北京: 化学工业出版社.

张海燕, 刘志勇, 陈良, 等. 2015. 螯合剂六偏磷酸钠提取甜菜果胶工艺优化. 中国食品添加剂, (1): 107-112.

张丽芳. 2007. 低糖西瓜果脯的加工工艺. 现代食品科技, 23(1): 65-67.

张慜. 2010. 速冻生鲜食品品质调控新技术. 北京: 中国纺织出版社.

张爽, 任亚梅, 刘春利, 等. 2015. 响应面试验优化苹果渣总三萜超声提取工艺. 食品科学, 36(16): 44-50.

张武君, 黄颖桢, 张玉灿. 2015. 超声提取苦瓜皂苷的工艺优化研究. 中国农学通报, 31(34): 273-277.

张晓瑞, 郭玉蓉, 孟永宏. 2014. 苹果制品中棒曲霉素脱除技术的研究进展. 食品工业科技, 35(4): 363-369.

赵晋府. 2002. 食品技术原理. 北京: 中国轻工业出版社: 94-95.

赵晋府. 2009. 食品工艺学. 北京: 中国轻工业出版社.

赵丽芹. 2001. 园艺产品贮藏加工学. 北京: 中国轻工业出版社.

中华人民共和国国家标准. 非油炸水果、蔬菜脆片, GB/T23787—2009.

朱蓓薇. 2005. 实用食品加工技术. 北京: 化学工业出版社: 270-271.

朱梅, 李文庵, 郭其昌. 1983. 葡萄酒工艺学. 北京: 轻工业出版社.

祝战斌. 2008. 果蔬加工技术. 北京: 化学工业出版社: 39-43.

Arthey D, Dennis C. 1991. Vegetable Processing. New York: VCH Publishers.

Arthey D. 1996. Fruit Processing. New York: Springer Verlag New York Inc.

Belitz H D, Grosch W. 1997. Quimica de los alimentos, Acribia S.A., Zaragoza.

Cabaroglu T, Selli S, Canbas A, et al. 2003. Wine flavor enhancement through the use of exogenous fungaal glycosidases. Enzyme and Microbial Technology, 33: 581-587.

Castro Vazquez L, Perez-Coello M S, Cabezudo M D. 2002. Effects of enzyme treatment and skin extraction on varietal volatiles in Spanish wines made from Chardonnay, Muscat, Airen , and Macabeo grapes. Analytica Chimica Acta, 458: 39-44.

Chaney D, Rodriguez S, Fugelsang K, et al. 2006. Managing high-density commercial scale wine ermentations. Journal of Applied Microbiology, 100(4): 689-698.

Cui G T, Zhang W X, Zhang A M, et al. 2013. Variation in antioxidant activities of polysaccharides from Fructus Jujubae in South Xinjiang area. International Journal of Biological Macromolecules, 57: 278-284.

Fuchs S, Sontag G, Stidl R, et al. 2008. Detoxification of patulin and ochratoxin A, two abundant mycotoxins, by lactic acid bacteria. Food and Chemical Toxicology, 46(4): 1398-1407.

Glaser N. Stopper H. 2012. Patulin: mechanism of genotoxicity. Food and Chemical Toxicology, 50 (5): 1796-1801.

Hui Y H. 2006. Handbook of Fruits and Fruit Processing. New Jersey: Wiley India Pvt. Ltd.

Jeon S M, Bok S H, Jang M K, et al. 2001. Antioxidative activity of naringin and lovastatin in high cholesterol fed rabbits. Life Science, 69: 2855-2866.

Kontkanen D, Inglis D L, Pickering G J, et al. 2004. Effect of yeast inoculation rate, acclimatization, and nutrient addition on ice wine fermentation. Am J Enol Vitic, 55(4): 363-370.

Kudra T. 2001. Advanced Drying Technologies. New York: Marcel Dekker.

Li B W. Andrews K W, Pehrsson R P. 2002. Individual sugars, soluble. and insoluble dietary fibre tontents of 70 high consumption foods. Journal of Food Compisition and Analysis, 15: 715-723.

Mujumdar A S. 2000. Drying Technology in Agriculture and Food Sciences. New Hampshire, USA: Science Pub.Inc.

OIV. 2006. Code Internatonal Des Pratiques Oenologiques. Paris: OIV.

OIV. 2006. Codex Oenologique International . Paris: OIV.

Pardo F, Salinas M R, Alonso G L, et al. 1999. Effect of diverse enzyme preparations on the extraction and evolution of phenolic compounds in red wines . Food Chemistry, 67: 1335-1342.

Puel O, Galtier P, Oswald I P. 2010. Biosynthesis and toxicological effects of patulin. Toxins, 2(4): 613-631.

Sanchez Palomo E, Diaz-Maroto Hidalgo M C, Gonzalez-Vinas M A, et al. 2005. Aroma enhancement in wines from different grape varieties using exogenous glycosidases. Food Chemistry, 92: 627-635.

Sant'sAna A D S, Resenthal A, Massaguer P R D. 2008. The fate of patulin in apple juice processing: A review. Food Research International, 41(5): 441-453.

USAD. 2004. National Nutrient Database for Standard Reference. Release, 16-1.